石化工程
整体化管理与实践

孙丽丽　等著

化学工业出版社

·北京·

图书在版编目（CIP）数据

石化工程整体化管理与实践/孙丽丽等著. —北京：化
学工业出版社，2019.3
ISBN 978-7-122-33831-0

Ⅰ.①石… Ⅱ.①孙… Ⅲ.①石油化工-化学工程-综
合管理 Ⅳ.①TE65

中国版本图书馆 CIP 数据核字（2019）第 021777 号

责任编辑：任睿婷 杜进祥 装帧设计：韩 飞
责任校对：王素芹

出版发行 化学工业出版社（北京市东城区青年湖南街 13 号 邮政编码 100011）
印 装 中煤（北京）印务有限公司
710mm×1000mm 1/16 印张 25½ 字数 499 千字 2019 年 3 月北京第 1 版第 1 次印刷

购书咨询：010-64518888 售后服务：010-64518899
网 址：http://www.cip.com.cn
凡购买本书，如有缺损质量问题，本社销售中心负责调换。

定 价：198.00 元 版权所有 违者必究

序　言

　　石化工业是我国国民经济的重要基础产业，它为我国社会经济发展提供了能源和原材料保障。我在石化领域工作了五十五年，见证了中国石化工业从无到有、从小到大、从大到强的发展历程。进入 21 世纪以来，我国石化工业的发展不断加快，生产规模日益扩大，已经成为全球第二大炼油国，乙烯产能产量位居世界第二，合成树脂、合成纤维、合成橡胶的产能产量已跃居世界第一。

　　在我参与国家级重大石化项目建设期间，亲历开工建设了一大批大型石化工程项目和石化产业基地。这些项目普遍具有技术复杂、专业领域宽、关联范围广、工程投资大、建造周期长和质量安全环保要求高的特点，大多采用我国自主研发的技术，项目实施过程中在项目规划、执行和管理方面均存在诸多难题。要解决这些难题，不但需要完成一系列工程技术创新，更需要系统化的管理方法。在这些国家级重大石化项目中，中国石化工程建设有限公司做出了重大贡献，他们承担的工程技术研发、规划设计和工程总承包工作都取得了圆满成功。孙丽丽同志作为我国首座单系列千万吨级炼厂等多项重大工程的总负责人，展示了卓越的技术创新和工程管理才能，她作为该公司总经理，带出了一支团结协作、业务精湛、意志顽强、善作善成的高素质队伍。我深切地感觉她和她的团队有必要把多年实践的项目管理成功经验进行梳理与总结，于是建议她在百忙之中抽时间进行认真的总结和凝练，让宝贵的经验给石化界同仁分享。为此，她系统总结了大量工程实践经验，在系统工程理论指导下，提出了"融合共生"的管理思想，创立了石化工程整体化管理模式，并运用该管理模式主持建成了多项标志性重大石化工程，取得了显著的经济效益和社会效益，多次获得国家科技进步奖，其中两项获得特等奖，并多次获全国优秀工程勘察设计金奖、全国工程总承包金钥匙奖和菲迪克优秀工程奖等国内国际奖项。如今我已经从石化工程建设的一线上退下来了，但是我一直在关注着石化产业的发展，看到这些年轻的领军者取得这么大的成绩，感到由衷的高兴。特别是看到孙丽丽带领她的团队把成功的实践经验进行凝练总结整理成书出版，让更多的同行学习借鉴，这是一件令人高兴的好事，这必将为石化行业的高质量发展起到示范引领作用。

　　本书是一部全面、系统、具体、生动地论述石化工程管理理论和实践的著作，始终体现着项目建设与生态环境、社会利益融合共生的发展理念，具有以下四个显著特点。

　　一是系统性强。本书对工程规划、工程转化、工程设计、工程建设直至交付的石化工程全生命周期的管理进行了全面系统的阐述。

二是创新性强。本书所提出的"融合共生"管理思想和整体化管理模式新颖鲜活，反映了中国石化工程建设公司成功实施重大科研成果的工程转化和国内外重大工程项目建设的逻辑规律，提出了许多独具创新性的管理方法。

三是实践性强。本书在大量工程实践中从不同角度精选出鲜活生动的典型案例，既有利于更好地理解理论方法，又具有很强的示范效应。

四是时代感强。本书将数字化作为"融合共生"管理的基础和支撑，并为整体化管理赋能，彰显了以云计算、大数据、物联网、人工智能为代表的信息化时代的鲜明特征。

本书是一部优秀的工程管理专著，对石油化工行业及其他流程工业的工程项目建设具有普遍的学术价值和使用价值。可供工程咨询、工程设计和工程建设管理人员学习参考，对工程项目管理科学研究和高等院校工程管理学科教学也有较好的参考价值。

中国工程院院士：王基铭

2019 年 1 月于北京

前　言

我国石化行业经过近 20 年的高速发展，在产业布局和产业链配套方面已经日趋完善，石化行业发展已经跨越了规模增长，进入到追求高质量发展的阶段。在此发展进程中，我国按照"宜油则油、宜烯则烯、宜芳则芳"的理念，开工建设了一大批大型现代化炼厂、现代化乙烯厂和现代化芳烃厂等石化产业基地。这些大型项目具有技术新、规模宏大、集成度高、关联范围广、建造周期长、安全环保要求苛刻等特点，是复杂的系统工程，其技术创新转化水平和工程管理模式的先进与否，直接决定着项目的建设水平和生产运营的竞争力。面对新的挑战，中国石化工程建设有限公司基于系统工程理论，依托这些重大工程实践，不断创新应用先进的工程技术和管理方法，提出了"融合共生"的管理思想，应用信息技术成果，构建了整体化工程管理模式，将技术研发、工厂规划、工程设计、装备制造、施工建设、产品交付、投产试车等工程各环节融为一体，实施全生命周期整体化管理，减少界面损耗、实现整体价值提升。在整体化管理模式的发展与完善中，设计建成了我国首座单系列千万吨级炼厂、世界第二大高酸天然气净化厂、首套百万吨级乙烯工程和首套自主技术芳烃联合装置以及煤化工、油气仓储等多项重大工程，为推动我国石化产业绿色发展做出重要贡献。工程实践表明，石化工程整体化管理模式具有既自成体系又深度融合、动态关联一致的巨大优势，很好地解决了石化工程这个复杂巨系统的不确定性和一系列工程技术创新的难题，大幅提升了科学技术的工程转化水平和工程建设的实施能力。这些项目投产后都取得了很好的经济效益和社会效益，获得多项国家科技进步奖以及优秀咨询、优秀设计和优秀工程总承包等奖励，培养了一大批优秀的工程技术和管理专家。在此过程中，中国石化工程建设有限公司也得到了全面发展，品牌价值和行业影响力不断提升，受到业界的充分肯定和高度评价。此外，我们也不断开拓境外市场，设计建成的沙特延布炼厂、马来西亚 RAPID 炼油及泰国聚丙烯等项目均取得优异的成绩，成为响应国家"一带一路"倡议的重大成果和石化工程"走出去"的国家新名片。

2018 年正值中国石化工程建设有限公司成立 65 周年，为了继承和发扬 65 年来的优良传统，积极践行"一起，做更好的"的核心价值观和"敢为人先、追求卓越"的企业精神，进一步提升科学管理水平，从源头上为石化行业打造高质量发展的工厂"基因"，我们在整理、凝练和提升的基础上，组织编写了《石化工程整体化管理与实践》一书。本书结合石化工程项目特点，对石化工程整体化管理模式进行了全面系统的阐述，尤其是系统论述了以工程设计为枢纽，创新融合集约化、协同化、集成化、过程化和数字化管理方法，形成"五位一体"整体化管理模式的逻辑架构、核心内涵、具体做法和应用案例以及发展趋势。该模式具有以下五个方面的创新成果：一是创新集约化工厂规划设计方法，实现资源配置以及工厂建设与安全环保等协同治理的集约化目标；二是创新协同化工程研发方法，实现工程转化在研发、设计、制造和施工的全过程整体效能最优；三是创新集成化设计方法，发挥其在项目执行过程中的枢纽作用，打破专业和领域之间的壁垒，促进项目管理从繁杂到有序、从分散到集中，实现了整体高效管理；四是创新过程化风险管控体系，实现过程风险识别、监测和源头治理，化解风险叠加的矛盾，保障工程的安全高效建设；五是构建以数字化为支撑的工程平台，将工程的技术与管理信息转变为结构化和非结构化数据，经由信息流进行表达、传输和处理，为项目工程管理赋能，实现精益管理。本书汇聚了石化工业无数奉献者的科学管理创新成果，从多个侧面重点突出地反映了石化工程建设行业的管理水平和最新进展。

本书由孙丽丽等著，参加编写的人员还有：张秀东、郑立军、吴德飞、范传宏、李进锋、蒋荣兴、李蕾、彭飞、张华、彭颖、黄孟旗、姜明、苗月忠、计立明、陈艳民、徐健松、程伟华、孙成龙、秦永强、吴群英、王强、饶隽、王倩、张旭、孙守彬、张幼华、杨炯、张晓红、蹇江海、门宽亮、兰天路、李啸东、周桂娟、卫刚、潘子彤等，中国石化工程建设有限公司还有很多专家参与了部分内容的编写和研讨。参加编写的人员都是长期奋斗在科研、设计和项目管理一线的专家，具有较高的理论水平和丰富的实践经验。本书在编写过程中，得到了王基铭院士、徐承恩院士、杨启业院士、强茂山教授及石化行业内诸多专家学者的指导和帮助，化学工业出版社也给予了大力支持，付出了很大的辛劳，谨在此表示衷心的感谢！本书还参阅了许多国内外专家和学者的论著，也引用了一些同行的研究成果，在此一并致谢。

本书的专业涉及面广，内容复杂，囿于水平有限，书中可能存在各种不足和疏漏，敬请广大读者批评指正。

孙丽丽

2018 年 12 月

目　录

第3章　石化工程项目协同化　86

第 6 章　石化工程项目数字化　　288

第 1 章

绪　　论

石化工业是流程工业，是以石油或天然气为原料，经过化工过程而制取石油化工产品的工业，是我国国民经济的重要基础和支柱产业，为社会经济发展提供能源和原材料保障。石化工业的经济总量大，产业关联度高，在我国国民经济体系中占有重要地位。作为石化工业重要组成部分的原油加工业和乙烯及其衍生物制造业，生产了大量的交通运输燃料、化肥、基本有机原料与衍生物，以及三大合成材料（塑料、纤维和橡胶）等石化产品，广泛应用于国民经济、人民生活、国防建设等各个领域，在发展工业、农业、科学技术和巩固国防中发挥了重要作用。信息、电子、汽车产品的零部件中，60％以上来自石化产品。

我国石化工业的发展经历了从无到有、从有到优、从优到精的发展历程。建国初期，炼油工业的生产能力仅有 17 万吨/年，1958 年在兰州建成了第一座百万吨级炼厂，1964 年全国炼油能力达到了 1000 万吨/年，1983 年达到了 1 亿吨/年，1996 年达到了 2 亿吨/年[1]。21 世纪以来，我国炼油工业的发展不断加快，炼油能力已从 2005 年的 3.5 亿吨/年提高至 2017 年的 8.2 亿吨/年，成为仅次于美国的全球第二大炼油国，也是同期全球炼油能力增长最快的国家[1]。乙烯工业从 20 世纪 70 年代引进第一套 30 万吨/年的生产装置开始起步，经过几十年的快速发展，2002 年乙烯生产能力突破 500 万吨/年，2009 年突破 1000 万吨/年[1]，2017 年达到 2320 万吨/年，我国乙烯、丙烯的产能产量位居世界第二，芳烃（PX）、合成橡胶、合成树脂、合成纤维的产能产量已位居世界第一。

1.1　石化工业及工程项目特点

1.1.1　石化工业的特点

石化工业是一种高风险的行业，其投资大、技术复杂、原料和产品大多易燃易爆，技术、经济和安全风险都比较高。综合分析，我国石化工业具有以下几个特点。

（1）装置大型化、基地化

21世纪以来，世界石化工业发展迅速，产业结构调整力度不断加大，发展重心已转向亚洲和中东地区，产业集中度进一步提高，装置规模趋于大型化。据美国《油气》杂志报道，2000年以来，世界炼油工业关闭了大量小型炼油厂，改扩建和新建了一批大型炼油厂，炼油厂数量大幅下降，炼油能力略有增加。2009年世界炼油厂数量由2000年的742座降至661座，炼油能力由2000年的40.65亿吨/年增至43.60亿吨/年，炼厂平均规模由2000年的547万吨/年增至660万吨/年。

21世纪初，我国开始建设现代化炼厂和现代化乙烯厂。截至"十二五"末，我国已建成1000万吨/年以上的炼油基地26个，80万吨/年以上乙烯基地17个。单系列装置规模不断扩大，常减压装置规模达到1500万吨/年、重油催化裂化装置规模达到480万吨/年、加氢裂化装置规模达到400万吨/年、催化重整装置规模达到400万吨/年、柴油加氢装置规模达到410万吨/年、渣油加氢装置规模达到400万吨/年、乙烯装置规模达到100万吨/年、聚丙烯装置规模达到40万吨/年，工厂的技术经济指标明显提升，装置大型化的优势充分显现。

为了进一步优化资源配置，充分发挥炼油的规模优势，按照"宜油则油、宜烯则烯、宜芳则芳"的理念，建成了一批大型炼化一体化基地（见表1-1）。"十三五"期间，我国继续优化产业布局，推进产业集聚发展，提升产业集约化、规模化、一体化水平，开工建设广东惠州、广东茂湛、浙江宁波、福建古雷、大连长兴岛、上海漕泾、河北曹妃甸等石化产业基地。

表1-1 我国主要大型炼化一体化基地　　　　单位：万吨/年

序号	地区	企业名称	炼油能力	乙烯生产能力	芳烃生产能力
1	环渤海	燕山石化	1100	71	
2		天津石化	1380	120	33
3		齐鲁石化	1400	80	
4	长三角	上海石化	1400	70	84
5		扬子石化	1600	80	80
6		金陵石化	2100		60
7		镇海炼化	2300	100	52
8	珠三角	茂名石化	2350	100	
9		惠州炼化	2200	220	85
10	华南	福建炼化	1400	100	85
11		海南炼化	920		60
12		泉州石化	1200	100	80
13	华中	武汉石化	850	80	

序号	地区	企业名称	炼油能力	乙烯生产能力	芳烃生产能力
14	东北	抚顺石化	1100	94	
15		吉林石化	980	70	
16		辽阳石化	900	20	76
17	西北	兰州石化	1050	70	
18		独山子石化	1000	122	
19		乌鲁木齐石化	850		100
20	西南	四川石化	1000	80	65

注：数据截至 2017 年 12 月 31 日。

（2）技术密集，产业关联度高

作为流程工业，石化工业综合应用了一系列工艺技术、工程技术和建造技术。技术来源广泛，技术选择难，集成难度大。相关技术的先进程度，决定了石化工业的发展水平。比如，为了提升石油资源的综合利用效率和轻油收率，提升炼油工业的整体效益水平，我国开发应用了系列催化裂化技术、系列加氢裂化技术、劣质重油加工技术、炼厂轻烃综合利用技术、炼化一体化技术等。为了实现清洁汽油生产，使油品质量达到国 V、国 VI 标准，中国石化开发应用了催化汽油吸附脱硫技术（S Zorb）和烷基化技术。石化装置中的重大装备（如工业炉、反应器、压缩机、大型储罐等）的设计与制造技术，也对石化产业的发展产生重要影响。中国石化工程建设有限公司、中国第一重型机械有限公司、中国第二重型机械有限公司联合中国石化的使用单位研制的超大、超厚（内径 5400mm、壁厚 340mm）渣油加氢反应器，是实现渣油加氢装置大型化的核心装备。过程控制系统［DCS（分布式控制系统）/FCS（现场总线控制系统）］是实现生产过程控制、监视、报警、报表打印和生产管理的核心控制系统。正在兴起的智能工厂技术则要综合利用信息化、数字化、网络化、智能化技术的集成应用，以实现设计、生产管理和经营管理的智能化。在石化装置的建设过程中，还要应用许多先进的施工安装技术，如中国石化形成的"四大一特"施工安装技术［即大型设备吊装技术、大型传动设备（机组）安装技术、大型储罐安装技术、大型 DCS 自动化集散控制系统安装与调试技术和特种材料焊接技术］，对提升施工安装效率和水平，保证施工安装质量，发挥了重要作用。

石化工业是一个关联度非常广的产业，通过炼油、乙烯等重大工程项目的建设，既可实现本产业的快速发展，又能带动汽车、电子、建材、机械制造等相关产业发展。石化工程项目既需要先进、可靠、耐用的专用设备和电气仪表等石化装备，又需要应用先进的网络技术和信息技术，因而对机械、电子等相关产业技术有较大的促进作用，能够带动其快速发展和优化升级。同时，石化工业所生产的合成树脂、合成橡胶、合成纤维、精细化学品以及化工新材料等产品，可广泛应用于国民经济发展的各个领域，对其产生较强的支撑、辐射、带动和提升作用。石化工业与各相关产业相辅相成、互相促进、共同发展。

（3）安全风险大，管理要求高

石化装置的物料、介质和产品大多是易燃、易爆的危险化学品，很多装置及设施的操作条件为高温、高压、深冷。石化企业在生产、储存、运输过程中存在的危险因素有火灾、爆炸、中毒、辐射、高处坠落、机械伤害、噪声、腐蚀等，且生产过程高温高压，安全风险比较大，生产管理要求非常高。

① 物料危险性高。石化装置中，从原料到产品，包括工艺过程中的半成品、中间体、催化剂、溶剂、添加剂等，绝大多数属于可燃、易燃性物质，还有爆炸性物质，如原油、天然气、汽油、煤油、液态烃等。它们又多以气体和液体状态存在，极易泄漏和挥发。有些物料是高毒和剧毒物质，如苯、甲苯、氰化钠、硫化氢、氯气等，如果处置不当或发生泄漏，容易导致人员伤亡。石化生产过程中还要使用、产生多种强腐蚀性的酸、碱类物质，如硫酸、盐酸、烧碱等，容易导致设备管线的腐蚀。一些物料还具有自燃、暴聚特性，如金属有机催化剂、乙烯等，在生产过程中，许多加热温度都达到或超过了物质的自燃点，一旦操作失误或因设备失修，极易发生火灾爆炸事故。

② 工艺条件苛刻，工艺过程危险性高。石化生产工艺技术复杂，运行条件苛刻，易出现突发灾难性事故。在石化生产过程中，需要经历很多物理、化学过程和传质、传热单元操作，有些过程控制条件异常苛刻，如高压、高温、深冷、真空等。如高压聚乙烯的聚合压力达 350MPa，涤纶原料聚酯的生产压力仅为 $0.1\sim0.2$kPa；乙烯装置蒸汽裂解反应的温度高达 1100℃，而下游深冷分离过程的温度在 -100℃ 以下。

③ 有些工艺介质的腐蚀性强，对设备、管线的损害较大。石油化工生产过程中的腐蚀性主要来源于：在生产工艺过程中使用一些强腐蚀性物质；在生产过程中有些原料和产品本身具有较强的腐蚀作用；生产过程中的化学反应也会生成许多新的具有不同腐蚀性的物质，如硫化氢、氯化氢、氮氧化物等[2,3]。设备和管道的腐蚀会导致设备和管道加速减薄、变脆，大大降低设备、管道的使用寿命。严重情况下，会导致泄漏或火灾爆炸事故。

为了应对腐蚀问题，对设备、管道、阀门等提出了严格的防腐要求，包括材质防腐、工艺防腐和涂料防腐等。在装置设计和运行过程中，要进行腐蚀风险分析和腐蚀适应性评估，并将评估结果应用于腐蚀风险管理控制的全过程，包括装置的设计选材、腐蚀监测技术的优化及检维修策略优化、操作过程中的腐蚀介质含量及操作参数的控制、防腐检查与失效分析等。

需要特别强调的是，石化装置和设施的本质安全、本质环保是保证石化企业"安稳长满优"运行的基础，必须在工艺过程、技术方案、设备材料选择、监控系统设置及建造质量保证等方面严格把关。

（4）环保要求高，生产过程的绿色化和低碳化趋势明显

近年来，石化企业产品排污呈下降态势，但由于产品产量增加，污染物排放总量并没有明显下降。我国为兑现"到 2030 年二氧化碳排放要达到峰值"的承诺，要求石化行业全面落实二氧化碳减排措施。2017 年 1 月 1 日全国汽柴油开始执行与欧 V 标准相当的国 V 标准，国 Ⅵ 汽柴油标准正在制定中，于 2019 年在全国实施，2020 年前我国将成为世界上油品标准最严的国家之一。

为了实现石化工业的绿色低碳发展，一是要不断推进生产过程的绿色化和低碳化，包括积极采用绿色工艺和先进的三废（废水、废渣、废气）处理技术来减少生产过程的 SO_2、NO_x、VOCs（挥发性有机物）和固体废弃物等的排放；积极采用节能技术，减少能源消耗。二要推动油品质量升级，为此，我国开发应用了催化汽油吸附脱硫（S Zorb）、烷基化、逆流连续重整等新技术，其中 S Zorb 技术实现了催化裂化汽油超深度脱硫，能耗仅为 5～7 千克标油/吨进料，是我国生产符合国 V 标准清洁车用汽油的主力技术。

（5）现代信息技术正在深刻影响石化工业

近年来，石化工业信息化取得了显著成绩，现代信息技术对石化工业的规划、建设、运营全过程都产生了巨大影响。在自动化层面，随着石化工业的大型化、一体化，对控制系统的开放度、可靠性、集成化和智能化提出了更高的要求，为此各生产企业普遍采用了以过程控制系统为核心，包括可燃气体和有毒气体检测报警系统、安全仪表系统等在内的控制系统网络，主要生产过程基本实现自动控制，增强了生产操作的平稳性，提高了产品质量合格率。在生产执行层面，通过生产执行系统、生产优化技术、生产调度系统的建设与应用，提升了生产管控水平和工作效率。在经营管理层面，大中型石化企业普遍采用了企业资源计划（ERP）系统，支撑了采购、销售、财务、资金等业务的高效运作，提高了企业经营管理效率[4]。

当前，石化行业正在持续推进现代信息技术与石化工业的深度融合，应用大数据，通过物联网、互联网、云计算，全面推进炼油与石化装置的智能化。人工智能技术也开始应用，自学习、自修复功能开始形成。目前，我国石化企业正在全面推进炼油及石化过程物质流、能量流、信息流、资金流的集成优化，实现原油采购、配置、运输的智能化和优化，生产过程的智能化和优化，生产过程水、电、蒸汽、燃料使用配置的智能化和优化，油品调和产品配送的智能化和优化，差异化石化产品定制化生产的智能化与优化，生产设备运转状况检测控制智能化与优化。镇海石化、九江石化、元坝天然气等企业正在开展智能工厂建设，初步实现了贯穿生产运营管理全过程的自动化、数字化、可视化、模型化和集成化。

1.1.2　石化工程项目的特点

石化工程项目属于资源、资金、技术高度密集型项目，具有技术复杂、专业

领域多、关联范围广、工程投资大、建造周期长和质量安全环保要求高等特点，探索应用科学先进的项目管理方法，是提升项目管理水平的关键。

（1）技术复杂

石化工业的技术复杂性决定了石化工程项目的复杂性。石化工程项目是科学成果转化为现实生产力的载体，综合应用了众多的工艺技术、工程技术、建造技术、安全环保技术、信息化技术等，技术来源广泛，集成难度大。项目技术的合理性和先进性决定了工程项目的建设质量和水平，也决定了所建成的石化装置的内在运行基因。因此，工程技术管理是贯穿于项目管理活动全过程的一项重要工作，它在项目的前期策划、过程控制、结果评判、最终记录等各运行环节充分发挥管理效能，是实现工程项目目标的重要保证。特别是在项目前期和项目实施过程中，要不断优化设计、建造和施工技术方案，开展技术方案评审，确保方案的先进性和适宜性。

（2）专业领域多

在石化工程项目的前期咨询、设计、采购、施工、开车过程中，涉及数十个专业。比如，在咨询设计阶段，涉及工厂设计、工艺、化学工程、热工、储运、给排水、总图运输、配管、材料、应力、建筑、结构、静设备、机械、机泵、加热炉、电气、电信、仪表自控、安全与健康、分析化验、暖通空调、环境工程、估算、技术经济、信息技术等二十多个专业。在施工阶段，涉及土建、吊装、设备安装、焊接、无损检测（NDT）、电气、仪表、给排水、防腐与绝热等十几个专业。在项目实施过程中，各专业之间的协同配合水平将直接影响项目能否顺利开展，影响项目执行效率和水平。项目组要综合应用各专业的知识、技能和方法，强化专业协作，注重项目方案的整体优化，实现工程项目的目标。

（3）关联范围广

石化工程项目的关联范围广，利益相关方众多，主要包括业主、行政主管单位、政府机构（包括政府建设行政主管部门、环保部门、消防部门、招标投标管理部门、质量技术监督部门、安全监督部门、海关、工程质量监督站等）、监理公司、业主委托的第三方（如项目管理、检验）、设备或材料供应商、承包商、合作方、社会公众等（见图1-1）。所以，在项目实施过程中，应科学分析利益相关方的需求和期望，加强项目界面管理和沟通协调，确保项目的顺利进行。

（4）工程投资大

石化工业正在朝着大型化方向发展，炼油规模一般在1000万吨/年以上，乙烯规模一般在100万吨/年以上，这就决定了项目投资规模也越来越大。千万吨级炼油工程及配套的投资额一般在150亿元以上，百万吨级乙烯工程及配套的投资额一般在200亿元以上。一套百万吨级乙烯装置的动静设备有860多台套（约合16000t），钢结构约2万吨，混凝土浇筑量约5万立方米，工艺管线约300km，DCS及仪表总量6000多台/件，仪表电缆总长约800km，电气设备及器材总量

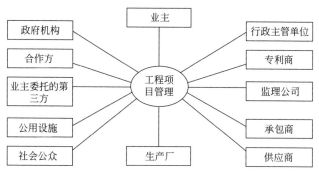

图 1-1 石化工程项目的主要相关方

4000 多台/件，电缆总长约 600km，工程投资额超过 30 亿元。另外，由于石化装置技术复杂且操作条件苛刻，有时还需要引进一些专利、专有设备以及高性能材料等，价格昂贵，进一步增加了工程投资。

（5）建造周期长

石化工程项目的建设周期一般都比较长。从工程设计到建成投产，1000 万吨/年炼油工程的建设周期在 32 个月左右，100 万吨/年乙烯工程的建设周期在 38 个月左右。在如此长时间的建设过程中，存在各种难以预测的风险，比如项目资源风险、进度风险、安全风险、设备材料价格风险等，因而必须强化过程管理，严格管控风险，才能保证项目按计划完成。

（6）质量安全环保要求高

石化工程项目是一个复杂的巨系统，任何一个小的失误，其影响都会放大。石化装置的物料、介质和产品大多是易燃、易爆的危险化学品，有些装置的操作条件为高温高压，质量、安全、环境风险都比较大，一旦发生事故会造成生命财产的重大损失，甚至对周边地区自然生态和居住环境构成严重威胁。为了保证石化装置"安稳长满优"运行，必须在工程建设阶段确保工程质量，保证本质安全和本质环保，打造石化装置的优质基因。此外，在工程建设过程中，有时会有数万人在工程现场同时施工，高空、立体交叉作业多，有毒有害、易燃易爆、高温高压介质多，工程设计、设备制造、安装施工的任何一个环节均存在很多质量安全环保隐患，稍有不慎就有可能引发质量安全环保事故，因此必须加强过程管控，消除风险隐患，防止事故发生。

1.2 石化工程项目管理方法的演化

1.2.1 国际项目管理方法的演化

1.2.1.1 国际项目管理方法的演化历程

工程管理是一门兴起于工业文明的年轻学科，尽管工程管理的历史可以追溯到我国古代农耕文明时期[5]。随着生产发展和社会进步，社会各个方面如政治、经济、文化、宗教和军事等对各种工程产生了需求，而当时的科学技术发展水平又能满足这些工程的要求，于是就出现了各种工程项目。历史上的工程项目主要是建筑工程项目。现存的许多古代建筑，如中国的长城和埃及的金字塔等，规模宏大、工艺精湛，至今还有着巨大的经济和社会意义。如此高水平的工程项目，必然有相当高的项目管理水平相匹配。但是，由于当时科学技术水平和人们认识能力的限制，严格地说，还没有现代意义上的项目管理。现代项目管理是在 20 世纪 40 年代以后逐步发展起来的，大致经历了如下几个阶段。

（1）初始阶段

20 世纪 40 年代的"曼哈顿计划"、50 年代后期的关键路线法（CPM）和计划评审技术（PERT）的应用以及 60 年代的"阿波罗"载人登月计划，以及我国数学家华罗庚先生"统筹法"的推广应用，标志着一套科学系统的项目管理方法已初步形成。

（2）标准化和规范化阶段

对项目管理的系统研究始于 20 世纪 60 年代。创建于 1965 年的国际项目管理协会（IPMA）和创建于 1969 年的美国项目管理学会（PMI）是项目管理的两大研究组织体系。1983 年，在 PMI 发表的一份研究报告中，项目管理被划分为范围管理、成本管理、时间管理、质量管理、人力资源管理和沟通管理六个知识领域。这些领域成为 PMI 的项目管理专业化的基础内容，逐步实现了项目管理的标准化和规范化。1987 年，PMI 出版了《项目管理知识体系指南》（PMBOK），标志着项目管理进入了标准化和规范化阶段。

（3）现代化阶段

20 世纪 70～80 年代，项目管理迅速传遍世界各国。美国从最初的军事项目和宇航项目管理，很快扩展到各种类型的民用项目管理[6]。项目管理除了策划、执行和控制外，对采购、合同、进度、费用、质量、风险等给予了更多的重视，加之 2000 年 PMI 修订的《项目管理知识体系指南》，标志着现代项目管理知识体系初步形成，并随之出现了一些比较先进的项目管理软件。

（4）项目管理的新发展

21 世纪以来，为了适应经济全球化的潮流，项目管理更加注重人的因素，注重柔性管理，力求在变革中生存和发展[6]。在这个阶段，项目管理应用领域进一步扩大，尤其是在新兴产业中得到了迅速发展，项目管理更加标准化、规范化、专业化。《项目管理知识体系指南》分别于 2004、2008、2012 和 2017 年进行了四次修订，使该体系更加成熟和完整。IPMA 于 2005 年发布了第三版《国际项目管理专业资质认证标准》（ICB），制定了项目管理能力基准，共包括 3 个类别 46 个项目管理能力要素。国际标准化组织（ISO）也制定了 ISO 10006 标准《质量管理体系：项目质量管理指南》。

1.2.1.2 现代项目管理理论和方法的应用

现代项目管理吸收应用了现代科学技术和现代管理的一系列最新成果，其具体表现包括以下三点。

（1）现代管理理论的应用

系统论、控制论、信息论、行为科学等在项目管理中的应用构成了现代项目管理的基础理论。可以说，项目管理方法实质上就是这些理论在项目实施过程中的综合运用。

（2）现代管理方法的应用

网络计划技术、结构化分解、赢得值原理、预测技术、决策技术、数理统计分析技术、线性规划、排队论等现代管理方法广泛用于解决各种复杂的项目管理问题。

（3）现代管理手段的应用

最显著的是信息技术的发展以及现代图文处理技术、多媒体技术等的使用，特别是各种项目管理软件的开发应用，对大量的项目信息、数据进行动态管理，极大地提高了项目管理的效率和水平。

1.2.2 我国项目管理方法的演化

我国工程管理在逐步积累、提炼和发展中，从经验走向科学，从传统走向现代[7]。在我国发展历史上，建设了长城、故宫、都江堰水利工程等许多大型、复杂的工程。新中国成立后，我国建设了很多标志性的、具有世界影响的大型工程项目，如"两弹一星"工程、三峡水利工程、青藏铁路工程、港珠澳大桥工程等，同时也建设了一大批大型石化工程项目，如西气东输、川气东送、千万吨级炼油和百万吨级乙烯等。随着这些工程项目的实施，我国的项目管理模式和方法得到不断发展，并逐步与国际接轨。

计划经济时期，工程项目通常采用传统的管理模式，从"建设单位自营制"，到以建设单位为主的建设单位、施工单位、设计单位"三方协作制"，再发展到"工程指挥部"的组织形式。同时，我国学习国外先进的网络计划技术，大力推广应用华罗庚倡导的"统筹法"管理技术和钱学森的系统工程理论和方法，初步建立了适合我国国情的项目管理理论和方法。但总体上项目管理比较粗放，管理手段和方法比较落后，项目管理水平较低。

改革开放以后，随着大量引进国外成套技术和设备，国外工程承包商进入我国建设市场，相继带来了国际通行的项目管理和工程承包方式，我国工程建设管理体制进入了新的发展阶段。20 世纪 80 年代初，国际先进的项目管理理论和方法从德国、日本、美国引入我国，我国工程建设领域开始推行项目管理和工程总承包。近 40 年来，我国项目管理的发展先后经历了学习试点、建制推广、规范发展三个阶段,项目管理水平得到了显著提升。

(1) 学习试点阶段 (1982～1991年)

1982年,日本大成建设公司承包了鲁布革水电引水隧道工程,运用项目管理方法对工程施工进行了有效的管理,收到了很好的效果,引起国务院领导和有关部门的高度重视,国家建设部等五部委确定了18家试点施工企业共66个工程项目开展"鲁布革工程管理经验"试点[8]。

1987年4月,国家计委、财政部、中国人民建设银行、国家物资局发出了《关于设计单位进行工程建设总承包试点有关问题的通知》,中国石化工程建设有限公司(原北京石化工程公司)等12家设计单位被列为总承包试点单位,按照国际通行的项目管理模式开展勘察设计、设备材料采购、工程施工和竣工投产全过程的总承包或部分承包。

1988年,我国推行了工程建设监理制度,成立一批专业化的工程建设监理公司,协助业主组织项目实施,并对项目进行工程质量、安全、进度、费用控制和合同管理。工程建设监理制度确立了业主、承包商和工程监理组成的三位一体的建设项目组织格局,促进了项目管理的发展。

(2) 建制推广阶段 (1992～1999年)

1992年11月,建设部颁发了《设计单位进行工程总承包资格管理有关规定》,先后有560家设计单位领取了甲级工程总承包资格证书,2000余家设计单位领取了乙级工程总承包资格证书[8]。

1994年8月,建设部在全国工程项目管理工作会议及第四次工程项目管理研讨会上正式提出将"项目法施工"改为国际上通用的"工程项目管理",并对企业的项目管理体制改革做了系统、科学、全面的总结和论述。

1997年,建设部印发了《关于进一步推行建筑业企业工程项目管理的指导意见》,进一步明确了推行项目管理改革的指导思想、目的意义及运作方式。同年,我国颁布了《中华人民共和国建筑法》,提倡对建筑工程进行工程项目总承包,确立了工程项目总承包的法律地位。

1999年8月,建设部颁发了《大型设计单位创建国际型工程公司的指导意见》,明确要求大型设计单位要按照创建国际型工程公司的目标,按国际通行模式建立项目管理体系,完善企业组织机构,实行项目经理负责制,提高技术创新和管理创新能力,实现工程设计和项目管理现代化。

(3) 规范发展阶段 (2000年至今)

2000年以来,建设部相继颁布了《建设工程项目管理规范》《建设项目工程总承包管理规范》《建设工程监理规范》,标志着中国工程项目管理走上了规范化、科学化、国际化的发展道路。

2002年,中国项目管理协会在北京举办了首届项目管理国际会议,出版了《中国项目管理知识体系纲要》,促进了我国项目管理的标准化。2003年和2004

年建设部相继颁布了《关于培育发展工程总承包和工程项目管理企业的指导意见》和《建设工程项目管理试行办法》，为我国勘察设计、施工、监理等企业从事工程项目管理和工程总承包指明了发展方向，提供了良好的政策保障和市场准入条件，促进了我国工程项目管理和工程总承包的发展。

2005 年建设部、国家发展改革委等六部委又颁布《关于加快建筑业改革与发展的若干意见》，提出要积极发展工程咨询服务体系，鼓励具有工程勘察、设计、施工、监理、造价咨询、招标代理等资质的企业，在其资质等级许可的工程项目范围内开展项目管理业务，提高建设项目管理的专业化和科学化水平。

2016 年，住建部印发了《关于进一步推进工程总承包发展的若干意见》，进一步明确了开展工程总承包的条件、要求和政策措施，鼓励政府投资项目积极采用工程总承包模式。2017 年，国务院办公厅印发了《关于促进建筑业持续健康发展的意见》，要求加快推行工程总承包，培育一批具有国际水平的全过程工程咨询企业，制定全过程工程咨询服务技术标准和合同范本，大力推行全过程工程咨询服务。

1.2.3　我国石化工程项目管理方法的演化

1.2.3.1　我国石化工程项目管理方法的演化历程

石化工程项目管理方法的发展一直走在全国的前列，其演化过程经历了四个阶段。

（1）引进学习与试点阶段（1982～1991 年）

20 世纪 70 年代以来，石化工业得到快速发展，引进了一批现代化的石油化工生产装置，很多国际大型工程公司进入中国开展石化工程设计和工程承包，带来了先进的项目管理理念和方法。在这个阶段，项目实施方式通常是"指挥部＋国外 EP 承包商＋国内设计院＋国内供货商＋施工单位"。国务院领导在 1982 年提出学习推广鲁布革工程管理经验后，石化行业开始实行"项目法"管理。80 年代末 90 年代初，原化工部和中国石油化工总公司先后分批派出大量工程技术人员，到国际一流工程公司学习锻炼，培养了一批熟悉现代项目管理理念、掌握先进项目管理方法的项目管理人员，为石化工程项目管理水平的提升发挥了重要作用。

1984 年，中国石油化工总公司试点建设工程总承包，中国石化工程建设有限公司作为试点单位，先后开展了燕山 6 万吨/年苯乙烯、5 万吨/年聚苯乙烯等项目的工程总承包，成为我国首批推行工程总承包的企业之一。

（2）建制推广阶段（1992～1999 年）

为了推进工程建设管理体制的改革，石化行业逐步推行了项目法人制、建设监理制、工程承包制、招标投标制，大力推进工厂设计模式改革[9]。在试点的基础上，中国石油化工总公司扩大并完善了工程总承包建设模式。中国石化工程建设有限公司总承包的六套聚丙烯、天津芳烃等项目取得了很好的成效，在全国工程建设行业引起较大反响。

为了保证石油化工项目的设计和施工质量，中国石油化工总公司组织编制了一系列技术和管理标准规范，对保证工程建设质量和安全起到了重要作用。

（3）创新发展阶段（2000～2005年）

2000年以后，我国石油化工工程项目管理基本与国际接轨，进入了规范化发展的新阶段。上海赛科（SECCO）乙烯工程项目结合自身特点，实行了自主创新的一体化项目管理团队（IPMT）管理模式，既发挥了我国石化企业丰富的工程建设经验和人才优势，又发挥了国际工程公司先进管理的优势，取得了较好的效果[9]。南海石化项目和扬-巴乙烯项目实行了国际通用的项目管理承包商（PMC）管理模式，开辟了我国大型石化工程项目实行PMC模式的先河[9]。在工程项目实施方式上全面推广工程总承包，设备材料实行总部集中采购和框架协议采购，工程项目管理效率和水平显著提高。

（4）整体化管理阶段（2006年至今）

从海南800万吨/年炼油工程开始，我国开始规划建设千万吨级现代化炼厂和百万吨级乙烯厂，石化工程建设进入了新的发展阶段。十几年来，我国相继建成了十几个千万吨级炼油和百万吨级乙烯工程，形成了环渤海、长三角、珠三角等炼化一体化基地，如中国石化工程建设有限公司设计建设的青岛1000万吨/年炼油、惠州1200万吨/年炼油、天津100万吨/年乙烯、普光天然气净化厂等大型项目。在这些大型项目的规划、设计和建设过程中，广泛使用了国际先进的项目管理技术和方法，并探索使用了"集约化、协同化、集成化、过程化、数字化"五位一体的整体化管理方法，项目管理效率和水平进一步提升。

经过几十年的创新发展，我国石化行业工程公司的国际竞争力显著增强，能够在国际市场上与国际一流工程公司论伯仲、比高低。经过激烈的国际竞争，在中东、东南亚、非洲、北美洲等地区成功执行了一大批国际石化工程项目，打造了炼化工程技术和装备新的国家名片。

1.2.3.2 我国石化工程项目的建设程序

石化工程项目建设是一个复杂的系统工程，必须遵循必要的建设程序。按照我国现行规定，一般大中型及限额以上石化工程项目建设的基本程序是：

① 根据行业和地区发展规划，结合企业发展需要，提出项目建议书。

② 在调查研究的基础上，进行详细技术经济论证，编制可行性研究报告/项目申请报告。

③ 根据咨询评估情况，对工程项目进行决策。

④ 根据可行性研究报告/项目申请报告，确定工艺技术，编制总体设计（三套装置以上）、基础工程设计（初步设计）文件。

⑤ 基础工程设计（初步设计）经审查、批准后，开展详细工程设计（施工图设计），进行设备材料采购，并做好施工前的各项准备工作。

⑥ 组织施工，并根据施工进度，做好投运前的准备工作。

⑦ 按工程设计的各项内容完成工程施工，经投料试车验收合格后正式投产交付使用。

⑧ 安全、稳定、满负荷运营一段时间（一般为 1 年）后，正式办理竣工验收，并进行项目后评价[9]。

1.3　石化工程整体化管理

石化工程项目管理是以技术多学科、研发多层次、管理多维度、协调多界面、运行多子系统为基本特征的开放复杂的巨系统，各子系统间会相互影响，一些局部的微小变化可能会在系统中逐渐放大，从而影响整个项目的整体绩效。随着项目规模越来越大，项目规划、执行和管理均存在诸多难题，比如，科技研发与工程设计脱节，技术成果的转化率不高；集约化水平低，流程、布置、能量等方面的整体优化不够；研发、设计、建造之间的协同化程度低，损耗大，合力不足；项目集成化不够，未能形成一个有机的整体；项目管控以结果管控为主，事前控制和过程控制不够，控制成本高，效率低。面对这些问题，应在项目管理中进一步强化整体性思维，构建整体化管理体系，从集约化、协同化、集成化、过程化和数字化的角度对项目全生命周期进行管理，以实现项目的整体优化，提高项目效益和效率。

1.3.1　基本概念

1.3.1.1　工程、方法与工程管理方法

工程是人类有目的、有计划、有组织地运用知识（技术知识、科学知识、工程知识、产业知识、经济知识等）和各种工具与设备（各种手工工具、动力设备、工艺装备、管控设备等），有效地配置各类资源（自然资源、经济资源、社会资源、知识资源等），通过优化选择和动态的、有效的集成，构建并运行一个"人工实在"的物质性实践过程[10]。工程是服务于特定目的的各项工作的总体[11]，是通过对其所蕴含的要素进行集成、建构形成的一个复杂的、特定的整体，而其功能只有形成整体系统后才能体现出来[12]。

方法一般是指为获得某些东西或达到某种目的而采用的手段和采取的行为方式。工程方法是一个指向工程产品和工程目的的过程性、中介性概念，是"硬件、软件、斡件统一的"、可运行的、形成生产能力的、创造工程价值的方法集[13]。

工程管理是对工程活动的管理。工程管理方法是工程管理问题的解决之道，是现代科学技术方法和各类要素配置方法在工程管理范畴内的集成及其一般规

则[13]。工程管理活动是一个复杂的过程，存在很多不确定性，需要从技术、经济、法律、社会、生态等多个维度对管理效益进行综合评价。在现代管理理论的指导下，结合工程项目特点，产生了多种工程管理方法，如目标管理方法、组织管理方法、集约管理方法、协同管理方法、集成管理方法、过程管理方法等，我们需从工程整体观出发，站在全局管理的视角，让多种管理方法协同发挥作用，达到最优的目标。

1.3.1.2　工程整体化管理方法

任何一项工程活动，都需经历一个从潜在到现实，从理念孕育到变为实存，从设计建造到运行维护再到工程改造、更新，直到工程退役或自然终结的完整生命周期。石化工程全生命周期要经历工程立项、工程定义、工程设计、工程实施、工程运营、工程评估、工程退役等复杂的过程。与其他行业的工程项目一样，石化工程具有明显的整体性特征，是通过对其所蕴含的诸多要素进行集成、建构而成的特定整体。

随着石化工程项目的大型化和新工艺、新技术的应用，石化工程项目过程相互割裂、管理要素不协调、资源配备不优化、信息沟通与管理技术落后等问题所带来的风险凸显，因此，在石化工程活动中，工程管理方法应随科技进步与管理理论创新而不断丰富发展，对工程全生命周期内的各种要素进行整体化、系统性地管理。

工程整体化管理方法是指以系统论、信息论和控制论为理论基础，以工程系统整体优化为导向，通过对工程项目全生命周期的项目资源、项目组织、管理要素、项目信息等进行综合集成和协同优化，形成一个有机的整体，达到最优化项目目标的管理方法体系。

1.3.2　基本特征

石化工程整体化管理方法具有以下基本特征。

（1）整体性

石化工程的各项工程技术、管理方法不是孤立的，而是彼此联系、相互作用、耦合互动的。项目整体性包括项目全生命周期活动的整体性、项目管理要素的整体性、项目组织体系的整体性和项目信息的整体性。离开任一方面的支持配合与协同作用，工程活动的正常顺序都会被打乱，使工程系统运行发生紊乱而走向无序，甚至难以正常运行。因此，应根据"融合共生"的管理理念，从整体结构、整体功能、效率优化、信息集成、环境适应性、社会和谐性等要求出发，特别注意研究工程整体运行过程、工程的整体结构、局部技术/装置的合理运行窗口值和工序、装置之间协同运行的逻辑关系，研究过程系统的组织机制和重构优化的模式等多元、多尺度、多层次复杂过程的动态集成和建构贯通[12]。

（2）系统性

石化工程是一个复杂的系统工程，石化工程生命周期中的各项工程技术、管理方法既相互区别又联系紧密，因此必须应用结构复杂、功能多样的方法体系，并围绕共同的工程目标而展开。工程研发、工程转化、工程实施、项目管理等方面的各种工程方法是相互配合、相互补充、高度相关、耦合互动的，这些方法通过系统集成形成了一个完整的方法体系。

（3）协同性

石化工程生命周期中的各种工程方法分别处在生命周期的不同阶段和不同层面，各自扮演着不同的角色，但共同服务于工程生命的健康发展。所以，各阶段的工程方法并不是孤立的，也不是单独发挥作用的，而是彼此有机联系的，通过相互补充、协同作用实现其所构建的人工系统的动态有序运行，以达到工程整体的结构优化、功能发挥和效率卓越。

（4）价值导向性

石化工程项目的目标是整体价值最大化，任何工程方法都追求效力、效率与效益，力求以最小的成本获得最大的收益。这就要求石化工程全生命周期中，要以价值为导向，通过构建、选择、集成各种工程方法，实现包括经济效益、生态环境效益、安全效益和社会效益在内的整体效益优化。

1.3.3 体系要素

石化工程整体化管理体系集合了"集约化、协同化、集成化、过程化和数字化"五大管理要素，是"五位一体"的管理方法体系。这"五化"是相互关联、功能连贯的有机整体，目的是要打破各业务板块、各专业之间的壁垒，实现效益和效率的最大化。

1.3.3.1 方案规划集约化

（1）集约化的基本概念与特征

集约化是指通过对人力、物力、财力、管理等生产要素进行优化配置，充分发挥资源的积极效应，以最小的资源投入获得最大的回报，提高工作效益和效率的一种形式。

集约化中的"集"是指集合人力、物力、财力、管理、技术等生产要素，进行统一配置；"约"是指在集中、统一配置生产要素的过程中，明确以节俭、约束、高效为价值取向，实现降低成本、高效管理的目标，从而使企业集中主要力量和核心资源，获得可持续发展的优势。

集约化有几个显著特征：一是在人力资源利用上，通过单个人员能力提升和团队协作素质培养，不断提高单位时间内的工作效率，以及发挥科学技术在效益增长中的促进作用；二是在物料和能量等资源利用上，通过管理理念更新和绿色低碳新技术的投入，提升资源利用率，降低资源无效消耗和产品成本；三是在财务资源利用上，通过资金的集中管控和统筹协调等方式，不断提高投资使用效果和回报率；四是在生产要素组合方式上，基于系统论、统筹学、博弈论等理论方法，借助信息化手段，同步实施多要素、多资源的集结、协调和优化，并实现资源的科学配置和优化使用。

集约化的特征分析表明，集约型管理与粗放型管理的最大区别在于，粗放型的资源利用仅仅是数量、规模等形态上的"外延式扩张"，而集约型的资源优化是以提高效率和效益为要求的"内涵式增长"，后者以和谐、集中、高效为价值取向，通过科学有效的手段，对相关资源要素进行优化配置，以有限的资源投入获取最大效益，是一种新型的管理理念和方法。

（2）石化工程项目方案规划集约化

在石化工程项目中，应基于集约管理理论和信息化、数字化技术，结合石化工程项目多界面、多要素、多系统、多专业、多目标、多约束的特征，围绕技术先进、清洁环保、安全可靠、经济合理的建设目标，实施人力、物资、成本、技术等多层次、多角度的集约化，并通过数字工具、数字工程平台来实现整体效益最大化，为石化工厂创造更优秀的工厂基因。

石化工程项目集约化除了通常涵盖的人力、物力、财力、管理、技术等生产要素的集约化以外，尤其要重视工厂规划、设计方案和建造方案的集约化。工厂规划是石化企业技术路线的顶层架构，在规划中需要在法律法规、石化产业政策、产品市场需求和行业基准收益率等约束条件下，对石化原材料供应和加工流程方案进行分析和论证，降低固定资产投资、提高资源利用效率。设计方案的优化在工厂规划基础上开展，实施过程中需要综合考虑工艺技术选择、能量综合利用、环保高效治理和投资收益分析等环节，并借助信息化手段，提高方案的工程实施可行性。在建造方案实施环节，需要结合设备采购和制造资源，综合考虑承包商、制造商、业主方等相关方的诉求和能力，以项目经济、技术、质量、安全、环保等综合优化为目标，实现项目的整体效益最大化。从石化工厂生产运营实际情况来看，项目建设之初确定的全厂工艺加工方案、能量综合利用、环保高效治理等方面的优化配置水平，将对生产装置的"安稳长满优"运转起着关键作用，是石化工厂优质基因的决定性因素，是集约化程度的一种重要体现。因此，本书重点介绍石化工程项目总流程规划、总平面布置、能量利用、蒸汽动力系统设计和环保治理的集约化方法。

1.3.3.2　石化工程项目协同化

所谓协同，就是指协调两个或者两个以上的不同资源或者个体，协同一致地完成某一目标的过程或能力。协同化是指在复杂大系统内，各子系统的协同行为产生出的超越各要素自身的单独作用，形成整个系统的统一和联合，发挥协同增值效应。协同的结果是个个获益，整体加强，共同发展，形成事物之间属性互相增强，向积极方向发展的态势。其特点是协调一致、共同努力、相互配合、沿同一方向正向强化，以减少内耗，发挥各自的功能效用及综合增值效益，实现"1+1＞2"的效果。

石化工程具有跨时间、跨空间、跨专业、跨领域、跨文化等特征，管理维度和要素繁多，它们在不同的层面分层次间接或直接传递，综合对项目绩效发挥作用。因此，要基于并行工程理论，通过以数字化为支撑的整体化协同管理方法，实现技术研发、工程转化、设计、采购、建造等过程内部及相互间的双向协同和整体协同。

1.3.3.3　石化工程项目集成化

集成化是以项目目标为导向，以系统论、信息论和控制论为理论基础，以工程系统为对象，以系统整体优化为目标，将两个或两个以上的要素（单元、子系统）集合成为一个有机整体的过程。集成化管理突出了一体化的整合思想，但集成并不是若干要素的拼凑或随机组合，而是要素之间的有机组合，即按照某种集成化规则对这些要素进行重新组合和构造，形成一种新的"有机体"，其目的在于提高系统的整体功能。

石化工程项目目标是多方面的，质量、安全、环保、健康、费用、工期、能耗物耗等目标相辅相成，相互影响并相互制约。在项目实施和管理过程中，要对项目全生命周期的目标进行全局性、系统性和综合性地分析，通过设计集成化、建造集成化和项目管理集成化，对管理要素、管理过程、功能及知识等进行高效聚集和优化组合，以达到项目管理要素的协调统一和项目各过程的有效衔接，充分发挥资源在项目执行过程中的协同作用，最大程度地规避风险，实现各项目标效益最大化，并为实现生产运营阶段目标奠定基础。

石化工程项目集成化从本质上说就是从全局观点出发，以项目整体利益最大化作为目标，以项目范围、工期、成本、质量、安全、技术等各种项目专项管理的协调与整合为主要内容而开展的一种综合性项目管理活动。工程项目集成化不是传统工程项目管理要素的简单叠加或者综合，而是管理要素之间经过主动优化、选择搭配，按照一定的集成方式和模式进行的构造和组合，以集成管理系统的整体功能的提高为目的，以项目的"功能倍增"或者"利益涌现"为标志[14]。工程项目集成管理要求在项目的启动阶段就对项目全生命周期中的多重约束条件进行系统的考虑，明确各种供应商、分包商、服务商等原先并未纳入工程项目管理体系的参与方之间的影响和依赖关系，通过提供高效的沟通和协调平台，采用数字化、智能化信息技术，形成动态的高效率的项目组织，达到利益相关者满意、项目参与方共赢的目的。

集成化设计和管理系统是实现集成化管理的重要支撑。工艺设计集成化平台、三维设计协同化平台、材料管理集成系统、项目管理集成系统等全过程、多功能、分布式、集中存储的基于网络的多用户集成化设计和管理平台能够实现不同过程的无缝对接，消除界面损耗[14]，实现参与方的数据共享和协同沟通，提高工作效率和质量。

1.3.3.4　石化工程项目管控过程化

在工程项目勘察设计、物资采购、施工安装、试运行等各阶段中，存在许多过程和过程组。将实施过程中的各种活动作为相互关联、功能连贯的过程组成的体系来理解和管理，才能更加高效地得到一致的、可预测的结果。

（1）过程与过程方法

在《质量管理体系基础和术语》（GB/T 19000—2016/ISO 9000：2015）中，将过程定义为："过程是一组将输入转化为输出的相互关联或相互作用的活动"。

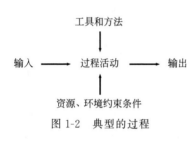

图 1-2　典型的过程

过程的任务在于将输入转化为输出，转化的条件是资源，包括人力、资金、设备材料、设施、技术、环境资源等[15]。在项目管理过程中，需要应用一定的工具和方法，在资源约束条件下，开展一系列活动，才能将输入转化为我们所期待的输出。典型的过程见图1-2。

石化工程项目过程分为两大类，一类是产品实现过程，另一类是项目管理过程。产品实现过程因产品的不同而各异，一般分为前期咨询、勘察设计、设备材料采购、施工安装、试运行、竣工验收六个过程。这些过程重点关注项目产品的特性、功能和质量。项目管理过程的基本流程不因产品的不同而变化。项目管理过程一般分为启动、计划、执行、控制、收尾五个过程。启动过程是定义一个新项目或现有项目的一个新阶段，授权开始该项目的过程；计划过程是明确项目范围，优化目标，为实现目标制定行动方案的过程；执行过程是完成项目管理计划中确定的工作，以满足项目规范要求的过程；控制过程是跟踪、检测和调整项目进展与绩效，识别必要的计划变更并启动相应变更的过程；收尾过程是进行项目总结，正式结束项目的过程。这些项目管理过程是相互关联的，一个过程的结果往往是下一个过程的输入。产品实现过程和项目管理过程在项目中是相互依存、不可割裂的。产品实现过程是项目的基础，是项目管理的对象。项目管理过程是对产品实现过程的管理，它可利用项目管理的先进技术和方法保证项目的效率和效益。在项目管理过程中，需要应用一定的工具和方法，在资源约束条件下，对工程技术、质量、安全环保、进度、费用和变更要素进行有效管控，才能将输入高效转化为我们所期待的输出，实现项目目标。

　　ISO 9001：2015 将"过程方法"作为质量管理七项基本原则之一。所谓"过程方法"，就是根据组织的方针和战略目标，系统地识别和管理组织所应用的过程[15]，对各过程及其相互作用进行系统的规定和控制，从而实现预期的结果。

　　（2）过程管控

　　过程管控是一种采用过程方法、基于业务流程进行管理、控制的管理模式，用有效的技术和工具来策划、控制和改进过程的目标、流程和绩效，通过过程中的监督、检查、评价和纠偏，将不协调、不合格项及时处理，达到事前、事中控制的目的。它所强调的管理对象是业务流程，强调以整体目标为出发点，以流程为导向来识别和评估风险，设计组织框架，将流程中的各种活动相互关联起来，使流程连续、通畅，形成有机的整体。

　　过程管控的基本程序一般可概括为：①明确项目目标；②识别项目各项业务过程之间的相互关系；③对业务过程进行分析，识别风险点和关键节点；④进行业务过程优化，设计业务流程图；⑤按业务过程运行的需要合理配置资源；⑥对业务过程的实施情况进行绩效测量和监控，并进行信息收集、传递和处理；⑦以提高业务过程的绩效为主要目标，进行纠偏，持续改进过程。

　　过程管控的一个突出特点，就是注重管理的细化，即细化到每一个业务流程、每一个项目活动、每一项影响业务流程运行的输入因素、资源约束和工具方法。

　　过程管控将所有的业务、管理活动都视为一个流程，以全流程的整体控制来取代个别部门或个别活动的局部控制，强调全流程的绩效表现取代个别部门或个别活动的绩效。打破部门和岗位壁垒，将流程中涉及的下一个部门或岗位视为顾客，鼓励各部门、各岗位间互相合作，协同努力，共同追求全流程的绩效。

　　在过程管控中，必须重视信息化管理系统的开发应用，实现业务流程化、流程信息化，用信息化、数字化手段使业务流程得以有效、高效运行，实现业务流程的数据同源、信息同根，提升过程管控的效率和水平。

1.3.3.5　石化工程项目数字化

　　数字化是通过信息技术，建立数据组织模型，将工程的技术与管理信息转变为结构化和非结构化数据，经由信息流进行表达、传输和处理的过程[16]。在信息化时代，石化工程项目数字化是实现项目管理集约化、协同化、集成化和过程化的重要基础和工具。数字化管理具有为集约、协同、集成和过程管控赋能的特征，确保整体化管理过程数据同源和信息同根[16]。有了先进的数字化技术平台，才能高效快捷地实现项目集约化管理和管控过程化，协同化也更便于实现；同时，集约化、协同化、集成化、过程化也是实现数字化、提升数字化水平的基础条件。

石化工程项目数字化的重点工作是开展数据中心建设、业务流程优化、信息系统集成与整合，切实抓好标准化、模型化、模板化、集成化、智能化工作，将实体业务和物理事件转变成数字或数据，实现数字化交付，为建设数字化工厂奠定基础。

数字化工厂是以工厂对象为核心，包括与之相关联的数据、文档、模型及其相互关联关系等组成的信息模型，它将不同类型、不同来源、不同时期产生的数据构成了完整、一致、相互关联的信息网。数字化工厂通过数字化平台发挥数据库的功能，为工厂的运行、维护、改扩建、安全管理提供有效的数据支撑，打通工厂生命周期的信息流，使之变成宝贵的虚拟资产，为智能工厂建设奠定基础。

"智能工厂"是数字化工厂的延伸，是以卓越运营为目标，贯穿生产运营管理全过程，具备高度"数字化、集成化、模型化、可视化、智能化"特征的石化工厂。智能工厂在数字化工厂的基础上，着力提升工厂的"全面感知、预测预警、优化协同、科学决策"四种能力，目的是大幅度提升石化企业的安全环保、管理效率、经济效益和竞争实力。

在数字化进程中，不仅要深化应用工艺集成化设计、三维设计、建筑信息模型（BIM）、仿真模拟、协同设计、供应链管理、电子商务、项目管理等传统信息技术，还要开发应用好云计算、大数据、物联网、移动技术、智能硬件等新兴信息技术。

实现石化工程项目的数字化，应建立涵盖工程项目数字化设计、数字化建造、数字化施工、数字化完工等工程项目全生命周期的集成化管理平台，包括工艺设计集成化平台、工程设计集成化平台、三维设计协同化平台、材料控制与采购管理系统、施工管理系统、完工管理系统、电子文档管理系统、项目管理系统等。

1.3.4 逻辑模型

石化工程项目集约化、协同化、集成化、过程化和数字化是项目整体化管理方法的五大要素。这五大要素相辅相成、相互作用，共同形成了一个五位一体的整体化管理方法体系，将技术研发、工厂规划、工程设计、装备制造、施工建设、过程管控、产品交付和投料试车等环节融为一体，建立动态循环和本质关联[16]。石化工程整体化管理方法逻辑模型见图1-3。

石化工程整体化管理方法体系中，项目管理五大要素的逻辑关系可以表述为：

① 石化工程项目集约化、协同化、集成化、过程化和数字化在不同阶段，从不同角度，通过不同管理要素，共同作用于石化工程项目的全生命周期中，从研发到规划，从设计到制造，从建设到试车，工程实施进度时序不断推移，集约、协同、集成、管控等子系统进行自适应、自整合和自优化，发挥各环节

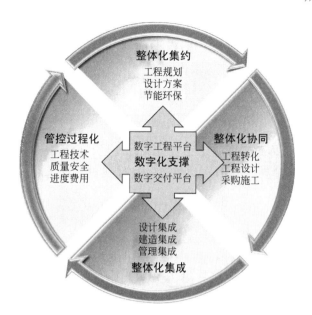

图 1-3　石化工程整体化管理方法逻辑模型

自成体系和动态关联的优势[16]，从而达到项目管理整体最优的效果。

② 这"五化"是相辅相成、相互作用的关系。项目协同化对项目集约化、集成化都有重要的影响，没有项目内部、项目利益相关方及项目设计、采购、施工的协同，项目集约化目标将难以达到，项目集成化更无从谈起；项目集成化是实现项目集约化目标的重要手段和途径；项目的各项活动都是由一个个过程组成的，有效的过程管控，将有助于提高项目集成化和集约化水平；同时，项目协同化也有助于管控过程化的实施，有利于提升管控效果。

③ 石化工程数字化是实现项目管理集约化、协同化、集成化、过程化的重要支撑。石化工程整体化管理模式中的数字化具有双重功能，对内基于信息技术和业务流程，关联融合工艺设计、工程设计、协同设计和工程管理等内容，构造数字工程平台和数字交付平台，打通全流程、各环节数据采集、传输和共享，实现生产运营和管理服务全面数字化，提升精益管理和高效决策能力；对外，平台化的开放属性和数字化的赋能特征，使数字化的工具为其他方法提供支撑，提升实施效率和效果，促进独立子系统的功能重构和整体系统的新功能再造，实现综合价值提升[16]。

1.3.5　基本内涵

石化工程整体化管理方法的基本内涵包括以下几方面。

① 工程整体化管理方法是以系统论、信息论、控制论和并行工程理论为理论基础，以工程系统整体优化为导向，通过对工程项目全生命周期的各项资源、管理要素和信息的综合集成和协同优化，形成一个有机的整体，达到最优化项目

目标的管理方法体系。

② 工程整体化管理方法是以集成化为核心，数字化为支撑，集约化为目的，协同化和过程化为手段的管理方法体系。

③ 石化工程项目集约化、协同化、集成化、过程化和数字化之间存在本质的内在联系，某一要素的变化不是孤立的，它总会直接或间接地影响其他要素，并影响项目整体绩效。

④ 石化工程整体化管理应始终坚持项目规划、设计、建设、运维与生态环境、社会利益"融合共生"的管理理念，实现项目与环境、项目与社会的和谐发展。

1.3.6 应用效果

伴随改革开放，我国石化工业迈入了发展的新阶段，产业蓬勃发展的背景为石化技术进步和工程管理创新提供了重要载体和广阔舞台。逐步发展形成的PMC、IPMT、EPC（工程设计采购施工）等先进管理模式和实施方式，支撑了石化产业的快速发展，促进了工程管理水平的提升，但仍然不能满足 21 世纪以来产业快速高质量发展的形势要求。"五位一体"石化工程整体化管理模式，融合集约化、协同化、集成化、过程化和数字化等方法，分析研究项目活动的内在规律和管理方法的逻辑关联，将研发、规划、设计、采购、制造、施工、交付、试车等工程建设生命周期内各自割裂的要素进行深度整合，对工程项目实施全生命周期综合整体管理，实现了系统的价值提升。

工程实践表明，整体化管理方法有效规避了石化工程复杂巨系统体系的风险不确定性，解决了工程研发协同不够、工程转化效率不高和工程建设管控不精等系列工程难题，大幅提升了科技成果的转化水平和工程建设的实施能力，为国家能源战略安全和石化产业高质量发展提供了保障和支持。

（1）建成一批重点石化工程项目

应用整体化管理方法，上千套石化装置的工程咨询、工程设计和工程总承包任务得以高效完成，且所有建设项目均一次开车成功。其中，海南炼化作为我国首个千万吨级现代化炼油项目，荣获国家科技进步奖二等奖；海南芳烃项目使得我国成为世界上第三个掌握芳烃成套技术的国家，项目荣获国家科技进步奖特等奖；普光天然气净化厂项目，作为川气东送工程的重要组成部分，设计处理规模位列当时亚洲第一、世界第二，项目荣获国家科技进步奖特等奖。

（2）完成一批先进石化技术的高质量工程转化

在整体化管理方法的指导下，重点实施石化技术研发与工程转化的协同、石化工程设计过程协同、工程设计与建造的协同等，使各个环节交叉推进、深度融合，大幅提升了工作效率和工程质量，节约了建设时间和投资费用，完成了以千万吨级炼油、节能高效汽油吸附脱硫成套技术、芳烃吸附塔格栅国产化开发等为代表的一批具有自主知识产权的石化工业关键核心技术的开发和工程转化，打破了国外专利公司的垄断地位，产生了较好的经济和社会效益，为提升我国石化产业的国际话语权做出了贡献。

（3）编制一批引领产业发展的国家行业标准规范

在大量工程实践探索的基础上，建立涵盖工艺和工程设计集成的全专业集成化设计平台，构建集成化设计和数字化工厂一体化的智能交付与服务平台，实现了数字化工厂与物理工厂的同步建设，完成以《石油化工工程数字化交付标准》（GB/T 51296—2018）为代表的一大批国家、行业及企业标准规范的编制，为规范行业有序健康发展，分享相关工程实践经验，丰富石化工程管理理论，促进石化行业又好又快发展和我国石化产业抢占"数字革命"带来的新一轮产业竞争制高点发挥了重要作用。

1.4 石化工程项目管理发展趋势与展望

1.4.1 现代项目管理发展趋势

现代项目管理正朝着集成化、专业化、标准化、智能化的趋势发展。

（1）项目管理集成化

项目管理是多专业集成的管理学科，工程项目管理绩效也是多专业、跨学科交叉融合、共同作用的结果。影响项目管理绩效的因素很多，包括项目组织结构、人员素质、管理手段、进度、造价、质量、安全、合同管理、风险管理等因素，项目管理必须按照系统工程理论，采用集成优化手段，力求项目整体效果的最优化。此外，信息化手段为项目管理的集成化创造了条件，如 P6、SPM 等集成化的项目管理软件。

（2）项目管理专业化

目前，PMI、IPMA、ISO、FIDIC（国际咨询工程师联合会）等国际组织、我国相关行业协会、国内外高等院校和研究咨询机构都在进行项目管理知识体系研究和项目管理人才的培训认证，包括学历教育和非学历教育的教育培训体系不断发展，项目管理学科的探索和学术研究更加深入，项目管理理论和方法日趋成熟，各种项目管理软件开发与应用更加广泛，项目管理已经成为集多领域知识为一体的综合性交叉学科。项目管理知识体系的不断完善和项目管理专业人员的职业化趋势越来越明显。我国正在推行注册建造师执业制度，要求工程项目经理必须取得注册建造师或注册建筑师、注册工程师执业资格，提升了工程项目管理的专业化水平。今后，我国将进一步淡化企业资质、强化个人资质，项目管理人员的专业化素质将进一步提高。

（3）项目管理标准化

为了更好地适应国际间合作，确保在大型复杂项目的管理中能够统一目标，统筹协调、优化配置和最大限度地发挥项目管理团队的力量，各国纷纷研究和采用了国际通用的项目管理标准和规范。比如，PMI 发布的《项目管理知识体系指南》，IPMA 制定的《国际项目管理专业资质认证标准》，FIDIC 制定的国际承包工程中通常采用的合同条款，ISO 制定的《质量管理体系：项目质量管理指南》。2017 年，我国相继颁布实施了国标《建设工程项目管理规范》（GB/T 50326）和《建设项目工程总承包管理规范》（GB 50358），这将进一步促进我国项目管理的标准化和规范化。

（4）项目管理智能化

信息技术的发展给工程项目管理带来了前所未有的发展机遇和支撑平台。有数据表明，在美国项目管理人员中，有 90% 以上的人已不同程度地使用了互联网和项目管理软件。目前，在计划与进度管理、费用估算与控制、材料管理、风险管理、财务管理等方面，既有国际普遍采用的大型管理软件，也有各企业结合自身实际情况开发应用的中小型适用软件，有效促进了项目的量化管理，提高项目管理水平和效率。在互联网时代，集成化的工程设计系统、项目管理系统、大数据、人工智能等信息技术将为项目团队提供更加智能的协同工作平台，从根本上改变工程设计、采购、施工和项目管理的工作方式和运行模式，使项目实施更加智能、高效。

1.4.2　石化工程项目管理展望

随着时代的发展、技术的变革以及国际交往的深入，石化工程项目面临国际化、智能化、差异化、一体化等挑战，由工程实践经验总结形成的整体化管理方法，会在不断应用中展现其自我适应、动态调整、互促包容的勃勃生机，为石化工程项目管理理论的丰富和发展提供更有力的支撑。

（1）国际化发展

随着国际交往的深入推进，石化产业国际合作越来越多，石化产业的国际化为石化工程管理的适应性带来新的挑战，也给工程管理理念的更新和模式的转变带来机遇。国际化背景下的文化、经济、法律、习惯等方面的碰撞将愈加强烈，组织行为、管理模式等差异较大，如何在更大范围内实现人力、物力、资金、技术等多种资源的最优化配置，提高工程管理模式的通用性，是石化工程整体化管理方法优化完善的方向之一。

（2）智能化发展

工业化和信息化深度融合发展是不可阻挡的历史潮流，尤其是人工智能、区块链等技术的突破，开启了万物互联时代，重塑了产业链和价值链，深刻改变了包括石油化工等在内的流程制造业的生产和经营方式。石化工程作为石化产业发展的重要载体，要实现绿色低碳发展的目标，必须紧紧把握变革趋势和实践窗口，借助智能化软件工具，搭建智能化的工程建设实施一体化管控平台，实现虚拟空间下的工程建设进程的整合推演，开发出集技术、安全、环保、风险、人力、资金、管理等内容为一体的"桌面石化管控"系统，确保交付业主物理工厂和数字工厂的同时，为业主提供融合工程设计、建造、检维修等信息于一体的智能工厂平台，提升智能生产水平。

（3）平台化发展

石化工程在建设过程中，根据不同管理部门的要求，通常被划分为多个独立部分，这种人为割裂的现象在一定程度上制约着石化工程项目整体性能的提升。当前，以云计算、大数据、物联网、人工智能为代表的信息技术迅速发展，在石化工程大型化、差异化发展状况下，工程项目必须按照整体观念，以智能化技术为支撑，建立融合各个管理主体的工程管理平台，将经验数据、国家法规、不同参与方等信息内容融合到统一平台上，确保各个主体、各阶段之间的协调性和整体性，根据分工和合同承担相应的责任和义务，实现工程项目管理的专业化、智能化和平台化，规避相应工程项目风险。

参考文献

［1］ 王基铭.石油石化工业发展与对材料装备业的需求［J］.当代石油石化，2012，20（04）：1-10.

［2］ 李美羽，韩可琦.推行 6S 管理应强化设备与安全管理［J］.现代企业，2006，11：12-17.

［3］ 颜剑雄.探析石油化工生产的建筑安全设计［J］.中国新技术新产品，2012，19：190.

［4］ 吴青.中国炼化企业智能化转型升级的研究与应用［J］.无机盐工业，2018，50（06）：1-5，12.

［5］ 成虎.工程管理概论［M］.北京：中国建筑工业出版社，2007.

［6］ 孙荣霞.中外项目管理模式比较研究［J］.中国高校科技与产业化，2011，05：48-50.

［7］ 何继善，王孟钧，王青娥.中国工程管理现状与发展［M］.北京：高等教育出版社，2013.

［8］ 王早生，逢宗展，林之毅，等.近几年来我国工程项目管理工作的调研报告［J］.建筑，2008，（07）：31-34.

［9］ 王基铭，袁晴棠，等.石油化工工程建设项目管理机理研究［M］.北京：中国石化出版社，2011.

［10］ 殷瑞钰，汪应洛，李伯聪，等.工程哲学［M］.第 3 版.北京：高等教育出版社，2018.

［11］ 钱学森.论系统工程［M］.长沙：湖南科学技术出版社，1982.

［12］ 殷瑞钰，傅志寰，李伯聪.工程哲学新进展——工程方法论研究［J］.工程研究-跨学科视野中的工程，2016，8（05）：455-471.

［13］ 殷瑞钰，李伯聪，汪应洛，等.工程方法论［M］.北京：高等教育出版社，2017.

［14］ 刘勇，王建平.工程项目集成化管理机制研究［D］.北京：中国矿业大学，2009.

［15］ 刘焕新.过程管理方法在企业中的应用［J］.企业家天地，2008，（04）：142-143.

［16］ 孙丽丽.石化工程整体化管理模式的构建与实践［J］.当代石油石化，2018，26（12）：1-8.

第2章

石化工程项目方案规划集约化

2.1 概述

2.1.1 集约化理论发展历程

集约化是实施集约的过程状态，它的应用经历了不同的发展阶段。集约化从最初农业领域里单领域、单要素的应用，逐渐过渡到多领域、多要素的状态，大体上经历了四个发展阶段：形成、发展、丰富和提升，如图 2-1 所示。

图 2-1 集约化理论发展历程

在形成阶段，要素单一（只有土地资源），集约方式简单，主要是土地的合并和集中，核心是增加单位土地资源生产要素的投入，应用范围窄，属于集约化的初步探索阶段。在发展阶段，领域扩大、要素增多，集中资源解决经济发展中遇到的问题和困难，核心是从规模扩张转向效率提升，属于集约化从外延拓展向内涵转变的过渡阶段。在丰富阶段，领域宽泛、要素众多，需在统筹优化资源利用的同时，融入和谐自然观等，实现更大范围内的资源合理配置。在提升阶段，借助信息技术的最新发展成果，采用数字化的手段和工具，提升综合集约的水平和效率，实现项目优质目标。

2.1.2 方案规划集约化的内涵

规划是一种超前性的思维过程，能有效地指导工程活动的开展，并取得良好的成效[1]。方案规划的合理程度，是石化工程项目建设的重要影响因素。方案规划集约化就是在数字化为其赋能的基础上，以统一优化配置为核心，通过大量石化工程项目实践总结形成的一种创新的项目管理方法。它创造了新的时空观念、工作方式和组织规则，促进了方案的优化和提升，为大批石化工程项目成功建设提供了支撑。石化工程项目集约化的内涵和意义如下。

（1）内涵

石化工程方案规划集约化就是根据多要素、多专业、多界面的建设特征，围绕技术先进、质量优良、成本节约、效率提高、安全环保等目标，对各类建设资源和管理要素进行集结、协调和优化，并通过数字化工具，以数字化工程平台为支撑来实现整体效益最大化，在完成建设任务的同时，提升各参与方的整体价值。石化工程项目集约化逻辑框架如图 2-2 所示。

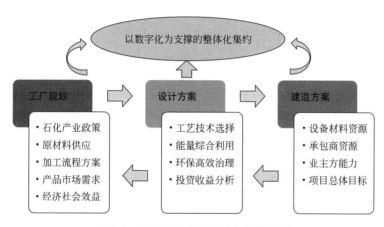

图 2-2　石化工程项目集约化逻辑框架

从图 2-2 看出，石化工程项目方案规划集约化大体上分为工厂规划、设计方案和建造方案三个方面。

工厂规划是石化企业技术路线的顶层架构，在规划中需要在法律法规、产业政策、市场需求和技术经济等约束条件下，借助过程模拟系统，如流程工业模拟系统（PIMS）等数字化工具对石化原材料供应和加工流程方案进行分析评估，降低固定资产投资、提高资源利用效率。

设计方案的优化在工厂规划基础上开展，实施过程中需要综合考虑工艺技术选择、能量综合利用、环保高效治理和投资收益分析等环节，并借助数字化工具，如炼油能量规划系统（REMS）等，提高方案的工程实施可行性。

在建造方案实施环节，需要结合设备采购和制造资源，综合考虑承包商、制造商、业主方等相关方的诉求和能力，以项目经济、技术、质量、安全、环保等综合内容为目标，应用项目成本控制系统，如 i-Cost 等数字化工具，实现项目的整体效益最大化。

在三个环节正向推进过程中，方案不断完善和提升。与此同时，后续环节在实施过程中，不断给予前序以反馈，推进过程不断迭代、方案逐步完善，达到工程项目整体方案最优化的目标。

从石化工厂生产运营实际情况来看，项目建设之初确定的全厂工艺加工流程、能量综合利用、环保高效治理、动力系统等方案规划合理与否，对于后续生产装置的"安稳长满优"运转起着关键作用，是石化工厂优质基因的决定性因素，因此集约化中重点介绍方案规划的集约化。

（2）意义

方案规划集约化基于管理科学理论和信息技术成果，结合石化工程项目多界面、多要素、多系统、多目标、多约束的特征，围绕石化工程项目交付物——石化工厂的技术先进、清洁环保、安全可靠和与区域和谐相处的建设目标，实施多专业、多层次、多角度的整体集约，对于实现石化工程项目理念先进、质量优良、方案优化具有重要的促进作用。

① 有利于工程项目管理理论的丰富和完善。集约化理念自农业开始，逐步丰富发展并延伸拓展到经济等多个领域，国内外进行了大量的探索和实践，但大多研究和实践仅限于产业、行业和企业层面，对于工程涉及较少，落实到项目层面尚未有石化工程项目方面的研究和实践。本章从集约化理论的发展历程入手，对从实践经验总结提炼形成的石化工程方案规划集约化进行研究，分析了集约化的特征，阐述了集约化的内涵与方法，介绍了应用案例和效果，对于工程项目管理理论体系的丰富和完善，起到了良好的促进作用。

② 有利于提高资源的利用效率，提升项目的安全环保水平。在石化工程项目中，通过对物料、能量、土地等资源实施集约化配置，并同步推进环保的高效治理，在法律法规、市场需求、产业政策等约束条件下，提高资源的利用效率和要素的配置水平，如流程设计采用全厂大联合装置理念，集约占地；生产装置有机紧密联合，集约消耗；工艺物料直接互供、公用工程靠近负荷中心，集约能量；污染物综合处置，集约处理；最终为业主交付技术先进、安全可靠、清洁环保的石化工厂。

2.1.3　方案规划集约化的方法和内容

（1）过程方法

方案规划集约化作为一种先进、科学的工程管理方法，其最大优势是"一体化"的系统整合思想，其实施遵循以下几个步骤，如图2-3所示。

要素识别是方案规划集约化过程实施的第一步。在本阶段需要对研究对象的特征进行深入调研和系统辨识，只有完整识别项目涉及的资源和管理对象，准确把握制约相关资源和能量利用的关键性要素，才能认清项目管理的重点和难点，

图 2-3　石化工程项目方案规划集约化过程方法

有针对性地采取措施。

在研究对象的要素识别完整后，需要对所有要素进行特征分析。在该步骤中，要素的特征要根据物料、能量等资源的禀赋情况，以及重要程度、影响强弱、关联关系进行管理和辨识，围绕高效利用和提升效率的目标任务，进行分层梳理和属性归类，为优化配置创造条件。

优化配置是方案规划集约化过程的第三步。在此阶段内，需要根据项目的特点和阶段要求对已经完成分类的要素进行统一的优化配置，为了提高配置效率和水平，通常采用数字化的工具进行多方案多参数的优化选择，在此基础上，找到最优解决方案，为后续实施提供参考。

目标评估是方案规划集约化的第四步，根据优化配置结果，围绕项目中心目标，查对相关约束条件，对方案进行完善，形成有针对性且符合项目实际的解决措施，并将信息进行反馈，以修正相应的配置方案，形成集约化方案不断迭代和优化完善的循环过程，促进项目高效推进。

从方案规划集约化的内涵来看，它提出了全新的管理方法和管理思想，核心就是集中统筹优化节约的思想，并依此指导管理实践活动。区别于传统的非信息技术基础上的集约化，石化工程项目方案规划集约化突出了"数字化"的支撑作用，使得各种资源或者要素在数字工程的平台上得以赋能，相互渗透、相互融合，在反复迭代中，方案不断完善和优化，管理得以提升。

（2）方案规划集约化内容

石化工程项目方案规划集约化就是要采用系统视野和整体思维，将需要统筹考虑的要素作为研究对象，识别各项资源条件和制约因素，基于特征分析，通过体系重构或要素组合的方式对资源进行统一配置，在满足各项约束条件下，达到节约资源和提高效率的目标。

石化工程项目方案规划集约化内容主要包括总流程规划、总平面布置、能量利用、蒸汽动力系统设计和环保治理集约化等。

总流程规划集约化是在对原料等资源要素、产业政策与市场需求等影响因素进行充分认识的基础上，采用流程工业模拟系统（PIMS）等数字化工具对全厂总加工流程进行多方案优化比选，提高有限资源的利用效率，实现产品价值最大化，增强项目核心竞争力。同时，工艺总流程规划的集约化程度也会对项目能耗、生产安全、环保排放等指标产生重要影响。

总平面布置集约化，是在识别土地资源、自然气候、公用工程条件和外部交通等条件的基础上，依据总加工流程、功能区域划分、安全环保和检维修要求，围绕核心功能装置，按照工艺流程顺序实现总平面的合理布局，节约占地，降低材料费用，方便安全环保生产、检维修操作管理，促进辅助设施的效能发挥和物流运输的优化供给。

能量利用集约化，是在识别系统的能量输入和输出、节能技术和装备条件的基础上，以工艺条件、加工流程、能耗指标、产品质量、装置负荷率等要求为约束条件，从能源规划、能量集成和单元强化三个层次进行能量的统一优化配置，提高系统能量资源的利用效率和经济性，并有利于环保减排目标的实现。

蒸汽动力系统设计集约化，是以满足全厂工业生产需求为前提，通过对项目的生产装置以及辅助设施等进行产能和用能规划，以全厂蒸汽动力平衡为基础，实现能源转换、利用、效益的最大化，降低企业运营成本，促进项目节能、环保、安全等目标的实现和协调统一。

环保治理集约化，是以清洁化生产为主线，在识别可获得的清洁化能源、绿色生产技术等基础上，依据环保法规、环境承载力、排放指标等要求，通过源头清洁化生产、过程和末端协同治理、全生命周期环保管控等措施，实现绿色低碳可持续发展。

2.2　总流程规划集约化

2.2.1　总流程规划集约化目标和方法

基于集约化方法思路，总流程规划集约化是在全面识别项目内部资源要素和外部影响因素，以及详细分析资源特征和因素影响的基础上，通过信息化平台实施资源的全过程管理和统一优化配置，从而实现资源的高效利用和价值增值的过程方法。总流程规划集约化方法如图 2-4 所示。

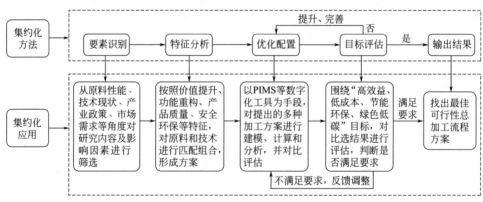

图 2-4　总流程规划集约化方法

总流程规划的内部资源要素主要包括原料、技术等，外部影响因素主要有产业政策、市场需求等。对于内部资源要素，主要分析项目原料的价值特征和工艺技术的功能特征；对于外部的影响因素，主要分析产业政策对项目的产品质量、安全生产及环保治理等方面的指标要求，以及市场需求对项目产品类型和产品结构的影响。在总流程规划集约化实施过程中，以项目的"高效益、低成本、低能耗、安全化、绿色化"为主要目标，利用 PIMS 等数字化工具开展项目资源的集中管理、统一配置、多目标、多方案的协调比选优化，保证项目的整体竞争力。

总流程规划集约化的内容主要包括以下方面[2]：

① 根据石化产品的市场需求及所选原料性质确定建设规模。

② 工艺技术方案的选择（了解和分析项目拟选用工艺技术的发展与应用状况）。

③ 装置的设置与联合方案。

④ 确定物料平衡，包括原料（含原料配置、辅助材料和燃料）与产品方案（含目标产品的组合、质量、数量要求）。

⑤ 全厂物流安排（上下游装置及储存设施是否稳定、是否做到合理衔接）。

⑥ 氢、硫、氮、蒸汽、燃料等关键组分/物料的平衡情况。

⑦ 确定投入物，如原材料、辅助材料、燃料、公用工程等的资源条件（规格、成分、质量、配置与供应状况等）。

⑧ 提高产品收率，降低加工能耗，提高经济效益。

⑨ 进行多方案比选，确定比选的主要内容，包括是否满足建设规模的要求，是否满足产品方案的要求，是否适应原料（原材料、辅助材料、燃料、公用工程等资源条件）的加工要求，是否达到安全、环保、操作的稳定与连续性、投资、效益的目标。

2.2.2　总流程规划集约化的过程实施

基于项目资源识别和特征分析，通过构建资源群组管理法，对加工方案进行集约化的规划配置，以满足建设需要。所谓资源群组管理法，就是以"群组"形式对同类石化工程项目原料资源进行集中转化，对中间资源进行二次集中利用，对产品资源进行集中管理，同时以"群组"形式对核心工艺装置、环保设施等进行技术集成和装置联合，实现物料和能量的节约使用。资源群组管理法示意图如图 2-5 所示。

2.2.2.1　以资源群组管理方法实施物料资源集约化利用

（1）对原料资源实施集约化群组分类管理

以"结构"为特征对原料资源进行群组分类利用，以"价值"为特征对产品

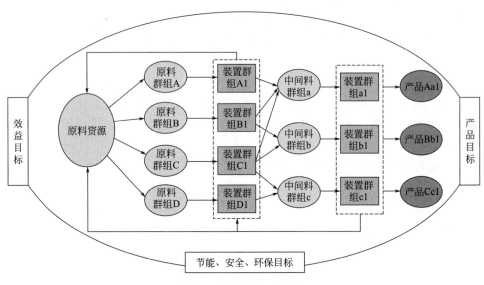

图 2-5　资源群组管理法

资源进行资源集中。

　　以炼厂方案规划为例，原油资源根据"分子结构"大小，大体划分为：重油-渣油、蜡油、柴油、石脑油、轻烃和气体六个群组，如图 2-6 所示。根据工艺要求或产品需求，上述群组可进一步依据"分子结构"特征进行资源的二次分类细化。以石脑油群组为例，可进一步划分为轻、重石脑油群组，轻石脑油群组依据正异构特征再次划分为正构和异构，正构石脑油群组依据"分子碳数"可进一步划分为碳五群组和碳六群组等。

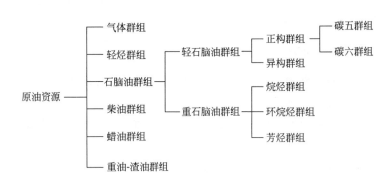

图 2-6　基于原料结构特征的群组分类管理

　　通过对原料进行由简到繁的"分子结构"特征组分类，群组资源的特点和价值经过层层分解，逐渐显现，将结构特征相同或相似的资源组群集中处理，装置规模扩大、数量减少，满足加工深度要求的同时，最大化减少占地，降低投资和后续生产运营成本，提高整体效益。

如对于炼厂副产的大量轻烃和气体资源，常规加工方案只对产量大且集中的催化裂化液化气等少量资源进行回收利用，其他轻烃和气体资源由于产量低、分布零散，通常作为低价值燃料外卖或自用，没有发挥高附加值。依据资源群组管理方法，将所有加氢装置副产低分气进行群组集中脱硫和变压吸附（PSA）处理，回收氢气量约占总耗氢量的 10%，能够大幅度降低成本，为企业的降本增效做出贡献。另外通过对全厂所有装置副产饱和干气、不饱和干气中的碳二资源进行群组集中，可回收大量轻质化乙烯原料，降低乙烯装置生产成本。

以产品"价值"为特征的资源群组管理方面，最典型的是炼厂生产的车用汽油。通过调和多种不同"结构"和不同"价值"的单一组分，如催化汽油、异构化油、重整汽油等，使低价值的组分形成高价值的汽油产品，满足市场需要，符合国家标准规范要求，在此过程中汽油产品价值已远远超过了等量催化汽油、抽余油等单一资源的价值。

（2）对中间产品实施资源群组利用

在识别原料资源特征和群组分类的基础上，以"分子炼油"理念为指导，利用群组资源的分子结构优势实现资源利用价值的最大化，做到"物尽其用"。

在炼厂中，催化柴油富含 60%～80% 多环芳烃（质量分数），十六烷值为15～30，是一种非常劣质的柴油资源。对于催化柴油的利用，一般采用常规的加氢改质技术生产车用柴油，由于该技术氢耗高，反应条件苛刻，催化柴油中的芳烃组分未得到合理利用，尤其是在当前柴油严重过剩的市场形势下，这种高成本的利用方式未获得资源价值的提升。在资源群组法思路下，催化柴油的转化利用可以从其富含多环芳烃，尤其是双环芳烃结构的特征出发，引导双环芳烃分子利用自身的结构优势向高价值的目标产品转化。例如催化柴油加氢转化（RLG）就是基于该方法的一种催化柴油有效利用技术，它通过控制多环芳烃、双环芳烃部分加氢饱和及裂化路径，将催化柴油中的大分子芳烃转化为高价值的苯、甲苯、二甲苯等芳烃（BTX）资源和高辛烷值的汽油调和组分，实现了产品结构优化和经济效益提升。

对于直馏、加氢精制、加氢焦化、加氢裂化等石脑油资源，均可依据资源的结构特征进行群组分类和利用。如直馏轻石脑油、加氢精制石脑油和加氢焦化石脑油群组由于链烷烃含量高，适宜作为乙烯裂解原料；加氢裂化轻石脑油群组由于富含异构烷烃，辛烷值高，适宜作为汽油产品的调和组分；而直馏重石脑油和加氢裂化重石脑油群组由于芳潜值较高，适宜作为催化重整原料。

在乙烯装置中，为实现烯烃收率的最大化，一般根据乙烯原料的分子结构特征和裂解规律进行群组分类利用，如将轻烃群组、石脑油群组、柴油和加氢尾油群组资源分别送至不同操作条件的裂解炉进行高效转化；而将富乙烯气群组和裂解气体产物直接送至深冷分离单元进行烯烃高效回收；未反应的乙烷和丙烷资源继续返回裂解炉裂解成乙烯、丙烯，使每一份有价值的资源都得到最充分的利用。从乙烯生产流程可以看出，乙烯的生产过程就是利用群组资源的结构特征进行分子的逐级裂解，实现烃类大分子一步步转化为小分子乙烯、丙烯等过程。对于化工下游产业链而言，烯烃的利用过程更是基于分子水平的聚合和分解实现高品质、高端化工产品的生产。

（3）对外在因素影响下的产品资源群组利用

对于石化工程项目而言，外在影响因素主要有法律法规、产业政策、市场需求等，其中法律法规和产业政策影响着项目的品种选择、产品质量以及能耗、安全、环保等要求，市场需求影响着项目的产品结构、装置规模、产品产量等指标。

以产业政策和市场需求为导向，对资源进行质量评估和市场价值的评估，建立以产品质量和市场价值为特征的产品群组和非产品群组，对非产品群组资源进行引导式转化，并尽可能减少低市场价值产品的输出。

为减少机动车尾气排放污染，改善环境空气质量，促进绿色发展，我国成品油质量升级持续加快。2018 年底全国的车用汽柴油质量均需满足国Ⅵ标准，从国Ⅴ到国Ⅵ，烯烃和芳烃含量限制更严格，造成降烯烃和提高辛烷值的双重压力[3]。

在市场需求方面，汽油市场基本趋于饱和，柴油市场已严重过剩，柴/汽需求结构不平衡；相对于油品消费势头的减缓，化工产品的需求明显增速。因此，为保证项目的高效益和竞争力，在总流程规划过程中需以"产业政策"和"市场需求"为导向，实现资源的群组转化。

炼厂柴油资源种类众多，性质千差万别，针对直馏柴油和二次转化的催化柴油、焦化柴油等资源，可依据市场需求对这类资源进行多途径利用（如图 2-7 所示）。在以"芳烃"为核心产品的企业中，低品质的催化柴油富含芳烃结构，可采用催化裂化劣质柴油生产高辛烷值汽油或轻质芳烃（LTAG）、RLG 等工艺路线来增产高品质汽油和芳烃产品；中等品质的渣油加氢裂化柴油和焦化柴油则可

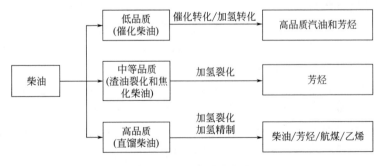

图 2-7　柴油集约化处理

通过柴油加氢裂化增产芳烃原料；而高品质直馏柴油可根据市场需求来选择是直接采用加氢精制技术生产柴油产品，还是通过加氢裂化工艺增产芳烃原料、航煤产品和乙烯原料。通过对柴油资源进行群组管理和多途径转化，芳烃产量增加，油品质量更加优质。

对于石脑油资源，一方面遵循"宜油则油、宜烯则烯、宜芳则芳"的原则进行加工利用，另一方面可依据"市场需求"进行加工路线选择，实现核心产品的集中。如直馏轻石脑油在油品市场需求旺盛时可选择异构化技术生产汽油组分，在油品市场饱和或过剩时，可直接作为乙烯原料。

对于项目副产的大量轻烃资源，在油品质量约束和市场需求驱动下，低价值不饱和液化气、饱和液化气资源可通过叠合、芳构化和烷基化等技术提升油品质量，实现高价值产品最大化。在旺盛的乙烯市场驱动下，饱和液化气可直接作为乙烯裂解原料，不饱和液化气分离出的饱和资源可作为裂解原料，剩余的不饱和资源可继续采用叠合、烷基化、芳构化等技术处理，富集饱和资源，从而实现乙烯资源的最大化和优质化。

2.2.2.2　以联合装置方式对项目方案实施集约化配置

《石油化工企业设计防火规范》（GB 50160—2008，2018 年修订版）对联合装置的定义为："由两个或两个以上独立装置集中紧凑布置，且装置间直接进料，无供大修设置的中间原料储罐，其开工或停工检修等均同步进行，视为一个装置"[4]。工艺装置联合集约设置的优势在于节省占地、节约投资、节能减排、降低操作费用、减少操作和管理人员。联合布置的特征及内容如表 2-1 所示。

表 2-1　联合装置的特征及内容

特　　征	内　　容
核心	开工或停工检修等均同步进行
实现手段	上下游装置间直接进料，互相制约
表现形式	两个或两个以上独立装置集中紧凑布置

将装置进行联合的核心定为"开工或停工检修等均同步进行"，主要原因是装置停工检修时发生火灾的概率较高。停工检修时，一旦发生火灾会对正常生产构成极大威胁。

对于虽然不是上下游关系、但有相互关联关系的装置，若通过生产管理及检维修管理保证同开同停、同时维修也可视为联合装置，其装置平面布置可按联合装置考虑。常见的工艺联合装置有如下几种。

（1）常减压蒸馏-轻烃回收联合

该联合既有物料集成也有热量集成。常减压产生的直馏石脑油进入轻烃回收装置的吸收稳定装置作为吸收油，回收气体中携带的轻烃，再进行解吸。两个装置高度热联合集成，轻烃回收稳定塔底重沸器采用常减压蒸馏的常二中作为热源，石脑油分馏塔底重沸器采用常减压蒸馏的常一中作为热源，脱吸塔中间重沸器则采用重石脑油作热源等。

（2）催化裂化-气体分馏-甲基叔丁基醚（MTBE)-烷基化-汽油脱硫联合

联合装置的物料为上下游直接进料，催化裂化生产的汽油到汽油脱硫装置进行脱硫，汽油脱硫装置生产的含 SO_2 再生尾气再送回到催化烟气脱硫设施进行处理。催化裂化生产的不饱和液化气直接送到气体分馏装置进行分离。气体分馏装置分离出的 C_4 组分依次送至 MTBE 和烷基化装置作为原料。该联合装置往往也有热量集成到其中，如催化裂化装置主分馏塔循环物料产生低温热作为气体分馏装置塔底重沸器的热源。

（3）催化重整-加氢裂化联合

往往将催化重整产生的氢气经提纯后送至加氢裂化装置作氢源，而将加氢裂化装置生产的重石脑油作为重整装置的原料，两个装置进行联合布置。

（4）不同加氢装置联合

由于不同类型的加氢装置可共用同一氢源，尾气可以到同一变压吸附（PSA）装置进行提纯处理，循环氢脱硫可以共用同一溶剂再生装置来的贫溶剂等，公用部分较多，往往将几套加氢装置进行联合布置。

（5）溶剂再生-酸水汽提-硫磺回收联合

炼厂硫磺回收装置的进料基本为溶剂再生和酸水汽提的酸性气，往往酸性气的压力较低并且远距离输送有安全风险，因此炼厂的溶剂再生、酸水汽提和硫磺回收基本按联合装置布置。该联合集成见图 2-8。

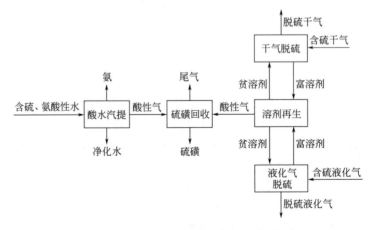

图 2-8　溶剂再生-酸水汽提-硫磺回收的联合集成

（6）以"渣油加氢-催化裂化"为核心的联合装置

在石化企业中，常以催化裂化或催化裂解装置为核心与上下游工艺装置进行装置群组构建和装置技术集成，目的在于充分利用催化裂化装置副产的催化柴油、催化循环油等劣质资源，以提高装置的汽油收率或高价值轻烃收率。典型的联合装置群组有"渣油加氢-催化裂化"装置群组和"催化裂化-催化柴油加氢"装置群组，相应的集成技术有"渣油加氢-催化裂化"双向组合技术（RICP）、选择性催化裂化工艺技术（IHCC）和 LTAG 等，这些集成技术已成为石化企业提高资源利用率和提质增效的关键技术。

对于催化重循环油的利用，传统流程一般是将催化重循环油在催化裂化装置内进行循环转化；但由于芳烃含量高，催化重循环油直接裂化容易造成高价值的液体产品收率下降，外甩油浆、干气和焦炭收率增加。RICP 则通过构建"渣油加氢-催化裂化"装置群组，从群组资源综合管理利用角度出发，通过改变催化重循环油的循环路径，即先将其经渣油加氢处理后再循环回催化裂化装置（见图2-9），一方面大幅改善了渣油加氢装置的原料性质，另一方面提高了催化裂化的液体收率。与传统流程工艺相比，采用联合装置集约化技术配置后催化裂化装置的汽油收率提高了 2% 左右。

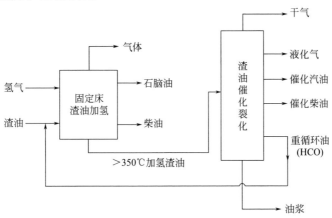

图 2-9　"渣油加氢-催化裂化"联合装置 RICP 技术

与 RICP 类似，IHCC 也是通过建立技术集约型装置群组实现催化循环油高效利用的集成技术（见图 2-10）。IHCC 从催化循环油的"分子炼油"理念出发，通过设置单独的循环油定向加氢装置，实现了多环芳烃的定向加氢饱和，加氢后循环油的催化裂化性能明显改善。与常规路线相比，采用联合装置技术后催化裂化装置的汽柴油收率提高了 13% 左右，资源的利用率提高，全厂经济效益明显改善。

此外，联合装置的资源管理利用模式也可以实现劣质催化柴油的高附加值转化。如 LTAG 以"催化裂化"为核心建立了"催化裂化-柴油定向加氢"的联合装置（见图 2-11），实现了低品质的催化柴油高效转化为高附加值的催化汽油或芳烃（BTX）。在催化裂化单元，加氢催化柴油的单程转化率大于 70%，汽油选择性接近 80%，汽油和液化气的选择性高达 90%。

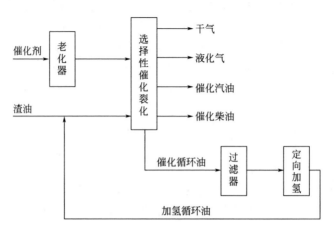

图 2-10　"催化裂化-循环油加氢"联合装置的 IHCC 技术

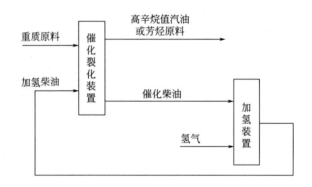

图 2-11　"催化裂化-柴油定向加氢"装置群组的 LTAG 技术

（7）重整芳烃装置联合

芳烃生产流程长、装置单元多，换热过程较为复杂，构建联合装置可发挥芳烃原料资源的集中管理利用优势，实现资源的高效转化和能量的综合利用。芳烃联合装置群组通过装置单元的紧凑布置，装置之间可直接采用热进料，避免了物流的重复加热，节省了大量能耗；同时通过装置之间进行物流的热联合和低温热利用，大大降低了装置整体能耗。图 2-12 为重整芳烃联合装置加工流程简图。

（8）环保处理装置联合

对于环保装置而言，可将酸水汽提、溶剂再生和硫磺回收三套装置联合，以便于资源的清洁生产过程管理，减少安全环保风险。通过物流联合型装置群组的建立，酸水汽提装置、溶剂再生装置与硫磺回收装置之间不仅实现了短流程直供料，避免了高浓度的酸性气在厂区内的长距离输送和压力损失，减少管线的腐蚀

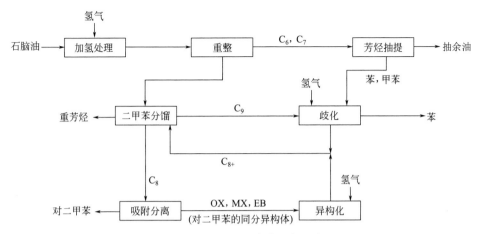

图 2-12　重整芳烃联合装置加工流程

危险，保证了装置的安全运行和清洁生产；而且通过各装置之间的蒸汽利用优化，联合装置的整体能耗水平也大幅下降。

2.2.2.3　以全厂装置联合方式实施流程规划的集约化

除同类装置的联合集约设置以外，对炼油厂、化工厂、芳烃厂等多个功能厂区进行统一考虑，将装置群作为集约化实施的装置资源，通过全系统、大范围的联合集约，使得总加工流程更为流畅，节省装置占地面积，降低厂区间物料输送储罐的储存时间，减少管理的界面，定员大幅减少，对于企业产品竞争力的提升，以及管理成本的节约具有促进作用。

（1）典型的炼油-乙烯一体化流程集约化配置

在石化工程中，各个不同功能厂区联合形成炼化一体化的生产企业，为石化产品集约化生产模式提供载体，可优化资源配置和产品结构，扩大市场空间，增强积极应对市场变化的能力，提高经济效益。通过炼油、化工一体化的流程安排，优化各个工艺过程的原料，可最大限度地降低化工原料的成本[5]。与单独的炼油厂和单独的化工厂相比，一体的联合企业具有占地面积更少的厂内、厂外以及公用工程设施，土地资源集约使用。典型的炼化一体化模式见图2-13。

从图2-13可以看出，原油经过炼化一体化企业的炼油厂加工处理后，生产符合市场质量标准要求的汽油、煤油、柴油等燃料产品，通过公路、铁路和水路等不同运输方式，源源不断输送到不同的客户终端。

生产过程中产生的饱和液化气、拔头油、石脑油、加氢尾油等产品经过管道以及相应的缓冲储运设施后，直接供给化工厂的乙烯生产装置，经过裂解单元裂解，再经冷却、分离处理后，产生的聚合级乙烯、聚合级丙烯等中间原料，再经过管道直接供给下游的聚乙烯、聚丙烯、环氧乙烷/乙二醇等装置进行再次加工

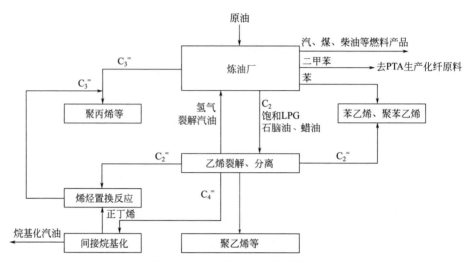

图 2-13　典型的炼化一体化模式

处理后，生产出符合市场要求的聚乙烯、聚丙烯、乙二醇等产品，通过不同的运输方式，送往精细化工生产企业作为原料使用。在化工厂乙烯、丙烯等主要中间产品的生产过程中，产生的氢气、燃料气等资源，在满足自身装置需要的同时，富余部分将直接并入炼油厂相应供应系统内，实现了物料直接的互供。同时聚烯烃装置反应所需的1-丁烯等共聚物，也通过炼化一体化流程提供，实现了全厂物料互供，减少外部采购的品种和数量，为企业生产运营成本的降低提供了可能。

（2）化工型炼油-乙烯一体化流程集约化配置

由于装置规模的扩大，石化企业逐渐从分散向集中，从单一向联合，从粗放向集约模式转变。从近年来新建的或者改造的石化工程来看，千万吨级的炼油和百万吨级的乙烯已经逐渐成为标配，新的全厂总加工流程模式的转变，适应了集约化、智能化石化工业发展的趋势，保障了国家能源战略安全，满足了国民经济发展的需要。市场需求的变化，也给炼化一体化全厂总加工流程的调整指明了方向。炼油厂以往的功能是生产汽油、煤油、柴油等油品，集约化流程配置的主要目的是提高原油资源的利用率，多生产油品，随着市场变化，尤其是新一轮能源革命的影响，油品需求的总量在下降，结构在调整，柴油产品面临较大的销售压力，在此种市场形势的影响下，炼化一体化提供了解决方案，炼油厂从油品型向化工品型转变，主要为下游化工厂提供裂解原料，通过蒸汽裂解获得乙烯等单体产品，用于发展高附加值的化工衍生物[6]。化工型炼油-乙烯一体化流程如图 2-14 所示。

（3）炼油-乙烯-芳烃一体化流程集约化配置

近年来，为满足芳烃产品的需求，尤其是对二甲苯产品的需求，炼油-乙

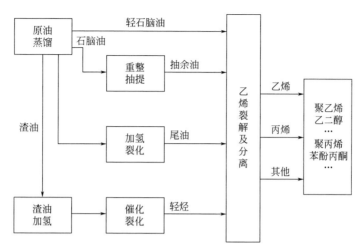

图 2-14　化工型炼油-乙烯一体化流程

烯一体化流程逐渐向炼油-化工-芳烃一体化转变。炼油-化工-芳烃一体化模式见图 2-15。

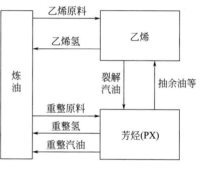

图 2-15　炼油-化工-芳烃
一体化模式

对于原料及产品资源，优质的乙烯裂解原料为富含链烷烃的轻烃，而芳烃原料为富含环烷烃的重石脑油馏分；乙烯裂解产生的裂解汽油富含芳烃，可作为芳烃原料，其抽余油富含环烷烃，为优质的重整原料；而重整汽油的抽余油基本为链烷烃，又是非常优质的乙烯裂解原料。在炼油为乙烯裂解和芳烃分别提供优质原料的同时，重整的副产品氢气和乙烯裂解副产的甲烷氢又可送至炼油装置作为氢源。这种一体化的模式使得炼油生产的副产品能得到最大化的利用，乙烯和芳烃生产过程中富余的氢气、燃料气等资源可以通过一体化装置的集中处理，真正做到"宜油则油、宜烯则烯、宜芳则芳"。

（4）非乙烯路线炼油-芳烃-乙烯一体化流程集约化配置

受乙烯产品市场需求的影响，传统的炼油-芳烃-乙烯一体化流程中，对于乙烯装置以多产乙烯为主。近几年，国内对非乙烯路线炼化一体化进行了深入的研究，通过优化调整炼油厂的加工流程，选择合适的工艺技术路线，利用价值相对较低的重质原料增产以丙烯为主的低碳烯烃产品，以乙烯、丙烯等低碳烯烃产品为载体，发展具有一定规模、有特色、竞争力强、差异化的化工产品。该一体化过程可在炼油厂加工流程中一步实现，不需二次转化。原料为价值相对较低的重质原料，而不是优质的石脑油资源。一体化的载体以丙烯为中心，以发展丙烯衍生物为主要目的[6]。该一体化模式见图 2-16。

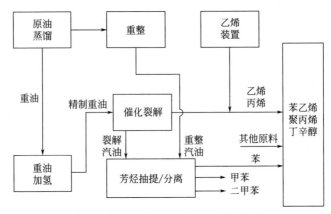

图 2-16　非乙烯路线炼化一体化模式

从图 2-16 可以看出，该一体化流程的核心是用重油作原料，生产富含丙烯的气体和富含芳烃的石脑油组分，不生产油品，可实现在炼油厂一步生产出烯烃和芳烃。丙烯的生产成本相对较低，用短流程延长产业链，丰富炼油产品结构，提高企业的综合竞争力。

2.2.2.4　以总流程优化平台为基础实施流程规划的集约化

资源的信息化管理是实施项目资源统一配置和优化利用的基础，也是评估资源集约化程度的重要方法。对于总流程规划而言，资源的信息化管理和优化配置主要通过全厂总流程优化平台来实现，见图 2-17。可以看出，全厂总流程优化平台的功能主要包括资源信息管理和资源配置优化，其中资源信息管理主要针对项目原料资源、技术资源、产业政策和市场需求等信息进行集中管理和综合分析，资源配置优化主要针对原料利用、装置配置、公用工程和投资效益进行项目整体优化和效益评估。

全厂总流程优化平台以项目"资源配置优化"为目标实施总流程集约化评估工作。当评估结果与项目的设定目标存在较大偏差时，则需再次进行资源识别、资源的特征分析和资源的配置优化过程，以最终实现企业的产品结构、经济效益、节能降耗、安全环保等单一目标，并保证企业多个目标的协调统一。可以看出，总流程规划集约化是基于企业"多目标"的实现不断进行的资源管理利用和价值提升过程。

（1）总流程优化平台功能

总流程优化平台以实现企业效益最大化为优化目标，利用线性规划、递归等技术建立数学模型，模拟企业的生产经营过程，功能强大，应用范围广泛。具体功能如表 2-2 所示。

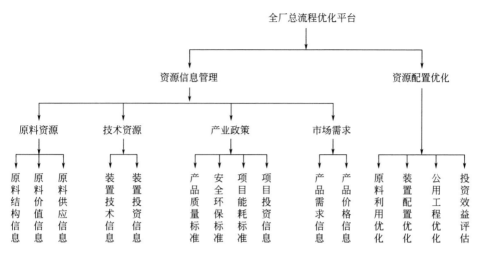

图 2-17　全厂总流程优化平台的资源管理利用

表 2-2　总流程优化平台功能表

功　　能	内　　容
原料优化	优化原料类型和加工量(如原油和烯烃裂解原料等)
产品优化	选择经济效益好的产品,优化产品组合方案
装置配置	优化不同装置的组合方案,并确定装置的最佳加工规模
物流优化	选择中间物流的最佳流向
操作优化	选择装置的最佳生产模式,优化油品的调和方案等
计算盈亏平衡点	计算最高原料进价、最低产品售价等
寻找系统瓶颈	为企业做长期规划

（2）总流程规划数字化工具

总工艺流程规划所使用的数字化工具软件主要有炼油厂总工艺流程优化系统、原油评价数据库分析管理系统等，其平台结构如图 2-18 所示。

（3）总流程优化平台使用方法

总流程优化平台的使用方法如图 2-19 所示。

以炼油规划模型的开发为例，具体建模步骤如下：

① 收集原油和产品的市场信息（Supply/Demand 模块）。

② 确定原油品种、加工量、产品类型及规格，规划不同加工方案。

③ 通过原油数据库系统软件进行模拟，生成侧线馏分的收率和性质表，并设置常减压装置的物流信息（Distillation 模块）。

④ 设置产品规格和调和组分（Blending 模块）。

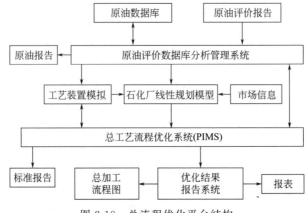

图 2-18　总流程优化平台结构

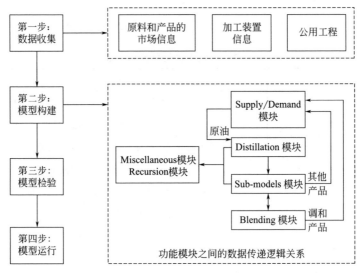

图 2-19　总流程优化平台使用方法

⑤ 收集装置的加工信息（物料平衡、物流性质和公用工程），建立二次加工装置模型（Submodels 模块）。

⑥ 在杂项表和递归表中输入需要传递的物流性质（Miscellaneous 和 Recursion 模块）。

⑦ 模型构建完毕后，进行模型检验。

⑧ 模型运行。

【案例 2-1】　海南炼油项目总流程规划集约化

海南炼油项目采用总流程规划集约化方法，全厂商品收率高达 93%，清洁汽煤柴油品收率高达 81%，硫磺回收率高于 95%，占地 0.146 公顷/万吨原油，定员仅 500 人，废气废水排放指标远优于国家允许排放标准，全厂"零废渣"外排，企业在产品质量、经济效益、生产成本、能耗水平、安全环保等各方面指标均达到了国际先进水平[7,8]。

（1）项目采用原料资源群组集约化管理方法，实现了低价值资源的高效利用和高价值资源的回收，提高了资源有效利用率。

① 通过加氢装置的低分气集中脱硫和 PSA 提纯回收，炼厂每年回收纯氢 8000t，约占氢气需求总量的 10%，节省制氢成本。

② 将饱和气体资源与不饱和气体资源分别加工利用，实现高附加值产品（乙烯-聚丙烯-MTBE）的回收。

（2）项目基于"分子炼油"理念，以"产业政策"和"市场需求"为导向，选用了"多产异构烷烃的渣油加氢-催化裂化工艺技术（MIP 技术）"组合路线，实现了油品的最大化生产。与单一催化路线相比，项目的油品收率提高了 3% ～ 4%，催化汽油和催化柴油的收率高达 70%，最大限度利用了原油资源。

（3）项目采用装置群组管理方法，将 15 套工艺装置分为 4 个大的装置功能区，并构建了 8 套联合装置群组。群组内部通过资源（工艺资源、设备资源、外供系统资源等）的联合管理利用，降低了能源消耗，节省土地、设备等投资，同时降低安全环保风险。

（4）项目采用"源头控制、末端治理"的资源环保型加工路线，实现企业的清洁化生产和绿色排放。在源头上采用了全加氢型路线，全厂加氢能力与原油蒸馏能力比值高达 97.5%，达到了国际先进水平。通过源头加氢，全厂实现"零废渣"，同时催化原料的硫含量大幅降低，再生烟气中 SO_x、NO_x 排放量也相应减少，为烟气清洁化排放奠定了基础。在末端，对酸性水汽提、溶剂再生、硫磺回收进行装置联合，对所有资源进行群组管理和集中利用，通过源头控制和末端治理相结合，保证了全厂安全生产、绿色排放和长周期运行等要求。

2.3 总平面布置集约化

2.3.1 总平面布置集约化目标和方法

总平面布置集约化就是在满足全厂总加工方案要求的基础上，以安全环保生产为前提，通过对项目的生产装置以及辅助设施等进行合理布局，实现土地资源利用效率的最大化，促进项目安全、节能、环保等目标的实现和协调统一，降低企业固定资产投入，为后续长稳满运转提供支撑。

基于整体化集约方法，总平面布置集约化就是在全面识别项目土地等资源要素的基础上，结合对资源特征和影响因素的详细分析，通过信息化平台实施土地资源的合理规划和科学利用，使有限的项目建设用地得以统一优化配置，实现资源的高效利用和价值增值的集约化过程方法。总平面布置集约化方法如图 2-20 所示。

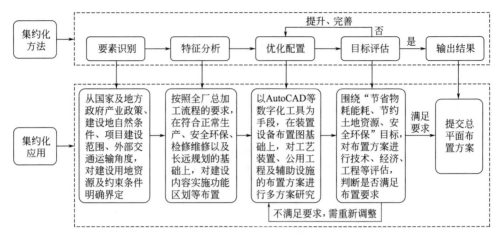

图 2-20　总平面布置集约化方法

从图 2-20 可以看出，石化工程项目的总平面布置集约化实施过程中，资源要素主要有产业战略布局，城市规划和工业园区规划，建设用地条件，自然条件，交通运输条件及原料、产品的运输方案，公用工程及辅助设施的供应或依托条件，废渣、废料的处理以及废水的排放条件，企业园区规划及发展等。

对于识别出的要素需根据总加工流程的要求、功能分区划分要求、安全卫生及环境保护的要求、公用工程的接入和废水排放要求、运输方式要求、施工检修及改扩建要求等方面进行详细的梳理分析，作为总平面集约化布置的输入条件。

在总平面布置集约化实施过程中，围绕"节约占地、节省物耗能耗、安全环保"等目标，借助数字化工具形成多种布置方案，并对多方案进行技术、经济、防火、防爆、运输、流程、集约紧凑程度等角度的审查和评估，经过多轮次的优化调整，形成工程可实施性较强的总平面布置方案，从本质上为提升项目竞争力提供保障。

2.3.2　总平面布置集约化的过程实施

21 世纪以来，随着国民经济的快速发展，基础设施建设的步伐逐步加快，工业建设的力度和规模不断加大，建设用地愈发紧张，项目总平面布置、节约土地资源成为优化项目建设方案的重要内容。项目总平面布置除了要贯彻合理利用土地和切实保护耕地的基本国策外，还需要落实集约用地制度，联合布置和优化调整，提高单位面积投资强度，提升土地资源对经济社会发展的承载能力。

总平面布置是石化工程项目方案规划的核心内容之一，主要遵循的原则有：

①贯彻和执行国家基本建设的方针政策、相关法令；②符合安全、环保和职业卫生要求，严格执行国家及行业颁布的有关标准、规范；③符合生产和运输的要求；④结合地形、地质等自然条件；⑤适当考虑工厂预留发展；⑥为施工创造有利条件[2]。

　　总平面布置是一项系统工程，在整个实施过程中需要综合考虑错综复杂的各项外在影响因素，进行大量的方案比选和优化工作。总平面布置是一门学科，更是一种艺术，石化工程项目总平面布置集约化，就是基于整体化集约的方法，对总平面布置中涉及的诸多因素进行慎重和周密的安排，围绕主体功能区进行优化匹配，达到流程简洁、安全环保、节约能量、节约土地资源等目的，为石化工厂创造安全、良好的生产管理环境。

　　总平面布置集约化实施过程大体上包括以下内容：①对项目建设内容和外部的依托条件等进行认真的梳理；②根据方案规划要求进行功能分区布置；③从工艺装置、公用工程、辅助设施、通道等角度实施初步的总体和局部布置；④依据国家、行业、地方等相关强制性和推荐性标准规范及其他影响因素的要求对初步方案进行对比评估；⑤结合评估意见对多个初步方案进行优选和优化调整，并形成可实施的总平面布置方案供工程建设参考。

2.3.2.1　项目内外部条件资源梳理

　　项目建设所在地的内外部条件对于平面布置方案的确定起着先导性作用，在开展布置之前，需要对与项目紧密相关的内外部情况进行调查和梳理，以此作为总平面布置的输入条件和约束因素，在此基础上谋划布局全厂的布置方案。总平面布置内外部情况调查的主要内容如表2-3所示。

表2-3　总平面布置内外部情况调查表

外部情况	内部情况
原料品种、来源、数量、储存及进厂方式	项目建设所在地的自然条件
燃料品种、来源、数量、储存及进厂方式	项目建设所在地的地质条件
供水水源及进线方式，排水位置及处理方式	以项目主项为表征的项目建设范围
电力供应情况及规划，动力系统设计方案等	项目建设内容之间的关联关系
气体供应方案，有无相应专业化公司可依托	各主项具体的占地面积及技术来源
生产生活区、港口码头等有无相应依托条件	企业长远发展规划，有无分期建设

2.3.2.2　功能分区规划

　　石化工程项目厂区占地面积较大，各种工艺生产装置、公用工程、辅助设施涉及的储罐、建构筑物较多，火灾危险程度、散发油气量多少、生产操作方式等差别较大，总平面布置依据项目主项表，按相关设施的生产操作、火灾危险程度、生产管理特点等进行分功能区的优化布置。

通常，石化工程项目总平面布置按照各类设施的功能，分为工艺生产装置区、动力及公用工程区、液体储罐区、辅助设施区、仓库及装卸设施区、生产及行政管理设施区和火炬设施区七大部分。

功能区块的布置，是根据生产工艺流程，结合当地风向、地形、厂外运输及公用工程的衔接条件确定的，且符合安全生产要求，便于管理。各功能分区之间应具有经济合理的物料输送和动力供应方式，应使生产环节的物料流、动力流便捷顺畅，避免折返。各功能分区内部的布置应紧凑合理，并应与相邻功能分区相协调。动力及公用工程设施，可靠近负荷中心布置在工艺装置区，也可自成一区布置。

2.3.2.3 集约化布置实施

（1）布置原则

在功能分区规划的基础上，根据各设施的占地面积或平面布置图，对各功能区块内部的布置和全厂总平面布置进一步集约优化。以下涉及的设施宜进行合并或者联合布置。

① 各功能分区内，生产关系密切、功能相近或特征相似的设施，应采用联合、集中的布置方式，功能相近的建筑物宜合并布置。

② 与生产装置联系密切的动力及公用工程设施，可按照联合方式集中布置。

③ 有毒、有味、散发粉尘的装置或设施，宜集中布置。

④ 各类仓储设施，需要根据储存物料的性质统一规划为立体化形式，提高储存、运输和装卸自动化程度，提高土地使用率。

⑤ 铁路线路、装卸及仓储设施，应根据其性质及功能，相对集中布置，避免或减少铁路线路在厂区内形成的扇形地带。

（2）工艺生产装置集约化布置

工艺生产装置区是工厂的核心部分，在工厂总平面布置中有着举足轻重的地位，因此全厂总平面布置集约化应优先考虑生产装置区的集约优化。

根据全厂总加工流程，将生产联系紧密、功能相似的单元装置集中布置在一个大型街区内，这种联合布置对节约土地资源、减少投资、降低操作费用、减少人员和提高经济效益，以及减少无关人员和车辆在工艺装置区的来往，提高安全生产程度等方面均具有重要作用。

在根据流程顺序布置装置于同一功能区的同时，我们还可以考虑将几个装置联合进行集中布置，以减少装置间物料的互供、中间原料储运设施数量、物料传递过程的能量损失，且节约相应设施的占地消耗。联合装置内各个装置或单元同开同停，同时检修，其设备、建筑物的防火间距，可按装置内部的相邻设备、建筑物的防火间距确定，而不必严格按装置与装置之间的防火间距确定，从而实现设备紧凑布置，缩小设备间距，节约土地资源。同时联合装置之间直接进料，工艺物料运输流程也更为顺畅，管线短，减少设备投资的同时也大大降低了能量损失[9]。

（3）通道集约化布置

通道是街区建筑红线（或设计边界线）之间或街区建筑红线（或设计边界线）与围墙之间，用于集中布置系统道路、铁路、地上管廊、地下管线、皮带输送走廊和进行绿化的条状地带。

通常石化工程项目通道占地面积可达厂区总用地面积的 30％ 左右，合理地减少通道数量和减小宽度是节约用地、减少管线长度、降低能耗、达到通道布置集约优化的一种有效途径。

石化工程项目厂区内通常用通道划分为若干街区，街区的大小取决于工艺装置的大小和街区建构筑物与露天设备的组合情况。如果街区规划的面积小、数量多，通道用地面积就多。在满足安全防护和使用要求的前提下，合理地加大街区用地面积，减少通道占地面积，可以提高土地利用率[10]。

（4）公用工程集约化布置

公用工程是为工艺生产装置提供水、电、蒸汽和各种气体的设施，公用工程的集约化布置在提高自身设施功能的同时，也会为全厂公用工程系统供给能力、效率的优化奠定基础。

动力系统一般靠近与之联系密切的工艺装置负荷中心，形成集聚式布置，能够缩短管线连接，减少材料投资，并可以有效降低输送动力损失和能耗。例如对于高压或超高压蒸汽管网，工艺条件苛刻造成材料投资高，且沿途压力损失较大，因此高压或超高压蒸汽用户与动力站应适当靠近工艺生产用户布置。

循环水系统在保证安全的前提下靠近主要工艺生产用户布置，可以缩短管道输送距离，节省投资、降低能耗。

空分设施、空压站布置在空气洁净地段，远离乙炔站、电石渣场和散发烃类及尘埃的设施，并靠近用户负荷中心。有条件时，空分设施和空压站可以联合布置，以减少占地，节约土地资源。

污水处理场、事故水暂存池及雨水监控池可联合布置在厂区边缘地势较低处，既方便污水、事故水的自流收集，又减少了占地。

（5）火炬集约化布置

随着工艺生产装置大型化的发展，火炬排放量逐步增大，火炬的占地面积相应扩大，如 100 万吨/年蒸汽裂解制乙烯装置和 100 万吨/年的芳烃联合装置的高架火炬辐射热半径（辐射热按 $1.58kW/m^2$ 考虑）已高达 300 多米，火炬功能区占地已超过 30 公顷。如何在保障安全的前提下，尽可能提高火炬区土地的利用率已成为近年来火炬区布置集约优化研究的新课题。为了达到火炬区布置的集约化，部分大型石化企业对具备条件的生产装置采用了开放式地面火炬，地面火炬四周设置防护墙，将火炬的辐射热量封闭在墙内，这样火炬向四周扩散的热辐射较小。地面火炬燃烧位于地面，不存在火雨，占地面积小，节省出来的土地可以布置更多符合相关标准规范要求的设施，提升了公用工程设施集约化布置水平。例如某沿海炼化一体化石化企业乙烯工程中，设置的地面火炬占地面积6公顷，约为高架火炬的1/5，节省出来的土地布置更多公用工程和辅助设施，极大地提高了火炬区的土地利用效率，为后续生产操作的集约化管理奠定了基础。

（6）仓库及运输设施集约化布置

随着石化工程项目大型化、一体化的发展，聚乙烯、聚丙烯等固体产品的产量急剧增加，对于包装、仓储及运输设施的要求也越来越高。如某100万吨/年乙烯工程中固体产品量高达110万吨，原有平面式仓储模式采用单层库房，仓库净占地面积达到8公顷以上，加上为其配套的装车场地等相应内容，占地面积高达14公顷。平面仓库占地面积大，操作人员多，维护成本高，土地的利用效率低，不能满足现代石化产业智能化和自动化控制发展的需要，固体仓库的集约优化布置迫在眉睫。随着科技进步和自动化水平的提升，为了提高企业土地利用率，提升仓储设施的智能化管控能力，许多石化企业纷纷采用立体仓库来实现仓储设施的集约化布置。以某百万吨固体储存量的储存设施为例，采用不同的仓库信息对比如表2-4所示。

表2-4　立体仓库与平面仓库对比表

比较内容	比较项目		比较结果
	立体仓库	平面仓库	
占地面积/m²	19000	75600	立体仓库占地仅为平面仓库的1/4
定员/人	60	373	立体仓库定员不到平面仓库的1/6
装车时间/（分钟/车）	30～35	45～50	立体仓库每车装车时间比平面仓库缩短15min
运行成本/（元/吨）	13.5	18.2	立体仓库每吨运行成本比平面仓库节约近5元

从表2-4可以看出，无论是占地面积和操作定员，还是装车时间和运行成本，立体仓库与平面仓库相比均占有明显的优势。立体仓库的货架如图2-21

图2-21　立体仓库的货架

所示。

通常立体仓库主要有以下优点：占地面积小，有效库容大。立体仓库的有效容积率是平面仓库的 4 倍左右，大大提高了土地利用率，节约了土地成本。自动化程度高，出入库效率高，劳动强度低，大大减少了企业的操作定员和人工成本。立体库的工作现场完全封闭，所有作业均由计算机操作系统完成，降低了人员接触货物和物料数据的概率，准确性高，能有效减少人工作业（如叉车存取货物）失误导致的物料破损、货物发错等现象。同时大幅减少了搬运和装车时的高空作业，降低发生人身安全事故的概率。

（7）行政及生产管理设施集约化布置

行政及生产管理设施包括办公楼、中心控制室、中心化验室和消防站等，是企业的生产指挥和经营管理中心，又是对外联系的场所，人员集中度非常高。平面布置时应将行政及生产管理设施集中布置在相对安全的地段，为员工及来往人员提供安全舒适的工作环境。

现代工厂设计的理念是要以人为本和本质安全，总平面布置要在满足防火规范要求的前提下，找出爆炸、高毒、高噪声、高污染等对人员有伤害的因素，并对这些因素分别进行分析，确定人员集中设施与爆炸危险源、高毒泄漏源、高污染设施、高噪声设施等生产设施的防护距离要求。这些距离一般都要求远大于防火间距，总平面布置时利用两者之间较大的防护距离布置公用工程及辅助设施，作为设施之间的物理隔离，既满足了安全环保等要求，又提高了土地的有效利用率，是总平面集约化布置实施过程中的一条重要原则。

2.3.2.4　布置方案优化和完成

按照上述原则完成总平面布置初步方案后，在考虑上述联合布置和集中布置的基础上，还需要考虑其他因素，如《石油化工企业防火设计规范》《建筑设计防火规范》等强制性规范以及其他推荐性规范，还需要根据业主的偏好、要求等，对相应的内容进行修正、调整和完善，形成供工程实施的总平面布置。

【案例 2-2】　炼油厂总平面布置集约化

某炼油厂项目整个用地呈准规则形状，如图 2-22 所示。整个厂区呈集约式布置，功能分区明确，集中布置程度高，功能分区之间联系密切。

根据工艺流程，原油罐区布置在靠近码头的厂区一端，工艺装置区布置在厂区中央，向南依次布置中间罐区和成品罐区。循环水场、水处理站紧邻装置区北侧布置，靠近负荷中心。原油罐区和中间罐区也紧邻相对应的装置布置，便于装置自抽。

根据风向条件，人员集中的管理区和对空气质量要求较高的空分空压站布置在厂区的上风向，而相对污染较重的污水处理场等则位于厂区的侧风向和下风向。

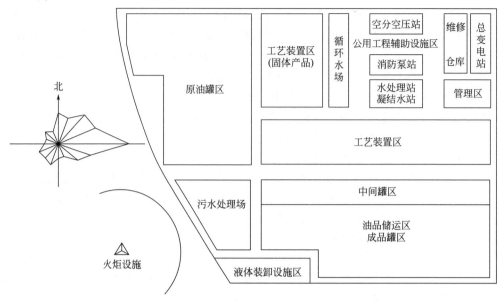

图 2-22　某炼油厂总平面布置

　　根据外部运输条件，借助于厂区北侧和西侧的两条城市道路，装卸设施区布置在厂区西侧，从厂区西侧直接与外部道路相通。需要外运固体产品（聚丙烯、硫磺）的工艺装置区布置在厂区的北侧边缘，方便其产品由北侧外运。

　　根据地形条件和排水方向，污水处理场布置在厂区最低处（厂区西南角）。

　　火炬设施布置在厂区外西侧海边滩涂地。

　　考虑未来发展，炼油工程预留东侧为发展端，装置、辅助设施区、油品储运区可同方向向东发展，使近远期有较好的衔接。同时在原油罐区、污水处理场和液体装卸设施区内部也预留了远期发展的用地。

　　全厂总占地面积为 103.8 公顷，具有布置紧凑、用地合理、各功能分区占地比例适当、通道面积占全厂总面积的比例较小的特点。本项目布置高度集约化，物流、动力流短捷顺畅，节省了公用工程，降低了操作成本，减少了物耗和能耗，节约了土地资源。许多现有炼厂占地指标 0.2 公顷/万吨，通过总平面布置集约化，本项目万吨原油处理量占地指标仅为 0.146 公顷/万吨，用地指标国内领先，达到世界先进水平。

2.4　能量利用集约化

2.4.1　能量利用集约化目标和方法

　　石化企业在生产能源的同时，也在大量消耗能源。随着节能技术的不断成熟和工程设计的优化，石化企业能耗水平与传统相比明显下降，但油品质量不断升级，需要增加额外的生产装置、处理工艺和能源，必然增加石化企业能耗，在一定程度上减缓能耗数值的降低趋势[11]。

（1）目标[12]

面对全新的节能减排形势和石化企业能源消耗现状，推进石化企业能量全局优化，无疑是解决当前石化企业节能降耗工作瓶颈的有效方法，可以进一步合理降低石化企业能源消耗水平，提高能量利用效率，为开展能量全局优化工作提供方法和技术支持。

热集成是石化生产过程能量系统优化研究的重要组成部分。近年来，研究者对石化生产过程热集成问题进行了较深入的研究，主要涉及工艺装置或子系统集成优化、整厂分析、全局集成等，方法主要包括基于热力学的分析方法和数学规划方法，或二者的综合运用。其中，夹点技术是以热力学原理为基础，以最小能耗为主要目标的换热网络综合方法，是热集成的基础。目前，针对石化生产过程热集成的研究已经取得了丰硕的成果，但如何将丰富的成果整合成为系统、易操作的热集成方法和策略，用于指导石化生产过程工程设计、技术改进再设计等应用过程，值得深入分析。

基于夹点技术，在分析、整合工艺装置物流热输出、热输入原则，凝炼热集成物流温度与热量确定方法的基础上，借鉴集约化管理理论知识，提出适用于工程设计、技术改进再设计过程的石化企业多装置热集成策略，给出相对清晰的多装置热集成实施步骤，并结合应用实例分析，验证策略的实用性，为石化企业过程热集成优化设计、生产提供理论和实证支持。

（2）方法

面对全新的节能减排形势和产业发展现状，要做好石化工程项目能量利用的集约化，需要从全局出发，做好能量优化的顶层设计，以能量深度集成优化为抓手，深入推进全流程综合节能技术的应用，提升石化企业的节能水平[3]。

如图 2-23 所示，能量深度集成优化以全厂能耗为考核及优化目标，建立总流程规划集约化平台、工艺设计集成化平台、能量集成设计平台之间的相互关系。总加工流程的原料性质、产品分布直接影响全厂能耗水平；工艺装置的流程模拟能具体到装置级别、设备级别的能耗数据；能量集成设计平台包括热集成平台、蒸汽动力优化模型、氢气系统模型、水系统模型、物料输送压力能系统模型等，涵盖了能源的制备、转换、存储、分配及输送环节。

能量深度集成优化系统的具体措施是[3]：

① 以 PIMS 等线性规划软件为工具，建立节能与总加工流程模型之间的函数关系，实现同步优化和双向提升。

② 将原料性质、工艺流程、产品结构、质量要求、装置参数等作为输入条件，建立从全局到装置再从装置到单元的梯级系统能源规划体系，实现不同层级

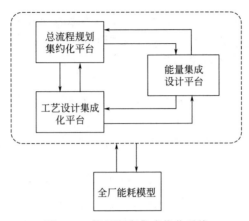

图 2-23　能量深度集成优化系统

的能量最优化利用。

　　③ 结合总平面布置综合考虑水、电、蒸汽、风等公用工程及辅助设施的合理配置，实现系统的最优化配置。

　　④ 充分利用石化企业低温、余压资源"集成回收"，通过设置全厂性的利用系统，实现低阶资源的"分布式利用"。

　　⑤ 梳理研究季节性温差对燃动系统的影响规律，实施复杂工况燃动系统优化，降低波动。

2.4.2　能量利用集约化的过程实施

　　开展石化企业节能工作首先需要面对的问题是：石化企业能源消耗与哪些因素相关？一般认为，影响新建石化企业能源消耗水平的因素主要包括：原油性质、总加工工艺流程、产品结构和产品质量，对于已经投产运行的石化企业，还要关注装置负荷率等影响因素。其中，工艺总加工流程不仅可以影响石化企业能源消耗，而且对石化企业的产品结构、产品质量也具有重要影响。石化企业总加工工艺流程是综合权衡资源、能源、环境、效益等因素后，多目标协同优化确定的。因此，以降低石化企业能源消耗为目标的总加工工艺流程优化（装置规模与装置结构优化）是开展石化企业能量利用集约化的重要步骤。

　　石化企业原油性质、总加工工艺流程确定后，产品结构、产品质量、装置负荷率等可以确定，石化企业的能源消耗结构和能源消耗水平也随之确定。此时，石化企业能源消耗存在工程极限值，工程极限值主要受当前经济技术条件约束。针对特定的石化企业能源消耗结构，可以合理规划企业的能源配置系统；而明确的能源消耗工程极限值有助于合理制定节能目标，进而应用各种节能技术提高石化企业能量利用效率，进一步降低其能源消耗水平，使石化企业能源消耗趋近于工程极限值[11]。

　　本书所阐述的石化工程项目能量利用集约化方法将石化企业能量利用工作划

分为能源规划、能量集成、单元强化三个层次，如图2-24所示。

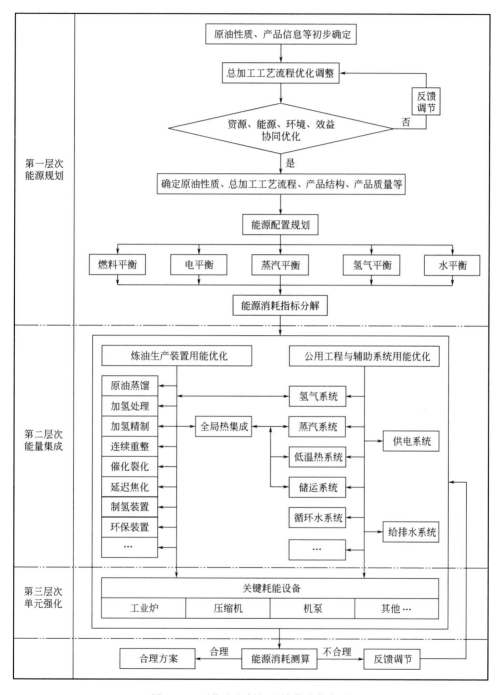

图 2-24 石化企业创新系统化节能方法

2.4.2.1 对于全局能量实施能源规划层次的集约化利用

无论是新建、改扩建，还是已经投产运行的石化企业，开展节能工作的首要步骤是优化调整石化企业总加工工艺流程。能源规划的具体步骤有以下几点。

① 以石化企业原油性质与产品信息为基础，以资源、能源、环境、效益等要素协同优化为目标，通过综合权衡和多目标优化，确定石化企业总加工工艺流程。

② 以总加工工艺流程为基础，分析石化企业能源消耗结构，测算石化企业能源消耗工程极限值与燃料、电、蒸汽、水、氢气的需求数据。

③ 对比分析能源消耗工程极限值与运行（设计）能源消耗值，制定节能目标，提供能源配置规划建议。能源规划建议主要涉及：燃料需求、热工锅炉设置、电力需求、蒸汽平衡、循环水场设置、制氢规模设置、氢气管网设置、热集成等方面。

④ 结合节能目标和能源规划建议，将能源消耗指标分解至各石化生产装置、公用工程与辅助系统，作为指导和约束能量集成与单元强化层次开展工作的指标。

2.4.2.2 对于装置实施能量集成层次的集约化利用

能量集成主要完成石化生产装置、公用工程、辅助系统的用能优化，是落实石化企业能源规划的关键组成部分。图 2-25 为石化企业能量全局优化策略示意图，该策略提供了实施石化企业能量全局优化的逻辑关联关系。

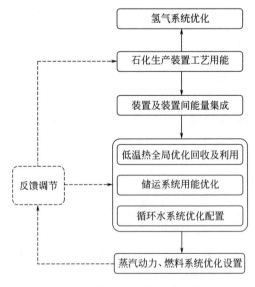

图 2-25　石化企业能量全局优化策略

① 进行工艺装置的用能优化，包括反应、分离等核心过程工艺改进和参数优化。

② 在此基础上，一方面开展氢气系统的优化，另一方面建立装置间热联合和优化换热网络等。

③ 随后开展罐区和辅助系统的用能优化，按照温位匹配、梯级利用的原则，通过优质热阱的挖掘与应用降低不必要的蒸汽或其他高品位能量的消耗，然后对全厂的低温热综合回收利用，按照"长期、稳定、就近"利用的原则，结合全厂平面布置，设计合理的低温热系统，同时开展循环水系统的用能优化。

④ 优化蒸汽动力、燃料系统，包括蒸汽管网和凝结水系统等，结合全厂蒸汽需求、动力需求和燃料平衡状况，对蒸汽动力与燃料系统提出优化的改造和运行策略。

2.4.2.3　对于元件实施单元强化层次的集约化利用

单元强化是实现石化企业能量全局优化的重要基础条件，主要涉及关键耗能设备的强化、优化利用。通常石化企业关键耗能设备包括：工艺装置反应设备；工艺装置余热与余压回收系统设备设施；功率不低于 10MW 的加热炉；轴功率不低于 1000 kW 的容积式压缩机；轴功率不低于 2000 kW 的离心式压缩机；轴功率不低于 200 kW 的机泵等。单元强化的主要实现方式是对单个过程、单元或设备开展节能专项技术改造或应用。

【案例 2-3】　炼油厂能量集约化规划和应用

（1）能源规划

某炼油企业设计主要产品包括：液化气、航煤、汽油、柴油、硫磺和聚丙烯等，产品质量执行国Ⅴ标准，总加工工艺流程见图 2-26，设计能耗数据见表 2-5。

表 2-5　某炼油企业设计能耗数据

项　　　目	单　　位	数　　值
燃料气	t/h	27.0
新鲜水	t/h	410.0
电	MW	48.0
催化烧焦	t/h	30.0
设计炼油能耗	kg oe/t	69.9
炼油能耗因数	/	8.5
设计炼油单位因数能耗	kg oe/(t · Eff)	8.2

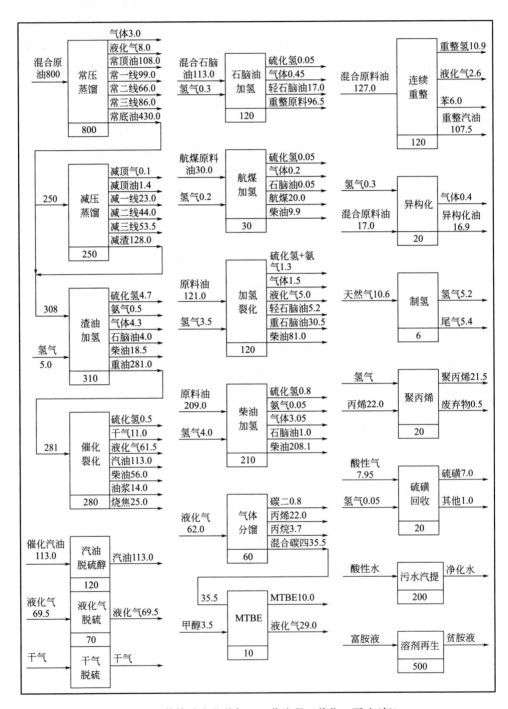

图 2-26　某炼油企业总加工工艺流程（单位：万吨/年）

基于上述基础数据，应用 REMS 系统进行测算，测算结果汇总于表 2-6。

表 2-6　某炼油企业能源消耗数据测算结果

项目	单位	数据	项目	单位	数据
工程极限能耗	kg oe/t	61.0	电需求量	MW	40.0
能耗因数	/	8.5	新鲜水需求量	t/h	400.0
工程极限单因能耗	kg oe/(t·Eff)	7.2	3.5MPa 蒸汽量	t/h	−50
纯氢需求量	t/h	6.2	1.0MPa 蒸汽量	t/h	−140
催化烧焦	t/h	30.0	0.4MPa 蒸汽量	t/h	70
燃料气需求量	t/h	20.5	自产燃料气量	t/h	23.5

工程极限值为节能目标的确立奠定了基础，设计燃料气、电消耗量与测算工程极限燃料气、电消耗量存在一定差值是导致设计能耗与工程极限能耗数值不同的主要原因。结合表 2-5 与表 2-6 的数据分析，提供能源与耗能工质的规划建议：

① 燃料气与热集成。适当强化热集成，合理提升进入加热炉、分馏塔工艺物流的换热终温，适当降低燃料气、分馏塔热源蒸汽消耗量。

② 蒸汽优化。企业 3.5MPa 蒸汽与 1.0MPa 蒸汽过剩，0.4MPa 蒸汽不足。根据蒸汽系统类型，建议 3.5MPa、1.0MPa、0.4MPa 蒸汽满足工艺需求后，工艺过程发生的 3.5MPa、1.0MPa 蒸汽的热量可适当调整为直接热集成。

③ 电力使用。合理利用工艺余压发电，适当以蒸汽为动力源驱动动设备，降低电消耗量。

（2）能量集成

根据企业能源消耗特点，采取如下能量集成措施。

① 优选节能工艺、催化剂，合理降低反应苛刻度，从源头降低工艺总用能。

② 结合装置布局，重点考虑原油蒸馏-渣油加氢-催化裂化装置间的热量集成，考虑加氢精制装置间的热量集成。

③ 按照"温度对口、梯级利用"原则，优化蒸汽动力系统，避免蒸汽降质使用。

④ 结合装置布局，设置局部、全厂性的低温热回收管网，全局回收、利用低温热资源。

⑤ 优化循环水系统，适当考虑循环水的梯级利用。

⑥ 理顺装置间工艺物流压力等级，避免装置间压力的重复升、降，合理节约耗电量。

能量集成层次中，原油蒸馏-渣油加氢-催化裂化装置间的热集成与全厂低温余热资源利用是两项关键节能措施。其中，原油蒸馏-渣油加氢-催化裂化等主要耗能装置之间的热联合主要包括装置内热量集成、热供/出料及其温度优化，以及不同装置物料间的直接换热等。集约化改造思路如图2-27所示。

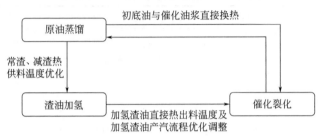

图 2-27　主要耗能装置热联合集约化改造思路

热集成实施后，初底油换热终温可达290℃，将290℃的原油与335℃左右的油浆换热，原油温度升至约310℃后返回进常压炉，预计节约燃料气1.5t/h，减产3.5MPa蒸汽约24t/h。

对于低温热资源，在设计工况的基础上，全厂设置低温余热回收系统，回收80～120℃热媒水，设置的两个系统为：

① 罐区维温与管线伴热低温热利用系统：回收低温余热供罐区维温与管线伴热，预计每小时回收低温热1.2MW。

② 低温热发电系统：回收热媒水约1000t/h，集中发电，热电效率以6.0%计，预计每小时发电2.5MW。

（3）单元强化

单元强化措施如下：

① 采用强化燃烧及烟气余热回收技术，合理提升工艺加热炉热效率。

② 合理提升列入关键耗能设备的压缩机效率。

③ 合理提升列入关键耗能设备的机泵效率等。

该炼油企业大型工艺加热炉设计热效率为91.0%，重整四合一炉热效率为92.0%，结合燃烧强化技术与烟气余热回收技术应用，优化提升大型工艺加热炉热效率至93.0%，提升重整四合一炉热效率为94.0%，预计节约燃料气约1.0t/h。主要涉及的加热炉如表2-7所示。

表 2-7　某炼油企业大型工艺加热炉

名　　　称	负荷/MW
常压加热炉	80.0
减压加热炉	20.0
渣油加氢反应进料加热炉	25.0
渣油加氢分馏塔进料加热炉	25.0
重整四合一炉	35.0

表 2-8　某炼油企业优化后设计能耗数据

项　　目	单　　位	数值
燃料气	t/h	24.0
新鲜水	t/h	410.0
电	MW	45.0
催化烧焦	t/h	30.0
设计炼油能耗	kg oe/t 原油	66.0
设计炼油单位因数能耗	kg oe/(t·Eff)	7.8

（4）节能效果

采用集约化的能量系统优化方法后，节能优化工作取得了突出成效：按照能源规划、能量集成、单元强化建议，并结合关键节能措施实施，优化后设计能耗数据见表 2-8。优化后，该企业设计炼油能耗及设计炼油单位因数能耗相对于优化前的设计数据降低约 5.0%。

2.5　蒸汽动力系统设计集约化

2.5.1　蒸汽动力系统设计集约化目标和方法

基于整体化集约方法思路，动力系统设置的集约化是在全面识别石化工程项目用热等级等资源要素，以及详细分析燃料分配、安全环保等资源特征和影响因素的基础上，通过对蒸汽等级层级规划和梯级利用研究等，实施全过程管理和统一的优化配置，从而实现资源的高效利用和节能减排。蒸汽动力系统设计集约化过程如图 2-28 所示。

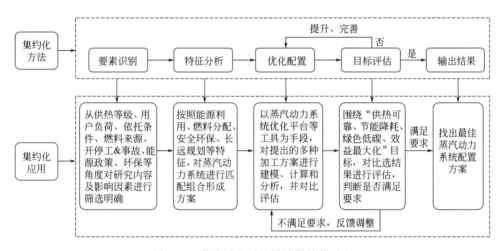

图 2-28　蒸汽动力系统设计集约化过程

制约蒸汽动力系统集约化设计的要素主要有供热等级、用户负荷、公用工程依托条件、燃料来源、开停工 & 事故工况、平面布置规划、国家行业及地方能源政策、环保安全要求、企业长远规划等。

在进行石化工程项目蒸汽动力系统集约化设计时，围绕"供热可靠、节能降耗、绿色低碳、效益最大化"目标，制定全厂蒸汽动力加工及利用方案，实现资源利用最大化、服务全厂生产加工要求、清洁环保等多目标的协调统一，适应国家未来能源战略的发展需求。

2.5.2　蒸汽动力系统设计集约化的过程实施

设计传统的蒸汽动力系统时，工艺生产装置完成自身优化设计后，对于需求仅进行简单加和，得到整体公用工程平衡，各装置系统之间没有形成集成优化。按照整体化集约方法，全厂蒸汽动力系统的设计不仅仅是全厂蒸汽负荷的简单统计和平衡，同时还承担了全厂节能降耗、资源利用最大化、效益最大化等多项设计目标任务，应从全局角度出发，全过程参与装置内蒸汽利用方案。

按照整体化集约方法思路，蒸汽动力系统的集约化设计，需先进行数据资料统计，接着进行蒸汽动力方案设计，通过对比进行系统优化，最终输出最优方案。以全局统一规划为出发点，优化平衡，制定全厂用汽梯级利用方案，确定各供热单元，如动力站、除氧站、除盐水和凝结水站、全厂热力管网的配置方案及规模，确定余热利用方案，如制冷站、热水站、余热发电站等。在系统优化设计过程中，一要对比历史数据库及专家经验库资料，确保制定的蒸汽动力系统方案可靠、工程可行；二要研究透平优化模型、燃料配比模型等关键路径，实现优化目标；三要识别环保、安全及其他相关政策要求，考核效益、能耗指标要求等。蒸汽动力系统集约化设计流程如图 2-29 所示。

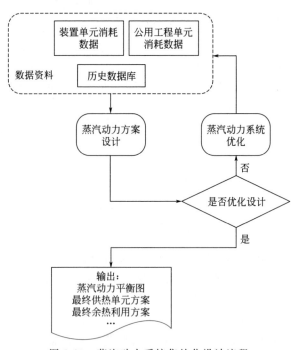

图 2-29　蒸汽动力系统集约化设计流程

在进行蒸汽动力系统集约化设计时，重点考虑蒸汽动力系统与过程生产、全厂燃料、公用工程、功能区、安全环保间的协同集约，以实现系统整体化集约。

2.5.2.1 蒸汽动力系统与过程生产间的集约化

由于能量系统与生产过程密不可分，从全局的角度对蒸汽动力系统和过程生产进行集约化设计势在必行。蒸汽动力系统不仅要满足生产用能的需要，同时还应自上而下对生产进行用能指导，提出优化方案，进行全过程监控和管理。

（1）应用热力学方法体系，分析装置用能情况

根据专家经验库和一定的热力学方法，如全局夹点技术等，评估用户在能级利用上是否合理，匹配相适应的蒸汽管网等级；不仅仅局限于装置内孤立的换热网络，而是结合装置间热联合，模拟全厂装置间最优的换热方案，为过程生产提供用能指导。

典型的如酸性水汽提装置，根据汽提塔温位要求，可以设置 1.0MPa 和 0.4MPa 两种蒸汽等级供给不同的汽提塔，而非全部采用单一等级。全厂设计时，在雾化用蒸汽及抽空用蒸汽使用范围内，适当降低低压管网参数，提高透平用蒸汽参数等有利于全厂节能。

（2）全厂汽轮机和透平优化在能量梯级利用中的作用和影响

全厂汽轮机和透平设计在整个蒸汽系统能量梯级利用规划中起着关键性作用，对全厂能耗水平及全厂效益影响重大。通过汽轮机和透平优化模型，优化各管网负荷，获得最大化收益。

如对于大型乙烯装置，透平功率往往很大，全部背压式设计会导致下游管网无法承受，全部冷凝设计会导致能耗过大，设计时常采用抽汽凝汽式汽轮机保证系统平衡。在最近几年的催化装置高压化探讨中，采用前置式发电机组-富气压缩机组合设计，不仅可以接收高压余热锅炉产生的高压蒸汽，还能保证装置开工、锅炉故障时压缩机透平的正常运行，是一种灵活、高效的设计模式。

（3）装置产汽与蒸汽动力系统间的协调配合

从装置层面看，副产低压、低低压蒸汽对降低装置能耗非常有益。但是从全厂层面看，有时低等级蒸汽产生过多会导致全厂能量梯级利用变差，部分透平不得不采用冷凝设计，甚至可能由于蒸汽过多导致管网放空。因此进行蒸汽动力系统规划时，可以根据优化结果对装置提出合理的产汽方案。

典型的渣油加氢热高分流程中，热高分蒸汽发生器的工艺及设备设计较复杂，同时产生的低压蒸汽在全厂蒸汽平衡的处理上较为困难。因此在某些情况下，通过修改工艺流程可实现装置不再产汽。

（4）全厂用汽和低温热间的协同配合

在新型石化企业内往往设置有热媒水系统，如除盐水加热系统、除氧水加热系统等，回收低温热的同时，减少加热用蒸汽。动力站内的回热系统也与全厂蒸汽规划紧密结合，在新型石化企业中，动力站类似一个产能装置，蒸汽、低温热利用与生产装置一起规划，实现双向互供。

2.5.2.2 蒸汽动力系统与全厂燃料间的集约化

蒸汽动力系统锅炉燃料方案是石化工程项目方案整体化集约中的重点和难点，应与全厂燃料系统同步规划。

（1）回收利用厂区内富裕燃料

动力锅炉的燃料适应性比较广，可以是常规的煤、天然气、燃料气等，也可以是副产燃料、尾渣、废气。焦化装置产生的石油焦在一段时间内还会作为石化企业的主要动力燃料之一，尾油、尾渣、PSA尾气、化工液态燃料等还会长期作为燃料使用，煤化工中的洗中煤、煤矸石等，环保允许范围内的污泥、沥青、焦油等都是石化企业的副产品或废料，却能回收至动力站，变废为宝。

（2）燃料转换与工艺生产装置的协同设计

部分工艺装置，既是化工原料或产品的生产装置，同时还是燃料的生产与制备、转化和加工装置，如煤制氢（含焦制氢）、溶剂脱沥青、甲烷化处理、低热值合成气装置等。在规划全厂燃料平衡时，这些工艺装置与动力站间高度交叉、融合，需要协同设计。在动力站燃料必须由或部分由部分氧化造气（POX）装置提供的项目中，典型的POX装置与动力站协同设计步骤如图2-30所示。

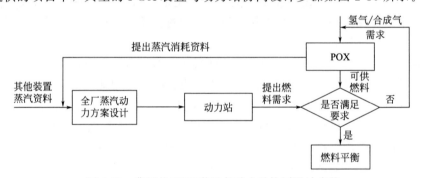

图 2-30　典型的 POX 装置与动力站协同设计步骤

（3）适应国家、地方能源战略的发展要求

根据国家、地方现阶段和中长期能源规划，煤、焦炭的替代是今后动力站设计时必须考虑的方案之一。若焦化工艺替代为加工深度更高的浆态床加氢工艺，动力站石油焦的缺口要由天然气或其他可用燃料替代。燃用固体燃料的动力站与燃用气体或液体燃料的动力站，自身消耗有很大的差别，同时考虑到成本因素，全厂供热原则亦会出现天翻地覆的改变，因此在制定全厂总加工方案时亦要考虑可能会出现的燃料变化的影响。

2.5.2.3 蒸汽动力系统与公用工程间集约化

蒸汽动力系统与公用工程间的集约化，体现在与发电机组间，与储运、空分、火炬间，与海水淡化、污水零排放、焚烧净化炉等的协同配合上。

全厂各蒸汽管网压力的稳定是由动力站汽轮发电机组抽汽或排汽来维持和调

节的。按"以汽定电"设计原则，汽轮发电机组的装机规模和台数除了由供热负荷决定外，还与电气接入系统平衡设计等相关。在孤岛设计中，电力的可靠供应成为决定性因素，常规需要按 N＋1 模式设计。

蒸汽动力系统在设计时亦要考虑储运、给排水、环保等公用工程单元方案的影响，从而提出优化建议。具体包括：罐区的维温采用蒸汽还是热水，凝结水如何回收，火炬熄火蒸汽的安全性考虑，管网紧急放空、维压系统及空分驱动方式的选择，根据全厂低压蒸汽等低温余热情况，是否要考虑多效蒸发海水淡化系统及污水零排放方案，焚烧炉是否采用余热锅炉方案等等。

2.5.2.4　蒸汽动力系统区域间集约化

（1）区域间蒸汽互供

炼化一体化项目中，要考虑各功能区之间的蒸汽互供和热量互供。如包括炼油、乙烯、芳烃、聚酯等区块的全厂性项目，既要维持各区块间相对独立性，减少区际多蒸汽管线的交叉，同时也要保证各区块间必要、适当的蒸汽互供，以实现全厂能效利用最大化，保障全厂系统可靠性。全厂宜设置一个动力中心，在管网等级设置时需考虑不同区域用能特点，达到全厂统一规划，能源管理一致。某炼化一体化全厂蒸汽系统互供如图 2-31 所示。

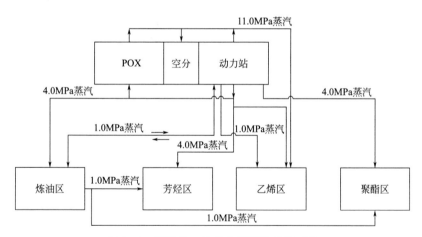

图 2-31　某炼化一体化全厂蒸汽系统互供

（2）区域内动力系统

大型石化工程项目往往是工业园区甚至地方上的支柱产业，对周围区域经济的发展有很大的影响。石化工程项目同时又是耗能大户，园区内大部分热力消耗、电力消耗均集中在石化工程项目上。另一方面，石化工程项目受产业政策的限制，需要从园区、地方上争取项目所需的各类资源，其中煤、电、环保容量指标成为约束项目发展及影响项目收益的重大外部条件。

与园区、地方或其他企业合作设立热电中心，可以落实动力燃料等资源来源。

2.5.2.5 蒸汽动力系统与安全环保间的集约化

制定蒸汽动力系统方案时，不能单纯为了平衡而平衡，或为了节能降低安全系数。在设计时要充分考虑能适应多工况运行，除了要考虑开停工、关键设备故障的影响外，还要考虑全厂总流程内各装置之间运行的关联性，动态平衡时的联动反应等。蒸汽等级要有灵活可调整的措施，如减温减压器的设置等。系统单元内透平与电机的相互组合除考虑安全因素外，有时也被用于担当部分负荷调节的角色。系统容量不宜过小，以减少系统故障对生产运行的影响。

受产业政策的影响，今后动力站将会更多考虑背压机组方案而非传统的抽凝机组方案，由此牺牲了部分运行灵活性，因此对动力站机组配置及装置梯级利用方案提出了更高要求。

动力锅炉是环保监测的重点对象，锅炉设计时要确保满足环保标准，从源头上减少温室气体排放。增设环保措施后，势必对锅炉热效率、公用工程消耗造成一定影响，在设计之初就要充分考虑这一因素。

【案例 2-4】 某石化企业蒸汽动力系统集约化设计

某石化企业新建一套 1200 万吨/年的炼油工程。配套建设有 $2 \times 10^5 \, m^3/h$（标准状况）制氢装置，400 万吨/年高压加氢裂化装置，200 万吨/年催化重整装置，100 万吨/年芳烃联合装置和 180 万吨/年催化装置等多套大型化装置。

在以往的新建项目中，供热等级多围绕催化装置进行，受外取热器设备制造条件的影响，适于发生 3.8MPa 中压蒸汽，因此全厂蒸汽管网多采用中压蒸汽方案。本项目催化装置规模适中，但是制氢规模属于国内单系列最大，制氢加热炉烟气余热温位高、品质优，适于发生高压蒸汽。高压加氢裂化及重整装置均为用汽大户，对全厂用能水平影响较大，若装置透平蒸汽入口压力提高到高压后能增加更多梯级利用的机会，可实现全厂节能目标。在经过大量技术经济对比后，该企业最终的蒸汽动力系统方案确定增设高压等级局域网。具体蒸汽系统方案如图 2-32 所示。

在总平面布置上，制氢装置、重整装置、高压加氢装置靠近动力站，其中制氢装置与高压加氢装置组成联合装置，制氢产生的高压蒸汽通过装置内管线直接供应到高压加氢装置内，经透平排汽后，中压蒸汽返回制氢装置作为配气来源，高压蒸汽和中压蒸汽在联合装置内最大限度实现自给自足，减少了管网系统投资。重整氢透平采用高压蒸汽后，其 3.8MPa 排汽基本满足重整装置及芳烃装置生产用汽需求。

通常高压化的推广主要受初期投资过高的制约，本项目天然气制氢规模大，动力站燃料采用的又是成本高的天然气，综合比较，高压化后带来的收益可观，为高压化的落实提供了条件。

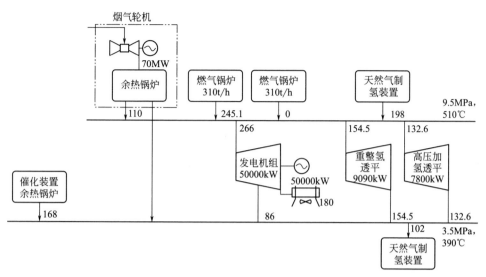

图 2-32　某石化企业蒸汽系统方案（单位：t/h）

经测算，全厂采用高压化设计后，本项目能节约 5500m³/h（标准状况）天然气，单位产品综合能耗降低 3.3kg oe/t 原料，若按天然气 2.1 元/m³ 计（标准状况），全年成本减少近 1 亿元。

本项目在早期制定蒸汽动力方案时，即从全厂角度出发，对各种资源进行识别，分析各种有利因素及约束条件，统一优化，反复进行技术经济对比，最终得到较为优化的蒸汽系统方案。本项目是采用整体化集约方法思路的成功案例，蒸汽动力方案确定后，作为统一的用能原则，要求相关专利商按蒸汽系统高压化设计，项目开工后，各项运行指标与设计数据基本吻合，取得了很好的节能效果，提高了企业自身竞争力。

2.6　环保治理集约化

2.6.1　环保治理集约化方法和原则

2.6.1.1　方法

在环保治理过程中采用整体化集约方法，优化环境要素和环境资源配置，促进环保管控水平提升，优化工程设计，研发绿色技术，使用清洁能源及原料，生产绿色产品，减少污染物产生，提高资源综合利用率，做到污染物全面稳定达标排放，实现绿色可持续发展，做到本质环保[13]。

石化工程项目方案规划中，环保治理方案以系统论为指导，通过采用整体化集约方法，依托数字化手段和工具，将项目中各种环境要素、层次、系统进行有序整合，形成全生命周期的环保协同治理体系，实现本质环保。环保治理集约化方法如图 2-33 所示。

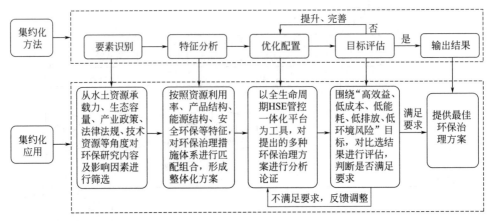

图 2-33　环保治理集约化方法

从图 2-33 可以看出，石化工程项目环保治理集约化是在全面识别项目生态容量等环保资源、环境要素，以及详细分析资源和环境要素特征和影响因素的基础上，通过环控一体化平台实施资源和环境要素的全过程管理和统一配置优化，并结合绿色低碳等环保目标约束条件对初步方案进行论证和反馈，经过多次迭代优化完善后，形成最佳可行环保治理方案，从而实现资源的高效利用和清洁利用的过程管理方法。

2.6.1.2　原则

（1）梳理规划方案的合规性及与环境方针的符合性

在充分考虑环境要素的基础上，对企业绿色发展战略，产业布局，产品结构、能源结构进行统筹及合理规划，建设清洁、高效、低碳、循环的绿色企业。环境方针是建立环境管理体系的核心，是环境目标制定的依据。

石化工程项目的建设应符合产业政策，环境功能区划，国家与地方发展规划，区域规划环评，资源环境承载力（包括土地资源、水资源、能源、水环境、近岸海域环境、大气环境和土壤环境等），以环境承载力、环境胁迫度、生态制约度为依据，合理规划产品结构和生产布局，科学制定发展目标。

（2）坚持清洁环保与循环经济的原则

清洁生产和循环经济是微观与宏观的关系，有共同的目标和不同的实施体系，清洁生产的最终目标是预防污染，从源头上降低污染物产生量；循环经济的目标是在经济过程中通过再利用和循环手段对污染物进行系统性的减量。

① 提高资源利用率，减少污染物排放。清洁生产是指将综合预防的环境保护策略持续应用于项目过程和产品中，以减少对环境的风险。清洁生产从本质上

来说，就是对过程与结果采取整体预防的环境策略，减少或者消除对环境的危害，使社会经济效益最大化的管理手段。清洁生产本身是集约型发展方式，要求工程项目以此为原则，调整产品结构，优化生产工艺和生产过程，提高技术装备水平，采用智能化、数字化管理手段，实现节能降耗、减污增效，提高资源利用率。

源头控制的宗旨是预防，将预防作为环境战略持续应用于生命全周期，是减少污染物效率最高、付出最小的方式。

② 资源化与减量化。循环经济以资源的高效利用和循环利用为核心，达到节能降耗减排目的；以清洁生产为手段，实现资源的有效利用和生态环境的可持续发展。

（3）对环保治理方案实施排放最小化与总量控制的约束反馈

排放最小化原则作为环保治理集约化中评估和选择生产工艺的基准，以零排放作为努力的目标，将项目对环境的影响降到最低。

总量控制与环境质量目标相关联，对区域内各种污染源的污染物排放总量实施控制的管理；排污许可是实施总量控制的重要手段，既控制污染物浓度，也控制污染排放总量。

在排放最小化和总量控制的约束条件下，对初步形成的环保治理方案进行反馈，便于方案进行优化完善和迭代循环。

（4）完善调整形成绿色环保与可持续发展的最佳可行性方案

清洁生产是实施可持续发展的重要手段，绿色技术是可持续发展的科学基础，是提高经济效益、节约宝贵的资源和能源的有效手段和方法。绿色环保是企业生存和可持续发展的命脉。企业给社会提供物质产品的同时，需推动社会和环境的变革，关注对社会、利益相关方和自然环境所造成的影响，坚持可持续发展理念。环保治理经过完善调整后，形成源头削减、过程控制和末端治理的全生命周期一体化治理方案，为后续工程项目建设实施提供参考。

2.6.2　环保治理集约化的过程实施

环保治理集约化实施，采用合规化、系统化、集约化和数字化管理模式，以生态保护红线、环境质量底线、资源利用上线和环境准入负面清单为约束条件，优化要素配置，构建管控一体化平台（如图 2-34 所示），实施全生命周期过程控制，最终实现可持续绿色发展的本质环保目标。

2.6.2.1　实施全生命周期环保治理集约化

实施全生命周期环保治理集约化是指在从源头、过程到末端的环保治理全生命周期中，以环境要素为对象，以时间为轴，以预防为主，从绿色原材料、绿色工艺技术选择，绿色产品的生产，污染物的处置，水土资源承载力和生态环境容

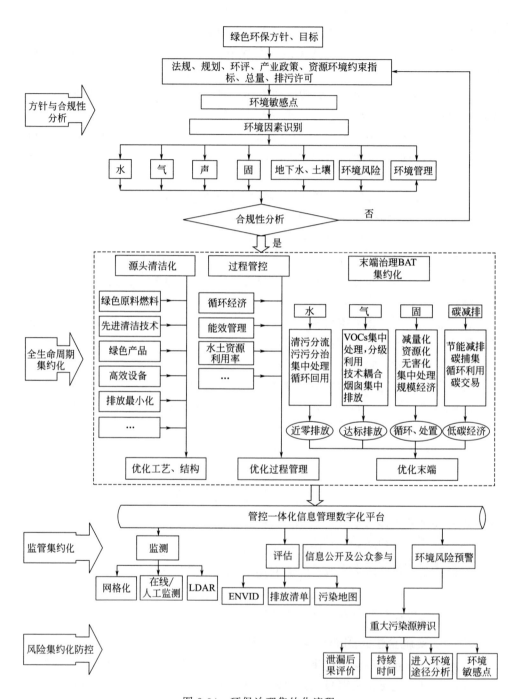

图 2-34 环保治理集约化流程

量判断等，定量评估环境负荷的集约化，如图 2-35 所示。

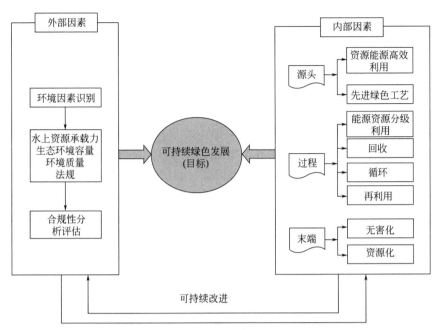

图 2-35　围绕本质环保目标实施全生命周期集约化

此方法目的在于降低环境影响，将环境因素和相关过程参数集约到整个过程中，降低能源和资源消耗，重视再生和循环利用，同时实现经济效益和环境影响的双赢战略。主要过程包括环境因素识别、评估及持续改进等步骤。

（1）环境因素识别

环境因素是指一个组织的活动、产品或服务中能与环境发生相互作用的要素，包括目前对环境造成影响和将来有潜在影响的要素。

按工艺过程、生命周期全面系统地识别环境因素，相关的法律、法规是评价环境因素的重要依据之一。

（2）合规性分析及持续改进

工程项目的建设首先要满足国家和地方有关环境保护法规的要求，满足环境影响报告书及其批文对项目的要求，符合相关规划的要求，达到水土资源承载力和生态环境容量等约束指标的要求。根据评估结果进行持续改进。

（3）源头及过程清洁化生产

在石化产品全生命周期生产过程中，以资源和能源的科学利用和环境保护为目标，实施以下措施。

① 选用清洁、先进的生产工艺技术及设备，提高效率，如选用具有废热回收功能的高效率燃烧器。

② 使用清洁能源和绿色原料，生产绿色产品。

③ 改进副产品或污染物排放系统。

④ 回收、循环、再利用，副产品厂内循环利用或给第三方回收利用。

⑤ 提高环境管理与整个石化工程系统的内控联系及协调度，改善环境管理。

⑥ 从源头削减污染，减少或者避免生产和产品使用过程中污染物的产生和排放。

⑦ 从源头减少碳排放。

（4）资源能源高效集约化利用

在设计、生产、运输、消费等全生命周期内，构建科学规范的资源、废物总量管理制度，树立集约利用理念、节能降耗。以减量化、资源化为原则，坚持循环发展理念，实现原料产品一体化、公用辅助一体化、物流运输一体化、环境保护一体化、管理一体化。从粗放型向资源节约型转变，产品从基础产品向高附加值石化产品转变，拓展绿色产业链条，通过集约规划，将上中游原料、物料进行循环利用，使装置之间、邻近企业群之间互为原料、互为市场，形成上下游一体化的产业链，实现资源能源的合理配置。从源头减少各环节能源资源消耗和废弃物产生，提高资源利用的综合效益，建设资源节约型和环境友好型绿色企业。

2.6.2.2 集约化和高效化的末端治理

在寻求经济效益增加的过程中，进一步对环境要素采取治理措施，构建末端处置利用体系，以"费用最小化、效益最大化、污染最小化"为原则，优先采用既能增加经济效益、同时又减少污染物排放的措施及技术。

（1）废气集约化利用及处理

石化企业排放废气主要有两大类：有组织排放废气和无组织排放废气。有组织排放废气来自燃烧烟气和工艺尾气，如加热炉、裂解炉、锅炉烟气、催化剂再生烟气、装置工艺放空气等。无组织排放废气来自工艺装置设备管道和阀门的动静密封点泄漏，装卸、存储的挥发气以及其他逸散有机废气。废气排放控制及集约化治理流程如图 2-36 所示。

（2）燃烧烟气集约化控制

优化全厂燃料结构，使用清洁燃料，燃料气需脱硫净化，从根本上减少 SO_2 排放；减少燃料消耗，优化全厂换热流程，推行装置组群及全厂热联合，提高余热回收利用率，降低燃烧烟气排放量；采用分级低氮燃烧技术，提高热效率，降低 NO_x 排放量。

（3）全厂酸性气集约化资源化

在石油化工产品生产过程中，随着化学反应和物理分离，原料和燃料中的硫化物在加工过程中会转化为含 H_2S 的酸性气体。全厂酸性气体主要来自双脱装置和酸水汽提装置。采用整体化集约方法，对全厂酸性气进行集中处理，在实现

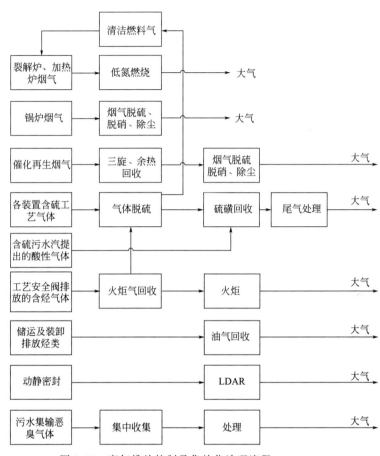

图 2-36 废气排放控制及集约化治理流程

清洁生产的同时，节省设备投资和操作运维成本。典型的全厂酸性气集约化治理流程如图 2-37 所示。

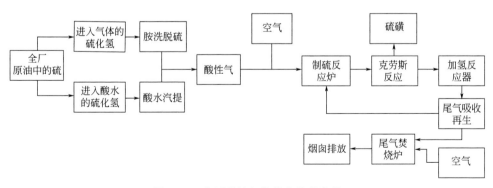

图 2-37 全厂酸性气集约化治理流程

从图 2-37 可以看出，全厂各工艺装置产生的酸性气汇集到硫磺回收装置，经 Claus 及 SCOT 技术进行处理回收硫磺，回收效率达到 97%～99%。酸性气的加工流程主要是石油化工→脱硫→H_2S→硫磺回收→硫磺。随着原油重质化和高硫化趋势加剧，环保要求趋严，从全厂角度实施整体化集约的方法对酸性气进行集中处理，将含硫化氢等含硫气体中的硫化物转变为单质硫，回收资源，变废为宝，提高能效和资源利用率。在满足正常生产的前提下，根据环保标准要求，还应设有备用设施以提高相应处理设施的可靠性。

（4）全厂火炬集约化处置（图 2-38）

石化企业装置停工、安全阀起跳等工况，会产生大量瓦斯气、酸性气、富烃气等火炬燃料气。为回收资源，改变过去火炬燃烧的非环保做法，将全厂可燃气体全部回收再利用，环保和节能效果显著。火炬气经分液罐，进入干式或湿式气柜，经专用压缩机进行升压，脱硫后燃料气进入全厂燃料气管网，给加热炉、锅炉等提供清洁燃料。

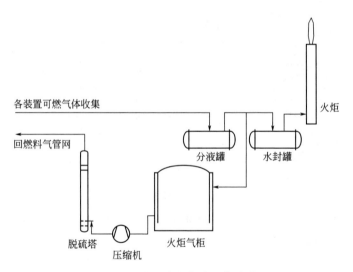

图 2-38　全厂火炬气资源集约化

（5）全厂 VOCs 集约化治理

如图 2-39 所示，针对全厂 VOCs 有 12 类排放源项的特征，通过排污源排查和分析、资料收集、基础数据采集、现场监测或检测，以及对设备和阀门 LDAR 检测的动静密封进行核算和分析，梳理核算 VOCs 排放总量。

末端排放气具有：①多源项，排放量波动；②污染物组成及浓度波动；③污染物组分复杂，具有毒性、易燃性、聚合性、腐蚀性等特点。

VOCs 废气治理技术可分为回收法和破坏（销毁）法，以及先经过回收再进行破坏的组合方法。其中，回收法包括吸收、吸附、冷凝、膜分离及其组合工艺

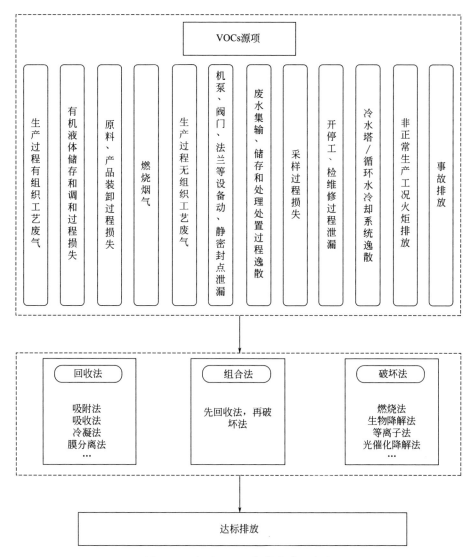

图 2-39　全厂 VOCs 集约化治理方法

等；破坏法包括直接燃烧、热力燃烧、催化氧化、蓄热氧化等[14]。

　　根据排放源、排放量、排放浓度、总平面及管廊布置，综合考虑全厂 VOCs 集约回收及治理措施，布局合理，均衡废气热值，减少运行费用。达到四个方面的目标：①集中化：以重点和高排量的排放源为中心，协同处理周边装置和单元废气。②规模化：避免分散、增加风险源和二次污染。③分级利用：高热值、高浓度废气可回收利用或做燃料，分级配比。④技术耦合：对于有价值的废气采用预处理措施进行资源回收，再使用热氧化等破坏法达标排放。

例如罐区 VOCs 治理：主要是对无组织排放的储罐顶油气集中收集并治理，罐组气相收集系统应与储罐本体、VOCs 处理系统进行整体安全性考量，采取系统的安全控制方案，考虑火灾危险性、污染源距离、废气组成、浓度及气量、氧含量、可燃气体爆炸下限、能耗、运行费用等综合因素，废气宜分区域、分种类、分物化性质采用冷凝和吸附耦合技术集中收集和治理，以节约资源并降低能耗。

【案例 2-5】 某石化企业 VOCs 集中治理

某石化企业全厂共设置各类 VOCs 治理设施 148 个，存在投资高、占地大和危险源多的问题。通过对 VOCs 进行集约化规划，废气分类、分区域设置废气集中处理设施，在安全许可的条件下，对废气进行回收或热氧化。根据废气排放量、组成和低位热值等参数，对废气进行分质处理：对高含氧高热值废气采取高温氧化并用余热锅炉回收热量产生蒸汽；如环氧乙烷/乙二醇（EOEG）高热值废气回收至燃料气管网；对于低热值废气进行蓄热式焚烧（RTO）或催化氧化，彻底焚毁废气中的污染组分。全厂共设置 4 套回收及热处理设施，进行统一管理，节约土地资源和投资，便于生产运营维护，如图 2-40 所示。

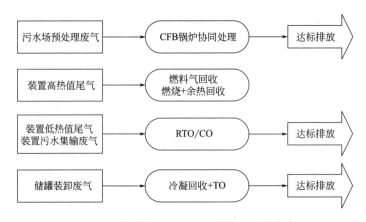

图 2-40　某项目全厂 VOCs 回收和治理方案

石化工厂 RTO 应用于气量大、浓度低的有机物废气，温度 800～900℃，热效率＞95%，废气 VOCs 浓度＞2～3g/m³ 即可实现自供热氧化，VOCs 去除率＞99%。废气通过不断变换流向，实现热量的传递。CO 可处理石化工厂各种 VOCs 废气。典型的 RTO 工艺流程如图 2-41 所示。

（6）污水集约化处理

① 提升水资源利用率

石化企业对水资源的依赖程度较高，取用水量较大；近年来，石化工程项目

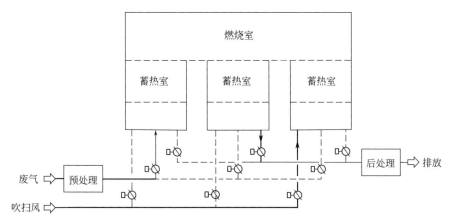

图 2-41　典型的 RTO 工艺流程

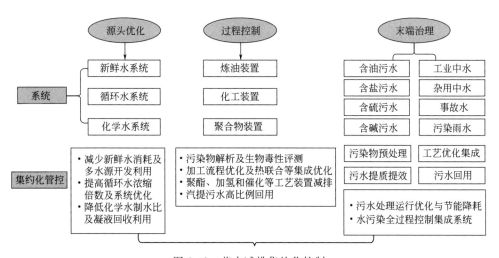

图 2-42　节水减排集约化控制

方案规划中持续改进技术提升循环水、中水、废水的重复利用率，提升水资源利用率。节水减排集约化控制如图 2-42 所示，主要的集约化控制措施如下：

（a）实行清洁生产，分质供水，减少新鲜水用量。

（b）优化换热流程，减少冷却水用量，分级冷却，空冷替代水冷。

（c）采用水质稳定剂提高循环水浓缩倍数，减少循环水补充水量和排污量；循环水系统严格闭路，装置循环冷却水全部返回冷却水回水系统。

（d）回收蒸汽冷凝水，降低能耗，减少新鲜水的消耗。

（e）清污分流、污污分治，合理划分排水系统。

② 集约化污水处理及回用

（a）合理规划排水系统、分质处理

对全厂污水进行分类和统一收集、整体设计、集约化建设、一体化运营，降低治污成本和能源消耗、解决处理设施的稳定运行，且污水可以统一回用，节约水资源，土地集约，降低投资和维护费用，减少对环境的排污口。石化工程典型污水处理过程包括以下几项。

（a）污水分类：按高低浓度、含盐量、酸性进行分类。

（b）清污、污污分流分治：划分不同排水系统，分别治理。

（c）整体设计：统筹考虑各排放源水质和水量。

（d）集约建设：集中建设污水调节、均质、处理设施。

（e）污水回用：对低浓度污水进行回用，提高项目水资源利用率。

（f）建设废水集约化管控信息化：实现集中运维管控、生产与安全管控、设备资产运维养护、水质环保管控、多维数据分析功能。石化工程典型污水处理系统如图 2-43 所示。

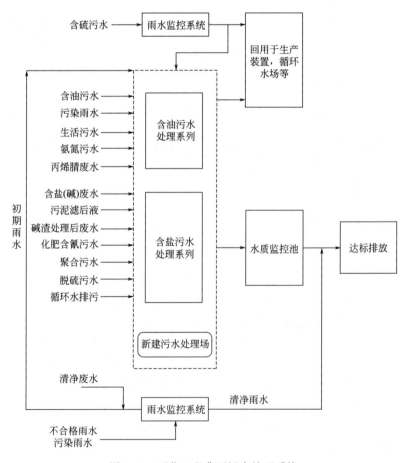

图 2-43　石化工程典型污水处理系统

（b）全厂集中式酸水汽提[15,16]

全厂统一设置集中式酸水汽提装置，处理常减压、催化、焦化、加氢等装置排放的含硫含氨酸性水，降低资源消耗，便于统一管理；根据处理后酸水回用的目标装置，通常设置 2 个系列，分别处理加氢型和非加氢型酸性水，既满足了根据水质情况分别回用的要求，又实现了酸性水分类集中处理的目的。

（c）高盐污水近零排放

由于生态红线及环境质量限制，要求污水近零排放。污水回用后，剩余高盐水中的盐类和污染物经过浓缩结晶以固体形式排出、填埋或做化工原料再利用。

（7）固废集约化处理处置

① 集约化处置思路

本着"减量化、资源化、无害化"的原则，应从固废产生、集输、存储、处理处置等全过程的各个环节进行整体集约控制。首先在源头控制废物的产生，选择先进工艺，优化操控过程，减少废弃物产生量；其次对固废分类、申报登记，识别有价值组分进行综合利用，如回收贵金属，或通过物质转化、再加工、能量转化等措施实现回收利用，在此基础上对固废进行最终处置。综上可以提高废物利用率，实现资源优化与配置，减少能源浪费，实现经济的可持续发展。一般固废通常送工业固废填埋场处置。

② 集约化处置

建设固废集中处理处置设施，以最少的费用，合理的经济规模，节能降耗。

（a）全厂废碱液集约化处理[17]

石化企业生产过程中产生的废碱液，由于其污染物浓度和 COD 高，需进行预处理，才能保证下游污水处理厂的正常运行及达标排放。其中炼油厂碱渣来源于汽油脱硫醇装置、柴油精制装置和液态烃脱硫醇装置，炼油碱渣含更多的硫醇、硫醚、环烷酸，处理难度大；而乙烯厂废碱液主要产生于乙烯蒸汽裂解装置；炼油化工碱渣虽然性质有所不同，但经梳理、合并和整合集约，可以满足排放要求，同时节约占地，降低综合能耗，是目前炼化一体化项目中废碱处置的首选方案。图 2-44 为炼化一体化全厂废碱液集约化处置流程示意图。

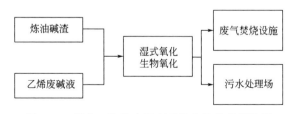

图 2-44　炼化一体化全厂废碱液集约化处置流程

（b）全厂废渣液集约化处置

石化企业危废主要来源于各装置的废催化剂、添加剂、废润滑油、重组分油、釜底残渣、污水场污泥等，其中污泥占比较大。采用整体化集约方法，集中设置固废存储及处理设施，通过分类，在焚烧过程对废物高低热值进行配置，在实现环保达标排放目的的同时大大降低能耗。

危废处理方式主要有两类：焚烧和安全填埋。焚烧可以最大化减量和减容，且充分利用危废自身热值，使其资源化，减少燃料消耗；焚烧系统设置余热锅炉，用于回收烟气中的热能并产生蒸汽，所产蒸汽一部分作为污泥干化热源，其余并入全厂蒸汽管网，降低运行费用和能源消耗。图2-45为典型的危废干化焚烧流程示意图。

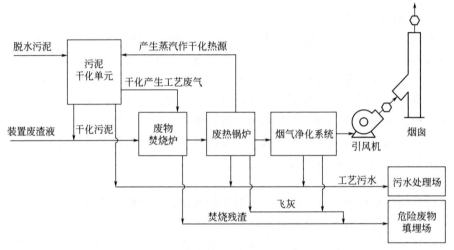

图 2-45　典型的危废干化焚烧流程

2.6.2.3　集约化和数字化环保管控平台

从选址、规划、设计、选择环境友好工艺技术、优化产品、能源结构、完善环保设施和总图布局，把绿色低碳理念贯穿于设计、施工、生产全过程进行环保集约化管控；持续推进清洁生产、总量减排，增强企业核心竞争力。

（1）从外部强制控制转向内部自律管理

环境治理从单一细分向系统性、复合性转变，从单个污染源治理指标向整个环境生态质量转变。在严苛的环保态势和排污许可机制、污染收费机制下，企业在赔偿处罚和发展中自发寻找适宜的最佳可行技术（BAT）。

（2）环境监管精准化、数字化

利用大数据、云储存，建立数字化环保，促进环保水平提升和技术发展，实现污染预警及环境风险排除。发挥信息技术对环保管理的支撑作用，提升环保实时监测和管理水平。借助智能工厂建设成果，开发"环保地图"系统，实现废水、废气、废渣、噪声等的全方位、全过程、全覆盖、可视化管理。采用大屏实时监控的方式，实时公开环境监测数据，增进社会各界对石化企业绿色低碳的了解和信任[3]。

（3）构建环保评估系统，闭环反馈机制

建立健全全厂集中式环保管控系统，对全厂的废水、废气、噪声、地下水等进行全方位的人工及在线实时监测，重点实现以下功能目标：

① 全天候排放源及环境监测与数据集输；

② 生产故障时迅速响应；

③ 出现环境问题时的联络通道；

④ 与环境主管部门信息沟通的数据库。

建立环保评估体系，从工艺流程分析正常和非正常工况时可能出现的环保问题、产生的原因、可能导致的后果以及应采取的措施，辨识设计缺陷、工艺过程环境危害，从源头进行减量化和全过程控制，并对措施进行跟踪和改进。

建立污染排放清单制度和完善的数据库体系、数据整合体系，真实反映污染源的排放情况；使用标准化程序收集、计算、存储、报告和分享排放数据，与"排污许可"有机关联，通过"污染地图"，实时监控各个污染源，及时修正。

建立管控一体化信息管理集成平台，消除HSE（健康、安全、环境）信息孤岛，增强HSE的信息化管理力度，增加应急响应，利用智能型专家系统，管理和识别环境因素，根据控制要求与实现目标，持续改进，减少环境影响。系统收集装置操作过程生产波动与三废关联数据，对生产装置的工作状态进行动态监测，还可关联大气预测模型进行预警分析。实现移动端贴身管控，集成系统中的各类通知、提醒、警告等信息，以方便各级管理人员及时掌握信息，提高应急效率，提高环境管理水平。

积累数据，及时反馈环保标准的适用性，提升环境保护标准的可行性和科学性。图2-46为环保数字管控一体化框架。

（4）环境管理体系

根据环境管理的特点及持续改进的要求，按照石化工程项目方案规划整体化集约方法，将管理体系要素分为四个部分：策划、实施与运行、检查和评估、改进。环境因素是环境管理体系的管理核心，环境管理体系实施的目的在于控制环境因素，减少环境影响，围绕环境因素的识别、评价，提出控制要求与实现目标，实施执行控制要求，检查落实完成和遵守情况，环境管理体系要素展开在环境因素的管理上，构成了一个不断改进完善的动态循环，是环境管理体系的主线。环境管理体系强调持续改进，每一个动态循环有新的要求与目标，从而使环境管理水平不断提高，实现环境绩效的改进和提高。

（5）环境风险预警及协同控制、防范措施

对危险物质、生产设施、重大危险源进行辨识，分析项目风险及伴生事故的类型，事故发生后危险物质进入环境进而造成环境事故的途径，对毒物泄漏的后

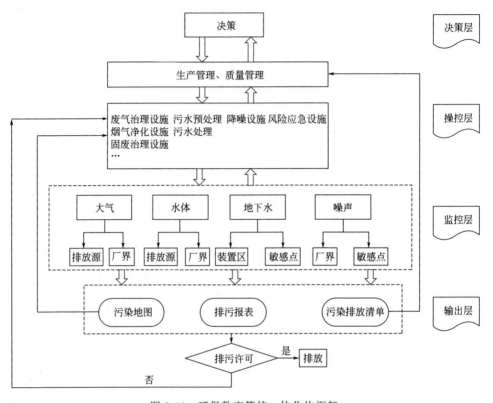

图 2-46　环保数字管控一体化构框架

果进行评价，预测事故造成的不利影响的持续时间，评估对敏感点的影响，提出风险防范措施。

① 选址、总图布置和建筑安全防范措施。生产设施与周围居民区、环境保护目标之间保持合理的安全、大气环境防护距离，厂区总平面布置符合防范事故要求，完善应急救援设施及救援通道、应急疏散通道。

② 排水系统。合理设计污水排放系统，使其达到清污分流、污污分治、统一外排，减少风险事故污水外排的风险。

③ 事故水预防与控制体系。合理设计排水系统、事故水预控体系，建立事故应急消防水调储系统，确保将事故产生的未经处理的消防水控制在界区内，避免重大生产事故泄漏物料、污染消防水及污染雨水等，进而对海域、水体、地下水及土壤环境造成污染。

④ 结合气象条件合理安排开停车时间，避免不利污染物扩散。

⑤ 应急预案。为减缓突发环境事故风险损害，环境风险应急预案应纳入整个公司的风险应急预案，并设置多层级应急预案，包括与石化区及地方政府的联动，使环境风险可防可控。

【案例 2-6】 石化企业全过程集约化环保治理

某石化企业致力于为区域提供绿色清洁能源，近年来不断加大环保治理力度，采取源头削减、过程控制和末端治理的全过程集约化环保治理措施，收到了较好的效果[3]。

（1）源头及过程管控

① 优化工艺结构。该企业渣油加工流程采用的是"延迟焦化-溶剂脱沥青"路线。延迟焦化装置副产高硫石油焦约 50 万吨/年，硫含量高达 6％，其中约一半石油焦送动力站锅炉使用，其余作为产品出厂。为更好应对逐年苛刻的环保要求，进一步改善区域环境质量，计划采用渣油加氢替代延迟焦化。

② 优化燃料结构。热电系统目前在用燃料主要为煤、石油焦、天然气、生产装置副产燃料气等。为减少排放，该企业主动优化燃料结构，完成燃煤设施"清零"工作，动力站燃料替代为燃料气及炭黑原料油。固体燃料（煤＋石油焦）的占比从原来的 76.6％降至 0，大大降低了固体废渣的外排量和气体污染物排放量。

（2）末端集约化治理

① 污水处理与回用。在现有污水集中治理的基础上，外排污水进一步加强治理。正在开展集中高含盐污水回用项目，拟对现有回用水装置进行升级改造，建设高含盐污水处理设施，提升装置回用水产能，确保外排水总溶解固体（TDS）等指标满足区域环保要求。

② 全厂挥发性有机物（VOCs）综合治理设施。加强管控，源头削减。在储运设施方面，进一步加大成品油罐区、重油罐区、联合罐区治理力度，同时对油品装卸过程油气回收设施进行集中提标改造，降低 VOCs 排放。在污水输送环节方面，炼油系统污水通过泵提升后集中密闭输送到污水处理场；在化工系统方面，首先密闭隔油池，废气集中引入治理设施，减少污水输送过程中 VOCs 的挥发。

在此基础上，继续推进泄漏检测与修复（LDAR）工作，不断完善 LDAR 管理制度和信息系统的开发应用。

③ 全厂危废综合处置。建设全厂危废综合处置中心，减少危险废物和一般固废的外部转移环境风险，提高集约化处置水平；一般固废由区域统一规划利用，促进固废的资源化、减量化和无害化。

（3）集约化管控平台

全面实施环保网格化管理，在前期已有手工 VOCs 环境监测点的基础上，厂界新增多个自动 VOCs 监测点，同时建设 VOCs 信息化管控平台，实时掌握区域内 VOCs 分布状况及空气质量变化趋势，及时管控。

（4）效果

① 安全状况对比

采用某量化评估系统对该企业安全状况进行评估，以量化评估手册为评价标准，通过与相关管理人员交流、与基层员工面谈等评估方式对公司的安全管理体系实施情况和安全管理绩效进行了现场评估，对比如图 2-47 所示。

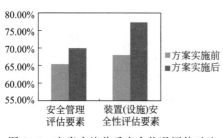

图 2-47　方案实施前后安全状况评估对比

注：以理想状态为基础（100%），纵坐标为方案实施前后的对比差距

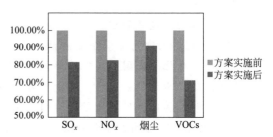

图 2-48　方案实施前后废气排放量对比

注：以方案实施前的指标为基准（100%），纵坐标为方案实施后相对方案实施前的指标变化百分比

从图 2-47 对比结果可以看出，方案实施后，安全管理评估要素得分增长 5 个百分点，装置（设施）安全性评估要素得分增长 10 个百分点，安全状况整体判级从 4 级提升至 7 级（最高级为 10 级），实现了整体从良好向优秀的跨越。

② 环保状况对比

从图 2-48 对比结果可以看出，对于有组织废气排放，加工路线调整后固体燃料石油焦实现零排放，SO_x 和烟尘排放量分别下降 20 个百分点和 10 个百分点，由于采用低氮燃烧等过程控制的环保治理措施，NO_x 排放量下降将近 20 个百分点。对于无组织废气排放，方案实施后，通过开展 LDAR 监测等措施，工艺废气及密封点泄漏、装卸操作、储罐、废水处理等过程的 VOCs 无组织排放总量降低近 30 个百分点，效果非常明显。

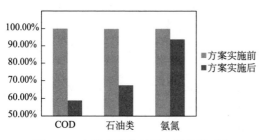

图 2-49　方案实施前后废水排放量对比

注：以方案实施前的指标为基准（100%），纵坐标为方案实施后相对方案实施前的指标变化百分比

从图 2-49 对比结果可以看出：方案实施后，COD、石油类、氨氮的排放量分别降低 40 个百分点、30 个百分点及 5 个百分点，满足国家及地方排放标准要求，大幅降低了废水污染物排放量，履行了企业的社会责任。

在固废方面，采用浆态床渣油加氢工艺替代焦化方案后，动力系统不使用固体燃料，减少固废约 30 万吨/年，且彻底解决了石油焦异味问题。

从环保安全的量化指标评估对比可以看出，采用上述方案后，该企业的工艺流程得到优化，污染物排放有较大幅度的削减，安全程度有较大的提升，完全满足国家及地方标准的要求，且在环保及安全标准要求继续严苛的条件下，仍有一定的弹性余地，能够与所在区域长期和谐共存。经初步测算，税后内部收益率达到 17％以上，具有较好的经济效益及抗风险能力。

参考文献

［1］ 殷瑞钰，李伯聪，汪应洛，等．工程方法论［M］．北京：高等教育出版社，2016.

［2］ 刘家明．石油炼制工程师手册．第Ⅰ卷炼油厂设计与工程［M］．北京：中国石化出版社，2014.

［3］ 孙丽丽．炼化企业现代化提升研究与实践［J］．当代石油石化，2018，26（7）：1-7.

［4］ GB 50160—2008 石油化工企业设计防火规范．

［5］ 鞠林青，霍宏伟，刘虹，等．优化总工艺加工流程合理安排乙烯原料［J］．当代石油石化，2006，14（2）：32-34.

［6］ 侯凯锋，袁忠勋．非乙烯路线炼化一体化加工方案研究［J］．石油炼制与化工，2011，42（2）：5-9.

［7］ 孙丽丽．现代化炼油厂技术集成应用的设计思路［J］．当代石油石化，2010，（2）：8-12.

［8］ 赵伟凡，孙丽丽，鞠林青．海南炼油项目总加工流程的优化［J］．石油炼制与化工，2007，（7）：1-5.

［9］ 李庆汉．炼油装置设备的紧凑布置［J］．石油化工安全技术，2003，19（6）：13-28.

［10］ 金玉花．总图设计过程中的节约用地策略和实施方法［J］．化工管理，2013，14：237.

［11］ 孙丽丽，蒋荣兴，魏志强．创新系统化节能方法与应用方案研究［J］．石油石化节能与减排，2015，（5）：1-6.

［12］ 魏志强，孙丽丽．基于夹点技术的炼油过程多装置热集成策略研究与应用［J］．石油学报（石油加工），2016，32（2）：221-229.

［13］ 孙丽丽．石化项目本质安全环保设计与管理［J］．当代石油石化，2018，26（10）：1-8.

［14］ 王晶，王炳华，刘忠生，等．石化企业 VOCs 废气治理技术概述［J］．当代化工，2017，46（11）：2338-2345.

［15］ 周威，龚超兵，王仕伟．酸性水原料罐的运行优化探讨［J］．广东化工，2012，39（9）：169-170.

［16］ 刘家明，孙丽丽．新建炼油厂的设计探讨和实践［J］．石油炼制与化工，2005，36（12）：1-5.

［17］ 李冬梅，冷冰．炼化行业废碱液处理方案优化分析［J］．环境保护与循环经济，2011，4：51-53.

第3章

石化工程项目协同化

3.1 概述

随着科技的飞速发展，石化工程建设的社会环境相应发生了巨大变化，对石化工程项目整体化管理的要求日益提高。21世纪以来，石油化工行业竞争不断加剧，产业结构深度调整，资源快速集中，呈现出大型化和炼化一体化两大显著特点，石化工程项目也相应进入大型化时代。大型石化工程项目技术复杂、工程投资高、关联范围广、建设周期长，协同化管理是确保项目总体目标顺利实现的必然要求。尤其是特大型石化工程项目，其复杂程度高、资金和技术密集、协同范围更广、领域更深，对协同化管理的要求更高。随着管理水平的提高及信息化和数字化等相关技术的发展，在数字化技术的支撑下，石化工程项目管理实现了多维度、多要素的高效协同，并将继续朝智能化、智慧化方向发展[1~3]。

3.1.1 项目协同化的特点

石化工程项目具有跨时间、跨空间、跨专业、跨领域等特征，协同维度和要素繁多，必须通过多方协同工作才能高效推进工程建设进程，协同内容包括专业协同、时空协同、相关方协同、功能协同、信息协同等多个维度[4]。图3-1是石化工程项目协同矩阵图，可以看出，在外部横向协同和内部纵向协同过程中，在数字化平台的支撑下，整体化协同更好地实现了资源和信息的同步动态关联，为石化工程项目管理的高效协同提供了有力保障[5,6]。

专业协同是指在建设过程中特别是工程转化和工程设计中涉及的各专业工作内容之间的协同，包括工艺、设备、仪表、配管、结构、信息等多个专业。专业协同需要根据各专业分工、职责、工作流程等进行协同管理，各专业间密切协作，保证工作质量，提高工作效率。

时空协同是指建设过程中在不同时间、多个空间发生的工作内容之间的协同，及对各个环节、各个工段、物资、器具及人力资源进行管理协同。时间方面

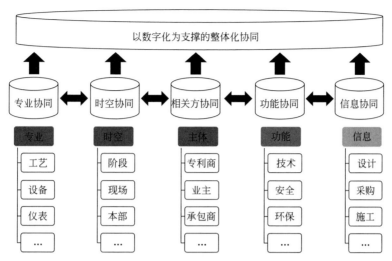

图 3-1　石化工程项目协同矩阵

涵盖整个石化工程项目建设全过程，协同各项工作的整体进度，实现交叉作业，避免出现待工、待料、窝工等低效、无效的时段；空间方面包括工程项目施工现场，全球采购的制造商或供应商、各工程设计单位、施工单位以及业主、政府主管和监管部门等所在地域。时空协同需要根据各阶段工作内容进行细化分解，实现复杂工程的有序开展。

相关方协同是指石化工程项目各个利益相关方之间的协同，包括业主、各工程设计单位、专利商、制造商或供应商、施工单位、政府主管和监管部门、社会组织等各方面的相关者。在石化工程项目建设过程中，需要协同各相关方充分发挥其职能，满足项目建设的各种需求，共同促进建设进程。参加石化工程建设的单位数量常常有几十家甚至几百家，组成了结构复杂的组织系统。由于各参与单位角色、任务、目标和利益不同，各方之间的组织协调必须通过协同管理形成动态的协作组织，优化资源要素和管理要求，避免资源浪费和无效损耗，协调参建各方为完成工程目标密切协作，以实现石化工程建设的总体目标。

功能协同是指石化工程项目的技术、安全、环保、质量、生产等各种功能之间的协同。其中技术功能是实现石化工程项目功能的基础，安全环保功能是石化工程项目的前提，质量功能是项目建设的保障，生产功能是综合各项功能、实现项目目标的抓手。通过功能协同，能够促使项目在诸多功能要素制约下，发挥各自的功能效用，实现综合效益和价值的最大化。

信息协同是指石化工程建设过程中将设计、采购、制造、施工等多方面的数据与信息及时共享，确保信息真实性和一致性，避免出现信息断流或信息孤岛，指导各参建单位高效协同作业。

随着石化工程项目大型化及新工艺、新技术的应用，项目建设环境日益复杂，对石化工程项目的管理要求也持续提高，协同化管理将在项目建设全过程中凸显其优势，并对项目整体目标的实现起关键性作用。

3.1.2 项目协同化的发展过程

石化工程项目协同化发展过程可以分为三个阶段。第一阶段是基于功能互补性的基本协同，主要是根据整体功能开发所需要的要素集合与协同，更多体现联合。第二阶段是基于效率提高的中阶协同，主要是依托系统协同管理理论对要素进行协同，提高效率，更多体现协调。第三阶段是基于数字化的整体协同，主要是依托信息化和数字化技术的支持，对石化工程建设全过程、全要素的整体协同，更多体现同步协作、有序进展[7]。

石化工程项目协同化的发展从相对固定管理向跨组织系统管理转变，由相对集中的管理向松散型、智慧型协同管理转变，由固定流程管理向动态流程、深度交叉的协同管理转变。伴随信息化和数字化技术的发展与应用，目前，石化工程项目协同化处于协同化发展的第三阶段。近十余年来，信息化和数字化技术的快速发展与应用为整体协同奠定了基础。在工程项目建设过程中普遍采用了流程模拟技术、计算流体力学技术、三维模型设计与分析技术等数字化工具，在每个环节都实现了不同程度的信息化或数字化。流程模拟技术可快速进行多方案比较及优化，可提高效率，降低项目投资和运行能耗[8]。计算流体力学（CFD）技术通过对流体的流动、混合、动量和质量传递、化学反应过程以及燃烧与传热等各类问题进行数值模拟和分析[9]，能够为设计人员提供设备内部的相关详细数据，具有耗费少、速度快、安全和重复性好的优点，对提高石化工程技术研究开发、工程转化和设计水平具有很高价值。三维模型设计与分析技术实现在设计阶段检查相关专业之间物理实物的碰撞，分析安全、可操作性等问题，可提前发现并解决相关问题，减少现场的修改，在提高效率的同时降低工程建设成本，实现各专业之间的协同设计[10,11]。

图 3-2 表示了数字化技术对石化工程项目协同化的支撑。21 世纪以来信息化和数字化技术得到迅速发展，使得大量基于数据库的技术研发、工程设计、项目管理、文档控制相关的软件技术得以开发和广泛应用。工艺设计集成化平台、工程设计集成化平台、工程管理集成平台和数字化交付平台使得跨专业、跨时空的信息共享得以实现，为石化工程项目全生命周期协同化提供了坚实的支撑。

3.1.3 项目协同化的意义

项目协同可融合信息化技术成果，对各个系统进行协调和同步，减少内耗，发挥各自的功能效用，实现项目功能，综合增值效益。协同打破了各系统之间的壁垒，使项目各要素形成一个有机整体，使局部服从整体，实现整体最优、共同发展。同时，可使项目各元素的属性互相增强、向积极方向发展，并不断强化这种正向、积极的相关性，实现整体化协同[12]。

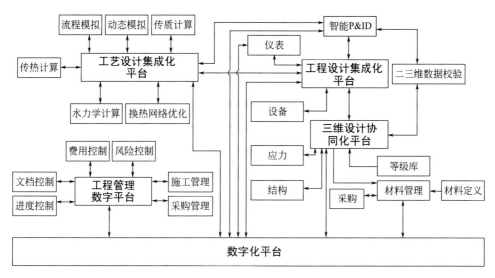

图 3-2 石化工程项目协同管理数字化支撑

3.1.4 项目协同化的方法

石化工程项目协同化是管理创新的结果，其实质是实现信息高效化、战略柔性化、市场内部化、技术群体化、组织网络化、文化整合化，为项目的整体化管理提供协同内生动力[13]。协同化管理的核心是运用系统协同论的思想和方法，研究管理对象的协同规律，顺畅管理对象，加强管理系统的内部联系，提高管理系统的整体协调程度，形成一个高效的有机整体。其主要特征在于利用相关的要素和环境条件，构建系统的整体趋势，从而实现系统性的飞跃发展。

石化工程项目协同化方法是在数字化的支撑下，通过以下四个步骤实现循环提升[12,14,15]，如图 3-3 所示。

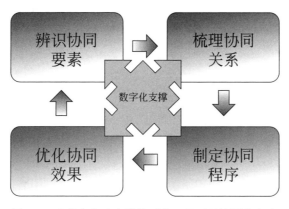

图 3-3 以数字化为支撑的石化工程项目协同化方法

　　第一步是辨识协同要素，包括专业、时空、相关方、功能、信息等，分析并建立要素之间的协同关系。第二步是梳理协同关系，建立清晰的工作流程。第三步是制定协同程序，采用数字化工具将工作流程和协同程序固化到系统平台，以提高协同效率。第四步是优化协同效果，根据检测结果进一步辨识新的协同要素，实现循环提升。协同化管理方法的目标是实现工程转化、设计、采购和施工全过程整体协同，对各个系统进行协调和同步，提升项目的综合效益[16]。

3.2　石化工程项目工程转化协同

　　工程转化以科学技术研究成果为基础，通过工艺流程开发和优化、流程模拟、能量优化、热态模拟、工程放大等工程化开发，将科学技术研究成果转化为成套的工艺和工程技术[17]。通常，科学技术研究主要由研究机构完成，其研究成果是工程转化的基础。工程转化通常由工程设计单位主导，并通过与研究机构和关键设备制造商等之间的共同协作，形成成套工业化技术，少数的研究机构也具备一定的工程转化能力[18]。

　　工程转化过程中，经常会涉及相关研究内容的优化和调整，且随着工艺方案与流程、关键设备及核心流程控制等开发工作的不断深入，可能还会涉及研究机构的研究路线和方案的调整及修改。为缩短工程转化周期，确保工程转化的成功，工程设计单位内部各专业之间以及与研究机构及相关方之间的协同工作极为重要。

3.2.1　工程转化的过程及特点

3.2.1.1　过程

　　工程转化是将研究成果转化为工艺和工程技术的过程，其贯穿于工艺包开发、工程设计、工业示范装置和工业推广各个阶段[17]。工程转化以工艺包开发为重点，包括工艺技术方案、关键设备及特殊流程控制的开发等，其中工艺技术方案重点关注工艺方案的合理性、可靠性和经济性。工程转化全过程详见图3-4。

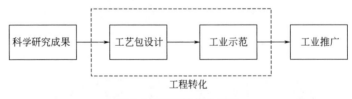

图 3-4　工程转化全过程

3.2.1.2　特点

　　石化工程项目工程转化是一项技术高度密集且具有挑战性的工作，不同于常规的工程设计，有其自身的特点。

（1）创新性

工程转化主要是新技术的开发和应用，且可能会带来技术的替代升级，具有创新性。工程转化过程中，需要相关单位人员反复思考、分析和研究，创造性地提出解决方案，并进行综合评估、验证和决策。创新程度是衡量工程转化水平的重要指标，直接关系到新开发技术的核心竞争力[19,20]。

（2）不确定性

工程转化过程具有不确定性，主要体现在四方面：一是研究成果未经过工业化验证，在工程放大过程中可能会出现难以预测的风险；二是工程转化常会涉及新技术、新工艺、新设备及新材料的开发和应用，相关的辅助支撑技术尚未完善，缺乏相关经验而不能充分识别其中的风险；三是关键设备的设计和制造等要求未能被满足，可能直接导致工程转化的失败；四是核心流程控制等难以实施或实施难度大，可能会缺乏竞争力[21]。

（3）系统性

工程转化贯穿新技术开发和工业应用全过程，周期长，需要工程设计单位及相关方进行全程管控，投入大，相关要求高，系统性强。工程转化对工程设计单位的整体实力、相关工程经验、研发投入和主要开发人员的创新能力等要求较高，工程设计单位和研究机构及相关方的协同合作尤为重要[19,22]。

工程设计单位在工程转化过程中，既要与研究机构等相关方进行充分沟通和协作，以确保工艺技术方案的合理性和先进性，又要协同各相关方及内部各专业之间充分进行协同作业，以缩短工程转化的周期，降低工程转化的风险，确保工程转化成功。

3.2.2　工程转化协同的要素

工程转化协同包括组织协同和内容协同，两者相互交叉，相互影响，相互依靠。组织协同以内容为基础，协同结果又体现在内容上；内容协同通过组织协同来实现，组织协同确保内容协同的顺利实施。组织协同和内容协同不可或缺，两者结合可以从不同视角、不同立场及不同层级及时发掘潜在的问题，并研究解决方案，为工程转化的成功提供有效保障。

组织协同主要是工程设计单位内部各专业以及与研究机构、业主和关键设备制造商等之间的协同，其中，工程设计单位和研究机构之间的协同尤为重要，直接影响工程转化的周期，并决定开发技术的综合竞争力。内容协同主要包括工艺工程转化、关键设备工程转化和特殊流程控制等方面，见图 3-5，其中工艺工程转化处于核心环节。

3.2.3　工程转化组织协同

按照组织归属关系，组织协同可分为内部协同和外部协同。内部协同是指工

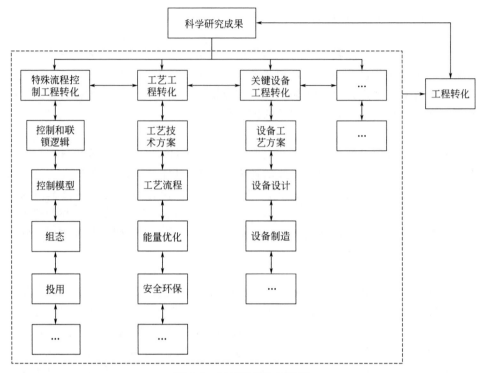

图 3-5　工程转化协同要素

程设计单位各专业之间的协同，外部协同是工程设计单位与研究机构、业主及关键设备制造商等相关方之间的协同。组织协同要素如图 3-6 所示。

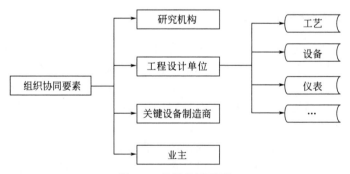

图 3-6　组织协同要素

工程转化中，不同组织其关注点不尽相同，研究机构着重关注所开发技术的先进性、工业应用等；工程设计单位需要从全局上进行把握，包括工艺技术的本质安全、可靠性、稳定性等；制造商注重设备性能的实现等；业主则关注投资、消耗、效益等。工程设计单位需协同研究机构及相关方，对各单位关注的问题进行综合考虑、分析和研究后决策，确保工程转化按期完成。

（1）内部协同

内部协同主要指工程设计单位内部各专业之间的协同，其主要基于工程设计单位的相关分工及规定，如《设计专业设置及职责规定》《设计专业分工规定》，明确规定各专业和岗位工作界面和接口关系。工程转化创新性强，技术要求高，难度大，各专业之间需进行多层次、多级别的沟通和协同。石化项目工程转化以石化工艺技术开发为主，工艺专业为主体实施专业，必须把握技术全局。

工程转化不仅对工艺专业的技术水平要求高，更要求其具有较强的沟通和协调能力，能够主动发现潜在问题并积极协同相关专业解决。内部协同有两个明显特点：一是以工艺专业为主导，主动与设备、仪表、配管、机械等相关专业进行沟通，协同解决相关问题；二是以问题为导向，针对各专业提出的问题，及时协同相关专业进行分析和研究，相应提出解决方案。

技术评审是一种高效的内部协同形式，贯穿于工程转化全过程，是确保新技术开发成功的重要保障。技术评审是组织各专业相关专家对主要工艺方案、工艺流程、核心设备、控制联锁等关键技术方案进行评审，以确保其可靠、合理、可行。技术评审可尽早发现潜在问题，并及时采取纠正措施，减少返工。

（2）外部协同

外部协同是以工程设计单位为主导，为按期完成既定目标，与研究机构、业主及关键设备制造商等之间的协同。外部协同体现出两个特点：一是以工程设计单位为主导，协同研究机构及相关方对工艺技术方案、工艺流程、关键设备及特殊流程控制等进行详细研究和评估，确保新开发技术的先进性和可靠性；二是以问题为导向，协同研究机构及相关方提出解决方案。

技术调研、技术评审、技术研讨和技术论证都是高效的外部协同形式，根据实际情况予以采用[23,24]。技术调研是协同研究单位及相关方对相似工艺技术应用情况、关键设备运行、新材料使用等方面进行实地考察和调研，以便及时发现潜在问题，并相应研究对策。技术评审是协同研究单位及相关方专家对核心技术方案、关键设备和控制流程开发等进行综合研究，与内部协同所述的技术评审相比范围更广、内容更齐全、参与方更多，旨在充分利用各相关方的技术力量来解决问题。技术研讨和技术论证是协同各相关方组织行业内的知名专家来对重大技术路线和方案进行充分论证，并综合多方面的观点进行分析、研究，确保其合理性。

3.2.4　工艺工程转化协同

工程转化过程中，工艺工程转化是核心环节，包括工艺技术方案研究、工艺流程设计和优化、能量优化及安全环保四个方面。

3.2.4.1　工艺技术方案研究

工艺技术方案是石化工艺技术的核心，也是工程转化的重点，主要由工程设计单位协同研究机构，提前发现可能存在的问题，并将工程化的要求反馈给研究机构[17,25]。研究机构根据具体情况对研究方案及成果进行调整后再提供给工程设计单位，如此循环，以确保工艺技术方案的先进性、合理性、可靠性。工艺技术方案研究位于工程转化最前端，对后续影响大，主要涉及以下方面。

（1）深入理解并消化研究机构的研究成果

① 工程设计单位需要对研究成果进行综合分析，全方位掌握技术关键、技术开发主要内容、工艺流程、技术特点、主要性能指标等。

② 进行相关技术调研，可采用文献调研和现场调研等形式，查阅有关文献资料，了解相关工艺技术应用现状及主要工艺性能指标等。技术调研是工程转化初期的重要工作，可全面了解相关技术发展的动态，开阔思路，并从整体上掌握相关工艺技术及优化和改进的目标，技术调研的广度和深度往往决定开发技术所能达到的高度。

③ 将研究成果和文献调研结果进行比较，分析各自优势和不足，并协同研究机构进行分析，全面了解各种技术的适应场合，研究改进的可能性。

【案例 3-1】　干法脱硫吸附塔结构开发协同

催化裂化烟气活性焦干法脱硫技术开发，根据研究成果，吸附塔采用两级错流床结构，自下而上依次为第 1 级、第 2 级，烟气自下而上、活性焦自上而下经过吸附塔，烟气与活性焦错流接触[26,27]。根据文献调研和现场调研结果，在钢铁行业应用较多的吸附塔是快慢床结构，将吸附塔分为前、中、后室，烟气依次通过前、中、后室与活性焦错流接触，活性焦下料速度可单独控制。经协同研究机构分析，快慢床结构活性焦床层 SO_2 吸附均匀，活性焦利用率较高，但床层温度不易控制，主要用于低 SO_2 场合[28]；两级错流床结构活性焦床层对 SO_2 吸附不够均匀，活性焦利用率较低，但床层温度易于控制，可用于 SO_2 含量较高的场合，更加适合催化裂化烟气脱硫的要求。

（2）充分借鉴相关工艺技术的成功经验

技术创新往往都是跨专业、跨学科的成果，石油化工工艺技术发展到今天，品种颇多，种类齐全，有诸多可借鉴的成功经验。类推法就是基于成功经验可以复制及移植的原则，以工程设计单位丰富的工程经验为基础，对与新开发技术相近或相似的成熟技术进行详细分析和研究，重点分析其中不同点及可能带来的风险，并创新性地提出解决措施[17]。类推法的难点在于找到与之相似或相近的一项或多项成熟技术，并进行逐项分析和论证，通常需要丰富的工程经验、系统化的工作方法、严密的逻辑分析、推理及创新能力等。类推可以说是一种技术创新的捷径，常被技术研发人员采用。

新工艺技术通常在现有技术基础上，通过集成创新、移植创新、消化吸收再创新等形式开发，必然可以找到与之相近的一项或多项成熟技术，如处理工艺介质相同、反应原理一致、反应器型式相似、分离工艺相近等[29]。所以，工程转化初期就需要协同相关技术人员进行预研究，根据新开发技术特点，总结可借鉴的成功经验，并相应配置各专业核心人员。技术开发过程中，将需要解决的问题逐项列出，尽可能多找出与每一项相似或相近的工程应用案例，进行逐项类推、分析及研究，并把这些问题整体串起来，融入到新开发技术的各个环节，再次从整体上分析、研究可能存在的问题，并提出解决方案。

【案例 3-2】　催化汽油吸附脱硫技术开发协同

催化汽油吸附脱硫技术开发，经研究，类似催化裂化、重整以及加氢三种工艺技术组合[30]。据此，配置了相关的工艺、设备、仪表等专业人员组成核心开发小组，协同小组各成员分析研究解决方案。其中，针对反应器顶部自动反吹过滤器可靠性差、连续运行时间短的问题，通过分析催化裂化工艺沉降器内部气固分离原理和特点，以工程设计单位为主体协同研究单位和设备制造单位进行全面研究，提出了两项有效措施：一是以 CFD 技术为支撑开发反应器降尘器技术[31]，从源头上降低顶部颗粒物浓度；二是对过滤器的滤料、反吹要求等进行了升级和优化。该项创新获得了巨大成功，反应器顶部颗粒浓度降低约 80%，过滤器运行寿命延长十倍以上，使 S Zorb 连续运行周期从 3 个月提高到 45 个月，满足了长周期运行的要求[32]。

（3）完成工艺技术方案设计

在研究成果基础上，根据前期文献调研结果及可借鉴的相关工程经验等，进行工艺计算，并完成工艺技术方案设计。同时，分析该工艺技术方案的合理性、可行性和经济性，及时向研究机构反馈，并协同研究机构分析是否偏离研究成果。

【案例 3-3】　某脱硫技术开发吸附再生方案协同

某脱硫技术主要包括吸附和再生两部分，采用吸附剂在吸附、再生间循环实现脱硫。根据研究成果，吸附温度约 200℃，再生温度约 550℃，吸附剂硫容仅为 0.5%（质量分数）。在工程转化初期，经详细计算及分析，吸附再生温差高，吸附剂循环量大，再生所需要热量大，导致工程实施困难；能耗高，经济性差。通过与研究机构深入沟通及协作，改用等温吸附再生工艺，吸附和再生温度均为 500～550℃，将吸附剂进行改性，硫容提高到 1%（质量分数），并重新进行实验研究。调整后，吸附、再生温差大幅降低，能耗降低约 80%，工程上易于实施，提高了该技术的竞争力，且避免了后期大量返工，缩短了工程转化周期。

3.2.4.2　工艺流程设计和优化[17,23]

在工艺技术方案的基础上，进行工艺流程的设计和优化，保证工艺流程的合理性。工艺流程设计和优化主要由工艺专业牵头，与设备、仪表、储运、工厂设计、费用估算、技术经济等专业协同完成，并与研究机构和用户沟通、协调，最大限度发挥该研究成果的优势。主要包括以下两个方面。

① 内部工艺流程的设计和优化，主要是为了满足工艺技术本身的要求，需要设计相应的工艺流程，并相应提出多个技术方案，由工艺专业协同设备、储运、工厂设计、费用估算等多个专业，经综合考虑投资、能耗等相关因素后进行优化和评估，确定最优方案。

② 外部工艺流程的优化，主要是考虑本工艺技术的应用场合、上下游匹配要求、配套设施等方面的因素，由工程设计单位协同研究机构、用户及主要设备供应商等，对投资、操作费用、制造、施工、用户偏好等相关因素进行权衡后，对工艺流程进行进一步优化。

在工艺流程设计和优化过程中，流程模拟是非常高效的工具，常用物质的相关物性参数已经内置于软件数据库中，计算结果完全可以满足工程转化的要求，并可以快速进行多个工艺流程方案的综合比较和优化[8]，以确定最优方案。

3.2.4.3 能量优化

能量优化是工程转化的主要内容之一，能量消耗是衡量新工艺的主要技术指标[33]。在工程转化阶段，能量优化以工程设计单位工艺专业为主导，对内协同工厂系统、储运等相关专业，对外协同研究单位、业主等相关方进行能量优化。其中，工艺技术方案优化、工艺流程与换热网络优化属于主动节能措施，在工程转化阶段最受关注[34]。能量优化主要包括以下方面。

① 优化工艺技术方案。工艺专业协同内部相关专业及研究机构、业主与供应商，对开发技术及应用场合等进行详细研究，对工艺技术方案进行优化，从源头上进行能量优化。

② 优化工艺流程。工艺专业协同工厂系统、储运等专业，根据上下游及工艺流程的特点，进行技术方案及工艺流程的优化，以降低能耗。

③ 换热网络优化。工艺专业协同工厂系统、设备等专业，采用流程模拟及热夹点技术，进行换热网络优化，以降低能耗[35]。

④ 热量或冷量集成。工艺专业协同工厂系统、储运等专业及业主梳理全厂上下游的关系，考虑各工艺装置及与系统之间的热量或冷量集成，以降低能耗。

⑤ 低温热利用。工程设计单位协同业主针对全厂低温热系统的现状，进行低温热利用的方案研究。

经过能量优化，工艺技术的用能指标将会全面优化，高品位能量如电、燃料气、蒸汽的用量减少；空冷器、水冷器入口工艺介质温度、加热炉排烟温度降低至合理范围；实现热量或冷量逐级利用，避免降级使用。

【案例3-4】 微正压半干法双循环烟气净化技术开发协同

催化裂化半干法双循环烟气净化技术开发，工艺专业在详细了解催化装置特点的基础上[36,37]协同研究机构、业主和供应商等相关方，对半干法工艺进行仔细研究，优化工艺技术方案，将半干法工艺由微负压改为微正压，取消净烟气引风机，开发的烟气净化工艺电耗降低近60%。

【案例3-5】 提高催化裂化工艺蒸汽压力级别的协同

催化裂化工艺通常产生大量3.5MPa蒸汽，在某高掺渣油催化裂化成套技术开发中，通过研究蒸汽的逐级利用，对全厂蒸汽系统平衡进行优化，协同业主、高压给水泵及余热锅炉厂家等，创新性地将蒸汽级别提高至10MPa，全装置能耗降低近10%。

【案例3-6】 乙烯分离工艺技术上下游冷量利用协同

轻烃裂解制乙烯分离工艺技术开发，工艺专业协同储运专业及业主，根据原料特点及产品要求进行了冷量集成，将液体乙烷和丙烷原料冷量进行回收，有效降低了乙烯和丙烯制冷压缩机的蒸汽消耗；同时，根据下游的利用要求，将乙烯产品由液相改为气相，避免乙烯反复被液化及汽化，大幅降低了冷量消耗。

3.2.4.4 安全环保

安全环保是工程转化关注的重点，在工程转化全过程中，工程设计单位应协同研究机构及关键设备供应商，始终贯穿本质安全和本质环保理念[38]，从源头上确保新工艺技术开发本质安全与清洁环保。同时，工程设计单位应协同业主及安全评估第三方，根据要求进行相关安全评估，并采用有效措施，满足安全环保要求。

（1）安全

通常，在工程转化阶段，新技术仍处在开发过程，尚未经过工业化应用验证，安全自然会成为关注的重点。工程设计单位应协同研究机构、关键设备供应商、业主及相关方，详细分析及研究工艺技术，并进行风险评估。其中，工程转化重点关注工艺技术方案及工艺流程的本质安全。

① 在技术研究中，工程设计单位应协同研究机构对采用的技术路线和技术方案进行综合评估，尽可能开发本质安全的工艺和技术。

② 工程设计单位应协同研究机构及相关方，对工艺流程设计及优化采取有效措施，实现安全可靠。

③ 对于新技术的开发，工程设计单位应进行 HAZOP（危险与可操作性分

析）、LOPA（保护层分析）及 SIL（安全完整性等级分析）等相关安全评估，充分识别可能存在的风险，并及时采取有效措施，将风险降低到可接受范围，必要时需协同研究机构调整技术方案。

【案例 3-7】 活性焦再生工艺开发协同

活性焦再生工艺开发，需将活性焦从约 $100\,^{\circ}\mathrm{C}$ 加热至 $400\sim450\,^{\circ}\mathrm{C}$ 进行再生，再冷却到约 $100\,^{\circ}\mathrm{C}$。活性焦在换热管内，分别采用燃烧后的高温烟气（含氧体积分数约 3%）和低温空气作为加热和冷却介质，在管外与活性焦进行间接换热。由于活性焦自燃点在 $400\,^{\circ}\mathrm{C}$ 左右，与其最高操作温度接近，当换热管破裂时，氧气将与高温活性焦直接接触，可能会带来活性焦自燃的潜在风险[39]。经工程设计工艺专业协同设备、机械等专业详细研究后，采用氮气密闭循环流程，将加热和冷却介质都改为氮气，对活性焦进行间接加热和冷却，避免活性焦与含氧气体换热，从本质上确保了安全[40]。

（2）环保

随着环保要求的持续提高，对三废排放的限制日益严格，环保问题成为新技术开发和推广应用中不可回避的问题。与安全相似，工程转化中重点关注工艺技术和工艺流程的本质环保，工程设计单位应协同研究机构及相关方，尽量开发绿色环保技术，从源头上减少三废排放。

① 协同研究机构等相关方共同开发本质环保技术。应用绿色催化剂或化学品，从源头上降低三废排放。

② 协同业主优化三废在全厂内部处理。遵循循环经济理念，对于工艺装置的三废进行处理。工程设计单位需主动协同用户及研究机构，深入分析及研究全厂各装置及配套设施的特点，尽量将三废在相关装置或全厂内部进行处理，降低二次污染。

③ 开发环境友好的处理工艺，降低三废排放。工程设计单位应协同研究机构和相关技术服务商，并充分利用流程模拟等相关工具来开发环境友好的工艺技术，尽量减少三废排放。

【案例 3-8】 催化裂化烟气脱硫技术开发协同

现有催化裂化装置烟气脱硫多采用湿法（钠碱法）工艺，采用 NaOH 将烟气中的 SO_2 转化为 Na_2SO_4 并溶解于废水中，废水排放量大，成为难以处理的二次污染，且还存在蓝烟拖尾及白色烟羽等一系列问题。为此，开发了活性焦干法脱硫技术，采用活性焦作为吸附剂，将烟气中的 SO_2 在干态下通过吸附、再生浓缩 $400\sim500$ 倍至富硫气体中，并通过处理富硫气体对硫资源进行回收。全过程为干态，不耗水，不排废水，无二次污染，硫资源可回收，无蓝烟拖尾及白色烟羽等，实现了本质环保[41]。

【案例 3-9】 S Zorb 工艺富含 SO_2 尾气处理工艺开发协同

S Zorb 工艺催化剂再生产生富含 SO_2 尾气,若采用碱洗工艺,碱液消耗较大,且产生较多的高含硫酸盐废水,后续处理困难。工艺专业协同研究机构分析后发现,该富含 SO_2 尾气与硫磺装置的尾气性质相似,但其 SO_2 浓度高,且含有少量 O_2。为此,将富含 SO_2 尾气送至硫磺装置的加氢单元,并相应开发了耐氧的低温催化剂,以将 SO_2 气体转化为 H_2S,回收硫资源。经过此轮协同,创新地开发了环境友好的富含 SO_2 尾气的处理工艺。

【案例 3-10】 某废水处理工艺技术开发协同

某合成油品技术开发中,需排放一股含氟、硼及醇的废水,采用常规化学沉淀-污水处理工艺,不仅氟和硼脱除效率低,且需加入碱液中和导致固废量过大,后续处理困难[42~44]。经过工程设计单位详细研究、调研相关文献及模拟计算,协同研究机构进行分析,将废水处理工艺改为蒸馏-蒸发结晶工艺,并经过研究机构的实验结果证实,该工艺不仅提高了氟、硼和醇的脱除效率,而且大幅降低了三废排放[45]。

3.2.5 关键设备工程转化协同

设备是工艺技术的载体,工艺技术的性能都由设备来实现,关键设备更是直接决定工艺技术的主要性能指标。在新工艺技术开发中,为了满足工艺性能要求,通常会涉及关键设备开发。关键设备的工程转化是新工艺技术开发的重要内容,也是工程转化的难点,主要包括设备工艺方案开发、设备设计和设备制造等方面。工程设计单位应协同供应商及研究机构,及时分析研究相关问题,并提出解决方案,确保满足工艺技术要求,避免后期返工。

在关键设备工程转化过程中,工程设计单位内部各专业及各相关方的职责分工各有侧重,工作过程协同关系见图 3-7。

3.2.5.1 关键设备工艺方案开发的协同

关键设备工艺方案开发是确保其满足工艺技术的性能要求,以此目标为导向,协同设备开发人员等相关方明确关键设备的具体要求,提出初步设计方案,并对相关技术应用情况进行调研,根据调研结果进行分析及优化,进一步改进完善。关键设备的工艺方案是其工程转化的重点,关注相关的工艺技术要求能否得到落实,须协同相关方详细研究确认工艺方案、设备制造设计及相关配套设施具有可实施性,避免后期返工。

(1)协同设备开发人员提出初步工艺方案

设备是工艺的载体,相关工艺要求是设备开发的基础。新工艺技术开发通常伴随关键设备的开发和应用,工艺专业须主动与设备专业进行沟通,确保设备专业充分理解工艺要求。同时,协同设备专业相应提出关键设备的初步工艺方案,如设备大型化要求、关键设备配套设施能力、取热方案、分布器设计要求等,并

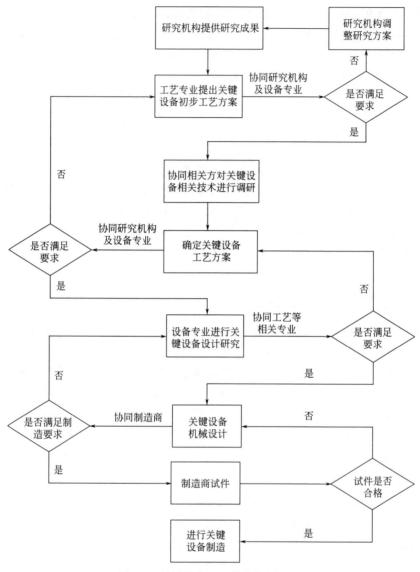

图 3-7　关键设备工程转化协同关系

反馈给研究机构，确保技术方案满足研究成果要求。

【案例 3-11】　针状焦技术开发焦炭塔工艺方案协同

针状焦工艺技术开发，焦炭塔是关键设备。由于针状焦产品要求，焦炭塔设计压力由常规 0.4MPa（G）提高到 1.0MPa（G），操作温度按 450-470-500-520-450℃变化[46]。焦炭塔为间歇操作，在生焦和除焦间变温循环，属于疲劳容器。对于 10 万吨/年针状焦装置，采用一炉两塔工艺，生焦周期 48h，焦炭塔直径达

9.2m，质量达 460t。该大型化焦炭塔缺乏设计经验，制造困难，除焦设施也难以满足要求，且焦炭塔变温及除焦操作对下游影响大。经协同设备、配管等专业以及制造厂和研究机构，改为两炉四塔方案，焦炭塔直径降低至 7.0m，可解决大型化问题，且焦炭塔变温及除焦操作对下游影响大幅度减小，但投资增加近40%，且 4 台焦炭塔轮流生焦除焦操作，劳动强度大。经再次协同费用估算、加热炉等专业、研究机构及相关方，创新提出一炉三塔方案：一台加热炉，三台焦炭塔，正常两台生焦、一台除焦，48h 生焦周期，完全可以满足除焦要求，并减少了一套密闭水力除焦机械。如表 3-1 所示，经过多次协同，工艺方案得到优化，设备大型化问题予以妥善解决，且有效降低了投资和劳动强度。

表 3-1　针状焦生产技术开发协同过程及结果

项　　目	原方案	中间方案	最终方案
方案修改原因	第 1 轮协同	第 2 轮协同	第 3 轮协同
协同组织内容	研究机构	设备、机械等专业,制造厂,研究机构	费用估算、配管等专业,业主,研究机构
协同内容	针状焦质量和收率	焦炭塔设计和大型化、除焦机械大型化	投资、占地、劳动强度等
工艺方案	一炉两塔	两炉四塔	一炉三塔
焦炭塔数量/台	2	4	3
焦炭塔直径/m	9.2	7.0	7.0
焦炭塔操作模式	1 台生焦、1 台除焦	2 台生焦、2 台除焦	2 台生焦、1 台除焦
除焦机械/套	2	4	3
投资	1.0(基准)	1.4	1.1
技术方案特点	焦炭塔大型化无法解决;除焦操作对下游影响大	焦炭塔无大型化问题,但投资大,劳动强度大	焦炭塔无大型化问题,投资相对较低,劳动强度较大

（2）对关键设备相关技术及应用进行详细调研

工程设计单位应协同工艺、设备等专业，研究机构及相关方对相似设备或技术进行现场调研，了解其应用现状及存在的问题。通常，由于涉及新技术的开发应用，待开发的关键设备与实际调研设备或技术肯定会有区别，导致相关的要求截然不同。现场调研应结合其与待开发设备应用场合的不同之处进行详细分析，重点关注以下方面。

① 操作介质。操作介质的变化可能会导致关键设备的工艺和控制方案、材质等相关要求明显不同，要详细了解操作介质的组成、主要操作条件及操作工况等。同时，也要了解是否存在微量有害物质，其往往会成为影响关键设备性能的重要因素。

② 应用场合。主要是详细了解现场调研上下游及相关要求，当所调研设备

应用在其他行业时，更要了解该行业的基本特点、工艺流程等方面要求。

③ 长周期运行。石化行业通常都要求 3～4 年长周期运行，对关键设备进行现场调研，应了解是否有长周期运行的记录、存在问题及相关的解决方案。

【案例 3-12】 干法脱硫技术布袋除尘器开发协同

催化裂化烟气活性焦干法脱硫工艺技术开发，需要采用布袋除尘器进行除尘，确保进入活性焦吸附塔的烟气颗粒物含量满足要求，为关键设备。经协同研究机构及相关方进行详细调研，布袋除尘器多用于电厂烟气除尘，而催化烟气与之相比，主要特点有：烟气组成不同，水含量高，水露点温度高；SO_3 含量高，酸露点温度高；催化剂细粉含量不高，但粒径仅 $1～3\mu m$；微正压，要求长周期操作，且一个操作周期内操作温度不断升高。基于催化裂化烟气的特点及相关要求，布袋除尘器的开发注重高除尘效率、防止露点腐蚀、密封及可靠性要求、长周期稳定运行等方面，并经过滤袋材质的升级，实现对催化剂细粉的高效脱除。

（3）确定关键设备的工艺方案

对现场调研结果进行整理，工艺专业需牵头详细分析现场应用和待开发关键设备及技术之间的不同，采用类推法逐项分析研究可能带来的问题及采取的措施，并再次协同研究机构等相关方，确定关键设备工艺方案。

【案例 3-13】 合成油品技术开发反应器取热方案协同

合成油品工艺技术开发，根据研究成果，反应部分为强放热反应，采用釜式反应器，需要及时将反应热取走。根据取热要求，工程设计单位工艺专业协同设备、机械等专业，提出了内、中、外三项取热措施相结合的取热方案[47]，即反应器内设置内取热盘管、反应器采用外夹套冷却方式、设置物料外循环取热系统，确保及时移走反应热。经协同研究机构等对相关技术进行现场调研，并经详细计算和分析，该取热方案合理、可行。

3.2.5.2　关键设备设计、制造的协同

在工程转化中，关键设备的开发必须满足特定的工艺性能要求，且涉及新结构型式、新材料、新内件的应用，其结构复杂，通常为非标设备。关键设备工艺方案确定后，设备专业根据工艺专业的要求进行相关机械设计工作，并对内协同工艺及相关专业、对外协同关键设备制造厂和研究机构，共同解决相关问题，按期完成关键设备的工程转化。

（1）设计内部协同

关键设备设计内部协同以设备专业为主导，与工艺、配管、仪表及相关专业进行协同。主要包括：

① 设备与工艺专业协同。关键设备工艺方案确定后，工艺专业应将关键设备的详细要求，包括设备型式、规格、相关工艺参数和要求、内构件等提供给设

备专业。设备专业应与工艺专业深入交流，熟悉工艺技术特点和要求，并充分理解关键设备的操作原理和详细要求。对于技术开发中可能存在的问题，设备应协同工艺等相关专业进行分析研究，并及时提出解决方案，避免后续阶段的返工。

② 设备与其他相关专业协同。关键设备设计主要包括材料选择、方案优化、投资估算与评价等工作，由于涉及新技术的应用，设备专业应协同材料、仪表、机械、配管等相关专业，及时解决问题。

（2）设计和制造协同

由于石化行业对可靠性和安全性要求高，关键设备的开发需要从原材料、结构、制造、检验、试验和预组装等多个方面，综合考虑市场原材料供应、制造厂技术水平、装备能力和新材料使用业绩等因素，确保工程转化顺利推进。

设备设计应根据实际使用情况，选择适用的标准，制定合理的技术条件。通常，要求设计产品功能完善、性能可靠、质量优、运行稳定和操作安全，但由于设计人员专业局限性和考虑问题角度不同，对设备制造的可行性、难度、必要性和经济性考虑不周全，导致制造的难度加大、成本提高、交货期延长，影响整个项目工期和费用目标的实现。因此，有必要通过设计与制造的协同作业，提前发现制造难以实施或经济性差的技术方案，协同相关方共同研究，并及时提出解决方案，避免后期返工。

关键设备的制造过程中，制造商按照设备的详细设计文件，研究制定合理的制造工艺，并评估制造的可行性、可靠性和经济性。根据评估结果，在必要时进行关键设备的试制，根据试制结果，协同工程设计单位、研究单位及业主进行研究，验证制造工艺和方案的可行性。试制成功后，组织进行材料的采购、加工、试验、检验、组装与调试等工作，以完成设备的制造。

【案例 3-14】 二甲苯吸附塔内构件工艺方案开发协同

二甲苯吸附塔内构件即吸附塔格栅，其混合与分配性能直接影响混合二甲苯吸附分离效率，是吸附分离核心工程技术之一[48]。格栅在支撑吸附剂的同时，将吸附塔各床层区隔开，并通过格栅分时、平稳地将原料和解吸剂引入吸附塔，在格栅中与上吸附床层下流的液体混合均匀，并分时、平稳地将抽出液和抽余液从吸附塔内引出，实现模拟移动床的工艺目标[49,50]。为达到分离目的，经工程设计单位协同研究机构对吸附塔及格栅进行详细研究分析，格栅需满足下列要求。

① 收集上吸附床层下流的液体，将其完全混合以使区域浓度梯度最小化；且收集过程中不影响上床层流体的流动状态。

② 将原料和解吸剂引入吸附塔，并与上吸附床层流下的液体彻底混合[48]。

③ 将格栅出口流体均匀再分布至下一个吸附床层。

④ 将抽出液和抽余液从吸附塔内引出，避免给操作带来不利影响[51]。

⑤ 死区空间应尽量小，减少冲洗置换量，提高产品纯度。

由于格栅开发可借鉴的相关技术少，工程设计单位应协同研究机构、制造单位成立攻关组，根据各自技术优势，制定技术路线，见图3-8。

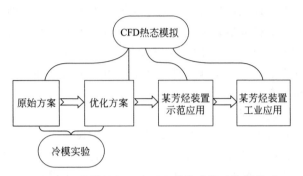

图 3-8　吸附塔格栅开发过程技术路线及协同关系

根据技术路线，工程设计单位协同研究机构提出格栅初步技术方案，研究单位根据该方案进行冷模实验，评价初步方案的可行性和格栅的初始性能参数；工程设计单位则根据初步方案同步进行冷热态流体动力学数值模拟，与研究单位的冷模实验数据进行对比，修正计算流体动力学数学模型。通过修正的数学模型，以正交实验的方式，对格栅的多种结构型式和操作参数等进行多工况模拟计算，选出满足格栅混合和分配性能要求的三种结构型式。再由研究单位对这三种结构型式进行冷模实验，研究不同结构型式格栅对流体分布的影响，最终通过工程设计单位进行多工况模拟计算，再配合研究机构的冷模实验，优化后得到满足流体混合均匀度、分配均匀度及压降指标要求的格栅结构型式，并成功应用在2万吨/年工业示范装置。

虽然工业示范装置运行成功，但工业装置吸附塔直径达8m，冷模装置规模较小，格栅经工程放大后的性能需进一步研究。据此，格栅开发小组根据小试和工业示范装置的操作数据，对计算流体动力学模型进行修正[48]，并通过计算流体力学模拟和多次方案优化，最终确定了结构简单、成熟可靠的格栅结构和管系方案。

【案例 3-15】　二甲苯吸附塔内构件设计制造协同

吸附塔内构件格栅完成工艺方案的协同开发后，需设计方协同制造方，完成格栅的制造。吸附塔格栅承担床层支撑、介质混合和分配等多项工艺要求，吸附剂装入吸附塔后，要求至少6年不更换，且吸附剂一旦卸出就不能再使用。这要求吸附格栅制造精度高、强度大、质量高、稳定性好，但因其制造难度大，国内制造厂之前难以完成制造任务。

工程设计单位通过优化设计，制造商经过设备更新，多次调整制造工艺，加工出制造难度很大的小缝隙焊接条形筛网，并进行尺寸检测和连接强度试验，达到设计要求；制造方对工程设计单位设计的特殊夹持包边结构进行试制，确认可以实施，并对质量的稳定性和经济性进行评估，质量可靠，价格具有竞争优势；

制备特殊工装和1/2尺寸的格栅试件，格栅整体焊接变形和尺寸控制在可接受范围内；包边结构的热膨胀试验随后进行，格栅（包括焊接条形筛网）在经过升温、降温过程，各项尺寸均在可接受范围。

通过工程设计单位和制造商全方面协同作业，经工业装置应用结果表明吸附塔内构件的工程转化获得成功。

3.2.6 特殊流程控制协同

新工艺技术工程转化中，出于工艺控制的要求，伴随着特殊流程控制系统的开发，其现场仪表数量庞大、分支步骤多、响应时间快、联锁逻辑要求苛刻，分散控制系统（DCS等）的软硬件平台难以满足其要求，必须开发专用特殊控制系统。特殊流程控制通常由工艺、仪表等专业及制造厂共同完成，系统繁琐，涉及面广，为满足工艺控制的要求，需要各相关方密切配合，按期完成特殊流程控制系统的开发。

特殊流程控制系统往往没有相关先例，工程转化阶段重点关注两个方面：一是工艺专业及时、准确地提出控制和联锁逻辑要求；二是仪表专业确认控制和联锁逻辑要求的合理性和可实施性，并提前协同控制系统制造商等进行确认，必要时协同工艺专业和研究机构及时修改相关要求，以避免后期返工。

在特殊流程控制的工程转化过程中，各相关方的职责分工各有侧重，工作过程协同关系见图3-9。

（1）特殊流程控制的要求

工艺专业根据工艺技术方案和工艺流程等要求，将特殊流程控制和联锁逻辑提供给仪表专业，主要包括：特殊流程控制的目的、所有操作步骤及各步骤下顺序控制和联锁动作要求、其他操作工况下的控制和联锁要求、具体控制和联锁值等，且应主动协同仪表专业做出相关解释和说明，以便于仪表专业深入理解其要求。

（2）特殊流程控制模型建立

仪表专业深入理解控制和联锁逻辑要求后，建立特殊流程控制模型。对于建模过程中出现的问题，仪表专业需协同工艺专业进行分析和研究，共同提出解决方案。仪表专业建模时，须设计一套完整的容错机制，避免仪表故障对操作的干扰。控制模型中由于仪表台件数众多，故障现象不尽相同，突发事件和前后次序难以预料，针对仪表容错所进行的编程工作量大，需要逐一解决。

（3）特殊流程控制系统编程组态

控制系统制造商提供系统硬件平台，以前期建立的控制模型为输入条件，在仪表专业协助下完成软件组态工作。组态过程中，仪表专业与制造商紧密协作，主动介绍系统流程、并协助解决相关问题。制造商完成编程组态后会对其组态成果进行离线模拟测试，如发现控制和联锁逻辑要求不完善或存在矛盾时，应向仪表和工艺专业反馈，并分析原因，必要时需要重新修改相关要求。

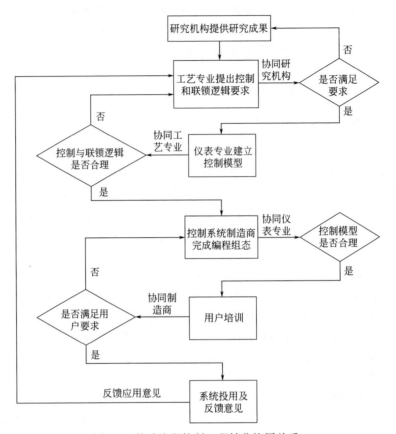

图 3-9　特殊流程控制工程转化协同关系

（4）特殊流程控制系统投用

完成开发和测试后，制造商应向业主提供相关培训，使相关操作人员掌握系统硬件和软件的基本情况、相关特点及主要功能等。实际操作中，业主可能还会发现原程序中的编程错误、控制模型中潜在问题及相关联锁要求不能投用等问题，应与系统制造商和仪表专业进行协同解决，必要时还需协同工艺专业进行相关修改。

【案例 3-16】

S Zorb 工艺技术开发中，吸附剂在反应高压氢气环境和再生低压氧气环境间进行吸附再生循环，依靠闭锁料斗控制系统（LMS）严格控制步序进度，以确保安全。LMS 是一套独立于 DCS 和 SIS 的特殊控制系统，每次循环共包括 6 个步序，由围绕闭锁料斗的多个步序实现，分别是收待生剂、氮气置换 1、卸料至再生、收再生剂、氮气置换 2、卸料至反应，每个步序又包括若干子步序，涉及料位计、在线氧气/氢气分析仪、多个压力和流量控制器、调节阀及程控开关阀门等，且每个步序的温度、压力、流量和介质等条件不尽相同。工艺专业协同仪表专业对所有步序及工艺要求进行详细研究，提出 LMS 控制和联锁逻辑；仪表专业协同工艺专业优化闭锁料斗氮气置换和判断要求、各种工况下尾气放空阀的控制等，以确保安全。控制和联锁逻辑确定后，进行后续建模、组态和投用工作，并及时协同工艺专业解决相关问题，避免了返工。

3.3 石化工程项目设计过程协同

工程项目设计是石化企业全生命周期中的一个重要阶段，是石化工程项目建设和企业安全运行的重要基础和保证，是整个工程项目的主导。虽然工程设计费用在工程项目费用中占比很小，但它基本决定石化工程建设项目投资。工程设计对项目的技术先进性、可靠性、安全环保、市场竞争力具有决定性作用[52]。

随着石化工程项目的大型化，系统和技术的复杂性不断增加，设计内部专业的细分程度不断加深，专业间的界面越发复杂，专业间所需沟通的信息量大幅增加，专业间衔接愈发困难，造成局部优化影响整体最优，且经常出现因某个专业的脱节而造成设计后期的大范围返工，进而影响设计及项目进度。为了提高专业间整体工作的效率，设计内部不但要明确分工，更要建立高效的上下游专业间协同工作机制，使设计内部形成有机整体。

3.3.1 设计过程的特点

石化工程项目设计过程具有以下特点。

① 独特性。每个工程项目都具有其独特性，没有两个完全相同的工程设计方案，不同的专业设计方法也不尽相同。在工程设计过程中不断创造新观念和新方法。工程设计既体现了原始创新，又突出地体现了集成创新[24,53]。

② 复杂性。设计过程涉及多变量、多参数、多目标和多重约束条件。项目专业分工细化，专业间界面增多，专业间逻辑关系复杂，信息量呈几何级数增长。

③ 目标一致性。每个工程项目都有总体目标，设计过程是以项目总体目标为核心，和设计相关方相互协作，选择整体最优方案，实现项目最终目标。

④ 妥协性[53]。工程设计相关方众多，各相关方目标和利益诉求不同。因此，需要在多个相互冲突的目标和约束条件之间进行协调和权衡。

⑤ 阶段性。工程项目设计一般分为总体设计、工艺包设计、基础工程设计、详细工程设计等，可能会形成阶段间割裂和信息屏障。通过协同管理可对项目进行集中计划和控制，避免因为阶段性和局部性影响项目整体目标的实现。

基于上述特点，工程设计应以项目整体目标为核心，建立与相关方协同工作的管理机制，运用信息集成平台手段将独立个体联合成为目标一致、整体有序的综合系统，形成"1+1>2"的合力，实现项目执行过程中有序、高效的协同管理[54]。

3.3.2 设计过程协同的要素

根据组织机构归属关系和项目协同的关键内容，可从组织协同和内容协同两个维度进行要素的划分。

组织协同要素，是指组织机构上下级系统间及同级系统间需要协同的相关方，主要分内部系统和外部系统[55]。工程总承包项目的内部系统协同要素有设计、采购、施工、试车等，外部系统要素有业主、PMC、专利商、供货商、分包商、政府监管部门、第三方咨询服务机构、其他承包商等。每个子系统又有其下一级子系统要素，如设计系统由工艺、配管、电气、仪表、设备、结构等专业组成。

内容协同要素，是指在设计过程中为实现项目总体目标，对设计的关键内容进行协同的要素。主要体现在设计技术方案协同、专业间互提条件协同及各专业设计进度的协同等。

3.3.3 设计内部协同

设计作为工程项目全生命周期的重要阶段，在工程项目中起到主导的地位，是采购、施工、试车/开车工作的基础。设计内部协同将对项目的成本、进度、质量起到决定性作用，其中组织协同、设计技术方案协同、专业间互提条件协同以及专业间进度协同是内部协同的重点。

3.3.3.1 组织协同

设计内部组织活动如同一部复杂运转的齿轮联动机器，专业间相互影响和制约。石化工程项目设计通常需 20 多个专业同时参与设计工作，条件关系错综复杂。有些条件由上游专业首先提出，有些条件则是多专业共同商定完成，还有些条件须上下游专业反复迭代优化。因此，为了保证项目进度，各专业需协同作业，并建立相关协同程序指导协同工作。

① 制定《设计专业设置及职责规定》和《设计专业分工规定》，明确设计团队各专业和岗位的组织关系和职责，及专业工作界面和相互接口关系。

② 制定《项目系统岗位设置及岗位职责规定》，对项目管理人员、专业负责人、设计、校对、审核等人员的工作职责予以规定。

③ 制定《各专业设计工作流程》，明确各专业设计工作流程及各专业设计输入输出条件关系。

④ 制定《各专业互提设计条件规定》和《设计文件校审、签署与会签规定》，明确专业间的协同关系。

随着信息技术的迅猛发展，出现了各种智能软件及集成平台，使建立专业内部数据库以及多专业在同一三维模型上协同工作成为可能，并将专业间的协同推向了更高效率、更高质量的协同，主要体现如下。

① 工艺设计集成化平台将工艺计算、设计标准、互提资料、设计成品等进行集成，从源头实现专业协同和数据共享。

② 以三维模型为核心的多专业三维协同可实现配管、结构、仪表、电气、给排水、储运、建筑、总图等专业在同一模型下并行工作，改变了传统纸质资料传递方式，实现信息共享、数据同源，专业间互提资料的内容和过程可以大幅简化，可提高工作效率，缩短项目周期[56]。

③ 通过集成平台协同可避免纸质资料传递带来的数据不一致，实现工艺管道及仪表流程图（P&ID）和三维模型的二三维校验，提高模型准确性。可视化碰撞检查和及时反馈，显著提高了设计质量，减少了现场设计变更。

④ 应用远程 CITRIX 系统和云技术可实现不同地域三维设计的多方协同和异地多方实时模型审查。业主通过在不同设计阶段参与模型审查，可以提前了解设计意图，在满足业主要求的同时节省了人工成本。

3.3.3.2 设计技术方案协同

设计技术方案是设计工作的基础，后期的修改会导致大量返工，给项目进度和成本控制带来不利影响。在对本专业技术方案进行优化时，应将方案放在多专业、全项目、全方位的背景下去评估，从项目整体的利益出发，避免本专业方案最优，对相关专业造成不利影响，进而影响项目整体利益。实现设计技术方案协同主要关注以下几方面。

（1）从源头进行系统性技术方案协同

石化工程项目设计是一项系统工程，上游专业条件和要求基本决定了下游专业方案优化的空间。因此，上游专业既要考虑本专业的合理性，又要考虑下游配管、设备、结构、仪表等专业的可行性和经济性。

【案例 3-17】 裙座高度设计协同

在某大型工程项目设计中，大型塔裙座高度设计需要考虑重沸器的安装高度、泵的汽蚀余量和塔基等因素。过低的裙座高度可能会导致重沸器安装高度不够，塔底泵的汽蚀余量不能满足要求，使得机泵需要进行非标设计及制造，增加成本。过高的裙座高度会增加基础载荷，设备基础、地脚螺栓数量和强度增加，导致投资上升。因此，工艺专业在确定裙座高度时需协同配管、静设备、动设备和结构专业进行方案比选和统筹考虑，在保证工艺要求的前提下，尽量降低项目投资。

（2）制定标准化的协同程序和清单指导技术方案协同

工艺流程、装置平面布置等技术方案直接影响其他专业设计，遗漏任何一个专业，可能导致整体方案的调整和返工。因此，需要制定清晰的系统优化协同流程，在不同阶段、不同相关方、不同活动之间建立标准化、规范化的逻辑关系。将协同程序固化在系统平台中，在设计流程的不同环节和活动之间形成反馈。通过在集成化协同平台上制定工作流程，实现设计人员有效协同。对于关键技术方案建立协同清单，对于需要协同的专业和内容予以明确，避免因个人因素和人为疏忽导致不协同的问题。

（3）通过多方三维模型审查，实现整体技术方案协同

在设计的不同阶段安排三维设计模型审查会；一般分为30％，60％和90％三个阶段进行模型审查。三维模型审查需要工艺、热工、配管、结构、仪表、电气、设备、机泵等专业参加，此外业主、专利商代表和施工操作代表也应参加审查。通过三维模型审查可直观检查方案整体合理性、专业间是否有碰撞，施工和操作的可行性和方便性等，保证各专业设计的统一性和完整性。

【案例 3-18】 三维设计协同

如图3-10所示，地下设施包括桩基基础、工艺污油线及管沟、仪表直埋电缆、电气直埋电缆、地面含油污水管线、含油污水检查井等。从图3-10可见地下工程设施布置密集，各专业设施交叉严重。而且地下设施在施工工序上是最先施工，一旦完成地坪施工再修改将非常困难。采用三维协同设计先统筹规划地下布局层级并建立严格建模工作程序规定，分步骤、分系统、分层次逐级落实，在可视化模型中随时检查地下设施是否有碰撞，通过多专业协同设计实现整体设计最优。

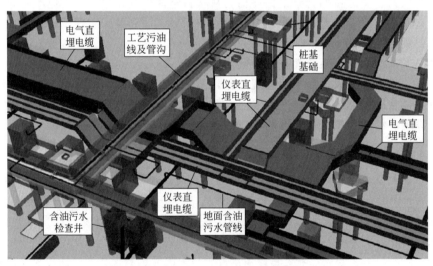

图 3-10　地下工程设施三维协同

3.3.3.3 专业间互提条件协同

由于石化工程项目的复杂性，设计内部专业众多，专业间的界面繁杂且立体交叉，互提条件关系非常复杂。一项大型石化工程项目设计过程专业互提条件表有600余项，仅工艺专业的提出条件表就有100余项，其中重要条件如设备表、流程图、平面布置图接收专业多达10余个。基础工程设计阶段主要设计互提条件关系表见表3-2。

表3-2 基础工程设计阶段主要设计互提条件关系表

总序号	提出条件专业名称	条件名称	1 设计经理	2 工艺	3 安全与健康	4 分析化验	5 热工艺	6 给排水工艺	7 储运工艺	8 总图运输	9 管道(装置布置)	10 管道材料	11 管道应力	12 仪表控制	13 电信	14 电气	15 工业炉工艺	16 工业炉设备	17 静设备	18 材料工程	19 机泵	20 机械	21 建筑	22 结构	23 暖通空调	24 环境工程	25 消防	26 估算	27 技术经济	28 工厂设计	29 信息技术
1	工艺	工艺设备表		●	▶							▶			▶			★	★	★		★	★						▶		
		塔数据表		●								★		★					★												
		空气冷却器数据表		●								★		★		★			★												
		反应器数据表		●								★							★												
		工艺流程图(PFD)		●	▶	▶	▶				▶	▶					▶		★											▶	
		工艺管道及仪表流程图(P&ID)		●	▶	▶	▶				▶	▶		★			▶			▶						▶	▶			▶	
2	管道(装置布置)	设备布置图(含检修区、吊装区及设备吊装等条件)	▶	▶	▶		▶	▶	▶	▶		●		▶	▶	▶	▶	▶	▶	▶	▶	▶	▶	▶	▶	▶	▶				
		装置总平面布置图		▶	▶	▶	▶	▶	▶	▶		●		▶	▶	▶					▶	▶	▶	▶	▶	▶				▶	▶
3	管道材料	管道材料等级索引表		▶							●														▶						
		管道材料等级规定		▶							●														▶						
4	总图运输	全厂总平面布置图	▶	▶	▶	▶	▶	▶	▶	●	▶				▶	▶						▶	▶	▶	▶	▶					▶
		全厂竖向布置图		▶				▶		●					▶	▶						▶	▶	▶	▶	▶					
		装置(系统单元)竖向布置图		▶	▶		▶	▶		●				▶	▶	▶						▶	▶	▶	▶	▶					

续表

总序号	提出条件专业名称	条件名称	1 设计经理	2 工艺	3 安全与健康	4 分析化验	5 热工工艺	6 给排水工艺	7 储运工艺	8 总图运输	9 管道（装置布置）	10 管道材料	11 管道应力	12 仪表控制	13 电信	14 电气	15 工业炉工艺	16 工业炉设备	17 静设备	18 材料工程	19 机泵	20 机械	21 建筑	22 结构	23 暖通空调	24 环境工程	25 消防	26 估算	27 技术经济	28 工厂设计	29 信息技术
5	电气	爆炸危险区域划分图		▼	▼	▼	▼	▼	▼	▼	▼			▼	▼	●	▼	▼	▼		▼	▼	▼	▼	▼	▼	▼				
6	建筑	建筑物各层平面图		▼	▼	▼		▼		▼	▼			▼	▼	▼		▼				▼	●	▼	▼	▼	▼				
6	建筑	建筑剖面图		▼	▼	▼		▼		▼	▼			▼	▼	▼		▼				▼	●	▼	▼	▼	▼				
7	环境工程	特殊环保要求（根据环境影响评价报告提出条件）	▼	▼	▼	▼	▼	▼	▼	▼	▼	▼	▼	▼	▼	▼	▼	▼	▼		▼	▼	▼	▼	▼	●					▼
8	消防	火灾探测、报警条件		★	★		★	★	★					▼	▼		★									★	●				
9	工厂设计	全厂总工艺流程	▼	▼	▼	▼	▼	▼	▼		▼			▼	▼	▼	▼				▼	▼						▼	▼	●	

注：●提出专业；★共同完成专业；▼接收专业。

传统专业间互提资料协作模式是以纸质资料传递的方式将一个个独立的 Excel 文件或二维图纸资料传递给下游专业，下游专业以此作为设计输入开展本专业设计[57]。面对如此复杂的互提条件关系，传统的协同模式存在一些不足。

① 大量的重复和手动的录入，降低了工作效率，出错概率高，文件之间数据一致性难以保证。

② 节点式定期资料传递及时性和准确性差，容易造成资料传递遗漏和资料不能及时修改或频繁升版，导致下游专业返工量增大。

③ 数据的可复用性低，难以形成大数据统计分析，不利于进行优化。

鉴于以上传统协同模式的问题，国内外组织及软件商开发了集成化设计平台，通过计算机辅助系统完成信息输入、工程信息集成和数字化移交。基于协同化方法，利用现代信息技术把传统工程设计过程中相对独立的系统、活动和信息有效地协同起来。近年来，以工艺设计集成化平台、三维设计协同化平台和工程设计集成化平台为代表的集成化设计平台的开发应用，实现了专业内和专业间的设计信息共享，上下游专业条件自动传递[58]，大幅提高了设计质量和效率。

三维协同设计实现了多专业同时在同一模型下工作，专业间互提资料的数据通过一次输入实现共享，一处修改多处联动修改，互提条件表自动生成，通过预先定制的互提分发矩阵准确传递到相关专业，减少中间环节产生的数据不一致性。

【案例 3-19】　通过集成化设计平台实现专业间的互提条件协同

① 工艺专业将工艺管道及仪表流程图和工艺管线属性数据发布到集成平台，配管专业从集成平台接收流程图及属性信息进行三维模型设计。

② 通过集成平台，进行工艺流程图和三维模型的二三维校验，细化流程图信息，包括管道最终的分支先后次序和连接方式、变化后的管径、放空放净等[58]。

③ 工艺专业将工艺仪表条件数据发布到集成平台，仪表专业从平台接收工艺条件并直接进行仪表设计。

④ 仪表专业将仪表元件 DDP（管道尺寸数据库）数据发布到集成平台，配管专业从集成平台接收仪表外形尺寸并直接进行三维模型设计。

⑤ 仪表专业通过集成平台接收配管专业发布的仪表点坐标，实现仪表自动布点和自动生成系统图。

⑥ 结构专业的结构计算软件及建模软件与三维设计协同化平台具有双向接口，可实现结构模型和三维模型的导入导出。

⑦ 管道材料专业使用 SPRD（材料等级库）建立材料编码库、管道等级数

据库、元件库，以及相互间的关联关系。通过集成平台，直接传递到三维模型设计软件中实现材料与管道专业的协同。

⑧ 应力专业通过三维设计协同化平台接收单管图信息并进行应力计算，计算结果通过平台返回三维模型。

3.3.3.4 设计进度协同

设计进度的合理安排和按计划推进是采购和施工等后续工作顺利执行的前提，设计进度决定了整个项目的进度。设计进度协同工作的主要目标是确保各专业最终设计成品的递交进度与采购和施工需求一致，同时符合相关专业的内在设计次序和内在逻辑。

设计进度协同的主要管理对象是各专业设计过程中产生的各类设计文件，包括专业内部设计文件（专业统一规定，标准图，设计输入条件等），专业间设计资料（上下游互提资料等）和最终设计成品（采购请购文件，设备材料规格书，施工图纸等）三部分。

设计进度协同的主要工作内容是以采购和施工的合理进度需求为出发点，统筹安排各设计文件提交进度，从项目整体目标的高度协调各专业内部和专业之间的主次关系、顺序排位和进度计划时间点。设计进度从专业内部进度和专业间进度两方面进行协同。

（1）专业内部进度协同

主要指单个专业在规划内部设计活动时，特别是在大型项目中将工作范围按区域划分并由多个负责人或设计人负责时，各区域之间的协调和同步。

【案例 3-20】 **专业内部进度协同**

某大型工程项目的配管设计由总负责人及各个区域负责人分别负责，由于各个区域的技术特点和范围不同，各区设计的工作推进方式也不尽相同，但在材料请购阶段，如请购特殊材质管道、管件和阀门时，为保证整个项目的同类材料同时、同批采购，避免增补和对后续施工进度的影响，则需要各区调整自身的设计进度计划，同步提供同类产品的请购单，确保采购工作一次性高效完成，减少后续增补和变更，保证项目的进度目标。

（2）专业间进度协同

主要体现在专业之间的互提资料的进度管理，即从项目全局考虑，根据最终设计成品（采购，施工执行文件）的进度需求，由下至上地统筹协调相关专业的资料提交进度，确保每个互提资料环节满足最终设计成品的进度要求。

① 各专业在策划本专业进度时应优先考虑长周期设备和材料的订货参数。

② 长周期设备的辅助专业要从项目整体出发优先考虑相关工作安排。

③ 优先考虑最先施工的工程设施的进度，在本专业工作顺序与外部进度要

求出现冲突时要服从项目整体进度。

④ 对于关键路径上的相关工作，各专业要优先协同考虑资料间的进度安排。

【案例 3-21】 专业间进度协同

在某工程项目设计中，仪表专业需要将仪表控制系统软硬件的配置需求提供给供货商，以便其开展相关系统的配置。为了保证供货商有准确的设计输入和合理的制造周期，需要制定合理的软硬件冻结时间节点。仪表专业需要协同电气和动设备专业充分讨论和研究，确定合理的设计进度。电气、动设备专业根据进度要求适时调整本专业的工作顺序和进度，及时将可能存在的问题反馈给仪表专业，最终将相关资料按时提供给供货商，避免供货商索赔和交货延期。

【案例 3-22】 加氢反应器设计协同

加氢反应器是加氢装置最重要的长周期设备，其设计进度直接影响工程项目进度。某项目装置有两个完全相同的单元，每个单元又分为两个反应系列，每个系列 4 台渣油加氢反应器，总共是 16 台反应器。承包商同时对多台反应器开展设计工作，包括工艺设计、配管安装设计、仪表设计、钢结构框架以及设备基础设计等，并同步开展长周期设备的采购和制造工作。对于这类典型的关键设备的设计需要各相关专业的密切协同。其协同过程如图 3-11 所示。

① 工艺专业要对专利商提供的设备数据表进行核算，并将有问题的数据反馈给专利商，协同专利商修正数据表。

② 静设备专业对专利商提供的材料要求以及设备参数进行消化吸收，转化成对制造商的制造要求，并同时向材料、安全、配管、应力、仪表等专业提出方位、管口标高、管口应力等条件。

③ 静设备专业开始设备设计的工作，并向配管、结构专业提供打桩载荷、设备详细基础条件、工程图纸等资料。在工艺专业确认完工艺管口标高之后，同时交给静设备与配管专业进行下一步的设计工作。

④ 配管专业开始规划操作框架平台以及开口方位，设备专业提供管口的标高资料给各制造商，以便制造商进行设备筒体的分段组焊。

⑤ 在完成工程图设计后，必须进行相关专业图纸会签，在会签过程中发现的问题及时返回相关专业并修改相关文件，以便保证设计的正确性。

考虑反应器制造周期和供货商的生产能力，16 台反应器最终由印度、意大利 3 家厂商负责制造。尽管设计内部的协同工作组织有序，但由于印度与意大利厂商的锻件长度不同，最终造成印度厂商和意大利厂商的反应器管口标高有差别。静设备在第一时间将信息传递给了配管专业，为了把管口标高的变化影响降低到最小，经过专业间的讨论协同，最终通过调整反应器合同的供货范围，变更设备位号，这样保证两个单元的设计可复用性，同时也减少将来设计工作中出现

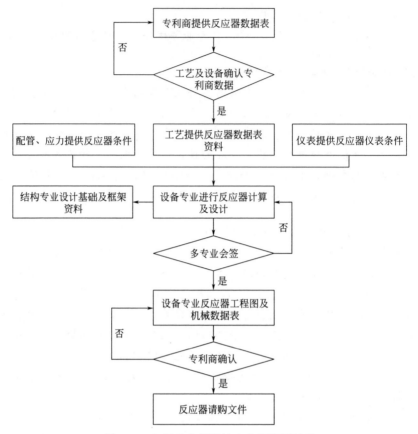

图 3-11　加氢反应器设计专业间协同过程

错误的可能性。

　　经过上述各专业间的设计协同，使得两个单元的反应器框架设计可以一次完成，提高了设计工作效率，为实现项目总体目标打下了坚实基础。

3.3.4　设计与外部相关方协同

　　与设计协同的外部相关方主要包括业主项目管理团队、专利商、政府监管部门、其他承包商、分包商、供货商、第三方技术咨询机构等。由于外部相关方的利益诉求各不相同，需要在项目推进过程中保持积极有效的互动协同，互相平衡达到共赢的目标。本节主要对设计与业主管理团队、专利商、其他承包商之间的协同进行重点介绍。

3.3.4.1　与业主项目管理团队协同

　　业主项目管理团队在设计阶段的主要功能是对承包商设计的技术方案、质量、进度进行监管，对承包商设计文件进行批复。与业主项目管理团队的协同是影响承包商设计技术方案选择和设计进度的重要因素。设计与业主项目管理团队的协同主要关注以下几个关键环节。

（1）设计输入和技术方案协同

在项目的启动阶段，项目人员首先要研究熟悉合同文件，与业主研究确定项目范围、工作内容、工作深度、依托条件、技术方案，获取开展工程设计所需的输入条件等。业主提供的设计输入条件是所有设计工作的基础，项目组需要对设计输入条件进行评审，及时和业主沟通基础数据存在的问题，最终以业主正式发布的设计输入作为设计依据。

在项目执行阶段召开审查会，和业主一起对所有重要节点的技术方案和各专业的详细技术方案进行讨论和审查，并对审查意见逐条跟踪落实。如工艺流程图和工艺管道及仪表流程图审查会，30％、60％、90％三维模型审查会，安全环保相关方案审查会，施工、检维修可行性审查会等，避免后期业主对方案做较大调整造成的返工。

（2）设计文件批复协同

业主项目管理团队为了保证设计文件审批规范性和可追溯性，通常提供严格的文件审批程序。某项目设计文件审批流程见图 3-12。

按照图 3-12 的审批程序，一个文件从发起到可用于施工，常需要较长的审批时间，严重制约了项目的设计进度，尤其影响长周期请购的正常发出和订单的签发。为了缩短文件审批时间，设计团队和业主项目管理团队需要从以下几个方面协同工作。

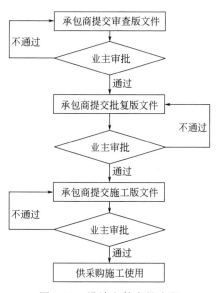

图 3-12　设计文件审批流程

① 设计人员仔细研读程序文件和项目标准，对项目规定的文件审批程序和设计文件标准要求非常熟悉，对理解有歧义的内容及时和业主工程师沟通。

② 设计人员在正式提交文件前和业主工程师进行深入交流，对关键技术方案、设计文件的深度、格式进行事先讨论，双方达成一致后再正式提交设计文件。建立主动高效的沟通机制，减少升版轮次。

③ 建立严格的设计文件状态跟踪管理，掌握每个设计文件的实时状态，与业主项目管理团队共享信息状态，保证文件审批进度。

④ 在不影响成品质量的前提下与业主协商优化工作流程，减少文件往返频次，提高审批效率。

在某国外项目设计过程中，通过设计团队与业主项目管理团队的协同，设计进度稳步提升，为后续工作的推进提供了有力保障。

3.3.4.2 与专利商协同

专利商作为专利技术的拥有者，需对其提供的工艺技术及产品性能负责。为确保技术使用效果，专利商对承包商的技术方案、执行情况进行阶段性审查。为了保证项目顺利执行，开车后各项指标达到性能保证要求，承包商与专利商必须紧密协同。

① 承包商要充分理解专利商的要求并严格执行。在实施过程中与专利商要求出现偏离时，及时和专利商沟通。在保证工艺性能的前提下，争取在有利于项目执行的方向上与专利商达成一致。

② 专利商要求和业主标准发生冲突或不一致，需要积极协同三方达成一致。

③ 专利商对关键设备数据表进行审批，参加承包商的各阶段的工艺管道及仪表流程图审查，30%和60%阶段的三维模型审查，参加装置HAZOP审查，提出影响性能的建设性意见，避免设计后期引起方案性变化影响整个项目的执行。

【案例3-23】 与专利商技术方案协同

某项目专利商为避免高压泵紧急停车时发生高压循环氢倒窜、损坏低压系统的工况，将高压泵后的紧急切断阀的关闭时间规定为1s，从安全上越快越好，但是工程实现上将出现水锤、支撑结构荷载过大，结构设计难以实现，制造困难、长周期使用难等问题。经承包商工艺、仪表、安全、配管、应力、结构等专业多轮反复研究论证，向专利商提出了将该阀门关闭时间延长为3s的替代方案，见图3-13和图3-14。最终，在严谨缜密的论证下，专利商同意了承包商的替代方案，解决了高压工艺系统设计的一道难题。

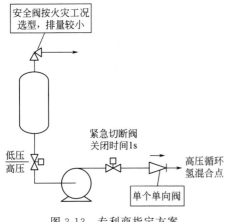

图3-13 专利商指定方案

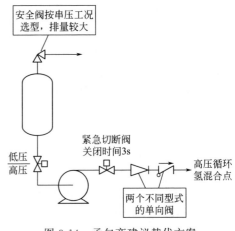

图3-14 承包商建议替代方案

3.3.4.3　与其他承包商协同

　　大型的全厂项目一般由多家承包商承担工程建设任务，承包商与承包商之间的设计界面的协同一般是复杂而困难的。首先，各承包商有其各自的项目目标和利益立场。其次，物理界面和虚拟界面多达几百点，每一点的偏差都会导致现场管道无法连接或通信接口不通。涉及界面处的现场变更更是难以协调，无论哪一方修改都将带来巨大利益损失。再次，各承包商的进度要求不同，很可能一个承包商的进度不协同，导致其他承包商工作无法开展。因此，界面的协同管理在大型总承包项目中尤为重要。在设计阶段清晰的界面分工、明确的相互间服从原则、完善的沟通机制是实现界面间物理协同和进度协同的关键。具体步骤如下。

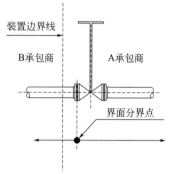

图 3-15　分界点责任矩阵示例

　　① 在项目的策划阶段，需对各承包商界面以及承包商的工作职责进行明确的定义，每一类型的分界点建立清晰的责任矩阵，如图 3-15 和表 3-3 所示。

表 3-3　分界点责任矩阵

阶段	工作项	A 承包商	B 承包商	备　注
设计	管道到界面分界点包括阀门	×		
	管道到界面分界点		×	
采购	管道到界面分界点包括阀门、螺栓、螺母、垫片	×		
	管道到界面分界点		×	
施工	管道到界面分界点安装及水压试验	×		包括供给、排净、处理水压试验用水
	管道到界面分界点安装及水压试验		×	包括供给、排净、处理水压试验用水
预试车	管道到界面分界点水冲洗及阀门复原		×	包括供给、排净、处理水压试验用水
	管道到界面分界点水冲洗	×		包括供给、排净、处理水压试验用水
试车	管道到界面分界点密封试验		×	包括供给、排净、处理水压试验用水
	管道到界面分界点密封试验	×		包括供给、排净、处理水压试验用水

　　② 建立承包商间界面协同程序，对于每一个界面点的信息按照协同流程进行确认，见图 3-16。

　　③ 为了能够更好地进行承包商之间的设计界面协同和信息交互，统一通过

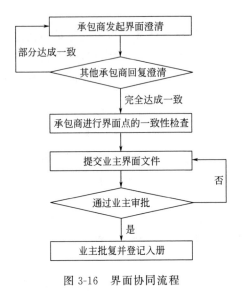

图 3-16　界面协同流程

界面管理工具（IMT）进行线上管理。

④ 物理协同包括界区地上地下管道布置、放空等大型管线摆位、界区管架层数方案、地下构筑物对接形式、电缆铺设、电仪逻辑接口和虚拟界面等关键界面协同。通过共享三维模型和界面例会进行反复的沟通协同，最终达成满足双方利益的一致意见。

⑤ 承包商间进度协同包括设计条件和大型设备进场等进度协同。这是一项艰巨而重要的任务，一旦出现协同问题将会导致某一方承包商返工或停滞。负责全厂的界面经理将在30%阶段可施工性审查中对关键进度管控点进行整体协调，保证各承包商进度协同。

【案例3-24】　承包商间进度协同

某项目A承包商的超大模块设备进场安装就位需要途经B承包商管廊，由于此模块超出管廊高度必须在管廊封闭前到达现场。按照B承包商的工程进度，此模块正常订货和制造周期很难满足进度要求。通过和B承包商及模块制造商的反复讨论和协商最终达成一致意见，进一步优化工作流程和技术方案，缩短了制造周期，适度调整管廊建设工序，保证了此大型模块的顺利进场就位，满足整体项目进度的要求。

3.4　石化工程项目设计采购施工试车的协同

20世纪80年代末，EPC总承包模式引入石化工程建设领域，并得到快速发展。近年来，越来越多的石化工程项目采用EPC总承包方式。其管理模式从总体效果上优于E+P+C，主要体现在克服了设计、采购和施工分离的管理模式，将工程项目中的三个重要环节进行有效组织，互相协同[59]。近几年，大型海外项目开始采用设计采购施工开工（EPCC）总承包模式，试车、开车工作与设计采购施工的协同也越来越得到重视。

3.4.1　设计采购施工协同的要素

设计、采购、施工是工程项目的三大重要环节。设计、采购、施工在项目实施的过程中相互依存、深度交叉，其相互关系见图3-17。由于分属不同的部门，沟通和协同比部门内部更为困难。建立设计、采购、施工各子系统间的协同机制，充分发挥设计的主导作用，将采购提前纳入设计过程，在设计过程中提前思考施工、试车、开车需求。设计、采购和施工三者间相互协同，能够有效地控制项目成本、进度及质量，有利于实现项目的整体目标。

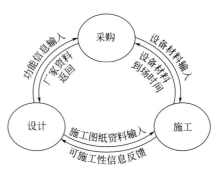

图 3-17　设计、采购和施工的关系

从协同的内容上设计与采购的协同主要体现在：方案协同、进度协同；设计与施工协同主要体现在：可检修与可施工方案协同、进度协同、现场服务协同；采购与施工的协同主要体现在：设备分交协同和现场仓库管理协同。

3.4.2　设计与采购协同

工程项目设计的主要工作之一是准备设备和材料的询价文件，与厂家进行技术澄清和谈判，确保厂家明确技术要求，对厂家返回的技术报价进行评估，为采购提供强有力的技术支持。采购主要负责按照设计提出的技术要求，从市场获取工程项目建设所需物资，反馈厂家条件作为开展下一步设计工作的输入。在整个过程中设计采购要从方案、进度、资料等方面相互配合，有序交叉，协同工作，满足项目整体目标要求。

3.4.2.1　方案协同

设计方案的制定不仅要考虑设计本身的合理性，同时应考虑采购的可执行性、设备的可制造性和可运输性，制造厂的技术水平、装备能力和新材料、新技术的使用业绩与可靠性等因素。通过与采购协同研究，对技术方案和技术要求进行不断优化和修正，综合考虑整体方案最优。主要从以下几方面实现设计方案与采购方案的协同。

① 设计人员在设计过程中不但要掌握设计标准规范、项目规定等技术要求，还要熟悉采购活动对技术文件的要求。在编制请购文件过程中考虑供货商业务范围、技术优势、产品成熟度等合理界定供货范围，从而降低采购的执行难度。

② 对于复杂包设备请购要充分与采购部门沟通，协商打包方案，不但要从设计角度合理划分整个系统界面，而且要从采购角度考虑供货商主营产品技术能力、辅助设施配套能力及分包管理能力等，综合考虑打包方案。在项目策划阶段，双方应充分协同、沟通，为采购顺利执行创造条件。

③ 框架协议采购模式下设计采购方案协同。框架协议采购是国际上先进的采购理念和模式，能够大幅缩短采购的周期，降低采购成本，厂商可以及早返回设计

资料供设计开展下一步工作，也可以把设计人员和采购人员从询价、谈判、签约中解放出来。在项目初期总体策划时需要设计和采购共同商议，确定适宜的框架协议采购范围。设计需提供明晰的技术规格参数，采购数量可以分批提供，但规格要尽可能标准化，种类尽可能考虑齐全。设计文件按照框架协议模式要求进行编制。

④ 标准化设计是标准化采购的基础，通过标准化设计提高主要设备和大宗材料的通用性、互换性、替代性，使各类物资形成批量采购，充分体现集中采购优势，推进项目标准化采购。通过建立标准化设计管理平台，完善工程建设标准数据库，包括项目编码体系、工程材料编码体系、工程材料等级库等，形成统一的材料和设备的分类编码体系，以便准确有效地表达有关信息。

⑤ 将设计方案与制造方案、运输方案等一起进行统筹评估，权衡设计方案对其他项目环节的利弊影响，制定出效率最高，费用最省的联合方案是优化项目执行效率的有效手段。

【案例 3-25】 钢结构设计方案与运输方案的协同

某项目在进行钢结构预制方案策划时，确定所有钢结构采用国内预制，分批发货，现场安装的执行策略。采购部门为保证分批发货的灵活性和高效性，选用了采用集装箱运输钢结构的物流方式。在方案开始执行后，随着首批钢结构的预制、装船和发运，执行团队发现由于设计的钢结构梁柱连接形式采用了外接牛腿式节点，预制完毕后的钢柱构件在柱侧面有许多 0.6～1m 长的悬臂外伸构件，导致单个柱构件占用的立体空间较大，且无法叠放，浪费了大量集装箱空间。设计团队针对此种情况，与采购、制造厂等多方密切协同，及时调整了节点方案，大幅减少了钢柱外侧悬挑构件的长度和大小，提高了单位集装箱空间内钢结构的堆放密度。以上结构设计优化措施将集装箱平均装载重量从 12t 提高到最高 20t 左右，减少了集装箱货运总量，节省了可观的货运费用。

3.4.2.2 进度协同

设计进度的安排首先要满足采购和施工对设计文件的进度需求。考虑采购的请购周期、制造周期、运输周期等。在满足整体项目进度的要求下倒推设计文件提交的时间节点。在项目执行过程中设计和采购必须消除阶段和部门的屏障，密切配合，实现高效协同。设计与采购进度协同主要有以下几个方面。

（1）长周期设备的进度协同

长周期设备通常都是装置的核心设备，其制造周期一般在十多个月甚至几十个月，而且全球资源有限，寻源困难，因此长周期设备的进度往往影响整个项目。

① 在设计进度安排上最优先考虑长周期设备的请购进度。一般在基础工程设计末期就开始准备超长周期和长周期设备材料请购文件，确定设备和材料的订货参数，明确设备适用标准规范、各项技术要求和供货范围等，以便供货商能够快速报价，而且可以减少技术澄清轮次。

② 相关设计工作要围绕准确的订货参数开展，避免后期的修改返工。

③ 请购发出后采购部门应积极协调厂家报价，收到供货商报价后，迅速组织设计开展技术评估和澄清。

④ 从设计人力的分配上要保证技术澄清、技术谈判和技术评标的进度。通过设计、采购密切协同，尽早确定供货商。

（2）设计资料进度协同

供货商资料是承包商深化设计的必要输入条件，而承包商对供货商资料的批复也是供货商实施制造作业的依据。供货商资料的及时性和合规性是承包商详细工程设计后期进度的重要保证。确保供货商及时提交深化设计资料、设计及时返回审批意见和批复供货商文件是保障项目整体进度的关键，也是设计与采购协同的重要内容。

① 执行过程中通过电子文档管理系统对供货商资料往返进行记录和跟踪，对拖期文件及时通知采购进行催促。

② 建立和供货商之间清晰、高效的沟通渠道，及时反馈供货商资料中的技术问题，通过开工会、协调会与供货商进行充分沟通。

③ 通过电子文档管理系统查看供货商文件批复进度，及时跟踪和催促设计人员进行批复。

【案例3-26】 二甲苯塔的设计和建造协同

某对二甲苯装置二甲苯塔直径约 11.8m，高度约 126.6m，壁厚 86～138mm，材质 Q345R，总重约 5000t。如此大的塔器，无论是设计，还是原材料、制造、检验都非常具有挑战性。

首先原材料保质、保量、按期供货是设备按期交货的基础。考虑到原材料厚度厚、需求量大，在项目执行初期就与制造厂沟通，提前安排此塔的工程设计工作，尽早完成了设备订货图及相应的技术条件和检验要求的设计工作，使制造厂能按时完成原材料的订货。第一批钢板生产时，其性能达不到设计要求，经及时调整制造工艺后，最终所有供货钢板均符合设计要求。

对于如此大型的设备，无法进入探伤室，大量焊接接头的无损检测是制约设备制造的大问题。常规射线检测需露天进行，按相关规范要求，在一定的范围和时间内生产人员不能进入工作场地，生产将受到影响，设备交货期将会延迟。通过与制造厂协商、沟通和论证，选择新超声衍射时差法技术进行无损检测，附加超声脉冲反射法及表面磁粉检测，对特殊的部位，如变径段与筒体、封头与筒体的焊接接头，选用传统的射线检测。经过检测方案的调整，既保证了质量，又大幅缩短交货期，保证了整个项目进度。

3.4.3 设计与施工协同

在工程项目中，设计作为施工的前序阶段，要为现场施工的开展提供各类设计图纸及技术要求；施工可早期介入设计，从可施工性角度对设计方案提出有针对性的意见，尽量减少设计变更。另一方面，设计尽早介入施工，提供设计技术交底和现场技术指导，可及时处理现场问题，及早发现施工中与设计要求不符的问题，有利于保证施工质量和工程进度。

作为工程建设开始和收尾的两个终端，设计与施工成品首尾相连，前后一致是项目执行的根本要求，由此突显设计与施工的统一协同的重要性。设计与施工的协同主要体现以下几个方面：一是可检维修和可施工性方案协同；二是施工图纸进度协同；三是现场服务协同。

3.4.3.1 可检维修和可施工性方案协同

可施工性是在项目的设计阶段，将施工知识、技术和经验应用到设计方案优化中，使项目的设计理念和意图更加易于实现，更加安全、成本更低和工期更短地完成工程施工建设。在项目规划和设计阶段及时结合施工的知识和经验，进行可施工性分析审查，改进设计方案，有利于施工的实施，降低施工成本和风险，提高施工的安全性。可施工性研究是一个连续不断完善的过程。主要在以下几个方面和阶段开展协同工作。

① 编制可施工性审查程序，确定审查主持人及参加人员，明确各方职责，制定审查内容清单，包括：大型石化装置各专业施工顺序及总体计划安排可施工性分析研究、大型设备交货状态可施工性分析研究、超高压容器可施工性分析研究、超高压管道可施工性分析研究、大型设备吊装可施工性分析研究、大型设备港口卸货可施工性分析、大型设备厂内运输可施工性分析研究、火炬安装场地可施工性分析研究等。

② 在设计阶段编制设备检维修方案报告，对检维修的吊车站位、移动通道空间、检修工具是否可到达检修部位以及检修空间是否足够等方面进行方案研究，并在三维模型中建模。

③ 邀请施工和操作专家参加 30％、60％、90％模型审查，从可施工性角度提供改进建议，从人机工程学角度审查安全通道的设置、操作阀门的高度、操作平台的设置，保证操作方便。

【案例 3-27】 某对二甲苯装置抽余液塔设计、采购和施工的协同

抽余液塔直径为 10600mm 或 9600mm，高度约 90150mm，运输质量约 1120t。为了避免二甲苯塔和抽余液塔两个大型设备同时长时间现场组对的情况出现，减少对现场施工的影响，降低施工难度，降低施工安全风险，决定采用抽余液塔在制造厂进行制造，然后整体运输到现场的方案。

通过设计、采购和施工的协同，在建设初期完成了运输方案和现场吊装方案的论证和制定，考虑到现场的起吊能力，所有内件设计采用塔器吊装就位后安装的方案。设备采购时选择了具备条件的制造厂，在码头附近完成设备制造，采用

顶升作业的方式，将设备提升至预先选择好的全回转式、自走式液压模块平板运输装置并固定完毕，运至码头，滚装至7000t级自航甲板驳船。利用潮汐变化和压舱水调整船舶姿态，保证整个装卸过程船与码头平齐，准确无误、安全可靠。卸船后按预定的路线，清障处理后到达装置现场。整个过程均按预期进行，满足了现场需要。

3.4.3.2 设计和施工进度协同

设计图纸、设备材料到场是开展施工安装工作的前提。设计图纸是否及时发布，设备材料能否按照统筹部署在规定时间内发出请购，是衡量设计与施工协同的重要指标。

满足施工进度要求是设计进度计划编制的原则之一。根据施工计划关键节点反推详细工程设计发图计划，从设计源头调整优先级次序，提前考虑施工材料预制和发货周期，保证图纸和材料到货次序与施工组织安排一致。

【案例3-28】 大型塔器设备整体吊装设计采购施工协同

大型塔器设备采用整体吊装方案，是一项需要设计采购施工高度协同的工作，为了保证方案的顺利实施，要求设计、采购和施工的进度紧密配合。首先组建包括设计、采购、施工专家在内的塔器吊装专项协调小组，按照大件吊装时间组织进度规划，包括附塔管线、设备平台、管道支架、防腐保温材料、电仪表接线盒、电缆、灯具、插座等十余种材料相关的施工图设计、设备材料的请购进度安排，重点跟踪塔器的制造和出厂时间、管道材料到达预制厂时间、协同预制厂优先安排与"穿衣戴帽"相关的管道预制、平台预制以及栏杆梯子等劳动保护设施预制。最终通过各部门的紧密配合，全面按计划实现了吊装前"穿衣戴帽"的安装任务。

3.4.3.3 设计现场服务协同

① 设计人员对设计文件进行施工交底和设计人员常驻现场提供技术支持是设计与施工现场协同的体现。通过与施工团队的沟通与交底，设计人员将设计文件的细节、要点和特殊要求等全面详细地传达给施工执行主体，确保施工团队对设计意图的充分理解。

② 设计代表常驻现场，随时解决施工提出的技术问题，确保设计与施工的高效沟通和技术问题的快速解决，是施工进度的重要保障之一。

③ 三维模型等先进技术手段可辅助模拟设备和大型阀组的吊位和吊装路径，协同施工通过三维模型预判电仪分支桥架合理布置和走向，提前避免专业交叉碰撞后的返工。

④ 在施工机械竣工后，设计人员根据现场实际施工结果编制竣工图，为企业后期改造，检维修等提供可靠的图纸依据。

⑤ 施工安装就位后设计人员根据技术功能要求在厂家的配合下协同施工开展现场验收测试。

3.4.4　采购与施工协同

在工程项目中，采购提供设备、材料作为施工的输入，采购设备和材料的进出场需要根据施工现场实际情况相应调节。对施工与采购协同管理，可有效控制项目费用，保证项目工期。采购和施工的协同主要体现在进度协同、设备分交协同和现场的仓库管理协同。

① 采购应该对所有设备、材料到达现场的时间和质量进行控制，对施工过程中出现的与设备、材料质量有关的问题进行协调，并协同供货商及时解决相关问题，以满足施工进度的需求。对不能按计划到达现场的设备材料及早和施工进行沟通，以便及时调整施工计划。

② 设备的分交影响着现场施工计划的制定和实施，同时施工方案的制定对设备和材料的采购有很大影响，特别是大型设备的交货方式影响到设备供货商的选择、运输方式和线路的确定，以及现场施工质量的保证等，施工和采购需统一规划、综合考虑。对于设备的延迟交付，施工和采购需及时沟通，调整施工计划，尽量减少影响。

③ 现场仓库领用设备、材料须严格按设计规定的设备和材料编码及数量执行，避免遗漏或错误。仓储管理的关键是对设备和材料进行正确编码，并严格控制现场仓库收、发、存等相关程序。准确无误的仓储组织和管理，可确保材料管理的有序进行，并节省相关材料。同时，需重视现场仓储管理中材料的验收、领用、库存清点、调配等工作，定期编制库存情况书面报告。施工分包单位应按照详细施工计划定期提出材料需用计划，经施工经理核实批准后，由采购按照材料到货情况进行审批。

3.4.5　施工与预试车协同

试车工作在纵向工序上与施工紧密相连，先期开展的施工和预试车工作必须与后期投料试车要求保持一致。与施工紧密相关的预试车协同工作如下。

① 特殊试车工序在全厂范围由上至下，逐级推进，如变电站授电、循环水冲洗脱脂和钝化、消防水冲洗、蒸汽吹扫打靶、氨液线脱脂等。

② 工艺装置的试车次序协调尤为重要，个别装置过早具备试车条件但公用工程条件尚未到位，就要考虑装置内相关设施的额外保护措施，反之，若个体装置晚于整体进度具备试车条件，则会影响下游装置相关试车工作的按时启动。

③ 阀门密闭性，水压试验和法兰管理的执行效果与试车阶段的系统气密试验密切相关。

④ 仪表预试车阶段的回路测试的完备程度决定了功能测试的通过率等。同时，所有公用工程的水、电、气、风等与相关公用工程装置和设施的建设完工和投用时间决定了相关试车工作的启动时间。

3.4.6 设计与投料试车协同

在工艺流程设计和公用工程辅助设施设计时，应充分考虑开车方案、开工流程、紧急停车方案，以确保投料试车顺利进行。设计与投料试车的协同主要体现在以下几方面。

① 设计人员在开展工艺流程设计时应充分考虑开工循环线、不合格产品线、开停工控制方案、开停工放空排凝方案等设计，并和开车专家及操作人员充分讨论投料试车流程，确保流程设置满足投料试车的需求。

② 设计人员参加工程机械竣工确认、现场"三查四定"、中间交接和联动试车、开车投料条件检查确认、投料试车和生产考核等工作，及时发现施工尾项并整改，保证投料试车的顺利进行。

③ 参与讨论总体试车方案、联动试车方案、投料试车方案的编制，提出设计相关要求。

④ 进入预试车阶段后，工艺、配管、设备等专业全力配合现场管道试压和设备气密工作，利用智能 P&ID 等高效技术手段，按工艺功能和属性进行预试车，划分试车阶段的系统、子系统并分色区标注，对每个试压包、气密包从设计角度实地逐项仔细核查，确保现场执行与最终版设计信息完全一致，为现场施工和试车工作的准确性和高效性提供有力保证。

⑤ 设计人员根据技术功能要求进行机械运转试验、仪表功能测试、电仪联调等试车工作，为顺利投料试车创造条件。

⑥ 设计人员向操作人员进行设计交底（包括关键技术要点和操作注意事项），使操作人员完全理解设计意图，并积极配合投料试车工作。

参考文献

[1] 何继善，陈晓红，洪开荣. 论工程管理 [J]. 中国工程科学，2005，10：5-10.

[2] 张一弓，高幸. 项目集成管理系统框架的构造 [J]. 项目管理技术，2010，8（5）：69-73.

[3] 覃伟中. 石油化工智能制造 [M]. 北京：化学工业出版社，2018.

[4] 樊炳明. 流程制造业本质性分析 [J]. 中国工程科学，2017，19（3）：80-88.

[5] 何继善，王孟钧，王青娥. 工程管理理论解析与体系构建 [J]. 科技进步与对策，2009，26（21）：1-4.

[6] 陆佑楣. 工程建设管理的实践——以三峡工程为例 [J]. 中国工程科学，2008，10（12）：17-23.

[7] 何继善，徐长山，王青娥，等. 工程管理方法论 [J]. 中国工程科学，2014，10：4-9.

[8] 曹湘洪. 石油化工流程模拟技术进展及应用 [M]. 北京：中国石化出版社，2010.

［9］ 吴子牛．计算流体力学基本原理［M］．北京：科学出版社，2001.

［10］ 孔建寿．面向协同产品开发过程的集成管理技术研究［D］．南京：南京理工大学，2004.

［11］ 陈石灵．协同开发环境中工作流管理理论与技术研究［D］．南京：南京理工大学，2002.

［12］ 周叮波．五步实现协同研发［J］．企业管理，2017，（8）：78-80.

［13］ 王基铭．中国石化石油化工重大工程项目管理模式的创新［J］．中国石化，2007，07：45-49.

［14］ 何继善．论工程管理理论核心［J］．中国工程科学，2013，11：4-11.

［15］ 殷瑞钰．关于工程方法论研究的初步构想［J］．自然辩证法研究，2014，10：35-40.

［16］ 王伟光，由雷．创新驱动发展中的产业协同创新体系文献综述［J］．技术经济与管理研究，2016，（3）：114-118.

［17］ 闵恩泽．石油化工技术自主创新之路的回顾与体会［J］．化工学报，2010，7：1609-1612.

［18］ Hassani H, Silva E S, Al Kaabi A M. The role of innovation and technology in sustaining the petroleum and petrochemical industry［J］. Technological Forecasting and Social Change, 2017, 119: 1-17.

［19］ 曹湘洪．我国炼油技术开发的若干思考与建议［J］．石油炼制与化工，2002，9：1-8.

［20］ 殷瑞钰．关于技术创新问题的若干认识［J］．中国工程科学，2002，9：38-41.

［21］ 闵恩泽．石化催化技术创新的历史回顾与展望［J］．世界科技研究与发展，2002，6：7-13.

［22］ 赵志，陈邦设，孙林岩，等．产品创新过程管理模式的基本问题研究［J］．管理科学学报，2000，6：15-20.

［23］ 闵恩泽，杜泽学．石化催化技术的技术进步与技术创新——总结历史经验指导未来［J］．当代石油石化，2002，11：1-6.

［24］ 向刚，汪应洛．企业持续创新能力：要素构成与评价模型［J］．中国管理科学，2004，12：137-142.

［25］ 李大东，闵恩泽．面向21世纪石油炼制技术的开发［J］．石油炼制与化工，1998，10：1-4.

［26］ Steiner P, Juntgen H, Knoblauch K. Removal and reduction of sulfur dioxides from polluted gas streams［M］. American Chemical Society, 1975.

［27］ Tsuji K, et al. Combined desulfurization, denitrification and reduction of air toxics using activated coke: 1. Activity of activated coke［J］. Fuel, 1997, 76: 549-553.

［28］ Tsuji K, et al. Combined desulfurization, denitrification and reduction of air toxics using activated coke: 2. Process applications and performance of activated coke［J］. Fuel, 1997, 76: 555-560.

［29］ 李永祥，吴巍，闵恩泽．几种多功能反应器研究和应用的最新进展［J］．石油炼制与化工，2001，3：35-39.

［30］ 吴德飞，庄剑，袁忠勋，等．S-Zorb技术国产化改进与应用［J］．石油炼制与化工，2012，43（7）：76-79.

［31］ 庄剑．一种用于汽油脱硫的流化床反应器［P］．ZL 200910076756.3. 2012-8-29.

［32］ 孙丽丽．S Zorb技术进展与工程应用［J］．炼油技术与工程，2014，44（10）：1-4.

［33］ 孙丽丽．创新系统化节能方法与应用方案研究［J］．石油石化节能与减排，2015，5（4）：1-6.

［34］ 傅志寰．我国节能环保产业发展的思考［J］．中国工程科学，2015，8：75-80.

［35］ 孙丽丽．基于夹点技术的炼油过程多装置热集成策略研究与应用［J］．石油学报（石油加工），2016，32（2）：221-229.

［36］ Qi H, Chen C, Li F. Modeling of the flue gas desulfurization in a CFB riser using the Eulerian approach with heterogeneous drag coefficient［J］. Chemical Engineering Science, 2012, 69: 659-668.

[37]　Wang X, Li Y J, Zhu T Y, et al. Simulation of the heterogeneous semi-dry flue gas desulfurization in a pilot CFB riser using the two-fluid model [J]. Chemical Engineering Journal, 2015, 264: 479-486.

[38]　孙丽丽. 石化项目本质安全环保设计与管理 [J]. 当代石油石化, 2018, 26 (10): 1-8.

[39]　David G O, Tsuji K, Shiraishi I. The reduction of gas phase air toxics from combustion and incineration sources using the MET-Mitsui-BF activated coke process [J]. Fuel Processing Technology, 2000, 393: 405.

[40]　黄孟旗. 活性焦再生系统及方法 [P]. 申请号: 201710980558. 4.

[41]　黄孟旗. 一种催化裂化再生烟气干法净化工艺及装置 [P]. 申请号: 201810295483. 0.

[42]　丁洪生, 权成光, 张志峰. BF₃ 催化 C₈C₁₃ 混合烯烃的聚合工艺 [J]. 高分子学报, 2002, 7: 5-7.

[43]　吕春胜, 屈政坤, 李晶. 高温润滑油基础油的研究进展 [J]. 工业催化, 2010, 9: 15-22.

[44]　吕春胜, 赵俊峰. 聚 α-烯烃合成润滑油基础油的研究进展 [J]. 工业催化, 2009, 1: 1-6.

[45]　张建华. 一种聚 α-烯烃反应产物的净化装置和净化方法 [P]. 申请号: 201810663379. 2.

[46]　Isao M, Takashi O, You Q F, et al. Optimization of carbonization conditions for needle coke production from a low-sulphur petroleum vacuum residue [J]. Journal of Materials Science, 1988, 23 (1): 298-304.

[47]　刘健. 一种用于生产聚 α-烯烃 (PAO) 的反应器装置 [P]. 申请号: 201810645585. 0.

[48]　刘永芳. 中国石化高效环保芳烃成套技术的开发及其应用 [J]. 石油化工设计, 2016, 33 (1): 1-6.

[49]　孙丽丽. 创新芳烃工程设计开发与工业应用 [J]. 石油学报 (石油加工), 2015, (2): 244-249.

[50]　戴厚良. 芳烃生产技术 [M]. 北京: 中国石化出版社, 2014.

[51]　吴巍. 芳烃联合装置生产技术进展及成套技术开发 [J]. 石油学报 (石油加工), 2015, 31 (2): 275-281.

[52]　孙丽丽. 炼化企业现代化提升研究与实践 [J]. 当代石油石化, 2018, 26 (7): 1-7.

[53]　殷瑞钰. 工程方法论 [M]. 北京: 高等教育出版社, 2017.

[54]　何丰. 大型建设项目协同管理的研究 [D]. 武汉: 武汉理工大学, 2005.

[55]　聂娜. 大型工程组织的系统复杂性及其协同管理研究 [D]. 南京: 南京大学, 2013.

[56]　肖良important, 方婉蓉, 吴子昊, 等. 浅析 BIM 技术在建筑工程设计中的应用优势 [J]. 工程建设与设计, 2013, (1): 74-77.

[57]　高兴华, 张洪伟, 杨鹏飞. 基于 BIM 的协同化设计研究 [J]. 中国勘察设计, 2015, 1: 77-82.

[58]　孙丽丽. 现代化炼油厂技术集成应用的设计思路 [J]. 当代石油石化, 2010, 18 (2): 8-12.

[59]　陈佩建. 大型石油炼化全厂性 EPC 总承包项目协同管理研究与实践 [D]. 北京: 中国科学院大学, 2016.

第4章

石化工程项目集成化

4.1 概述

从本质上说，工程项目集成化是从全局观点出发，以项目整体利益最大化为目标，以项目时间、成本、质量、范围、采购等各种项目专项管理的协调与整合为主要内容而开展的一种综合性管理活动[1]。工程项目集成化不是对管理要素的简单叠加，是经寻优、选择搭配，按照一定的集成模式进行的构造与组合，以提高系统整体功能性为目的。项目初期，通过对项目全生命周期多重约束条件进行系统性考虑，明确参与方的相互影响关系，为之提供合适的沟通协调平台，利用完备的信息技术形成动态、高效率的项目组织；明确和平衡项目目标间的关系，全面实现项目目标，达到项目参与方多赢的最终目的[2]。

石化工程项目与其他工程项目有许多共同之处，其全生命周期包括定义阶段、实施阶段和运营阶段。定义阶段包括项目立项研究、可行性研究、工艺设计、总体设计、基础工程设计、项目决策等过程。实施阶段包括详细工程设计、物资采购和施工等过程。定义阶段和实施阶段共同构成了项目建设阶段。石化行业属流程工业，一个大型石化工程项目往往具有加工流程长、工程量巨大而复杂、影响项目成功的因素众多、建设周期长、运营环境高温高压易燃易爆等特点，因此在石化工程项目建设阶段，就要对项目全生命周期的目标进行整体性、局部性、系统性和综合性的分析，制定集成优化的管理措施和方法，以提高管理成效，实现项目的总目标和整体功能。

4.1.1 项目集成化的发展过程

传统的建设项目管理模式建立在分工理论基础之上，管理理论以分工为核心，强调分工成为这种管理模式的基本特征。随着现代建设项目规模的扩大，复杂性的增强和技术水平的提高，影响项目成败的因素也越来越多。它打破了传统分工的界限，要求我们的思维方式适应于对复杂事物的整体分析。也就是说，对管理指导思想而言，应该从着重分工转为突出综合集成。这是一种管理哲学的变革[1]。我国石化工程项目集成化管理的发展大致分为三个阶段。

第一阶段是建国初期的"指挥部领导下的会战模式"。当时国内建设项目数量少、工业资源匮乏、工厂制造能力差、无现代化的施工机具，建设以会战方式进行，各种资源大量的聚集在一起分工协作，因缺乏科学的项目管理理论指导，造成资源浪费严重，是一种简单的集成化管理。

第二阶段为项目部领导模式，不再强调大量资源的过度集中，而是从建设单位抽调人员组成项目部，组织协调设计、采购和施工等各项工作。管理方式仍以分工为核心，各种要素按专业、按阶段配置，管理界面多、效率低，仍是一种简单的、以强调分工为基本特征并带有简单集成的项目管理方式。

第三阶段是从 20 世纪 80 年代开始至今，随着石化工程项目大型化、复杂化、综合化的需要，传统的、以强调分工为核心的管理模式已经不能适应现代石化工程项目的特点，国际现代项目管理理论被迅速引入和应用。石化工程项目大量采用"一体化项目管理团队（IPMT）或项目管理承包商（PMC）＋监理＋承包商（EPC 模式或 E＋P＋C 模式）"的管理模式。它的特点在于项目的一体化、集成化管理，在于以项目全生命周期为对象建立项目的目标系统，再分解到各个阶段，进而保证项目全生命周期中目标、组织、过程、责任体系的集约性、连续性、协同性、集成性和整体性。这种新型的项目管理模式要求项目组织者对项目的全生命周期进行科学管理和优化资源配置，向业主提供价值最大化的项目产品[1]，目前已被广泛地应用到现代石化工程项目管理过程中。

4.1.2　项目集成化的作用

石化行业属流程工业，原料是以碳氢元素为主、以氮氧硫等元素为辅的化合物的混合物。近年来炼油原料不断向重质化、劣质化变化，而社会大众对油品和化工产品的需求向清洁化、环保化和高端化发展，这不仅对石油化工技术提出更高要求，也使石化工程项目加工流程长、工艺过程复杂苛刻、工程量大、投资高、建设期长、工程复杂、项目运营环境高温高压、易燃易爆等特点更加突出。因此，加强工程项目在建设阶段的集成化管理，最大程度地规避各种风险，促进项目成功，实现或超预期地实现项目整体目标，具有重要作用。

（1）集成化是降低工程投资的有效方法

大型石化工程项目投资巨大，往往可达百亿甚至数百亿人民币。集成化的规划与设计管理方法是降低工程投资的有效手段。例如，通过对工艺过程的组合集成，可减少或简化工艺过程；通过对总图布置、装置布置的集成，可减少工程占地和工程量；通过对工程建筑使用功能的组合优化集成，缩减建筑面积和结构工程量。

（2）集成化是保证项目使用功能达到最优化、降低运营成本的有效方法

集成化管理是项目使用功能、运营成本、经济效益和社会效益寻优的过程，是两个或两个以上的系统或过程有机组合优化的过程。在大型石化工程项目中，工艺过程的组合优化、物流的组合处理、装置或单元的联合布置、公用工程供给和使用的优化布置及装置设计对原料适应性的统筹优化等集成化方法，有过程组合、系统组合和区域组合，既保证了局部功能的优化使用，更突出了整体功能的最优化发挥，降低了全系统的能耗，有效节省了项目运营成本。这些集成化经验，已在大型石化工程项目中得到应用，并在项目投入运营后得到成功验证。

（3）集成化是工程项目资源或要素协同化发挥的有效措施

任何大型、复杂、综合的石化工程项目，在工程建设阶段都需要大量资源或要素的投入，它们可以并行、交叉、接替等方式在不同平台、系统或过程中，发挥着管理的协同作用。通过集成化的管理方法，将这些管理要素按照它们之间的管理协同关系、逻辑关系，有机集成在一个或多个系统中，必然使它们的协同作用更好的发挥，从而提高管理成效。如工艺设计集成、工程设计集成、项目管理集成等平台在大型石化工程项目中的应用，大大促进了要素协同化作用的发挥。

（4）集成化管理方法是工程大型化、复杂化、综合化的必然选择

集成化的管理方法是相对于孤立化、碎片化管理而言的，这也是现代项目管理理念与以强调分工为核心的传统项目管理理念的重大差别。现代石化工程项目具有流程化、大型化、复杂化和综合化的显著特征，项目目标也是多方面的，安全、健康、环保、质量、成本、工期、能耗等目标相辅相成，相互影响和制约，在这些目标之间制定出符合用户要求的最佳方案是执行项目的难点。一个项目的成功离不开项目各方干系人、范围、时间、风险、质量、成本、人力资源、沟通等多维度目标多要素管理，随着工程复杂性、综合性的增强，要素之间的关联性和协同作用越来越强，对项目集成化管理的需求越来越高，一个要素的管理失败极可能影响整个项目，因此必须设法对项目涉及的诸多要素进行全面的集成管理。目前，集成化管理方法已经成为现代项目管理的必然选择，现代项目管理就是一个集成化的管理过程。

4.1.3　项目集成化的内容

石化工程项目集成化是在集成化理念的指导下，将工程项目目标、工程项目全生命周期过程、工程项目参与方组织、工程项目管理要素集成在信息集成平台上，组成系统的结构。图 4-1 为典型的工程项目集成化总体概念模型。

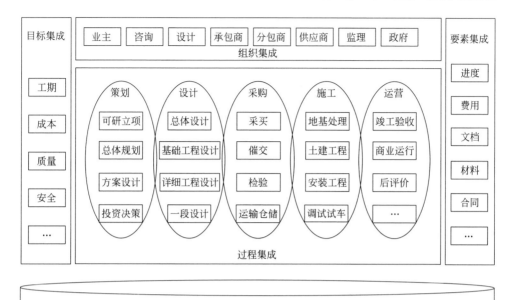

图 4-1　工程项目集成化总体概念模型[3]

（1）工程项目目标集成

工程项目一般同时具有成本、进度、质量、安全等多个相互影响和制约的管理目标，这些目标要素间经常会出现矛盾与冲突的现象，目标集成的核心是突出一体化的整合思想，它追求的不是项目单个目标的最优，而是要在项目多个目标同时优化的基础上，寻求项目目标之间的协调和平衡，从而最终实现项目管理总体效率和效果的提高[4]。

（2）工程项目全生命周期过程集成

全生命周期过程集成是指对工程项目生命周期的各个阶段进行有机整合与统筹管理，即通过建设项目实施全过程的各个阶段——从前期、设计、建造直到运营之间的充分的信息交流，注重建设过程各阶段之间的有效衔接，从而减少界面损失，提升建设项目绩效[2]。

（3）工程项目参与方组织集成

项目各参与方的集成就是以集成化的理念为指导，以先进的信息技术为基础，以项目目标为管理主线，项目各参与方通过工程项目集成化管理平台协同合作，形成项目管理集成化组织来进行建设项目的管理与决策，从而达到降低成本、加快进度、保证质量、控制风险、多方共赢为目的的集成化管理效果[2]。

（4）工程项目管理要素集成

工程项目同时具有进度、质量、费用、合同、文档等多个相互影响和制约的管理要素。工程项目管理全过程中的各个管理要素都是相互关联的，工程项目集成化管理在项目实施过程中对这些要素进行全盘的规划和整体考虑，以达到对项目的全局优化以提高建设项目的整体效益[2]。

（5）工程项目集成化管理信息平台

工程项目集成化需要集成化的项目管理信息平台来支持。集成化项目管理信息平台能够实现不同过程、不同管理要素的无缝对接，消除信息传递的组织壁垒，实现参与方的协同沟通与交流，为项目集成打下坚实的基础。利用数据库技术、网络技术和相关管理技术构建的集成化项目管理信息平台，能够改变传统工程建设项目中点对点的传统信息沟通方式，为建设项目参与方提供一个高效的信息沟通和协同工作环境。

4.2　石化工程项目设计集成化

石化工程设计是一项复杂的工作，需要工艺、设备、仪表、配管、材料等专业协同配合，共同开展工艺包设计、基础工程设计及详细工程设计等一系列设计工作。随着信息技术的高速发展，设计专业配置了各种先进设计软件，整体设计水平和效率显著提高。但是在计算软件广泛应用的今天，基于文档的传统设计模式仍没有得到根本性改变，制约了工程设计效率的进一步提升，并在一定程度上阻碍了相关技术的进步。

通过数字化手段，在系统化、标准化的工作流程的基础上，进行集成化设计，是提高生产效率、降低生产成本、提升工程公司竞争力的有效途径，国内外大型石化企业也越来越接受使用数字化、集成化的手段进行信息管理[5]。

4.2.1　设计集成化的内涵及特点

设计集成化是基于并行工程的思想和集成创新的理念，以数据库和面向对象技术为支撑，通过工业化和信息化的深度融合，构建一个或多个具有多功能，系统化、集成化、协同化的设计平台，将传统工程设计过程相对孤立的阶段、活动及信息有机结合，实现设计信息的同源和共享、设计过程的集成和协同、设计知识的传承和智能应用。

设计集成化的本质是资源、过程和知识的有机融合与集成，强调设计过程并行交叉进行，减少设计过程的多次反复，最大程度地提高效率、降低成本，是先进石化工程项目整体化管理的有机组成部分。

设计集成化是对传统设计模式的变革和创新，具有设计理念更新颖、工作流程更高效、设计更加标准化和规范化、信息传递更加自动化等特点。

（1）设计理念更新颖

在传统设计过程中，工程师面对的是 AutoCAD、Excel 和 Word 等各类文档，设备、管道及其相关属性等在这些文档中均是以图形、数字或符号表示，难以进行查询、提取、加工和再利用。在集成化模式下，设备、管道、属性等都是数据库中唯一存在的对象，具有信息同源，数据同根的特性，确保了信息在整个设计周期的准确性和一致性。

（2）工作流程更高效

在传统设计过程中，专业内部或专业之间通过电子文件传递设计信息，各专业工作较为独立，设计资料分散管理，信息得不到充分利用。在集成化过程中，所有设计信息均集成在数据库中，通过权限控制，工艺、设备和仪表等专业协同工作，各取所需，设计信息一旦更新，各专业可及时获取最新信息。

（3）设计更加标准化和规范化

传统设计中个性化问题凸显，不同工程师使用的文件模板、计算软件等各不相同。设计集成化将设计工作所需的软件、文档模板、工程实体分类、属性等预先定制在平台中，普通用户无权更改，消除了工程师的个性化元素，使设计工作更加标准化和规范化。

（4）信息传递更加自动化

在传统设计过程中，设计信息在不同软件、文档以及软件和文档之间的传递主要依靠手工抄录，出错概率较高，需花费大量时间进行校对和修正。设计集成化通过标准的数据接口使设计信息在不同软件和文档之间实现共享和自动传递，校审工作大幅减少，工作效率显著提高。

4.2.2　设计集成化的目标

基于石化工程设计现状和设计集成化内涵，确定设计集成化的总目标为：基于系统化、标准化的工作流和数据流，建立设计集成化平台，变革传统设计工作模式，实现各项设计活动的集成和协同，有效地提高数据的一致性和可靠性，提高设计水平和设计效率，促进石化工程项目整体化管理水平的进一步提升。具体目标包括以下几方面。

（1）设计软件的有机整合和集成

应用信息集成技术对设计过程使用的软件进行整合和集成，实现软件之间数据共享，取代传统工作模式中手工输入数据的方式，减少数据冗余，提高数据的准确性、一致性和共享性。

（2）工程信息的有效管理

根据工程数据在项目过程中的应用特点，实施信息的分层次管理。各专业内部的信息由相应的应用软件管理；需要共享或交换的信息，由产生该信息的软件直接发布至集成化平台，供其他专业共享和调用；信息的版本和有效性在平台进行统一管理和校验，确保各种设计数据和文件的可追溯性。

（3）多专业设计工作的协同化

在设计集成化平台中定制系统化、标准化的工作程序与流程，并对设计过程进行跟踪与管理，建立设计专业之间集成、高效的协同化工作模式。

（4）建立工厂数据仓库和信息资产管理平台

在工程设计阶段，通过设计集成化平台有序管理各种设计文档、互相关联的设计数据和三维工厂模型等各项内容，逐步建立数字化工厂，通过数字化交付，该数字化模型也将方便地延伸到工厂的运维阶段，为工厂运维管理提供数据仓库和信息资产管理平台，实现工厂全生命周期的信息管理。

4.2.3 设计集成化的方法

设计集成化是以数字化为手段，以标准化为基础，将设计过程的各个要素（包括资源、知识和过程）进行有效整合和深度集成，构建具有资源集成、过程协同、知识共享和信息管理等功能的设计集成化平台，并最终形成互为贯通、有机联系的整体，为石化工程项目整体化管理赋能。设计集成化方法见图 4-2。

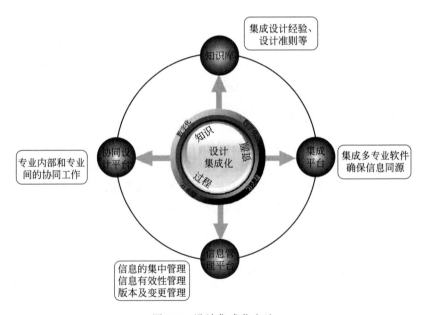

图 4-2　设计集成化方法

（1）资源整合和集成

资源整合和集成是对设计过程的各类资源进行有机整合和集成，是集成化设计的前提和基础，主要内容包括：将设计过程的各项资源进行梳理、识别、选择和有机融合；优化设计工作的信息流，使软件间、文档间、软件与文档之间的信息流动更加自动化；采用一个或多个集成系统实现信息共享，并对进入系统的信息进行有效性检验，减少错误。

（2）过程集成

设计集成化同时也是对石化工程设计过程的集成，主要内容包括：通过工作程序的梳理和优化，定义系统化、标准化的工作流程，并基于此将各项设计活动（如流程模拟、单体设备计算等）集中在一个或多个平台进行；在平台中对设计信息进行管理，对设计过程进行跟踪和记录；自动生成各类设计文档，并自动进行设计条件的提交。

（3）知识集成

知识是企业最宝贵的财富，也是企业技术和管理创新的源泉。在设计集成化过程中，必须将设计经验和技巧等存在于人脑中的隐性知识，与科学知识、技术标准等显性知识一起，通过数字化的手段，进行识别、集成和再构建，使单一、零散、隐性和显性等知识经过整合提升，形成工程设计专家知识库，实现知识的显性化、共享化和自动化。该过程形成的知识将能持续赋予企业更高的整体化管理水平和更强的市场竞争力。

4.2.4　设计集成化的实施

4.2.4.1　总技术路线

传统工程设计存在的"信息孤岛"、集成化程度不高等严重影响设计效率的问题，其根本原因在于各个设计软件自成系统，信息不能有效提取和应用，因此软件集成是设计集成化必须解决的首要问题。此外，石化工程设计是一项复杂的系统工程，涉及的专业广、软件杂、界面多，单靠一个平台难以进行全设计过程的集成，因此多平台的构建和集成是设计集成化的主要内容。

根据设计集成化的方法，通过对其目标的分解和深入剖析，建立如图 4-3 所示的总技术路线[5]：基于设计集成化的内涵进行工作流和信息流的优化，以数字化技术为支撑进行专业设计软件的整合和集成，以及工艺设计集成化平台（i-Process）、工程设计集成化平台（i-Engineering）和三维设计协同化平台（i-3D）的构建和集成，而且三个平台自身及其相互间均应以工程实体为核心进行信息的组织、存储和关联。

在该技术路线中，工艺专业的各项设计活动集中在 i-Process 中进行，工艺、设备、仪表和配管等专业的集成化设计在 i-Engineering 中进行，而配管、仪表、结构和给排水等专业的集成化协同建模在 i-3D 中进行。

4.2.4.2　标准化定义

石化工程设计过程涉及大量的工程实体（包括设备、仪表、管道和阀门等）、海量的工程信息和几十个自成系统的工程软件，因缺少标准化的定义，他们相互之间的关系较为松散，不利于设计集成化工作的开展。为此，设计集成化的前提是进行标准化定义。

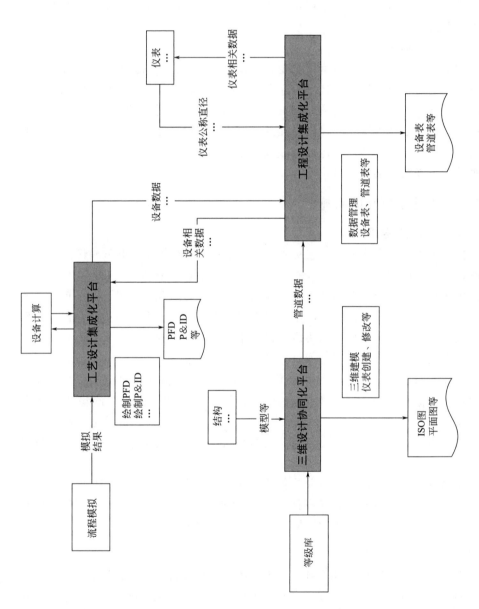

图 4-3　设计集成化总技术路线

（1）建立标准化工程实体分类和描述[6]

对具有独立编号的工程实体及其属性进行标准化的分类和描述，使不同软件或平台均基于统一的工程实体分类和属性定义，确保信息准确、高效地传递。

（2）定义标准化的工作流和信息流

通过数字化技术，基于系统化和优化后的工作流和信息流，在设计集成化平台中定义标准化的工作流程，使信息管理更有效，工作过程更高效。

（3）建立统一的编码规则

基于相关标准或要求，统一设备、管道、仪表和文档等的编码规则，并将其内置于相关软件和平台中，使设计工作标准化。

（4）建立标准化模板库

根据相关标准，建立标准化模板库（包括文档模板、图例库、材料等级库和模型库等），使设计工作更加规范和统一。

4.2.4.3　工艺设计集成化

工艺专业是工艺设计集成化的主体。工艺设计过程中用到多种计算软件，较少计算软件具有数据库特性，因此工艺设计集成化重点侧重以下几方面。

（1）信息流和工作流的优化

根据图 4-3 设计集成化总技术路线，对工艺设计过程的信息流和工作流进行如图 4-4 所示的优化。由图可以看出，i-Process 是优化后的工艺设计信息流的核心，同时它也是以设计数据和设计文档为核心的项目管理平台。工艺设计的所有设计信息通过 i-Process 在不同的设计软件、文档，以及软件和文档之间共享和自动传递，提高了信息的准确性和一致性。

（2）构建工艺设计集成化平台 i-Process

基于图 4-4 优化后的工艺设计信息流，结合石化工艺设计过程特点，构建的 i-Process 架构见图 4-5，它是在工艺设计系统和智能 P&ID 系统的基础上，将工艺专业的计算软件、计算方法、设计标准、设计成品内容、设计互提资料等进行集成，并将优化后的工作流和信息流固化其中，形成标准化的工作流程。在该平台中，根据设计专业分工规定，将所有设计信息按专业分类，并与用户权限关联，对不同专业设计内容进行严格划分；基于优化的工作流程，通过用户权限控制和工作层技术实现设计文档的版本管理和控制（如最新版本文档可以编辑，但历史版本只能查看），避免了不同专业基于不同版本文档进行工作，甚至文档被覆盖的弊端。

由此可见，工艺工程师不再基于一个个分散的设计软件和设计文档，而是在统一的平台中，进行各项工艺设计工作：工艺流程图（PFD）和工艺管道及仪表流程图（P&ID）的设计、流程模拟数据导入、设备计算、物流和设备数据完善等，自动生成 PFD、P&ID、物料平衡表、设备表、管道表和仪表工艺

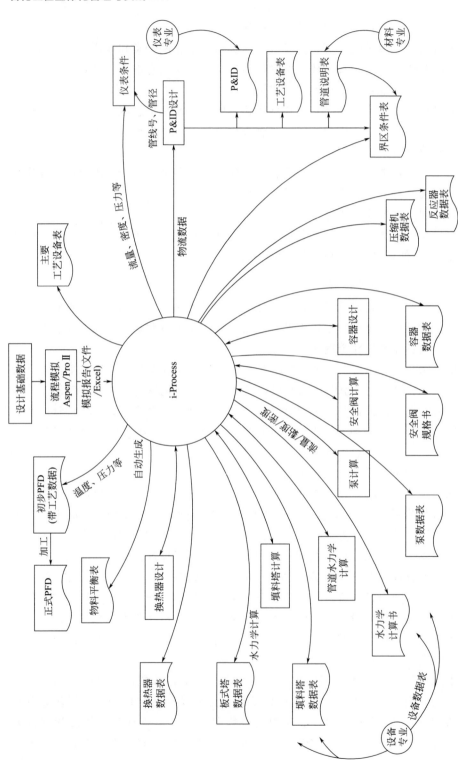

图 4-4　优化后的工艺设计信息流

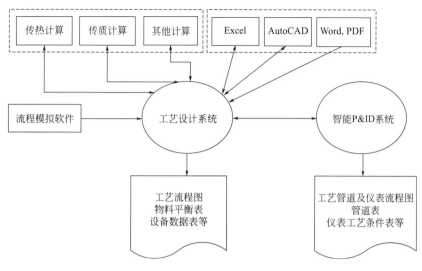

图 4-5   i-Process 架构

条件表等各类设计文件。工艺专业在 i-Process 中典型的工艺设计过程如图 4-6 所示。

此外，i-Process 除了是工艺设计的集成化平台外，还是一个工艺、设备、仪表等专业协同工作的平台。例如，设备专业基于发布的工艺设计信息可直接在平台中进行材料流程设计、数据表完善等工作。

4.2.4.4 工程设计集成化

工程设计集成化涉及设计全专业，包括配管、工艺、设备、仪表、结构、给排水等。随着技术的不断发展，各专业或多或少都应用了计算机辅助设计软件，但各软件应用的深度和广度差异较大，各专业所具备的集成化条件也不尽相同。

工程设计集成化特别针对现状，着重解决了各专业设计软件独立应用、信息不能高效沟通、不同专业间的信息往来依靠文件传递、专业间海量数据交换及条件互提主要靠手工抄录等问题。工程设计集成化重点侧重以下几方面。

（1）信息流和工作流的优化

专业之间如何高效地沟通和协调是工程设计集成化需解决的关键问题。为此，与工艺设计集成化类似，首先需对工程设计过程的工作流和数据流进行优化，图 4-3 总技术路线中体现了部分优化后的工作流和信息流。

可见，工程设计集成化是一项庞大的系统工程，涉及全设计过程和全专业，单靠一个平台已不能完成设计集成化的目标，必须根据业务特点和要求，分别构建工程设计集成化平台和三维设计协同化平台。

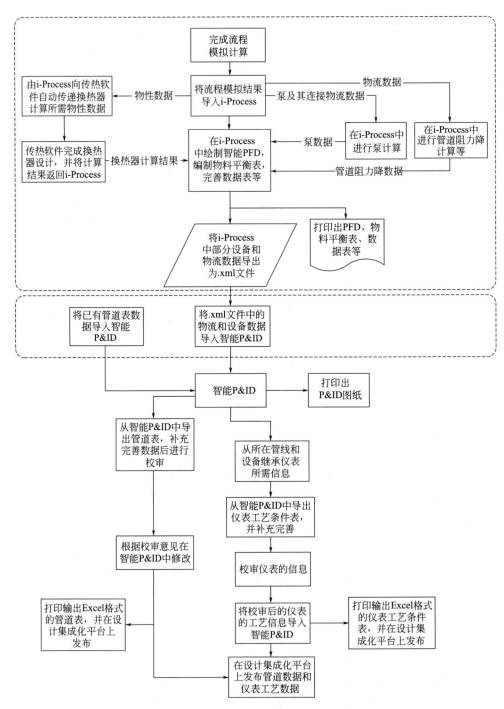

图 4-6　i-Process 中典型的工艺设计过程

（2）构建工程设计集成化平台

由图 4-3 可知，i-Engineering 通过与相关专业设计软件或平台的集成，可以进行信息（数据和文档）发布与交换，并对项目信息进行跟踪与管理，实现多专业、多部门、多参与方之间信息的共享，以及各设计专业间的资料互提和协同工作。同时，可以对设计变更进行管理，保证上下游专业数据与信息的一致性和可追溯性。

在 i-Engineering 中，主要进行各专业（包括工艺、设备、仪表、配管等）设计数据的共享，并自动生成相关专业设计文档。各专业在 i-Engineering 中的工作流程类似，即本专业的设计工作在相应的设计软件或平台上进行，需要与其他专业交互的数据则基于标准化的工作流和数据流，通过 i-Engineering，在各专业设计软件间正确快速地流动、提取和应用，高效、协同地完成各项设计工作。

同样，各专业的工程设计集成化方法也类似。下面仅以电气专业为例，介绍其在 i-Engineering 的集成。

电气专业的集成化设计是在模块化设计和标准化设计的基础上，通过对专业工作流、数据流的分解，定义标准化的设计输入与输出以及工作程序，贯通专业内部及专业间的信息流，其目标是消除电气专业设计过程的“信息孤岛”，成为 i-Engineering 的有机组成部分，其设计集成化方法见图 4-7。

首先，开发电气专业软件功能包，建立本专业设计集成化平台。平台集成的软件包包括电气专业综合软件包、高压系统设计软件包、低压原理设计软件包、动力配电设计软件包、变电所布置设计软件包等。

其次，电气专业综合软件包与 i-Engineering 集成，实现电气专业与其他专业的信息交换，同时满足项目管理、质量、进度等管理的需要。

可见，电气专业通过本专业设计集成化工作平台的构建，及其与 i-Engineering 的集成实现电气专业设计集成化。

（3）构建三维设计协同化平台

由图 4-3 可知，i-3D 的构建是以三维设计协同化平台为基础，通过集成材料等级库、结构建模、应力计算和材料管理等软件，实现配管、结构、仪表、材料和应力等专业的信息共享和协同建模。此外，通过与 i-Engineering 的集成实现信息共享及二三维信息校验，提升模型的准确性。

构建三维设计协同化平台 i-3D 的主要内容包括以下几方面。

① 定义建模内容和深度

i-3D 是工程设计集成化的重要组成部分。要实现三维设计协同化，需改变传统的仅配管专业进行三维建模的现状，仪表、电气、结构、建筑、给排水、储运、环保、总图等专业也需基于统一的各专业建模深度要求进行三维工厂设计系统的推广和深化应用。

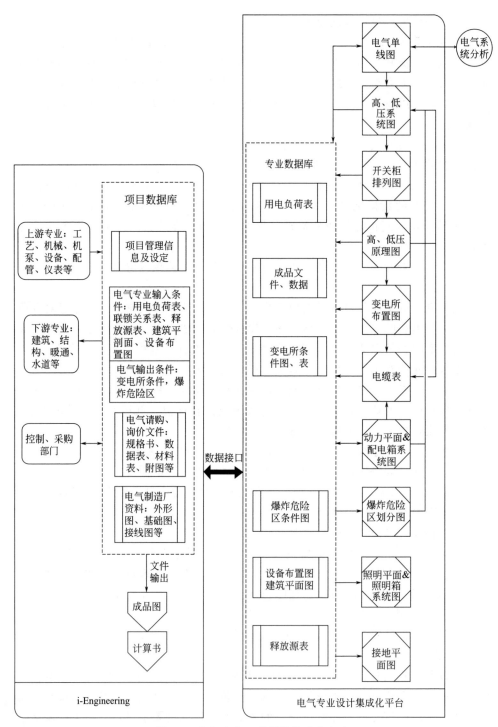

图 4-7 电气专业工程设计集成化方法

② 定义材料管理工作流程

统一的材料等级和编码是多专业三维建模的基础和前提。材料等级主要采用材料等级库管理，它是以确定的规则对企业级或项目级的材料编码、标准尺寸和材料等级等进行统一的管理和维护，并通过与材料管理系统和i-3D的集成，为其提供标准化的材料信息。

材料管理的工作流程为：根据材料编码规则和材料等级，产生材料编码以及材料编码与材料等级库的对应关系，并最终生成i-3D和材料管理系统需要的数据库文件及物理尺寸库等文件。

③ 工艺与配管专业的集成[7]

配管专业完成三维建模后，其校对、审核人员需要根据工艺等专业的资料对三维模型进行校验和审核，这项工作费时费力，而且由于用户要求和设计条件的变更，资料传递误差等因素，容易造成P&ID和三维配管设计的不一致。

通过i-3D和i-Process的集成，以及内置于i-3D中的校验规则，可以进行P&ID和三维模型（含数据）的一致性检查，其工作流程如图4-8所示。

（a）工艺专业建立数据库：工艺专业应用智能P&ID软件进行P&ID设计，并将流程图和相关数据发布至i-3D。

（b）配管专业接收信息：配管专业完成三维建模后，在i-3D中调入已发布且需要校验的P&ID图纸和数据。

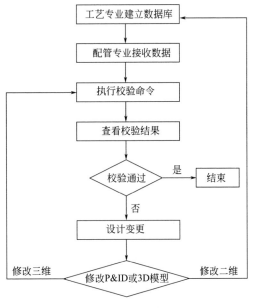

图4-8 二三维校验流程

（c）执行校验命令：根据需求，选择局部校验（仅一张图纸的局部信息）或全局（整张P&ID图）校验。

（d）查看校验结果：校验完成后，被校验的工程实体在P&ID上以红、黄、绿等颜色显示不同的校验结果，同时产生详细的校验报告，其中红色为严重不一致项，黄色为不完全一致项，绿色则为通过。通过二维图上的颜色标记及校验报告，有针对性地审查相应工程实体。

（e）检验后的设计变更：对P&ID图上的黄色提示，可忽略对工程质量没有影响的部分，如是否设置排凝、放空点等；但对于管道等级、阀门类型、位置等不一致问题应给予重视，并在 i-3D 或 P&ID 中修改或变更。

④ 设备与配管专业的集成

设备专业通过 i-Engineering，将设备相关信息发布至 i-3D，生成三维模型的数据流，协助配管专业完成三维建模和二三维信息的校验，减少设备专业按照工艺资料绘图，配管专业按照设备图纸建模的时间，达到专业设计文件的无缝链接。

⑤ 仪表与配管专业的集成

通常在线仪表的三维建模是由配管专业先按照仪表的缺省尺寸建立的，待仪表厂商返回仪表资料后，再按实际尺寸修改三维模型，这种工作模式效率低下，错误率高。

通过仪表与配管专业的集成，形成如图 4-9 所示的仪表三维建模集成化的工作流程：配管专业根据仪表专业提供的仪表索引表，使用软件进行仪表选型和初步建模；厂家返回详细的仪表参数后，在索引表中增加多个描述外形尺寸的信息；配管专业根据更新后的仪表索引表，使用软件进行仪表三维模型的自动更新。

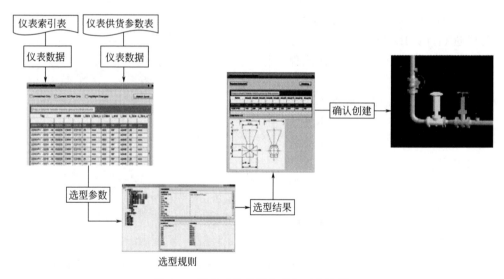

图 4-9　仪表三维建模集成化工作流程

⑥ 结构与配管专业的集成

在三维设计中，配管专业的模型与结构专业的模型密切相关。传统的工作模式下，由于配管专业和结构专业之间的资料互提是基于二维图纸，导致重复的三维建模、资料更新不及时等问题，效率较低。结构专业设计工作包含多种结构类型，主要有钢结构、混凝土结构、水池等，其与配管专业的集成如下。

（a）钢结构。配管专业建立结构模型后，将模型导出到钢结构计算软件进行计算，计算完成后的模型再导入三维模型中即可得到带柱号及柱、梁标识的准确的钢结构模型；结构专业将钢结构的计算结果导入结构三维建模软件进行钢结构三维详图设计，设计完成后将结构模型集成至 i-3D，得到最终的钢结构模型。

（b）混凝土结构。混凝土结构与钢结构类似，也是通过软件之间的集成，实现模型在软件之间的传递。混凝土结构可以利用与结构建模软件之间的接口，将三维计算模型导入结构模型，再通过结构模型与 i-3D 之间的接口，将结构模型集成至 i-3D。

（c）其他构筑物。其他构筑物如水池等，则是根据二维施工图，直接在 i-3D 中建模。

⑦ 应力与配管专业的集成

通过对三维设计协同化平台的接口功能、接口工作流及应力计算软件功能的研究，建立如图 4-10 所示的应力与配管专业的集成化工作流程：按照用户的元件库属性存储规则定制参数提取规则，将三维系统中的管道模型的元件类型和空间位置、尺寸等信息传递到应力计算软件；在应力计算软件中完成应力计算后将计算结果导入三维系统，使之获取载荷信息、支架信息和管道走向信息等，并进一步向结构专业传递相关信息。

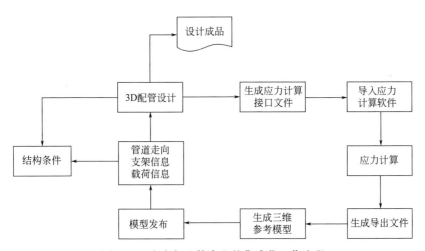

图 4-10　应力与配管专业的集成化工作流程

此外，给排水、电气等专业也都能在 i-3D 中与其他相关专业实现集成和协同，本节不再一一叙述。

4.2.4.5　工程知识管理系统

知识管理是工程设计集成化的重要内容。知识管理系统是一个支持知识积累、知识共享、知识检索、知识应用的数据库管理系统，它可以将不同专业的技术标准、计算方法、设计经验等进行加工后，形成知识库或专家库，使知识显性化、共享化、工具化和自动化。

知识管理系统的构建是一个长期、持续的系统工程。通过将技术标准和设计经验在设计集成化平台中进行识别和集成，不断丰富完善知识管理系统，不仅能有效指导工程设计工作，还能实施远程诊断，实现一定程度的智能设计和智能决策。随着现代科学技术和数字化技术的不断发展，知识管理系统将成为推动工程设计管理方法持续发展和创新的动力。

4.3　石化工程项目建造集成化

4.3.1　石化工程项目采购集成化

工程项目采购集成化是指按照工程企业战略目标的要求，通过信息和资源共享，采购部门统一组织和协调项目采购运作、合同管理、物流操作等采购过程，将活动过程中工作流、物流、信息流和资金流等要素加以整合，采用统一的业务平台，以提高工程企业采购整体运作效率，实现各类物资的准确及时供应，为工程企业创造新的价值。

工程项目采购集成化是以发挥整体效益、实现整体最优为目的，强调系统化、规模化的采购运作和执行。通过工程项目采购集成化，企业采购部门就可以将注意力放在价值的创造和传递上，从通常不能实现价值增值的流程中解放出来，从事对企业更有价值或具有"潜价值"的事务，工作重点是谋求和寻找采购活动中的"潜价值力"，从而实现采购的价值增值[8]。

4.3.1.1　理论依据

工程项目采购集成化是在基础理论指导下，在实践中逐步形成并完善的，其理论基础包括：供应链管理理论、物流运作一体化思想、量价杠杆原理、智能经济等，其中供应链管理理论是其核心内容。

供应链是围绕核心企业，通过对工作流、信息流、物流、资金流的协调与控制，将原材料变成最终产品，再把产品送到顾客手中。将这个过程中涉及的所有相关企业连接起来，形成一个整体的功能网络结构。供应链管理就是整合供应链中各个企业成员的资源，优化运作流程，优质高效地满足最终客户的需求，实现供应链总成本最低和整体运作绩效最佳的效果[9,10]。

供应链管理的目标是在总成本最小化、顾客服务最优化、总库存最少化、总周期时间最短化以及物流质量最优化等目标之间寻找最佳平衡点，以实现供应链绩效的最大化。供应链管理反映的是一种集成、协调的管理思想和方法，把企业资源的范畴从过去单个企业扩大到整个供应链相关各企业成员。工程项目的采购集成化正是供应链管理思想的反映，把过去"照单抓药"的采购管理和执行模式向前、向后不断延伸，符合当今工程项目采购管理的潮流。

工程项目采购集成化主要包含三个要素，其内容及方式详见图4-11。

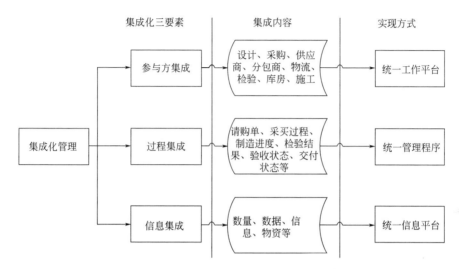

图 4-11　采购集成化内容及方式

4.3.1.2　实施条件

石化工程项目采购集成化能够促进企业整体最优化，提升企业的核心竞争力，其有效实施还需要具备一定的基本条件，具体如下。

（1）建立"归口管理、集中采购"的采购管理体制

企业核心竞争力也可以说是一种资源获取、利用和提供的能力。工程建设企业的采购可以整合外部市场物资供给、物流、质量监造服务等资源，为企业获取资源提供可靠途径。采购还可以通过与供应商合作开发新产品、提供新技术，为工程建设企业运用新技术和技术创新提供支撑，增强企业利用社会资源的能力。

采购集成化的核心理念是"归口管理、集中采购"。归口管理是指由唯一的采购部门负责所有采购业务的专业化管理。集中采购是指由一个采购部门负责所有工程建设项目物资的采购，发挥整体采购优势。

（2）拥有专业化采购团队

专业化采购是指企业设立专门机构，组织专业人才，运用现代化的理念和工具，实现精细化采购操作与管理即专家采购。

专家采购从业人员应是复合型人才。随着采购专业化的不断深入，同时也要

求采购从业人员术业有专攻，根据业务范围进一步细分为采买专家、检验专家、进度管理专家、物流专家、现场物资管理专家等。

（3）需要标准化设计的支撑

标准化设计是采购集成化能够高效、顺利实施的重要源头和关键支撑。其中工程材料编码体系的标准化、物资技术要求和请购文件的标准化、技术评审标准和流程的标准化以及供应商设计文件资料管理界面的标准化是与项目采购执行息息相关的重要内容。

（4）具备一体化的业务平台

对信息流的管理和协调是供应链管理中的一项重要内容，也是石化工程项目得以成功组织实施的一项重要内容。一体化采购业务平台让石化工程项目采购执行相关的工作进度状态、材料状态、资金状态等信息有效的集成与共享，对提高工作效率、统一监管、强化数据分析、辅助整体决策都能够发挥重要的作用。一体化业务平台是实施采购集成化的必要条件。

4.3.1.3 主要内容

不同的工程企业其项目采购集成化的具体内容差异较大，但是在实施过程中，企业应该主要考虑以下几个方面的转变。

① 企业不能局限于单一工程项目的执行，而要从整体角度出发，甚至是从供应链整体角度出发，考虑企业内部的结构优化问题。

② 企业要转变思维模式，从纵向一维空间思维向纵横一体的多维空间思维模式转变。

③ 企业要建立分布的、透明的采购业务平台（集成系统），保持信息沟通渠道的畅通和透明度。

④ 各个层面都应放弃"小而全，大而全"的封闭经营思想，向与执行团队/供应链中的相关团队/企业建立战略伙伴关系为纽带的优势互补、合作关系转变。

⑤ 所有人和部门都应对共同任务有共同的认识和了解，都应去除部门障碍，实行协调工作和并行化管理。

⑥ 风险分担与利益共享。

考虑到这些转变的要求，一个比较可行的石化工程项目采购集成化实施应包括这些主要内容。

（1）采购集成化管理体制

采购集成化的核心内容就是通过业务归口的管理要求、集中的组织机构形式和专业化流程化业务操作模式，实现需求的集中和资源的优化配置，从而大幅提高整体绩效。归口管理能够强化物资采购的专业化，增强协调与控制能力，实现决策高效、政令统一、资源统筹优化，提高项目采购的整体绩效。集中采购能够有效整合企业的物资需求，充分发挥规模采购优势，增强对供应市场的影响力，更好地控制资源风险，降低采购成本。

（2）采购集成化组织机构

根据采购集成化的思想，组建由采购部统筹下的集中采购运作组织机构。项目采购组是采购部的下属机构，由采购部实行归口管理，并接受项目经理的矩阵管理。采购集成化组织机构如图4-12所示。

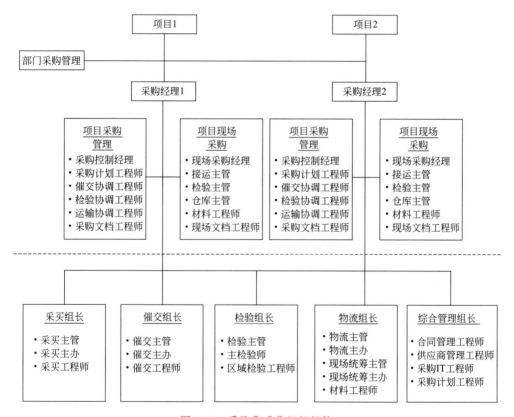

图4-12 采购集成化组织机构

项目采购组由采购部为项目专门组建的临时专设机构（虚线上部分）和部门常设机构（虚线下部分）共同构成。

项目采购专设机构一般设有两大职能组，项目采购管理组和项目现场采购组，由采购部派出的专职人员构成。项目采购管理组负责本部项目采购工作的管理和监控，项目现场采购组负责项目现场与采购相关的工作。

参与项目采购的各专业组人员一般实行多项目兼职，在部门的统一统筹下，其工作安排和调度由采购部负责，同时也接受项目采购经理的矩阵管理。

（3）采购集成化管理运行模式

采购集成化的运行模式中，采购部作为公司各类工程总承包项目物资供应的归口管理、集中采购责任部门，在各项目组及其他部门的协同下，实施多项目集中采购，并对各项目采购组进行归口管理。采购部统筹各项目的物资采购工作，包括人力资源配置、任务分配、多项目集成化的采买管理、集成化的过程控制、集成化的计划及进度检测、绩效考核、合同管理等。

（4）采买集成化

采买是指接收请购文件之后，经过采买准备、询比价或招标等过程选定供货厂商，并与之签订采购合同的整个过程。传统采买仅仅关注采买结果是否满足请购要求，而缺乏整体性的考虑和前瞻性的规划。而集成化的采买则在行动时间上向前延伸，在运作空间上向前端的项目业主方和后端的供应商靠近，追求整个供应链的价值最大化，在具体操作上摒弃"一事一办"的思维方式，提前整合需求以增强议价能力，提前锁定资源以应对市场波动，简化操作以提高采买效率。

在项目执行前期针对大宗和通用材料开展框架协议采购工作，也是集成化采买的重要内容之一。框架协议采购是从企业层面集合物资需求，通过公开竞争的方式，确定一定数量的优秀供应商，与之签订一定时期内的一揽子采购协议，并在协议项下执行采购订单操作的一种采购业务模式。

（5）物资供货状态集成化

随着石化及制造行业技术的进步和现代石化工程项目对物资供应要求的提出，使设备或者功能单元的整体化交付，甚至模块化交付成为可能。

设备或者功能单元的整体化交付，是设备框架和设备整体组合的一种形式，是指一组实现某种功能的设备固定在一个框架或底盘上，以利于整体移动和就位。在此基础上，把原本应该在工程建设现场进行零散安装的设备和材料，以可以单独完成一个基本石化工艺功能或一个相对规整的组合构架为标准，在模块化工厂将成套设备、撬块、容器、机泵、管道、阀门、仪表、电气等建造安装在同一结构框架内成为一个独立模块单元，称为模块化建造。在现场施工窗口期短、施工基础设施差、当地劳动力效率低下或者成本高昂、政治形势不稳等情况下，使用模块化建造可大大缩短项目建设工期，也是现代工程项目降低建设过程健康、安全与环境风险的一种途径。

（6）订单执行过程控制集成化

采购订单执行过程控制包括采购订单的进度控制和质量控制。进度控制主要包括确定物资的催交等级、编制催交计划、实施图纸资料和供应商制造状态的监控、指导监督供应商的更正措施和与检验、运输及现场的信息沟通和协调。

质量控制主要包括以编制项目检验监造计划、规划组织预检验会议和其他质量会议、监督检验供应商的设备及材料制造、监督供应商对不符合项的更正措施、发出物资放行报告和必要的信息沟通与协调。

当进度控制和质量控制相互矛盾时，采购集成化可以站在更高的层次将二者追求的目标进行很好的统一。同时，在标准化的进度控制流程和质量控制流程下，采购集成化更容易集中进行各种控制要求的活动，有效利用有限资源，实现既定的目标。

在采购集成化理念下，统一组织采购订单的过程控制，按照区域、厂商来确定催交、检验负责人员的管理范围，实现多项目集成化的统一操作。

（7）全球物流集成化

工程物流是现代物流的重要组成部分，它以第三方物流为主要运作模式，将运输、储存、装卸搬运、包装、流通加工、配送、信息处理等基本功能有机结合起来实现用户要求。随着石化工程项目的发展，项目工程物流也逐步从过去的"供应商物流"向统一运作的项目集成物流转变。

集成化的物流操作能够在一定程度上规避国际政治局势和航运经济带来的项目执行风险，减少承包商在物流上的投入，极大地提高了运输资源的使用效率，明显降低运输成本。同时由于设备的大型化、模块化以及设备材料供应商的国际化，集成的工程项目物流对石化工程项目尤其是海外石化工程项目的成功实施有着至关重要的影响。

（8）物资管理集成化

现场物资管理包括了项目现场采购计划管理、物资接运、仓储、开箱检验、供应商文档、供应商服务协调、备品备件管理、采购相关 HSE 管理、工程余料管理和废旧物资管理等内容。

集成化的现场物资管理的实施重点是标准化和全面信息化。标准化包括组织机构和业务流程等的标准化；信息化包括通用的与本部一体化的业务平台和信息系统。大型石化联合装置还包括现场物资管理机构的集成化和资源设施的集约化等。

（9）采购集成化平台

采购集成化平台是构建采购集成化信息流的基础，也是实现采购集成化的必要条件。从采购业务流程来看，采购集成化平台一般分为三个层次，即基础层、应用层和管理层。

① 基础层一般包括为企业供给资源的供应商管理系统；辨明所采购物资"身份"的材料代码系统；形成和审批采购合同的合同管理系统；管理文件资料传递和归档的电子文档管理系统。

② 应用层一般包括对采购业务相关的人流、物流、信息流、资金流进行整合管理的 ERP 系统；满足采购业务横向一体化管理的材料管理系统；面对网络

化贸易方式的电子商务系统。

③ 管理层一般包括统计报表系统和对统计数据进行分析汇总的决策支持系统。

4.3.1.4 框架协议采购

框架协议采购是指在一定期限内，对生产技术标准统一、采购频次高、规模大、供求市场相对稳定的物资品种，采购方集合物资需求，通过对供应商的资质审核、技术评价、商务竞争等方式，优选交易供应商，确定采购价格、质量和服务等基本内容，签订在一定时期具有法律效力的采购协议，不定期地按照框架协议与供应商签订合同的采购方式[11]。

通常适用于框架协议采购的物资主要集中于[12]：

① 项目内技术要求统一、采购频次高、能形成一定采购批量、供求市场相对稳定的物资，如通用仪器仪表等。

② 多个工程项目相同需求能形成一定批量的物资，如建筑结构钢、电缆等。

③ 集团企业间相同需求能形成一定批量的物资，如炉管、阀门、管件等。

框架协议采购适用范围不仅局限于上述物资。实际上，只要能够满足框架协议采购的核心内容，即"集成需求、锁定资源、锁定价格"，就能够针对不同的物资品种，找到适合于该品种的框架协议创建方法与应用方法，使得框架协议采购的优势得以充分发挥。

（1）实施的必要性

框架协议采购是整体集成化采购的时代要求，目前业界各行业领导者和先行者普遍采用了框架协议采购模式。它与传统采购模式之间的主要区别见表 4-1。

表 4-1 框架协议采购与传统采购对比[12]

对比项	传统采购	框架协议采购
采购方式方法	操作型	管理型
采购过程	流程长、审批复杂	流程短、审批简化
采购需求与批量	分散、零散	集成
供应市场与资源	分散	相对集中
供需关系	动荡不稳定	相对稳定、合作、共赢
工作重心	注重一单一办具体操作	注重需求和市场研究、供应商关系管理
买卖关系	注重一次性	注重长期性
供应商选择与评价	注重供应商一次性报价	注重供应商综合评价
供应商数量	多	少
控制风险能力	弱	强

续表

对比项	传统采购	框架协议采购
采购综合成本	高	低
储备资金占用	高	低
物资标准化程度	低	高
技术质量要求	独特性强	通用性、统一性程度高
与项目、设计协同	注重专业职能分工	深度交叉协同
响应需求速度	慢	快
供应效率	低	高

（2）实施过程

应积极稳妥推进框架协议采购工作，主要内容包括开展物资品种需求分析、供应市场研究、采购调研、采购技术标准研讨制定、需求数量预估、采购方式评审确定、供应商筛选、定价机制（计价公式或调价机制）制定、有效期确定、适用范围与执行范围确定、供应份额分配原则制定等，制定合理可行的采购策略和预案以指导框架协议创建工作。

要提前掌握需求数量、采购批次、供应商及价格变化等相关数据，基于对基准实盘即未来订货量的精准透彻分析预测（准确率通常在90％左右），并根据项目进度安排，对框架协议采购期间的需求数量进行合理预估。应带量采购，即要把预估数量作为框架协议采购的数量依据，只有让供应商根据框架协议采购数量进行报价，才能发挥框架协议采购集成批量、降低采购成本的优势[13]。

框架协议采购原则上应通过招标方式确定。通过合理的评标办法，获得供应商的合理低价。应针对协议期内物资价格的变动规律，建立框架协议价格调整机制。

为控制供应风险，保持适度竞争氛围，框架协议供应商原则上不能少于2家。根据供应商实力、业绩、质量及价格水平合理分配订货份额，并依据供应商供货执行情况和综合考评，制定供应商主辅交替机制、适时调整。

为应对市场波动，避免供应风险，必须根据具体物资品种的特点把握协议合理期限。通常最长不超过一年或一个项目周期。

框架协议执行过程中，应跟踪分析框架协议采购供应份额、价格、进度、质量、服务等情况，加强过程管控，实时掌握供应商的产品质量、交货进度及生产经营状况，及时发现并解决协议执行中的问题；全面评估每期协议执行情况，评估结果作为框架协议延期或新一轮框架协议采购的参考依据。注重引入新供应商，既可以防止原有供应商产生惰性，又能适当引入竞争[13]。

（3）实施成效

框架协议采购已经成为最主要的物资采购方式。随着框架协议采购规模与比例的快速提升，其在集成需求、锁定资源、保障质量、缩短周期、降低成本、浓缩渠道、提高效率和规范行为等方面的优势不断显现。

① 锁定资源，供应保障程度高，应对市场波动能力强。提前锁定优势资源，在资源紧张、短缺时可保证获得所需物资，快速解决项目临时和紧急需求，规避市场波动带来的保供风险，实现安全供应；对供应商而言，可以根据市场需求，提前锁定市场、实现专业化细分和组距段落化切分、简化流程、提前备料、提前大批量高效生产。供需双方可在框架协议的基础上实现互利共赢。

② 缩短采购周期，充分赢得主动权。采购人员在接到请购后，供需双方可根据框架协议迅速开展后续采购工作，从而取消和减少了不必要的重复审批，实现实时采购。另外，通过提前介入项目设计工作，可将分散在不同设计阶段、不同需求时间的同类同品种的设备材料进行整合、集成打包，依据各个品种的特点，设置若干标包，实现超前采购，为项目赢得宝贵时间。

③ 降低采购成本，大幅增强市场议价能力，使定价更为科学理性。框架协议采购集成不同时段、不同项目以及集团内不同企业的物资需求，实现规模化采购，通过应用杠杆价值原理，增强了议价能力。一是各供应商报出最优惠的价格，显著降低物资采购成本。二是建立了采购价格与主要供应链市场价格联动机制，实现了快速、合理调整采购价格。三是规范了价格体系，杜绝了供应商低价劣质现象，采购价格更加科学理性。

④ 降低劳动强度，提高采购工作效率及采购技术含量。框架协议采购大幅减少了招投标、询比价、谈判、签合同等大量重复性工作，提高了采购工作效率。框架协议采购使商务型、操作型采购变为管理型、技术型和战略型采购，使采购由过去简单的"招投标、询比价"操作，转变为加强对市场调研、价格研究、策略研究、供应商管理等方面的管理内容，使采购具有更强的技术性、科学性、严谨性、规范性，使其真正体现了科学采购的思想[14]。

⑤ 浓缩供应渠道，提升产品质量，显著增强对供应商的影响力。框架协议采购是将加强供应商关系管理理念融入采买环节的一项重要措施，其中把采购业务向少数优秀供应商集中，显著减少了交易供应商数量；同时，还提升了交易供应商的供应份额，形成相对稳定的供需关系。

⑥ 促进物资需求标准化，减少非标采购[15]。标准化是提高劳动生产效率的重要手段。通过推进设计标准化工作，可以大大缩短技术准备和设计周期，同时有利于物资需求标准的统一，对提供同类项目之间物资的标准统一、扩大采购规模、提高"锁定资源、锁定价格"的适用性，具有重要影响。

⑦ 规范廉洁采购行为，实现"阳光"采购。框架协议采购的每个环节操作都严谨缜密，操作流程标准化、采购价格透明化、采购手段公正化，采购人员自由操作和掌控的空间受到限制，违规操作的概率降低，采购公开、公正、透明度增强[14]。其流程监测、价格录入与维护、备选份额控制等各环节完全在系统平

台和网上操作，框架订单价格自动匹配、自动监控，监管方式由规则监控变为了系统固化监管，将采购操作置于"阳光"之下，从深层次杜绝关系采购、人为采购、价格不实等采购问题，防范廉洁风险[16]。

⑧ 引领培育了高素质采购人才队伍。通过大力实施框架协议采购管理，可构筑与重塑框架协议管理团队，形成由管理核心组、专业带头人、品种带头人、品种助理等组成的多层级的框架协议采购梯队。

（4）未来提升方向

① 进一步完善采购与其他部门的协同和联动机制，进一步调整和明确责任主体，进一步调动框架协议各协同部门和单位的积极性，着力解决目前尚未形成框架协议的物资品种的需求计划准确性、需求标准化和采购标准化等问题，为其框架协议实施提供先决条件。

② 采用建立物资需求指南的方式，预估不同项目的物资需求，整合需求资源，提高物资需求管理质量，为提升框架协议质量创造先决条件[17]。

③ 进一步增强国际化项目框架协议采购能力，通过框架协议采购方式，建立长期稳定的合作关系，逐步形成遍布全球的优质供应资源基地与核心国际竞争能力，为境外项目提供更加优质的采购服务。

④ 进一步扩大框架协议物资品种，在创建和应用方式上，向多专业、多领域、多层次、全方位方向发展，进一步从本质上增强采购核心竞争力。

⑤ 大力推进绿色低碳采购。加大对循环利用型、资源节约型、环境友好型产品的采购力度[16]。

【案例 4-1】　某炼化一体化项目电气设备框架协议采购

某项目电气采购中采用了框架协议，所需中压开关柜、低压开关柜、综合保护、220kV 变压器、220kV GIS（地理信息系统）、110kV 变压器等全部集中在某两家合资品牌的电气制造企业，避免了多个品牌造成的备品配件分散，也方便了项目投产后的日常维护、操作培训及设备长期运行管理。通过框架协议采购，某品牌的中压开关柜的采购价格较以往同档产品订货价格下降了 43%，低压开关柜价格较以往同档柜型招标价格下降了 22%。另外，各框架协议供应商的产品保质期，相对于日常招标订货提供的 12 个月质保期普遍延长，最短为 24 个月，最长达 54 个月。

【案例 4-2】　框架协议需求和采购标准化在催化汽油吸附脱硫项目群中的应用

近年来，某公司承包了几十套催化汽油吸附脱硫装置，在采购过程中，根据相关采购标准化要求，对设计标准、物资需求与装置设备选型进行了标准化统一，并在此基础上全面开展框架协议采购。所有 S Zorb 装置的物资需求的标准、范围、规格尺寸及数量等参数基本相同，实现了装置项目群集成的框架协议采购。以离心泵采购为例，实施项目群框架协议采购比常规采购节约资金20%以上。

4.3.1.5 采购物流集成化

工程物流是现代物流的重要组成部分，它以第三方物流为主要运作模式，是对工程项目起着关键作用的一种特定的物流活动。

（1）采购物流集成化特点

① 执行的长期性。国际工程项目物流由于采购运输的物资种类较复杂、数量较庞大，且发货地常为多个国家和地区，采用远洋运输等方式，运转周期较长。国际石化工程项目物流的运作周期可达到2～5年。

② 整体的关联性。每个工程物流都由多个环节或多个部分组成。这些环节或部分存在相互关联，牵一发而动全局[18]。

③ 技术的复杂性。工程物流组织者需要有全面的综合性知识，熟悉各种专用特种设备，具有较高的技术水平。

④ 过程的危险性。工程物流中不可预见的情况始终存在，具有很大风险性。

⑤ 对工程的关键性。工程物流在一定程度上决定着项目建设目标实现的可能性。

（2）石化工程项目物流的挑战

① 海外项目对全球物流提出要求。随着项目现场从国内向海外扩展，许多供应商缺乏足够的能力负责包含海运在内的全程物流，项目总承包商将所有物流服务纳入统一管理有利于提高物流服务品质，更好地掌握设备材料在途状态信息，也提高了采购整体管理水平。

② 物流影响项目执行策略。物流因素在项目策划的初期就显现出其重要性，成为诸多项目能否执行的关键因素之一，并影响整个项目的执行策略，如：高寒地带运输窗口期短、改造项目内陆运输排障难度大等。

③ 装置大型化、设备大型化模块化。国际工程领域近年来有装置大型化、模块化的趋势，要求设备从制造商车间整体运输至项目现场，这就对物流运输提出了更高的要求。

④ 供应商国际化。供应商、服务商和业主逐渐国际化，石化工程项目物流的范围随之延伸至全世界各个国家地区。

⑤ 项目现场施工条件差。现场施工条件差主要表现在：高海拔、极端温度、施工资源匮乏、当地技术条件有限等。

（3）项目物流集成化运作解决方案

① 物流集成化运作的原因

高风险性。运输条件存在风险、政治经济条件带来的风险和其他不可预测的风险，包括船东破产会导致货物不能按时送达，发生地震爆炸等不可抗力时会导致货物损失。

多主体多界面。石化工程项目物流具有参与主体多、工作界面多和需要多方协调的特点。石化工程物流中通常涉及的主体有：业主、项目总承包商、设计单位、施工单位、供应商、物流公司、保险公司、船东、海关、清关公司、码头、内陆运输公司、海事部门、路政部门等。一个完整的物流过程需要以上所有主体通力配合才能顺利完成，任何一个环节有差错都会对整体物流产生影响。

高复杂性。石化工程物流中的大件物流运输是高复杂性的多式联运过程。一般的大件运输过程主要包括起运段与卸货段的内陆运输、海运运输、内河运输、港口装卸过程和若干次倒运过程。每个过程都要经过严密的计算模拟和技术方案比选确认。海运段模拟要考虑所有途经海域特有的气候特征对船舶造成的影响，以及具体运输过程中的气象条件（如台风）给船舶和货物的加速度变化。

② 物流集成化运作的基本条件

（a）高水平的运输管理团队。项目总承包商应当有一支高水平的物流管理团队，熟悉石化工程物流主要货物种类特点、设备材料到现场进度特征、进出口操作流程、主要应用船型、航运市场动态、航线信息、市场价格波动、主要港口特点等。

（b）物流战略合作伙伴。物流战略合作伙伴在石化工程的全球物流中占有至关重要的作用，优秀的物流战略合作伙伴能够保证设备材料按时安全地运输到工程现场。合格的物流战略合作伙伴需要具备如下资源和资质：船队和车辆资源；重大件运输技术；全球物流网络。

③ 物流集成化运作的主要内容

工程项目物流集成化是将多方资源整合协调，保证设备材料安全快速到达项目现场的综合管理过程。

（a）项目早期物流策划

在项目定义阶段，项目团队应识别出项目的大型设备的尺寸、质量、结构模式和货物总量，对运输需求进行集成。并对比物流可操作性和项目所在地实际条件，制定出相应的项目执行策略。制定大型设备模块的装卸方案、当地码头道路的新建或者改扩建方案。

（b）项目投标物流方案

物流战略合作伙伴或者潜在物流分包商应在早期介入项目物流策划。根据项目具体情况，将相应航线和地点的运输资源进行整合和集成，协助项目制定物流方案，其中包括相关基础设施改造（包括码头、道路改造）的方案。根据物流条件制定项目执行计划，包括装置规模、设备尺寸等。

（c）项目执行阶段物流运作

物流服务资源需求整合。将特定项目的物流需求具体化，具体到重大件的数量、尺寸、质量及交货期；普通设备的件数、质量、尺寸范围及交货时间段；以及杂货集装箱的粗略质量体积。通过分类细化的方法，实现物流需求与现实物流机具资源等精确匹配。

此外，还需要了解设备制造地和工程所在地的政治局势、海关政策、工作效率、港口气象条件、内陆运输条件（桥梁限重、路面承载力、压实路面宽度、扫空宽度和转弯半径）和当地运输机具情况等物流瓶颈条件。

服务寻源与资源匹配。将整个物流服务链条按照工作范围分成几个独立的包段，如供应商内陆运输、海运、项目所在地内陆运输、清关等。每个包段都要有竞争性，这样才能发挥分包商的专业优势和价格优势。

协同化优化重组。将以上几个包段分别招标，通过竞价达到经济最优的目的。将中标的分包商纳入统一管理，按照工作范围衔接各个分包商，整合管理达到流程最优的目的。

在多个分包商提供同质服务的情况下，可采用框架协议的方法，将其分类为主力分包商和备用分包商，形成竞争关系，有利于提高服务质量和降低成本。

（d）物流过程管理

项目执行前期，物流公司应当提交项目执行计划和协调程序供总承包商物流管理团队审阅。

项目执行中对每批次的运输计划（特别是重大件运输计划）进行审阅，并监督物流公司按计划进行运输。

④ 物流集成化运作的效果

（a）提高物流服务品质

由承包商物流团队统一对接物流公司，可以有效提高资源利用效率，保证全球采购的设备材料到现场都能得到高品质的物流服务，有效避免了由供应商负责物流时货差、货损和运输状态不明确的情况。

（b）集约化减少物流时间和成本

物流团队早期介入项目策划和执行可以在设备下订单前对物流线路进行规划，对于码头改造和内陆运输的排障等物流环节提前提出需求条件。保证设备出厂后顺利抵达项目现场，节省在途时间。

与传统做法相比，项目总承包商将所有物流服务纳入统一管理能整合运输货物资源，提高运输资源的使用效率，明显减少运输成本。

（c）集成化物流管控

承包商将所有物流纳入统一管理后，设备材料从出厂开始直至现场出库的所有物流信息都集成在材料管理集成系统中，承包商对物流和信息流的管理在该系统中达到统一，为进度管理提供必要信息。

【案例4-3】 美国某项目模块整体运输

在美国某项目中，将钢结构、管道、管件等在国内进行深度预制，再将完成预制的模块从上海港整体运输至美国项目现场。深度预制模块整体运输的执行策略解决了美国项目现场施工效率低的问题，保证了项目整体进度。该项目共发运超大模块 170 件，使用 11 批次重吊船整船运输。项目于 2014 年年末开始发运，于 2017 年年初完成所有物流运输。

（4）石化工程项目物流集成化发展方向

① 运输大型化

装置大型化和设备大型化是石化工程的发展方向，相应大型设备模块的运输也将成为石化工程物流的发展趋势。随着对项目工期以及现场可施工性要求越来越苛刻，越来越多承包商将钢结构、设备、管道和电气仪表制造成模块，集中运输至项目现场进行安装。目前中国制造并运输的石化工程模块最大约 4000t，高度近 60m。

② 物流分包商战略合作化

某些国际一流工程公司的物流操作从以项目为单位向长期战略合作化方向发展。总承包商将物流分包商作为战略合作伙伴，签订为期 3～5 年的战略合作协议。在此期间执行项目不再进行物流分包商的比选或者招标，而是直接由物流战略合作伙伴介入各个项目的前期咨询、招投标和具体项目执行。

物流分包商战略合作化的优点在于将物流服务进行多项目集成，将物流服务扩大到项目群层次，减少了每个项目的招标询比价等重复工作；保持了物流分包商的工作连续性；同时，定期重新评估也避免了被选定后服务水平降低的现象。

③ 吊运一体化

传统石化工程项目中，运输工作由采购部门负责，而现场吊装是施工部门的工作范围。随着物流集成化的发展，运输及现场吊装打破传统界限，由吊装企业负责内陆运输。这种做法减少了采购运输和施工吊装之间界面沟通带来的问题，有利于项目顺利执行。

④ 准时制生产方式

准时制生产方式（JIT），又称无库存生产方式，是指按照需求安排设备材料入库时间，这种生产方式可以有效减少库存成本。石化工程管理中，进度管理和采购物流紧密配合，按照设备安装进度制定相应的物流及生产进度，在项目的执行过程中，库存设备材料逐渐减少，有效降低了库存成本。

4.3.1.6　采购集成化平台

采购集成化平台是由众多采购相关管理信息系统紧密集成，具有高度复杂、多元性和综合性的人机系统，它全面地使用现代计算机技术、网络通信技术、数据库技术以及管理科学、运筹学、统计学、模型论和各种最优化技术，为石化工程项目采购管理和决策服务。

（1）构建原则

构建采购集成化平台应遵循以下三个原则。

① 系统工程原则。采购集成化平台涉及面广、人力、物力、财力投入大，因此必须从整体和长远的观点出发，遵循系统工程的方法，以实现预期的目标。

② 定量分析原则。采购管理信息系统的处理对象是采购业务相关的管理信息，对信息进行科学合理的加工处理，需要用到各种数学方法来建立适当的数学模型，提高信息质量，为采购管理及决策提供依据。

（2）采购集成化平台构建

① 构建方法

平台构建要根据组织的战略目标和用户提出的需求，从组织结构、用户和现行系统出发，经过详细调查和分析，对所要开发的管理信息系统的技术方案、实施过程、阶段划分、开发组织和投资规模、资金来源及工作进度，用系统的科学的、发展的观点进行全面部署和计划。

② 总体架构

首先应对采购业务进行流程重组，对现有的业务流程进行再设计，利用先进的计算机信息技术以及现代化的管理手段，最大限度地实现技术上的功能集成和管理上的职能集成，以打破传统的职能型组织结构，建立全新的过程型组织结构。

其次，采购管理具有层次性，不同层级对采购管理信息的内容和要求不同。在不同层级，采购管理信息的内容、来源、精度、处理方法、使用频率、保密程度等方面都不相同。以某公司现行采购集成化平台为例，总体架构划分为 3 个层级，共 9 个子系统，见图 4-13。

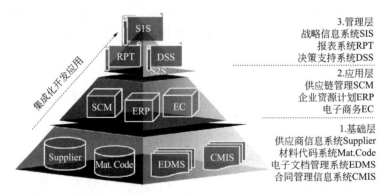

图 4-13　某公司采购集成化平台总体架构

（3）基础层子系统

① 供应商信息系统

对石化工程企业而言，供应商信息系统的需求持续增长，这种需求增长的一个主要原因就是采购业务对企业的效益越来越重要。因此，石化工程企业在寻求成本优势及竞争优势的时候就需要更好地与供应商合作。有效的供应商信息系统能够帮助企业增进与供应商的交流，并与其建立起更为紧密的合作关系，同时也能够帮助企业改进采购流程，做出更完善的供应商分析、选择，并优化企业的采购策略。供应商信息系统的基本功能有几个方面：供应商信息管理；产品分类及目录管理；供应商关系管理；主数据和接口。

在采购集成化平台中，供应商信息系统是一个独立的子系统，同时作为供应商主数据的管理系统，应建立与其他共享系统的标准数据接口。供应商信息系统是采购集成化平台中的重要基础系统，应优先建立并完善。

② 材料代码系统

代码是人为确定的代表客观事物（实体）名称、属性或状态的符号或这些符号的组合，材料是指石化工程涉及的各类设备和材料（含服务）。代码的种类包括数字码、字符码、混合码、区间码、层次码和顺序码等。

在设计材料代码时应遵循属性系统化、容量充足、保持柔性、内外协调和使用标准接口等原则。

③ 电子文档管理系统

在石化工程项目的实施过程中，生成大量电子文档。为了对各类电子文档进行规范化管理，需要建立有效的电子文档管理系统（EDMS）。由于采购所涉及的各类文档信息非常复杂，以及来自组织内、外部的不同需求，还需建立适用的采购文档编码结构及规则。

电子文档管理系统应具备以下主要功能：电子文档的集中存储、归档和备份；文档分类和虚拟化目录管理；文档的共享、查询、检索和协同处理；文档模板管理、版本和工作流程控制；权限控制和分发矩阵管理；与相关系统的集成化应用。

④ 合同管理信息系统

企业内、外部之间的各类活动，通常以合同的形式来约束。石化工程项目采购合同数量多、金额巨大，需要专业的合同管理信息系统以满足企业需求，并有效控制法律和经济风险。合同管理信息系统应具备的基本功能包括合同模板管理、通用条款管理、合同起草及审批、电子签章及防伪、合同履行、变更和终结等。对于石化工程企业，采购合同数量占比约为70%。

（4）应用层子系统

① ERP与供应链管理。

企业资源计划（ERP）系统，是对企业内部人力资源管理（人流）、财务资源管理（财流）、物资资源管理（物流）、信息资源管理（信息流）集成形成的一体化管理信息系统。ERP的范围很广，功能模块主要包括人力资源管理、会计核算、财务管理、项目管理、生产管理、物资管理、库存管理和批次跟踪管理等。

供应链管理（SCM）最初是为弥补 ERP 对企业内部纵向一体化管理的不足，引入横向一体化的经营思想，整合企业内、外部资源从而快速响应市场需求。石化工程项目采购中的供应链管理，是一种集成的管理思想和方法，它执行供应链中从物资需求产生、供应商订货到最终用户交付的计划和控制等职能，具有复杂性、动态性、面向需求性和交叉性等特点。

由于计算信息系统发展的阶段性，ERP 和 SCM 在应用范围和功能上各有侧重，并且存在一定的重叠。对于石化工程项目采购管理，应注意 ERP 和 SCM 的特性和差别，例如以下三个方面。

（a）管理范围。ERP 的核心是面向企业内部的管理，因此不具备协调企业内、外部资源的能力，无法实现供应链上的信息共享。而 SCM 则能够满足供应链横向一体化运作的要求，在资源约束、优化和决策的支持下，有效利用和整合企业内、外部资源，实现协同运作和供应链整体价值的最大化[19]。

（b）理论模型和方法。ERP 是由物资需求计划（MRP）和制造资源计划（MRP Ⅱ）发展而来的，至今 MRP 仍是 ERP 中的重要计划模块。MRP 主要面向传统制造业，其理论模型过于简单和陈旧，它的计划模型和提前期的计算方法等都无法模拟石化工程项目建设复杂多变的业务过程[19]。SCM 则采用了多种数学解析的优化模型和规则，它考虑了物料特性、生产能力、采购周期、人员、场所等所有约束条件，能够对采购策略进行优化和决策。

（c）事务处理能力。SCM 具有较强的计划和控制功能，但在某些事务处理能力方面存在欠缺。例如，采购订单处理、发票管理、物资的批次管理、库存管理等，而 ERP 在这些方面更为出色。

ERP 和 SCM 作为采购集成化平台中的重要组成部分，应根据两者的特性和异同有所取舍，形成互补的关系，以降低成本、提高效率和采购管理水平。

② 电子商务

随着计算机网络技术的飞速发展，信息的处理和传递突破了时间和地域的局限，计算机网络化和经济全球化成为不可抗拒的世界潮流。电子商务正是计算机网络发展日益成熟的直接结果。电子商务没有一个统一的概念，但是可以从不同的角度来认识它[20]。从沟通角度看，电子商务就是通过电话线、计算机网络或其他方式传输信息、产品/服务或支持。从商业流程角度看，电子商务是实现商业流程自动化和工作流程自动化的相关技术应用。从服务角度看，电子商务是一种工具，它一方面能满足企业、消费者的需求，同时还能消减服务成本、提高产品质量与服务周转速度。从网络角度看，电子商务具有在线销售产品、信息和其他在线服务的能力[21]。毋庸置疑，电子商务是未来贸易的发展方向。

根据电子商务发生的对象，大致可以将传统电子商务分为企业与企业间的电子商务（B2B）、企业与消费者间的电子商务（B2C）、企业与政府机构间的电子商务（B2G）、政府对公众的电子政务（G2C）、消费者与消费者间的电子商务（C2C）、消费者到企业的电子商务（C2B）六种类型。在采购集成化平台中，主要应用的是 B2B 电子商务。它是利用供应链管理技术，整合企业的内、外部资源，利用 Internet，以制造厂商为核心，构成面向最终用户的完整供应链电子商务（SC2B）。其目的是为了降低企业采购成本和物流成本，提高企业对市场和最终用户需求的响应速度，从而提高企业的市场竞争力。

（5）管理层子系统

① 报表系统。报表是现代企业管理的重要手段，它使用统一格式的表格和图形，动态地展示信息。采购集成化平台中的报表系统应具备的基本内容包括采购状态报表、统计报表、分析报表、价格管理报表、绩效考核和业务监控报表。

② 决策支持系统。决策支持系统（DSS）是一种以计算机为工具，应用决策科学及有关学科的理论与方法，以人机交互方式辅助决策者解决半结构化和非结构化决策问题的信息系统。

③ 战略信息系统。战略信息系统（SIS）是在面向竞争的信息管理战略指引下，在 EDPS（电子数据处理系统）、MIS（管理信息系统）、DSS 的基础上发展起来的。一个成功的 SIS 是指运用信息技术支持或体现企业竞争战略，使企业获得或维持竞争优势，或削弱对手的竞争优势。这种进攻、反攻形式表现在各种竞争力量的较量之中，如企业与供应商、资源渠道、客户或竞争对手之间为不同目的而展开的竞争，而信息技术的应用则影响竞争的平衡。

4.3.2　石化工程项目施工集成化

随着石化行业的快速发展以及设计、制造水平的不断提高，石化工程项目正在向全厂化、大型化、一体化方向发展。进入 21 世纪以来，众多千万吨级炼油、百万吨级乙烯及炼化一体化项目相继开工建设，这些项目工期紧、工程量大、施工现场地理位置偏远、参建施工单位多、施工作业面高度交叉、施工技术及管理难度大，从而给施工工作带来了新的挑战，施工管理的组织模式应从传统的独立化承包作业向集成化施工管理转变。对于大型石化工程项目，施工集成化不应局限于现场施工的单一范围内，除了追求装置红线内的施工模块化外，还应最大程度上做好现场混凝土集中供应、大型设备结构模块化吊装、管道工厂化预制与集中防腐和现场临时设施规划建设等工作的集成化管理，以适应大型化项目建设的管理要求。

4.3.2.1　混凝土集成化供应

近年来，国家对发展预拌混凝土高度重视，出台了一系列强有力的政策法规，特别是 2003 年商务部、公安部、建设部、交通部联合发布了《关于限期禁止在城市城区现场搅拌混凝土的通知》，为预拌混凝土的快速健康发展提供了保障。

预拌（商品）混凝土采用集中搅拌方式，是混凝土生产由粗放型生产向集成化生产的转变，它实现了混凝土生产的专业化、商品化和社会化，是建筑依靠技术进步改变小生产方式、实现建筑工业化的一项重要改革，而且有显著的社会、经济效益。

（1）混凝土集成化供应的优势

① 提高工作效率。混凝土集中供应点设在现场，目标单一，运距短，供应有保障，效率高。直线式管理层次少，大大提高了管理和生产效率。

② 资源优化整合。预拌混凝土供应商自身整合了社会上的各种资源，现场的用户直接对一个供应商，项目部直接管理一个供应商，避免了多头对外，多个用户对多个混凝土供应商的局面。

③ 低生产成本。生产效率的提高和资源整合，有利于降低或控制生产成本。框架协议的签订，给价格调整设立了条件，价格变动规范可控。

④ 保证质量，加快进度。项目混凝土集中搅拌供应商应是有资质、有经验的商品混凝土生产商，应具备完善的管理规章制度，入场后接受项目相关责任方的监管，质量可以得到充分的保证。由于选用专业公司来做专业的事，并对其进行事前、事中与事后全过程的质量管理，减少了质量问题的发生，从根本上保证混凝土质量以及供应，从而有利于保障工程进度。

综上所述，现场混凝土集成化供应已成为大型项目施工管理的趋势或是标配，这种集成化的混凝土供应模式具有质量可靠受控，供应连续稳定，价格受控等优点。随着国家环保要求更加严格，建立大型环保搅拌站已经在石化工程项目的建设过程中得到普及推广。

（2）混凝土集成化的实施

① 建设形式

根据项目附近资源和项目规模，混凝土供应形式大致分为三种。

（a）业主/总包商指定商品混凝土供应站。如项目规模不大，场地较小，不适宜在施工现场周边设立混凝土搅拌站，且项目建设地周边有较多的商品混凝土供应站，这种情况下可以进行招投标，确定1～2家供应商，同时作为预拌混凝土的供应商，由总包商或土建分包商直接与指定的商品混凝土供应站签订供货合同。

（b）业主自建。业主在施工现场预先建设商品混凝土集中搅拌站，并发布各型号混凝土价格，设立专门的部门或人员对搅拌站进行协调管理。

（c）承包商建设。混凝土供应在总承包商责任范围内时，需要总包商根据项目规模及项目周期进行总体规划建设，并设立专门的部门或人员对搅拌站进行协调管理，从而满足项目需求。

② 实施及管理要点

规划建设。对于自建混凝土搅拌站，应根据设计预估的工程量、项目实施周期以及高峰混凝土集中用量的数据规划搅拌站的规模，并通过招标确定供应商。

成本控制。现场预拌混凝土最敏感的问题就是价格。为避免执行过程中可能发生的合同争议，通常的做法是进行价格比选后，与最终选定的供应商签订框架协议，约定调价机制，控制混凝土供应商价格调整的随意性。

混凝土供应集成化计划管理。各施工作业点的混凝土浇筑需求按照管理程序经业主或总承包单位工程师审核后，向预拌混凝土搅拌站提出混凝土浇筑申请，混凝土搅拌站统一安排生产供应计划，特殊情况如遇到混凝土需求高峰和供需矛盾突出时，由业主或总承包单位的相关负责人根据工程进度情况以及重要性程度协调调整浇筑顺序，优先保证关键路线上的关键工程的土建施工作业。

混凝土质量控制。场外既有的商品混凝土搅拌站的质量控制一般由地方工程建设质量监督部门负责，项目可进行过程监控；现场预拌混凝土搅拌站应建立完整的质量管理体系，业主/总承包单位设立专门的职能管理部门，根据编制的《施工管理规划》和《质量计划》对混凝土生产的全过程进行管理和控制，同时聘请第三方监理公司负责对混凝土质量进行监控。

4.3.2.2　大型设备吊装集成化

进入 21 世纪以来，石油化工行业进入了高速发展阶段。随着石化工厂生产能力的持续提高，石化装置的工艺设备单体尺寸相应放大，重量显著增加。便利的交通为这些大型设备整体制造、整体安装提供了充分的条件，吊装能力越来越高的吊装机械为其整体安装提供了必要的保证。如何安全顺利实现这些大型设备的现场安装，成为摆在石化建设者面前的新课题。

工程建设的目标就是安全按时交付合格的产品，并实现效益最大化。大型设备吊装集成化管理模式对项目目标的实现，无疑起到了积极的作用。

① 资源优化，提高资源的使用效率。在大型设备集成化管理模式下，将全厂的大型设备整体综合考虑，可以优化资源配置，大型吊装机械可以根据设备的到场时间实现有序的进出场。在设备到场时间变化的情况下，可以全场统一协调，减少吊装机械的闲置时间，提高吊装机械的使用效率。

② 管理简约，提高现场协调效率。在大型设备吊装集成化管理模式下，通常由一家专业化更强的承包商独立承担全场的大型设备吊装作业，相关方数量显著减少，同时可以对全场的大型设备吊装进行统一的组织设计，从全场的视角进行吊装机械的选型，优化吊装方案。总承包商面对唯一的大型设备吊装承包商，协调界面减少，信息沟通和指令下达的通道简单顺畅，协调管理更加高效。

③ 整体规划，有利于关键路径的掌控。大型设备吊装的集成，意味着由原

来多家吊装承包商的多个吊装计划集成为统一的整体计划，可以综合不同工艺装置的不同影响，在全厂通盘考虑的层面上，整体规划不同设备的吊装顺序，使得大型设备吊装计划更加科学合理，也意味着在面对设备到场时间延期等不利元素影响时，计划的调整更加快捷便利，将不利因素对项目总体进度计划的影响最小化。

④ 降低风险，提供可靠安全保障。大型设备吊装集成化的管理，以一家专业水平较高的承包商替代多家管理水平参差不齐的承包商，形成统一的管理机构、统一的技术标准、统一的操作规范与统一的组织规划，可以更全面地进行风险因素识别，并制定和采取相应的防范措施。通过大型设备吊装集成化管理可有效降低工程风险，为项目的安全实施提供可靠保障。

大型设备吊装集成化管理模式随着多个项目的实践，已经逐渐走向成熟，成为大型综合工程项目的首选。如何更好地实施大型设备吊装集成化管理，需要做好多方面的工作。

① 大型设备吊装工作范围的确定

《石油化工大型设备吊装工程规范》（GB 50798—2012）中将大型设备吊装定义为"设备质量大于 100t 或垂直高度大于 60m 的吊装作业"，而在工程实践中却很少局限于这一定义。如海南炼化续建项目标准是 150t 以上的设备，青岛大炼油项目标准是 80t 以上的设备，东南亚某项目定义 250～500t 的设备为大型设备，500t 以上为超大型设备。在确定一个项目大型设备吊装的工作范围时，要以规范规定为基础，根据项目的特点、装置的平面布置、设备安装的位置及高度、不同吨位的设备的集散程度等条件，在满足设备吊装需求的同时，以吊装机械利用率最大化为原则来确定。

② 大型设备吊装承包商的选择

集成化的大型设备吊装对承担吊装任务的承包商的能力提出了更高的要求。该承包商要有较强的组织策划能力，能够应对全厂性的大型设备吊装任务，具备良好的技术设计方案解决能力，拥有较多种类的大型设备及人力机具资源，在特殊复杂的情况下具备解决问题的能力。

全面的风险管控能力、安全作业是顺利完成吊装工作的前提和保障，在选择大型设备吊装承包商时，要重在评估其完成既定任务的能力，而不是简单以价格高低论胜负，应以综合效益为准绳，择优选定。在设计资料具备的条件下，应尽早启动大型设备吊装的招投标工作，选定承包商。

③ 大型设备吊装承包商应参与可施工性研究

大型工艺设备以及吊装所使用的重型吊装机械都有着尺寸较大的特点，无论是运输通道还是吊装作业位置，都需要较大的作业空间。在详细工程设计阶段，大型设备承包商应参与可施工性研究，为设计提供参考意见和建议，以优化工艺装置的平面布置。在设计平面布置时应充分考虑大型设备吊装需求，降低现场吊装施工安全风险，节约成本。在设备制造阶段，吊装承包商应参与设备吊耳的设计审核，以避免设备到现场后吊耳设置不合理而难以处理。吊装承包商还应对设备运输摆放方位提出要求，从而有效减少设备到场后的翻转等附加作业。对设备的交付和到场时间给出建议，优化设备进场时间，避免二次倒运，保证现场吊装作业流畅进行。

④ 优化大型设备吊装方案

大型设备吊装对周边其他设施的施工影响较大，如地基处理对地下管道的影响，设备附近框架需要预留等，影响的程度和吊装机械的选择密切相关。在吊装方案的组织策划阶段，应制定多套吊装机械选型搭配方案进行比较，组织专门的论证会议进行技术经济对比和可行性分析。在评估吊装方案时不仅要评估大型设备吊装能力，还要评估对后续施工的影响，如果预留较多而且预留工作量对工期影响较大时，应考虑选用吊装能力更大的吊装机械，以消除或减少预留，保证合同工期目标的实现。

确定大型设备吊装方案后，应及时组织审核"大型设备吊装组织设计"，确定主要吊装机械的进出场时间，以锁定大型吊装机械特别是特大型吊装机械的使用期。针对可能的变化因素，应制定备选方案。

经过国内外多个大型石化工程项目的实践证明，大型设备吊装集成化项目管理，是适应社会发展的先进管理模式，对进一步提高项目管理水平具有重要的意义。

4.3.2.3　管道预制集成化

管道预制集成化管理的目的是利用工厂优良的机械设备以及熟练的技术工人，通过提高管道预制深度和精度，降低管道施工的经济成本和时间成本，并有效控制施工质量，降低安全风险。

管道集成化预制适用于各类石油化工、电力、冶金等行业管道预制工作，覆盖所有管径和材质，尤其对 $DN80 \sim DN600$ 管径、厚壁管道，高压和超高压管道的预制效率和生产效益更具有优势。

（1）管道预制集成化的优势

① 管道预制可以选择既有的大型化加工厂，利用工厂固定设施包括大型自动焊机、防腐车间等，从而降低临设成本以及用地，加快施工进度。

② 减少技术工人、管理人员的动迁难度，降低动迁成本。

③ 利用加工厂既有的管理体系，可以有效地对质量进行控制。

④ 可以将管道预制与现场土建施工同步平行进行，缩短工序等待时间。

（2）管道预制集成化的实施

① 管道预制集成化方式

从管道预制集成化方面讲，就是通过设计软件，完成管道单线图二次设计，并将相关信息导入管道施工过程管理系统，完成计算机配料，由下料工段完成领料、切割、打磨，由组对工段完成管材与管件的一次及复杂组对，由自动焊接结合手工焊接，完成焊接及检验返修工作，交成品工段保管、运送及发放的全过程实施和管理。整个过程执行工段实施，相互衔接，生产线整体协调运行，达到各工段独立生产、工段间无缝衔接、生产线整体协调发展的目标。

② 实施要点

管道二次设计部门进行管道的二次设计。预制厂技术部门接收预制管道单线图。预制厂技术部门对接收到的单线图进行审查，发现问题及时进行修改。管道基础数据录入/导入，并对基础数据的正确性进行核查。根据预制管道的材质、规格，进行焊接工艺文件的准备。根据项目管道施工技术方案，对参加预制施工的作业人员进行技术交底。根据施工生产计划及材料到货情况，分批次向下发管道单线图，并对发放的图纸进行登记管理。下料工段、组对工段、焊接工段依据单线图进行材料领用、下料、组对、焊接施工，预制厂施工员对施工过程中存在的问题及时进行协调和解决。管段完成焊接预制工作后，由组对工段将单线图交回施工员，施工员对完成管段进行确认，并对图纸进行回收保存。预制厂技术部门对施工过程资料进行保存和管理，管道预制工作结束后，按照项目交工技术文件编制的有关要求，由管道预制厂技术负责人组织技术和质量部门进行交工技术文件的整理并移交项目技术部进行文件汇编。

③ 管道管理软件过程控制管理

（a）管道预制厂采用"管道施工管理信息系统"进行施工过程的信息管理。在进行管道预制施工前，在管道预制厂建立计算机网络系统，设置专职人员负责信息系统的数据录入及日常维护工作。

（b）在管道预制施工前，由预制厂技术部门/项目技术部负责将管道施工的基础信息导入"管道施工管理信息系统"中，对于没有在管道二次设计时形成基础信息的，由专职信息录入人员负责录入。

（c）管道基础信息录入后，预制厂技术负责人应安排人员进行管道的基础信息核查，以保证信息系统的正常运行。

（d）管道预制施工过程中，每日由组对工段的组对岗长填写焊口日报日检单，交给组对工段长，由组对工段长报给质检员，经质检员进行检验确认后将报检单交给信息录入人员进行数据录入。

（e）根据每日合格焊口信息，由检测单位进行无损检测并下发检测结果通知单，预制厂质检员接到无损检测结果后进行确认，下发返修通知到焊接工段，并将检验信息交给信息录入人员进行数据录入。

（f）整个管段焊口焊接完成、无损检测工作结束后，组对工段岗长填写管段报验单，报给预制厂质检员，经质检员检验合格，将报检单交给信息录入人员，将相关数据录入到系统中。

（g）管道预制厂根据安装单位提出的需求，为安装现场提供成品管段，成品管段出场时，填写成品管段出厂记录，信息录入人员将管段出厂信息进行数据录入；安装现场根据成品管段到货，签收管段到货记录。

4.3.2.4　防腐集成化

近些年来出于环保及原料、产品运输的考虑，新建炼油化工装置大都集中在沿海地区，从沿海地区环境的特殊性和油品生产储运的安全性考虑，涂料防腐尤为重要。对于新建石化装置，采用集中防腐方式已是一种趋势[22]。集中防腐是近些年发展起来的一种新的管理和施工模式。集中防腐采用的是在集中防腐厂房进行环保型的抛丸除锈方式，具有集中、高效、环保、规模化和专业化的特点，且能将环境因素（温度、湿度、风速等因素）对防腐的影响控制在最低程度，达到以往传统模式所不能达到的效果[22]。近十几年来中石化大型工程项目，如海南炼油、青岛炼油项目、普光天然气净化项目、福建乙烯项目等均采用全厂集中防腐方式，取得了较好的执行效果，为项目工期、质量的整体受控提供了可靠的保证。

大型炼油化工装置，一般施工期为 1～2 年，规模大，施工承包商较多。施工期间，环境的温度、湿度等交替变化，特别是雨季，户外涂料施工工作需要停工。采用防腐集成化的施工模式，可以避免各家施工承包商防腐厂的重复建设，也可以最大限度地降低环境、温度、湿度的变化带来的影响，同时有利于集中监管，使得质量和工期得到保障。

（1）防腐集成化的工作范围及特点

① 工作范围

防腐集成化的范围根据项目规模、装置特点和施工组织形式的不同，存在一些区别，一般涵盖项目建设范围内地管、钢结构、设备、管道等专业需要防腐的所有工作，主要内容包括：

（a）地下管线防腐。地下管线防腐包含除锈、底漆、胶粘带缠绕以及现场补伤、补口等。

（b）地上管线（含支吊架、管件）防腐。地上管线（含支吊架、管件）防腐包含除锈、底漆、中间漆涂装。

（c）储罐及其他现场制作设备防腐。除罐壁板内侧、罐底板上表面以外，其他罐板部位的除锈、底漆涂装。

（d）钢结构集中防腐。钢结构集中防腐包括钢结构预制厂供货范围以外的所有钢结构材料的除锈、底漆、中间漆涂装，不包含预制厂供货钢结构和零星钢结构的现场补伤补口及面漆涂装。

② 特点

（a）防腐材料集中采购（合格供应商短名单范围内），质量有保证。

（b）防腐施工的机械自动化程度高，质量容易得到保证。

（c）生产效率高，工期能得到保障。

（d）集中除尘，无环境污染问题，符合环保要求。

（e）集中防腐主动性、计划性强，基本不受天气、交叉作业等因素限制。

（f）大型项目，集中防腐可以避免多家施工承包商对防腐厂的重复建设。

（g）防腐集成化利于管理方的集中监管，质量标准统一、安全风险降低。

防腐集成化与传统模式的对比详见表 4-2。

表 4-2　防腐集成化与传统模式的对比[22]

内容	防腐集成化	传统模式防腐
除锈效果	全自动化抛丸除锈,除锈均匀,除锈质量不受人工、位置、天气限制	除锈质量受人工、光线、位置限制,喷砂除锈不均匀,在设备现场存在喷砂死角
除锈效率	除锈效率高（200m²/h）,对施工工期有保证	每台设备仅 3m²/h,除锈效率低,除锈工期长
环境影响	不对周围环境造成污染,设备除尘设施能很好地清理灰尘	对环境污染严重,喷砂过程粉尘四处飞扬,无法控制,喷砂后有大量废砂需要清理堆放
安全性	自动化施工,安全高效	存在高空作业,安全风险较高

为了提高防腐质量、减少现场防腐的不确定因素，提高效率、减少污染、降低施工环境如温度、湿度、风速的影响，以及从海洋性环境腐蚀的严重性和油品储罐的安全性考虑，石化装置建设非常有必要选用防腐集成化的施工模式[22]。

（2）防腐集成化的实施

① 防腐集成化合同模式

防腐集成化的合同模式主要有：

（a）业主或总承包招标确定集中防腐承包商，与集中防腐承包商签订委托防腐合同，施工承包商下委托单给集中防腐厂。费用支付和监管都由业主（监理）或总承包负责。

（b）业主或总承包确定集中防腐承包商，确定框架协议的单价，施工承包商与集中防腐承包商签订防腐合同，费用由施工承包商支付，监管由业主（监理）或总承包负责。

（c）针对特大型项目装置单元多、施工承包商多的特点，业主或总承包根据规模，可选用两家及以上的集中防腐承包商，按照装置或施工承包商的合同区域来分配集中防腐任务。

② 实施要点[22]

（a）集中防腐施工承包商应具有相应的防腐施工资质，具备一定技术力量和装备能力，且有良好业绩。

（b）集中防腐承包商的人员应经过专业技术培训，应有专人负责施工的技术管理和安全管理，防腐设备应满足涂装施工的工艺性能要求，并符合有关安全规定。集中防腐承包商应编写集中防腐施工方案，报业主和监理部门审批，施工前应完成设计和技术交底，并取得上级管理部门的审批。

（c）集中防腐承包商应严格按防腐委托单的要求组织防腐生产并按期交付防腐成品；防腐委托单需明确防腐生产应执行的设计文件或标准、规范。

（d）防腐过程中应做好标识移植工作，标识移植内容应包括生产单位、使用单位、使用区域、规格型号、材质、炉批号等，并做好相应记录，做到每一件防腐成品都能进行可追溯性检查，防止混淆。

（e）抛丸除锈涂装底漆后，做好标识，按要求进行堆放，用薄膜覆盖防止灰尘。

（f）焊接热影响区防腐是一个比较关键的问题，很多大型集中防腐工程中，没有考虑或对此问题不重视，是导致涂层鼓包失效的根本原因。现在的防腐体系中，环氧富锌底漆应用较多，环氧富锌有很多优点，但其不耐高温，如果焊接时没有充分考虑焊接热影响区的问题，或先集中防腐后预制，就会不可避免地发生涂层短期内鼓泡失效的质量问题。

（g）集中防腐的工序化程度高，会不可避免地导致底漆和中间漆或面漆的涂装间隔时间较长，为了保证底漆与中间漆或面漆之间的结合力，在涂装中间漆或面漆前，还应对底漆涂层进行表面清洁处理。

③ 防腐集成化实施效果[23]

大型项目防腐工作量大，各施工承包商分散防腐已难以满足项目要求。根据防腐质量、数量和进度等要求，专业化、机械化和批量化处理才能适应项目的特点，采用集成化模式，筹建机械化专业防腐厂，将材料按规格划分，使用不同的机械抛丸生产线进行表面除锈处理。防腐集成化模式，在川气东送普光气田天然气净化厂、元坝气田天然气净化厂等大型项目中均得到成功实践。

事实证明，防腐集成化适应大型项目特点，保证了工程对防腐质量和进度的要求，是值得在大型工程上推广的管理方法。

4.3.2.5　临时设施集成化建设

（1）临时设施集成化建设原则和标准

大型石化工程项目，尤其是新建项目的建设地点一般距既有厂区及成熟生活社区较远，无论办公区还是生活区都不易利用既有设施，因此施工现场的临时设施需要考虑新建。

石化工程项目的临时设施包括临时办公区、临时生活区、临时库房及堆场等。临时办公区、库房等一般应选择在拟建项目场地以内或者附近，临时生活区距建设场地应保持一定的距离。

目前，石化工程项目存在施工周期短、进度要求高的特点，一般国内项目从总承包合同签订到现场开工时间非常短。如何在有限的时间内尽早地为现场人员动迁提供高质量的临时设施一直都是一个难题。对于那些没有既有市政资源可以利用的项目，采用集成化策划实施，可以有效缩短临时设施的建造周期，也可以采用阶段化投用的办法，缓解矛盾。

临时设施集成化的特点是标准化、模块化、通用化生产，易于拆迁、安装，运输便捷、仓储便捷，可多次重复使用、周转。临时设施集成化策划的原则是尽量使用标准化的设计、材料要求，采用模块化的建造方案，减少施工人员数量，缩短建造周期，降低建造成本，满足不同层次、不同类型的需求。具体策划原则应符合如下要求：

① 现场临时设施的建设应遵循国家、地方或行业的相关标准；

② 多利用永久性设施和原有设施，减少临时设施建设和水电线路敷设；

③ 合理布置各种仓储、预制生产区，减少场内运输；

④ 生产临时设施与生活设施分开布置；

⑤ 临时设施的布置应符合节能、环保、安全和消防等要求；

⑥ 减少对周围已有生产、生活设施的影响。

（2）临时设施建设内容

现场临时设施建设的主要内容包括临时生产设施建设，如预制生产设施、物资仓储设施和检验试验设施等；临时行政设施建设，如办公室、警卫室、会议室、机房、资料室、会客室、停车场、复印室、医疗急救室等；临时生活设施建设，如员工宿舍、食堂、娱乐及体育活动设施、生活服务设施等；公用工程设施建设，如临时用水、用电、排水及消防设施等。

4.4　石化工程项目管理集成化

石化工程项目具有技术高度密集、涉及专业多、关联范畴广、质量要求高、工程投资大、建造周期长等特点。工程建设项目管理水平的高低，直接决定投资效益和项目的成败。少投入、多产出、快建设、高质量、保投产始终是工程项目建设中必须要解决好的重大命题[24]。

工程的基本特点是系统性、复杂性、组织性，各类优秀的工程追求的是在对所采用的各类技术的选择和集成过程中、对各类资源的组织协调过程中追求集成性优化，构成优化的工程系统，因此，工程创新的重要标志体现为"集成创新"[25]。工程离不开工程管理，工程管理依附于工程。科学的进步依赖于方法论的创新，工程管理领域中的一系列复杂科学问题的解决同样需要科学的方法论的指导[26]。为了最大化实现工程项目建设的增值，集成化已成为现代工程项目建设管理的趋势。所谓工程项目管理集成化是在集成化思想的指导下，以现代项目管理理论和集成管理理论为基础，以现代信息技术为支撑，综合运用各种方法、手段、工具，由工程项目参与方组织集成、过程集成、目标集成和管理要素集成所组成的完整的集成管理体系。项目管理集成化的目的就是要有效地调动项目参与各方的力量，对工程项目实施全过程、全方位、全要素的管理，从而提高项目管理系统的整体协调程度和运行效率[27]。

工程项目管理集成化是一种基于现代信息技术的新型项目管理模式，在管理集成化的实施过程中，工程项目管理主体应综合组织协调各个参与方之间的利益和动态关系，构建以项目利益为中心的组织形式，促使各参与方能够协同工作，建立能够实现各参与方信息共享的管理信息平台，以提高工程项目整体经济效益和管理效率[27]。

随着石化工程技术的发展，其分工趋向精细化、专业趋向多元化、项目趋向大型化，石化工程已成为涉及多学科、多专业协同作业的复杂系统工程，由此可引入系统论和控制论的理论方法[27]，通过推行项目管理集成化来提高项目的整体性和系统性管理水平，实现项目全生命周期效益最佳的目标。

4.4.1 项目目标集成化

项目目标一般包括项目工期目标、成本目标和质量目标，这三个目标形成相互联系、相互影响的关系，这种工期、成本和质量目标的组合通常被称为"项目三角"（如图4-14所示），当调整三角形的一边时，三角形的其他两边将会受到影响。

（1）工期调整

如果项目进度不能满足项目工期的要求，可采用多种方法对工期进行调整，缩短项目工期最有效的方法是缩短关键路径上工作的工期。当对工期进行调整时，可能会导致成本增加、工作质量下降。例如，为了缩短某项工作的工期需要增加对该项工作的资源投入，从而增加了成本。

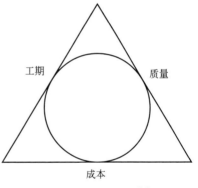

图4-14 项目三角[1]

（2）成本调整

当降低项目成本以满足项目预算时，可能会导致工期延长或质量降低。例如，为节约成本通常会减少对某项工作的资源投入，造成该工作的完成时间拖后，可能导致整个项目工期延长。

（3）质量调整

项目质量目标的调整往往会对项目工期和成本产生影响，例如在项目执行过程中，为追求"锦上添花"，调高了项目的质量目标，往往会带来项目工期的延长，项目成本也会随之增加。

综上所述，项目的工期、成本和质量三大目标形成了一个不可分割的系统，在对工程项目进行目标规划时，必须要注意统筹兼顾，在三大目标之间进行反复协调，合理确定工期、成本和质量目标，防止工程项目在实施过程中发生盲目追求单一目标而冲击或干扰其他目标的现象。在实施目标控制过程中，应以实现工程项目的整体目标系统作为衡量目标控制效果的标准，追求目标系统整体效果，做到各目标互补[28]。

4.4.2　项目组织集成化

合理的组织结构是项目管理集成化运作的有效保障。不同的组织结构会直接影响工程项目的资源整合能力、信息处理能力和对复杂工程的驾驭能力。因此，建立一个协调高效的集成管理组织对于实现项目管理集成化至关重要[29]。

在工程项目实施过程中，会出现一些无法预料的跨专业、跨领域的复杂问题，组织的主体不可能完全将其掌控，同时各个参与者会更多地强调自身利益，如何协调他们之间的利益关系便直接关系到项目目标能否顺利、高效的实现，这个时候就需要建立集成化组织，促进各主体相互配合和信息资源协调，进一步延伸主体功能。构建集成化组织结构时，应充分考虑企业总部职能部门定位、项目的纵向协调以及跨项目的横向协调等具体问题。

4.4.2.1　工程公司集成化组织模式特点[29]

基于项目管理集成化思想的组织结构需要兼顾工程项目的间断性、一次性、地点流动性的特点以及与企业内、外部的协调，同时满足企业集成化管理的需求。如今国外的工程公司多采用"大总部、小项目"的组织模式将资金、大型设备、专业人才等要素集中到总部，发挥技术、管理、资金密集的优势。基于集成化管理思想构建的组织应具有以下特点。

（1）管理能力全覆盖

基于集成化管理原理建立的组织，应具有解决工程项目中各类复杂问题的能力，覆盖工程建设中所有的管理控制问题。

（2）动态调整组织结构

集成化组织中的主体自身应具有优良的素质和丰富的工程经验，通过协同配合，展现出更强的管理控制能力。这就要求组织内部应具有合理的工作机制，能根据环境与任务的变化及时做出相应的调整。

（3）实用的管理方法体系

集成化组织的管理、控制功能要具体化并表现出有效的执行力，需要根据工程项目的特点设计出具有针对性的管理、控制技术和方法。

4.4.2.2　基于项目群管理的集成化组织结构

项目群管理是一种基于组织的，以组织的发展战略、资源的有效配置和项目间、项目与部门间的协调为目标的，对组织范围内的所有项目进行管理，通过项目群的成功实施来实现组织战略目标的一种管理活动[30]。在具体的实践中，可以按品种不同来定制项目群，例如某公司把近期承揽的乙烯项目作为一个项目群进行统一管理；也可按客户的不同来定制项目群，如可把某客户的乙烯、聚丙烯、公用工程等作为一个项目群来管理。项目群中各项目可共享组资源，提高了管理效率。

　　项目群管理在管理的难度和复杂性上，高于一般的项目管理。由于项目群管理的对象是多个项目，需要同时对多个项目进行计划、组织、监测和控制，这样也就增加了项目经理管理项目的难度。所以在项目群管理中，就需要项目经理、部门经理综合各种因素，然后根据这些因素的重要度来做出相应的决策。多项目管理基于企业组织层次，它跳出了项目管理以"单个项目"为管理对象的限制，把项目管理的研究从孤立地研究一个对象转向在相互联系中研究多个项目，将组织内的所有项目看成一个系统来对它们进行综合管理[30]。为了适应这种管理需要，一般会设置项目主任及项目管理办公室（PMO），负责项目的统一管理。多项目集成化组织结构如图 4-15 所示。

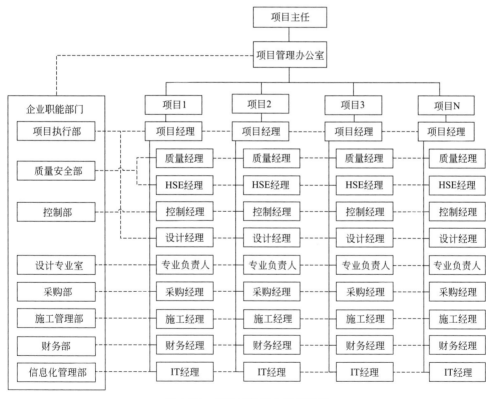

图 4-15　多项目集成化组织结构

　　项目管理办公室（PMO）主要负责：项目群中各个项目的统一规划、确定项目执行的优先顺序、项目任务的轻重缓急；统一协调公司配给的资源，确保项目群各项目目标符合公司总体战略利益；为各项目提供培训、软件、标准方针与程序方面的支持；对项目信息进行收集和整理，提供或组织开展项目间管理经验交流；协助消除项目之间的冲突，优化资源配置。当某项目在某一时间段出现空闲状态时，可以将这个项目的闲置资源调整给其他项目使用，达到多项目管理效益的最优化[30]。

　　基于项目群管理的集成化组织结构要以发挥项目人员能力，支撑多项目协调运行，完成企业整体发展战略目标为中心。建立集成化组织结构的主要目的就在于根据企业整体战略目标进行企业范围内的资源优化，让项目在没有组织界限制约的条件下执行，应把企业所有项目作为一个整体，优化资源配置[30]。

4.4.3　项目过程集成化

　　项目过程集成的目的是实现过程之间的信息集成和整合，进而消除过程中存在的各项冗余和非增值的子过程（活动），并排除影响过程效率的人为因素或资源问题等障碍，从而使过程实现总体最优[31]。

　　石化工程项目的实施包括设计、采购、施工等一系列复杂的过程。设计作为先行业务流程，定义和勾画了项目产品；采购提供了建设项目产品所必需的各种物资条件；施工则按照设计图纸，利用采购提供的各类物资，完成项目产品的最终建造。按照集成的理念安排设计、采购、施工等过程的合理交叉，有利于保障项目的工程质量、缩短建设工期以及降低工程造价[31]。

　　在大型石化工程项目的实施过程中，部分项目现场因天气极端恶劣、施工窗口期短、现场基础设施和吊装能力差、本地劳动力效率低下或劳动力价格高昂等原因，在项目建设过程中往往会采用模块化建设的方式。在模块化建设过程中，充分体现了设计、采购和施工的高度集成，本节以模块化建设为例，介绍设计、采购及施工过程的集成化。

4.4.3.1　模块化建设策划

　　模块化建设是把原本应该在工程建设现场分别安装的设备和材料，在工厂提前建造安装在同一结构框架内，作为一个独立模块单元，并依据工程建设的规模和范围，建造类似的多个功能模块单元，将这些单元模块运往工程建设现场安装和连接起来。模块化建设具有明显的功能化、一体化、大型化的特征，充分体现了设计、采购和施工的过程集成，是未来石化工程建设的发展趋势。模块化建设实施流程见图 4-16。

　　是否选用模块化建设方式需要在项目前期确定。在项目前期应做好模块化实施的策划工作，策划团队需要根据项目进度要求、制造能力、运输条件、现场施工条件等各方面进行模块化的可行性分析，对项目的模块化实施进行适用性、经济性等评判，并对可能的实施方案进行规划。

4.4.3.2　模块化设计

　　在模块化设计过程中，需要按照集成化理念充分考虑后续的采购、制造、运

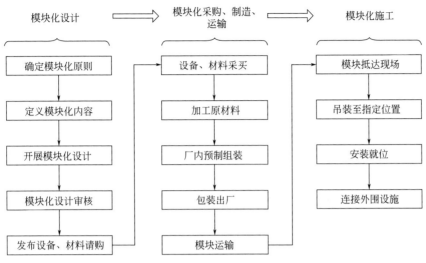

图 4-16 模块化建设实施流程

输及施工工作。项目总承包商作为模块化建设的总协调人，需要统一协调设计、模块化工厂、运输公司、施工单位等参与方。设计过程中主要工作要点如下。

① 总承包商设计人员，会同采购和施工专家，根据工艺装置的流程和功能特性，结合陆地、海上运输的车辆、船只、道路的限制条件，以及现场倒运、安装的限制条件，来定义模块尺寸及界面的划分，每一个模块应满足功能要求、布局紧凑、合理。在与模块化工厂的设计人员沟通后，总承包商设计人员向模块化工厂提出模块化单元的边界条件。

② 模块化工厂不同于普通的制造厂，需要配备石化工程有关专业设计人员，设计人员需要持有专有资质。根据总承包商设计人员提出的边界条件，模块化工厂设计人员使用国际通行的设计软件［如 PDMS（工厂三维布置设计管理系统）、PDS、SPOOLGEN、TEKLA、CAESAR 等］开展模块内各专业的详细工程设计，以及模块内各部件满足陆地、海上运输载荷的固定和强化设计，并与总承包商设计人员深度交互、协调设计进展，共同完成模块化设计。

③ 运输公司的技术人员向总承包商和模块化工厂的设计人员提供模块整体运输过程中所经受的各类额外运输载荷数据，制定详细的模块绑扎方案，包括绑扎点的布置，然后由总承包商和模块化工厂的设计人员完成模块化的再设计，确保模块在运输过程中的稳定和刚性。模块的支撑腿间距和布置的设计需要与运输公司使用的全转向液压平板车（SPMT）的车宽参数相匹配。

④ 施工单位的技术人员向运输公司的技术人员和模块化工厂的设计人员就现场的安装方式和顺序进行交底，以确保运输公司的 SPMT 可以顺畅进入安装地点和准确入位。模块化工厂需要合理安排各模块的预制位置与上船路线的关

系、装船和卸船的顺序和模块在船上的摆放位置，确保它们之间不发生冲突。

4.4.3.3　模块化制造及运输

（1）模块的制造

在模块详细设计完成后，通过模块化工厂的内部制造、外部采购、车间预制、框架搭建、散材安装、试压调试、密封包装等主要工序完成模块的集成化建造，完全不同于一个单体设备或一批材料的普通制造。为确保模块按时完工，应制定专门的模块化采购方案及到货计划，完善对预制、搭建、安装、试压、调试工作的一体化管理。

① 内部制造。对于以压力容器制造厂为基础发展起来的模块化工厂，具有非标设备的制造能力和优势，模块化内部的非标设备可委托该厂家内部制造。

② 外部采购。有些模块化工厂不具备非标设备制造能力，应由总承包商直接采购非标设备并供货给模块化工厂。大宗材料的采购方式有总承包商供货或模块化工厂自采两种方式，这两种方式各有利弊，而集成上述两种方式，即模块化工厂采用总承包商提供的框架协议来进行采购，是界面最少，交货最适时的外部采购方式。

③ 车间预制。所有模块内的管段、电仪材料均可以在模块化工厂的车间内切割、打磨、焊接、检测、除锈、喷漆、标识，可以高效率、高质量、高准确性地完成预制工作。管道预制需要连续作业，安装顺序优先的管段需要优先预制，这都需要管道材料到货顺序和预制顺序高度匹配，而在模块化工厂，由于采用智能化的软件系统，实现了对文档、材料、管道预制工序和进度的集成化管理，解决了材料匹配问题，提高了工作效率。

④ 框架搭建。模块化工厂一般应在具备大型模块运输能力的码头附近建立大面积的模块搭建场地，便于模块建成后顺利运输至船上。模块在搭建过程中，是以设备的特性和安装方案为主导，确定框架层级的搭建方向和顺序，逐层向上，在模块内所有设备安装后框架搭建完成。小型模块也可以在车间内搭建完成。

⑤ 散材安装。框架搭建完成后，开始模块内的管线、电仪、伴热、保温、固定支架等安装。此安装工作需要各工种的高度配合和依托，也是工程集成化的高度体现。

⑥ 试压调试。模块内的管线试压、电仪设备的调试均可以在安装后、运输前完成，大大节省了现场的工作时间。对于各模块之间的连接端口，可以预组装测试，调整接口偏差。

⑦ 密封包装。为适应陆地和海上运输，按照规范，对模块内的设备和散材进行适宜的密封和包装，为承受海上特殊载荷需要加设支撑、支架，并依据运输公司提供的绑扎方案进行绑扎工作。

（2）模块的运输

对于模块化运输，国内的运输公司已具有了丰富的经验，某些公司已具备4000t 石化工程模块一次运输的业绩。由于模块的尺寸庞大，超出了常规的石化工程的设备规模，而且在结构上仍然属于框架结构，在自身强度和稳定性上，都远不如单体结构的设备，模块化的运输需要有特殊的陆地运输车辆——全转向液压平板车（SPMT），特殊的海上运输船只——自航驳（或重吊船）、甚至是陆地和水上都可以运行的气垫船。特别是要考虑制造地的装船条件、建设地的卸船条件，运输公司应尽早与总承包商、模块化工厂和业主进行全面、深度对接和讨论，确定运输方案。

4.4.3.4　模块化施工

石化工程项目建设中最初的模块化施工起始于撬装成套设备的整体安装。随着装置规模、工艺设计水平、装备制造水平、施工机具能力的不断提高，工程建设各相关主体对最大程度减少高空作业降低安全风险、保证施工质量、降低人工机具成本、缩短施工周期等的要求也在迅速提高。对于石化工程项目，可进行模块化施工的主要内容如下。

（1）大型设备模块化施工

大型塔式设备整体预制完成运抵现场后，在该塔基础附近或临时堆场进行梯子平台、附塔管线、防腐保温及照明设施的安装，即俗称的"穿衣戴帽"工作，在利用大型吊装设备完成整体吊装后，达到"塔起灯亮"的模块化施工效果。通过模块化施工将绝大部分的高空作业变成地面或者低空作业，减少架设作业环节，降低安全风险及施工难度。同时避免现场整体热处理、水压试验等关键环节，降低施工费用。

（2）大型钢结构框架模块化施工

出于施工进度要求以及混凝土结构的局限性，大型钢结构框架在石化工程项目中广泛应用，但出于运输成本的考虑，钢结构到货一般采用预制杆件到货的形式。在施工现场将钢结构杆件进行拼装，成片或者成框的进行分段吊装，有条件的可以把框架内的设备、管道、电仪、防腐保温、水压试验等工作在地面完成，随钢结构框架进行整体模块化吊装，从而有效减少高空作业及交叉作业，降低施工成本。一般这项工作应在大型设备吊装策划时同步考虑，以充分利用大型吊装机具。

（3）混凝土结构模块化施工

混凝土结构的模块化施工主要应用于混凝土管廊等构件截面较小，结构高度较低，便于进行预制安装的混凝土结构，其难度主要在于节点设计以及预制。这种形式的优点是建造成本和使用成本较低，不受钢结构制造周期的限制，缺点是施工进度慢，受气候条件限制大等。

（4）管道工厂化预制加工

管道模块化施工体现在二次设计、工厂化预制。通过最大化的预制深度，将室外作业变成室内，野外作业变成厂内，利用工厂优良的机械设备以及熟练的技术工人，可以有效地控制施工质量，降低安全风险，控制建设成本。

管道工厂化预制可以和钢结构框架预制安装结合，在预制厂完成安装、试压、防腐保温等工作，形成分段模块化的运输以及现场安装，主要可以应用于管廊等便于分段拆分的结构。

（5）设备分段模块化到货、安装

工业炉可采用这种形式，将辐射段、对流段分成几个大小相近的模块，一般质量不超过200t，便于起重设备的选用。这种形式既不需要超大型的起重机，也节省了现场组对安装、衬里施工等周期。

（6）设备整体模块化到货、安装

对于运输条件，尤其是场内二次运输条件允许的项目，完全可以采用整体模块化设计、制造、运输及安装的形式。比如千吨级以上的大型催化再生器设备，可利用超大型起重机进行整体吊装。再如千吨级加热炉，采用整体模块化制造及安装，不但节省施工周期，也避免了对大型起重设备的反复需求。

4.4.3.5　模块化建设的优势

相较于传统建设模式，模块化建设在工程进度、质量、安全、成本等各方面都体现出了其优势以及综合效益，其主要优势有：

① 由于将部分现场的垂直高空作业变为工厂的平面作业，减少高空作业、交叉作业，降低安全风险。

② 可充分利用工厂的熟练技术工人，减少现场对技术工人的需求量。

③ 可将部分质量相对难以控制的现场施工变为易于控制的工厂制造，保证施工质量。

④ 模块的预制工作可以与基础、框架等承载体同步进行，改变传统作业顺序，缩短关键路径，减少现场施工周期，降低现场管理成本。

⑤ 可充分利用大型设备吊装机具，节约机具成本，综合降低施工造价。

⑥ 可减少现场施工用地需求，保持整洁的作业环境。

⑦ 可减少大型设备现场试压等对基础承载力的特殊要求，节约建设成本。

【案例 4-4】　加热炉整体模块化建造

东南亚某项目大型加热炉采用模块化建设方案，将工业炉的对流段、辐射段、管道、炉本体钢结构、设备梯子平台、仪表与电气在模块化工厂完成预制和框架搭建，整体运输至项目现场，单台运输质量约1000t。

炉体结构的预制工作在基础施工前已经开始，按照实际下料尺寸，要求制造厂提供基础地脚螺栓定位模板，采用拼装的形式，现场组对后用于螺栓定位，确保了加热炉到场后每个螺栓能准确无误地穿入结构螺栓孔。

　　加热炉海上运输的装卸采用滚装方式，根据自卸平板车的最大顶升能力、基础尺寸及净间距，在制造厂为加热炉定制了专用的船上支座，并与炉体形成整体滚装，由自卸车分别在宁波象山码头以及现场大件专用码头进行装船及卸船，然后运抵设备基础前直接利用自卸平板车的升降功能将加热炉安装就位。自卸平板车对道路的宽度要求是 11m，由于部分厂内道路的宽度仅为 8m，在设备进场前对部分道路进行了加宽处理。厂内运输方案中，平板车需要在基础前进行转向以及角度调整，由于调整角度时车轮扭转对场地平整度以及强度均有较高的要求，现场对设备基础前的区域提前进行了处理，除按照设计要求完成正式地坪的基层施工外，又对表层进行了混凝土硬化，确保了平板车能安全地自由转向。

　　项目通过采用整体模块化设计、制造、运输及安装的方式，为加热炉建造节省了 5～6 个月的现场施工周期，总体上节省了项目成本。

　　加热炉整体模块化安装如图 4-17 所示。

图 4-17　加热炉整体模块化安装

4.4.4　项目管理集成化信息平台

　　项目管理集成化实施过程中的组织协调、资源整合和过程管控都以综合性的项目信息作为支撑，这也是项目实施集成化管理的前提。因此项目管理集成化的重点在于提高信息沟通效率、增强项目信息沟通质量、减少项目信息沟通成本。要充分依靠现代信息技术这一重要工具，将复杂、系统、动态的项目管理过程视作抽象的信息转换过程，进行信息的整合和集成[31]。

　　集成化信息平台能够及时完整、准确无误地反映项目的实施情况，实现信息交流的畅通、数据实时共享，有助于项目决策者在全面掌握关键信息的基础上，做出科学合理的决策。信息集成化是项目管理集成化必须首先考虑和解决的关键问题，也是项目管理集成化顺利推行的基础[31]。

4.4.4.1 基础工作

（1）项目管理编码体系

项目管理编码是建立项目管理集成化信息平台的基础，也是各子系统间集成的桥梁，是各子系统统一技术架构、统一数据管理的基础[32]。项目管理编码应至少包括工作分解结构编码（WBS）、组织分解结构编码（OBS）和费用分解结构编码（CBS），在以上三类编码的基础上实现计划、费用等各子系统的集成。

【案例 4-5】 *项目管理编码体系的应用*

某公司构建的项目管理编码体系由《项目管理编码说明书》《项目管理编码规则》、项目管理编码数据库及其应用软件构成。项目管理编码包括工作分解结构（WBS）、组织分解结构（OBS）、费用分解结构（CBS）、材料、财务记账及文档共 6 类编码。编码数据库储存了以上各类编码信息，数据库按工作、组织和成本三条主线定义和组织数据，同时提供信息规划、收集、统计和分析手段。该数据库可对项目管理信息按编码进行整合，为集成化信息平台服务。项目管理编码的编码规则、注释及其编码以数据库的形式存储在服务器上，形成主数据管理系统，该系统的使用提高了编制和应用项目管理编码的工作效率，确保编码的正确性，使编码更易于理解和使用。该系统具有编码浏览、查询、输出、数据维护及编码修订的申请审批流程等功能，可实现编码数据库的日常维护工作，形成了收集、归纳和整理项目管理编码和控制编码信息的长效机制。各类编码通过工作分解结构（WBS）底层工作包编码建立起有机联系，从而实现各类编码的对应和集成，见图 4-18。

（2）基础数据库

集成化应用首先要解决数据的信息来源，包括数据的真实性和及时性。企业的各种定额基础数据库是实现项目集成的重要基础，集成化管理平台的基础数据库主要有：

① 人工时定额库。包含各专业典型设计活动所消耗的人工时，及典型生产装置各专业人工时等信息，随着公司生产效率的提高，该数据库将定期调整。

② 价格库。包含项目执行过程中所有成本数据，包括采购价格信息，施工合同数据等已全部进入该数据库，为成本管理系统的进一步应用奠定了基础。由于企业资源计划（ERP）系统和项目成本控制系统（i-Cost）使用相同的费用结构，在建立好请购单编码与费用编码的映射关系后，就可以通过 ERP 系统将采购和施工实际成本信息提取到成本管理系统中。通过项目实际成本信息和成本管

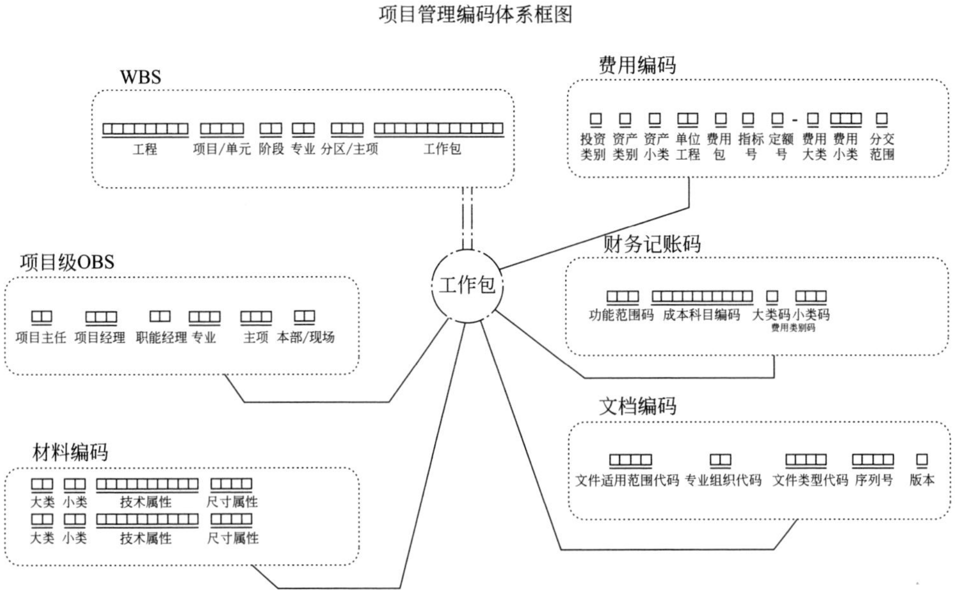

项目管理编码体系框图

图 4-18 项目管理编码体系

理系统中的成本预算信息的对比，可使管理层及时了解项目盈亏状况。同时这些实际成本信息通过编码系统的有序组织，也同步形成了工程项目的历史价格库。

③ 工程量库。包括各典型装置的详细土建、设备材料工程量，可为将来的投资估算、报价和成本预算提供数据支持。

上述基础数据库的丰富与完善，以及相关集成的映射关系，来自编码库的建立，这也是实现项目管理集成化的关键要素。

4.4.4.2 项目管理集成化信息平台的建立

项目管理集成化信息平台是一个为工程项目各参与方提供通用的、统一的管理语言、流程和一体化的管理信息平台。它依靠现代计算机与信息处理技术，搭载一个统一的中央数据库以及项目信息集成化平台，提供一个基于互联网的个性化信息单一入口，实现工程项目不同实施阶段、不同功能模块数据的信息一体化，为项目参与方提供一个信息共享的渠道[31]。基于项目管理集成化信息平台的过程管理模型，如图 4-19 所示。

4.4.5 项目管理要素集成化

4.4.5.1 进度管控集成化

（1）基于计划管理软件 P6 构建企业级进度管控集成化系统

根据国际石化工程建设进度管控的要求及发展趋势，公司基于 P6 软件开发了项目进度计划编制、管理、趋势分析、报告的集成化管控平台。P6 软件是基

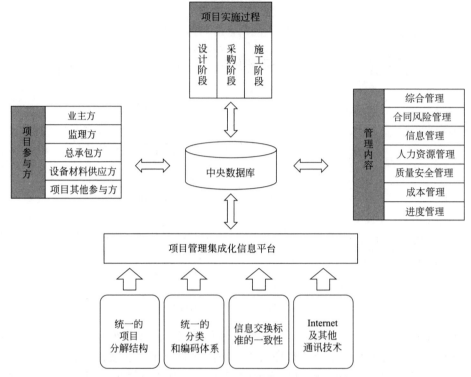

图 4-19　基于项目管理集成化信息平台的过程管理模型[31]

于项目管理的科学思路和方法（量化目标、量化过程、实时动态控制和管理），综合运用项目管理中各种进度及费用管控方法的平台软件，是实现项目进度和成本管控集成化的有效管理工具。

近年来，项目计划软件 P6 的使用正在从单项目向企业级进度管控集成化平台过渡，通过企业项目结构编码（EPS）系统的构建，在 P6 运行环境方面通过设置统一项目编码、专业编码及工作包编码，可实现在企业层面对公司正在实施的所有项目开展集成化的进度管控，动态了解各项目的进度及公司人力资源使用状况。

【案例 4-6】　P6 环境代码的应用与效果

某公司通过 P6 环境代码、编码应用标准化的实施，建立了一套完整规范的项目 P6 环境代码，解决了公司内部不同系统集成和信息共享的问题，对促进管控集成化将起到十分重要的作用。

通过 P6 平台 EPS 的构建，该公司建立了以人工时管理为核心的企业级计划管控体系。EPS 构建完成后将逐步建立板块、阶段、品种、项目群等多维度参照体系，解决了 P6 深化使用，过程管控，计划资源的挂接、人力负荷的计算、高峰的铲除和资源的优化等问题；运用企业级 P6 可以建立起公司级计划、部门级计划、项目级计划的联系，体现进度管控集成化管理特点。通过对纳入集成化进度管控项目的综合分析，可为公司生产管理部门及公司高层以"仪表盘"的形式直观呈现各种绩效指标、进展曲线、直方图等进度管控数据，以便管理层清晰掌握公司项目运行状况。

（2）计划与进度检测集成化系统

随着目前信息化技术水平的不断提高，基于移动互联网的项目进度检测数据采集技术目前在国际项目中逐渐普及，如 P6＋TeamMember 的项目计划和检测一体化模式。按照传统的进度管控模式，在大型石化工程项目上，计划工程师需要定期收集上万条的进度信息并统一录入系统，工作量大，错误率高。在使用 TeamMember 软件后，可由现场施工班组直接通过手机端输入各工作的进度数据，数据通过平台直接进入计划管控系统，实现计划的及时跟踪与更新，极大地提高了进度管控的工作效率。

4.4.5.2　费用管控集成化

（1）项目成本控制系统

项目成本控制系统（i-Cost）基于甲骨文公司的 PU 系统开发，该系统以工程项目成本控制工作为主线，根据费用分解结构对工程实施全过程中的全部成本数据进行分解，并通过 CBS 编码将项目不同阶段的数据进行整合。同时，成本系统与各业务部门的信息化管理平台建立了接口关系，可对不同系统、业务层面的费用信息进行传递，实现费用数据的自动流转，减少数据冗余，避免人为错误，也节约了管理人力。

（2）项目成本控制系统与其他系统的集成

在集成化方面，项目成本控制系统（i-Cost）从计划管控系统（P6）中取得进度的计划和实际进度检测信息，通过工作分解结构与费用分解结构的对应，可自动获得各工作包的合同价格信息及成本预算信息，通过计算得到项目的预计现金流曲线（支出/收入）和成本的赢得值，再从企业资源计划（ERP）系统中取得实际成本信息，从而自动计算项目的成本绩效指数和成本偏差。

通过项目成本控制系统与 ERP 的集成，可实现项目执行过程中所有成本数据的收集。由于 ERP 系统可采用与项目成本控制系统一致的费用分解结构，通过 ERP 系统将采购和施工实际成本传递到项目成本控制系统中，同步形成了工程项目的历史价格库。

通过项目成本控制系统与材料管理系统的集成，项目成本控制系统可提取材料管理系统中的所有设备材料工程量信息。项目成本控制系统还实现了与概算软件的集成，打通了报价流程，同时还建立了与合同管理系统的集成，如图 4-20 所示。

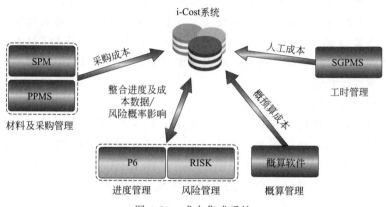

图 4-20　成本集成系统

4.4.5.3　材料管理集成化

材料管理集成化的主要内容包括设备、材料的进度、数量、质量和费用的管理与控制，它贯穿于项目实施的全过程。材料管理集成化的重点是项目物资数量和进度管理的集成化，通过推进材料管理集成化，确保材料在规定的期限内请购、订货、运抵现场、接收和发放，为实现工程项目的总目标服务。

（1）材料编码系统

材料编码系统是通过计算机平台实现项目材料集成化管理的前提条件，通过完整的材料编码体系，实现项目物资在计算机系统中的可识别性和唯一性。它是物资集成化管理系统的关键基础数据，也是该系统组织和管理项目物资大数据的核心。

材料编码体系满足工程项目全过程的设计、请购、采购、仓库管理、配料等所有工程建设材料管理活动的需要，具体涉及材料的标准化、材料表（BOM）、请购、询价、评标、厂商库、采买、催交、检验、运输、接运、仓库管理及材料发放等过程。

材料编码体系满足工程设计、材料控制与采购管理、材料供应电子商务等工程公司各种信息系统以及其集成、整合、数据共享等对材料编码的实际需要。编码体系由材料编码规则、材料编码库和材料编码运维系统三部分组成。该体系以设计专业为主来分类组织和编制，体系共设置配管、仪表、电气等 16 个专业，详见图 4-21。

（2）材料管理集成化系统

材料管理集成化的过程中，通过专业软件实现了与设计软件和项目管理软件的物资信息整合，开发了项目材料管理集成化系统。该系统是基于 Intergraph 公司的 SmartPlant Materials（SPM）产品开发的，其应用范围覆盖设计、材料控制、采购、现场施工等项目全过程，该系统通过一体化报表反映设备材料状

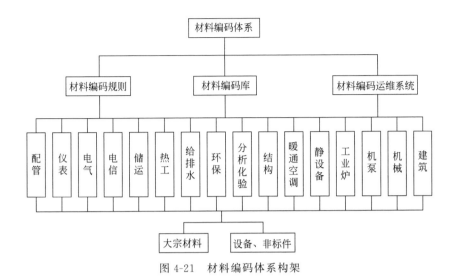

图 4-21 材料编码体系构架

态,实现了材料的集成化管理。

SPM 作为专业的材料管理软件,通过二次开发,与设计软件 PDMS、P&ID、采购管理软件 PPMS 和 ERP、计划管控系统等打通了接口。通过这些软件的互联互通,建立了统一平台,将参与方、过程控制、信息传递纳入了同一管理体系,实现了集成化管理。

软件平台以物资流为主线,实现了材料编码编制、材料等级编制、材料表及请购单管理、采购及物流管理、仓库及物资发放管理等项目物资全生命周期管理。

材料管理集成化系统的主要功能包括:

① 材料编码规则定义、材料编码生成、配管材料等级建立。

② 管理设计料表,链接设计软件,并将材料表导入系统作为后继物资管理的基础,同时可处理材料变更、裕量和缺损量。

③ 管理请购过程,自动生成请购单材料表。

④ 实现对采购过程的管理与跟踪。

⑤ 管理公司库存和项目仓库。

⑥ 管理现场材料发放。

4.4.5.4　文档管理集成化

集成化的项目电子文档管理系统主要作为文件发布、交换、交付和归档的平台。建立电子文档管理系统的前提是建立和优化项目电子文档管理流程和工作程序,主要包括文档结构、编码、属性、分发矩阵、文档模板、发布等规定,形成公司标准来提升文档管理水平。该系统重点实现文档存储、实时共享、即时查询、权限管理、版本控制、电子传输、发布、交换、交付和归档管理等功能。文档管理集成化系统的使用，加强了项目组成员之间的信息沟通，提高了信息的共享和传输效率[33]。

（1）文档管理集成化效果

① 实现工程项目文档的全覆盖，包括设计文件、管理文件、采购文件、施工文档及供货商文档等。

② 实现了文档的发布与版本控制。

③ 实现了内部专业之间互提条件的自动分发和条件通知单的自动生成。

④ 实现了对外交付文档的自动分发与自动生成传送单。

⑤ 实现了文档发布状态的自动跟踪。

⑥ 自动生成各类文档统计报表。

（2）电子文档管理系统与进度控制系统的集成

使用项目 WBS，将电子文档管理系统中文档的发布状态通过检测里程碑与项目进度检测系统关联起来，通过对文档发布状态的跟踪，可生成各类文档状态统计报表，同时也实现了基于设计交付物状态的进度跟踪检测。

【案例 4-7】 **P6 三级计划与四级计划检测系统及电子文档管理系统的集成**

在 P6 三级计划，四级计划检测系统和底层数据库的三个信息库中分别找出"唯一识别号"，将三个信息库中的"实际"和"计划"信息集成共享。相关数据的集成流程见图 4-22。

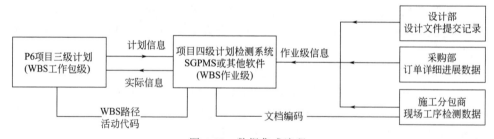

图 4-22　数据集成流程

以设计计划为例：将 P6 计划系统，SGPMS 四级计划检测系统，Documentum 电子文档管理系统集成的优点是，Documentum 记录的信息自动导入四级计划中，实现自动检测的目的，避免了人为录入错误的可能。P6 三级计划中的"计划"信息自动导入 SGPMS 四级计划检测系统，避免计划工程师手动输入。SG-PMS 四级计划检测系统中工作包级检测的"实际"信息自动导入 P6 三级计划中，达到 P6 三级计划跟踪的目的，避免手工录入每条活动完成进度百分比。

4.4.5.5　合同管控系统集成化

当前，合同管控系统（i-Contract）已不仅仅是一个在线的合同签订审批系统。随着管理理念的不断提升，合同管控系统已经是一个以合同管理为主线，实现与 OA（办公自动化系统）、ERP、电子商务等众多业务系统的业务流程无缝衔接的集成化系统。它以信息技术为基础，将合同的管理、审批、统计分析等进行集中统一管理，从而覆盖了从合同订立、审查审批、合同履行、合同关闭到合同归档的合同全生命周期管理，具有在线动态监管的功能。其功能架构见图 4-23。

图 4-23　石化企业合同管控系统功能架构

合同管控系统（i-Contract）兼顾企业运营管理和项目合同管理的不同需求，通过建立统一的合同管控工作平台，实现合同及其履约信息的有序流动和统一管理，主要功能有：

① 市场开发平台发布任务，任务单信息输送到 i-Contract，同时，i-Contract 将合同收款信息反馈给市场开发平台，为市场开发管理提供履约状态支持。

② 作为整体化变更管控的核心，i-Contract 同时从项目成本控制系统（i-Cost）获得变更估算，并将审批的变更价格反馈给 i-Cost，为 i-Cost 的成本控制提供过程数据支持。

③ i-Contract 从计划与进度控制系统获得合同进度里程碑的履约信息以及变更的工期影响分析，并将审批后的工期调整信息反馈给计划与进度控制系统。

④ i-Contract 从企业的配置管理系统获得企业与合同履约有关的资源配置信息，并将资源占用状态反馈给配置管理系统。

⑤ i-Contract 将合同及其履约信息反馈给 ERP 数据中心，通过 ERP，与其他企业级应用进行数据交互，为企业管理提供数据支持。

i-Contract 与其他系统集成关系见图 4-24。

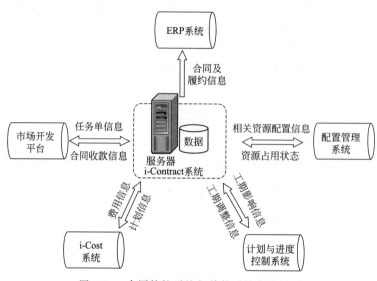

图 4-24 合同管控系统与其他系统集成关系

4.4.6 项目管理集成化的实施[34]

目前，国内石化工程项目的建设进入了一个高峰期，工程公司同期承揽的各品种项目数量较过去翻番。以某一单一品种为例（装置工程投资约 30 亿元），在 2017～2018 年某公司共承揽了该品种项目十套。这些装置在设计工期上时间高度重叠，且项目规模大、技术难、工期紧，在人力、技术和管理上都给公司都带来了极大挑战，如何更科学地理顺生产管理体制、精心组织生产、合理调配人力资源、加强项目管理、确保大型项目的顺利推进是公司必须解决的问题。

为应对公司同时承揽多套大型项目带来的挑战，促进公司管理水平的提高，就必须创新管理机制，在总结以往项目管理经验的基础上，建立一种组织扁平化，跨专业解决问题，加强合作、增强活力的创新型管理模式，结合以往公司在多项目管理上取得的经验，建立并实施大型石化工程项目集成化管理模式，组建跨专业项目团队，由公司主管经理对多套项目实施全过程统一领导，根据项目的特点与要求，分轻重缓急，有序从各个部门中抽调相应专业人员，各部门提供相应技术支持，以突破企业内部专业和层次的界限，缩短企业对项目的响应时间，确保每个项目的圆满完成。

（1）大型石化工程项目集成化管理策划

在市场竞争环境中，企业需要承接更多的项目，在并行实施项目的过程中必然加剧资金、时间、人力等资源方面的争夺，成为阻碍企业管理发展的瓶颈。如何有效平衡资源、协调好多个项目，实现企业战略目标和企业效益目标也是近年来项目管理领域研究的热点。公司在提炼以往大型石化工程项目管理经验、借鉴国内外先进项目管理方法（项目集成化管理、项目群管理、项目组合管理）的基础上，逐步探索形成了大型石化工程项目集成化管理模式。

项目管理集成化是为了实现组织的战略目标和利益，而对一组项目进行的统一协调管理。近年来随着公司的发展，承接项目数量越来越多，由单一项目管理向项目集成化管理发展已经是公司走向规模化发展的必经之路。通过项目集成化管理，经过项目间的统一协调可获取管理单项目时无法取得的效益。集成化管理中的各个项目需要共享组织的资源，管理者需要根据项目的进展情况及时进行项目之间的资源调配。同单个项目上进行日常性的项目管理相比，项目集成化管理的重点是进行总体控制和协调。

项目管理集成化是站在企业层面对现行组织中所有的项目进行筛选、评估、计划、执行与控制的项目管理方式。与单项目管理不同的是，单项目管理是在假定项目的资源得到保障的前提下进行的项目管理，思考角度采取"由因索果"的综合法方式[35]。而项目集成化管理不直接参与对每个项目的日常管理，所做的工作侧重在整体上进行规划、控制和协调，指导各个项目的具体管理工作，实施项目集成化管理通常要注意以下问题。

① 建立全局控制思想

企业决策层制定整体战略方案，并将其转化为总的生产计划，给集成化管理中的每个项目赋予启动的时间权重和资源权重。这样通过项目选择和确定优先级与战略计划建立的关联性，对各项目进行宏观调控[36]。

战略计划的制定应采取自上而下的方法，鼓励每个层次的员工参与到计划的制定和项目的选择中来，从而使集成化管理中的每个项目经理可以看到自己项目与其他项目间的关系，在组织能力和资源调控上有丰富经验的项目经理还可以提出有价值的意见，便于资源和优先权在项目中的重新分配。

② 建立信息共享机制

为了加强集成化项目中项目管理人员之间的沟通，避免信息和决策在传递过程中失真和误解，项目管理集成化过程中应建立项目信息共享机制。但现实中，由于各种客观因素，导致项目信息共享渠道不畅，间接增加各项目的摸索时间，无法发挥企业的优势。公司通过项目集成化管理实践得出的可行做法是让各项目经理相互间交叉渗透到其他项目中，这样可以与其他类似项目通过分享技术和管理经验实现共同进步，更重要的是无形中为今后项目的开展创造良好开端，有利于项目优先级系统的较快实施。

③ 建立项目优先级系统

项目集成化管理导致多个项目需要进行资源共享，然而实施资源的缺口和多任务的出现必然带来资源向哪个项目优先分配的问题。建立优先级系统就是通过与组织战略计划的关联对项目进行排序，最终实现企业战略目标。一个完整的项目优先级系统至少应包括评价标准、筛选模型和优先权重等。

值得注意的是，在项目实施过程中的优先级会发生变化。客户可能突然要求项目提前 1 个月完成或公司决策层的其他指示强调等。项目管理者必须做出艰难但关键的决策。

④ 建立项目绩效考核机制

建立良好的绩效评估系统促使参与项目管理集成化中的项目人员改变自己的行为，帮助个人在组织环境的学习中不断成长。项目绩效考核的对象包括项目团队、项目经理和项目成员个人，根据考核对象的不同，评价标准和评价方法会有所侧重。在项目团队评价中，主要集中在时间和成本绩效管理方面，评价方式常用的是调查法。组织根据调查的结果对项目团队的发展、优势和劣势，以及给今后项目工作带来的经验等方面进行评估。通过项目绩效管理，制定相应的绩效考核制度，给员工带来稳定感和挑战性。

⑤ 高度关注资源配置问题

项目的最终成功一般认为是在项目工期、质量、预算等目标和绩效方面满足或超过了客户与高层管理人员的期望。在实际的集成化管理中，更多的情况是项目主管领导根据项目的实际情况进行相应的项目资源占用取舍，这往往需要项目主管领导综合各种因素，确定这些因素的重要性做出相应的决断。但是需要指出的是，解决资源（人、技术、时间）问题才是解决多项目管理问题的关键。

总之，所谓项目集成化管理，是指以集成化管理的项目为核心，根据其中各个工程项目的特点与要求，一般由公司项目主管经理牵头，组织跨部门专业团队对项目进行统一管理和运作。各项目经理在项目主管经理统一指挥下，针对特定目标进行充分的沟通、协商、配合，共享有限资源、交换有用信息、实现精诚合作。

项目集成化管理的模式既保持了组织的相对稳定性，又增强了企业的灵活性，提高了企业对项目的反应速度和灵敏度；既得到了专业的人力资源，又保持了人员的精简与效能；既保证了职能部门的正常运行，又实现了多部门间的横向协作与协调，提高了信息的传递速度，避免了信息扭曲与损失，真正实现了信息与资源共享。

(2) 大型石化工程项目管理集成化模式的实施方法

① 建立集成化项目管理组织机构

对于传统的单一项目管理，通常设置矩阵式的组织机构对项目进行管理，但对于包含多个项目的集成化项目管理模式，有必要对这种组织机构加以完善，设立项目主任及项目管理办公室（PMO），负责对各个项目进行统一管理。

② 建立集成化项目管理信息平台

建立了集成化项目电子文档管理系统，能够实现项目文件的过程管理，从而提高沟通效率。在项目管理集成化实施的过程中，公司建立了项目电子文档管理系统（Documentum），目前已在大型项目管理中广泛应用。该系统优化了项目电子文档管理流程和工作程序，可作为文件发布、交换、交付和归档的唯一平台，实现了文档存储、实时共享、即时查询、权限管理、版本控制、电子传输、发布、交换、交付和归档管理，提高了信息的共享和传输效率。

③ 建立集成化项目管理进度管控系统

为统一规划、做好项目进度管控，公司建立覆盖 EPC 全过程的进度计划、任务分派、跟踪统计、进度/费用综合检测、赢得值分析的数据管控体系，同时做好 WBS 分解、OBS 分解、工作包的编制、代码和编码系统的定义等基础工作，通过数据接口互联，实现 P6 系统中生成项目的各阶段计划，通过跟踪统计及偏差分析，动态调整计划，实现对集成化管理各项目的控制。

④ 集成化管理项目中充分利用计算机辅助设计手段

在集成化管理项目中使用三维模型设计系统（见图 4-25），可大大提高设计质量和效率，同时提升公司的技术应用水平。三维设计系统得到普及的同时，也为公司培养了一批专门人才。在集成化项目设计进展过程中，三维设计系统在多专业协同工作、三维校审、规范应用、提高效率等方面有新的提升，大大地提高了设计的准确性和效率，减少了设计变更，减轻了设计人员的工作负荷。

充分利用计算机辅助设计手段确保集成化管理项目设计任务按时完成，项目设计从条件图到成品图完全使用计算机设计。计算机辅助设计的优势是修改和转换方便，可做碰撞检查发现问题，大大缩短了设计时间，提高了设计质量。现在计算机辅助设计已经成为公司的主要设计手段，计算机的优越性在大型石化工程项目设计工作中得到了充分的体现。

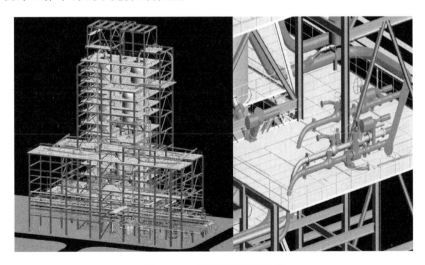

图 4-25　三维模型设计系统

⑤ 集成化管理项目中最大限度提高设计复用率

集成化管理项目的优势在于最大限度地提高设计复用率。就是说，在开始一套装置的设计时，起点已不为"零"，是在某一模块的基础上开始起步，这样利用有效资源后，工作的起点便提高到 30%～50% 左右。在进行某项目的详细工程设计时，参考了大量以往同类项目的三维模型，再具体针对项目业主的特殊要求，单独对模型进行修改，这样大大节省了人力、物力，给公司节约了成本。另外，在具体设计过程中，比如给土建专业提设备基础条件，对于类似装置的条件尽量做成标准格式，具体到每个不同项目只需根据项目具体情况修改少量局部信息即可。总之，在大型石化工程项目集成化管理设计方面，公司充分利用这一模块化、集成化的设计手段，实现最少的投入而获得较大的效益。

⑥ 集成化管理项目中加强技术方案评审力度

为确保设计质量，集成化管理项目建立三级技术评审（公司级评审、项目级评审、专业级评审）体系，分层次对技术方案进行控制和决策。公司级评审由技术委员会或专家委员会主任主持，重点是设计过程中重大技术方案、重大专业技术难点处置方案实施前的评审。项目级评审由项目审定人主持，重点是各专业设计方案的合理性、协调性、与设计依据的符合性，系统的安全和环保特性，在其他设计过程中遗留或有分歧的方案问题。专业级评审由相关专家主持，重点是对专业设计统一规定、设计技术方案、专业技术难点的处置及设计采用标准等进行评审。

根据项目的自身特点、情况，在项目的策划阶段就应研究制定项目技术方案评审计划，并按计划组织实施，分层次对技术方案进行控制和决策，确保技术方案的适宜性、可行性和先进性，这些评审对项目设计水平的提高和设计质量的保证起到了积极的作用。

⑦ 加大对集成化项目管理协调力度

对集成化管理的项目，公司加强生产部署，加强沟通，提高效率。在保证重点项目全面完成的前提下，分清主要和次要。集成化项目管理者要有责任心，精心管理，积极协调，了解各个项目的状态。各项目经理要了解业主的需求，使目标清晰化，正确管理和引导好业主的需求；加强集成化项目之间的沟通，加强和业主之间的沟通。严格按照进度要求，发现问题及时采取有效措施进行纠偏。在人力安排上重视大局观，工作上统一人力调动，提高效率。人力调动要注重项目阶段性等重点，注重轻重缓急、动态调配。

（3）大型石化工程项目集成化管理的实施效果

① 提高了公司的项目执行能力和大型项目管理能力。通过推广项目管理集成化，公司生产能力得到跨越式发展，公司无论在设计能力上，还是在工程总承包和项目管理能力上，都站在了更高的平台上。设计合同额、设计投资额、总承包合同额等均有大幅度增长。

② 极大地提高了公司生产效率，缩短了大型石化工程项目设计周期，节约了单项目的人力投入。

③ 提高了大型石化工程项目的技术水平，推进了重大装备国产化进程。

④ 加快了各类设计人才及管理人才的培养步伐，为公司可持续发展奠定了坚实的人才基础。

⑤ 开发应用了一批先进的管理系统软件，提高了管理效率和管理水平。

参考文献

［1］　李红兵. 建设项目集成化管理理论与方法研究［D］. 武汉：武汉理工大学，2004.

［2］　刘勇. 工程项目集成化管理机制研究［D］. 徐州：中国矿业大学，2009.

［3］　陈勇强. 基于现代信息技术的超大型工程建设项目集成管理研究［D］. 天津：天津大学，2004.

［4］　李秋林. 中国海外工程总公司项目集成管理研究［D］. 北京：北京交通大学，2008.

［5］　孙丽丽. 创新构建集成化设计为源头的工程数字化交付平台［R］. 北京：中国石油炼制科技大会，2017.

［6］　GB/T 51296—2018 石油化工工程数字化交付标准［S］.

［7］　胡素萍. 工程设计中二三维校验的探索和实践［J］. 石油炼制与化工，2009，40（8）：71-73.

［8］　李必强，潘小勇. 集成供应链中的增值采购［J］. 物流科技，2004，12：72-75.

［9］　马士华，林勇. 供应链管理［M］. 第2版. 北京：机械工业出版社，2005.

［10］　马士华. 新编供应链管理［M］. 北京：中国人民大学出版社，2008.

［11］　王晖. 框架协议采购管理与实践［C］∥中国物流与采购联合会. 中国采购发展报告. 北京：中国物资出版社，2012.

［12］　石油石化物资供应管理编委会. 石油石化物资供应管理［M］. 北京：中国石化出版社，2010：85-89.

［13］　何勤. 引领采购方式变革 全面提升框架协议采购管理水平［J］. 石油石化物资采购，2013，（01）：14-17.

［14］　彭珣. 利用框架协议采购模式提升企业物资采购水平初探［J］. 价值工程，2013，32（24）：14-16.

［15］　周然华，刘权. 从"定商定价"和"框架协议"的异同浅议物资采购标准化［J］. 石油石化物资采购，2012，（8）：110-111.

［16］　中央企业管理提升活动领导小组. 企业采购管理辅导手册［M］. 北京：北京教育出版社，2012：74-86.

［17］　曲吉堂. 提升框架协议采购质量的典型问题及应对策略［J］. 石油石化物资采购，2014，（4）：76-78.

［18］　董涛. 浅析工程物流运作体系［J］. 科技创新导报，2008，（29）：157.

［19］　陈兵兵，陈军军. SCM、ERP与物流管理［J］. CAD/CAM与制造业信息化，2004，（09）：40-44.

［20］　Kalakota R，Whinston A B. Electronic Commerce：A Manager's Guide［M］. Addison-Wesley Longman Publishing Co.，Inc，1997.

［21］　汪应洛. 电子商务学科的理论基础和研究方向［J］. 中国科学基金，2007，（04）：193-201.

［22］　冉高举，刘凤云，杜永智. 浅谈新建炼油化工装置的集中防腐［C］∥中国石油和石化工程研究会，中国石油工程建设协会，中国化工机械动力技术协会. 2011年石油和化学工业腐蚀与防护技

术论文集.2011：4.

［23］ 郑立军.大型石化工程项目管理"四集中一尝试"的创新与实践［J］.石油化工建设，2011，33（02）：27-30.

［24］ 王基铭.中国石化石油化工重大工程项目管理模式的创新［J］.中国石化，2007，（07）：45-49.

［25］ 殷瑞钰.关于工程与工程创新的认识［J］.岩土工程界，2006，（08）：21-24.

［26］ 何继善，徐长山，王青娥，等.工程管理方法论［J］.中国工程科学，2014，16（10）：4-9.

［27］ 高志刚.中海油工程项目集成化系统管理研究［D］.天津：天津大学，2011.

［28］ 郭晓霞.建设工程项目集成管理系统的研究［D］.西安：西安建筑科技大学，2005.

［29］ 黄姝妍.进度优先的EPC总承包项目集成管理研究［D］.重庆：重庆大学，2013.

［30］ 褚宏涛.XX公司多项目管理组织机构设置的应用研究［D］.昆明：昆明理工大学，2008.

［31］ 陈建.EPC工程总承包项目过程集成管理研究［D］.长沙：中南大学，2012.

［32］ 刘家明，陈勇强，戚国胜.项目管理承包——PMC理论与实践［M］.北京：人民邮电出版社，2005.

［33］ 大力推行工程集成化与管理信息化 为打造世界一流工程公司保驾护航［J］.中国勘察设计，2012，（12）：48-52.

［34］ 中国石化工程建设有限公司.大型乙烯项目集约化管理模式的建立与实施［R］.中国石化企业管理现代化创新成果总结报告，2011.

［35］ 章青青.基于关键链的多项目进度计划模型研究［D］.南京：东南大学，2018.

［36］ 任天新，孙红.浅析IT企业多项目管理的实施对策［J］.信息技术与信息化，2011，（04）：24-28.

第5章

石化工程项目管控过程化

5.1 概述

石化工程项目管理是一个复杂的系统工程，存在许多过程和过程组。将勘察设计、物资采购、施工安装、试运行等阶段实施过程中的各种活动作为相互关联、功能连贯的过程组成的体系来理解和管理，才能更加高效地得到一致的、可预测的结果。

5.1.1 管控过程化的目的意义

国际标准化组织颁布的《质量管理体系要求》（GB/T 19001—2016/ISO 9001：2015）明确要求采用过程方法进行质量管理和控制，《企业内部控制基本规范》也要求树立全面、全员、全过程控制的理念，对过程风险进行评估，明确控制点，并采取切实可行的控制措施。依据上述标准要求，实施过程管控，是非常必要的。

过程管控的主要目的是把控制的着力点放在前期风险评估、流程策划和实施过程的测量与监控上，将控制重心向事前、事中控制前移，实现从结果管控向过程管控的转变。具体来说，实行过程管控，在以下几方面有重要意义。

① 通过梳理各项业务流程，有助于理解并持续满足战略目标要求。只要流程清晰，企业的核心竞争力就不会消失。

② 通过识别过程中的风险，并采取预防措施进行风险防控，有助于防范项目实施过程中存在的潜在风险，降低风险防控成本。

③ 业务流程的明确，有利于管理制度和标准的制定和优化，促使员工按既定的制度和流程来执行，提升规范化和标准化水平。

④ 业务流程化、规范化是实现管理信息化的重要基础。业务流程确定后，可开发应用与之相适应的信息化管理系统，进一步提升管理工作效率，并在评价数据和信息的基础上改进过程，促进数字工程建设。

⑤ 在项目实施过程中，利用规定的流程和制度标准，可更加有效地降低成本、预防差错、控制变异、缩短周期，获得可预测的结果。

⑥ 过程管控有助于促使个人的工作习惯服从组织的管理流程，把个人能力转化为组织能力提升的有效助力，避免个人英雄主义的滋生。

⑦ 实行过程管控，可以把常规的、重复的工作进行流程固化，使工作分工清晰，职责明确，避免工作扯皮，既能提高工作效率，又能减少管理者的工作量。

5.1.2 管控过程化方法的发展变化

过程化管理起源于古典管理阶段。过程管理之父法约尔在 1916 年出版的《工业管理和一般管理》中，认为管理是管理者通过完成各种职能来实现目标的一个过程，这个过程的管理活动包括计划、组织、指挥、协调、控制等五大职能。法约尔的一般管理理论是古典管理思想的重要代表，成为管理过程学派的理论基础。

20 世纪 40 年代到 80 年代，管理科学得到了蓬勃发展，许多管理学家从各自不同的角度发表自己对管理学的见解，其中主要的代表学派包括：管理科学学派、管理过程学派、决策理论学派、社会系统学派、系统理论学派、经验主义学派、权变理论学派等。以哈罗德·孔茨和西里尔·奥唐奈为代表的管理过程学派的研究对象就是管理的过程和职能，将管理职能分为计划、组织、人事、指挥和控制五项，而把协调作为管理的本质，作为五项职能有效综合运用的结果，认为管理活动的过程就是管理的职能逐步展开和实现的过程[1]。

20 世纪 50 年代，日本企业学习 PDCA 管理循环（戴明环），推行了以 PDCA 管理循环为主要方法的全面质量管理，使策划（P）、实施（D）、检查（C）、行动（A）成为任何一个过程有效进行的一种合乎逻辑的工作程序，在质量管理中得到了广泛的应用，取得了丰硕的成果，引起世界各国的瞩目。PDCA 循环的四个过程不是运行一次就完结，而是周而复始地进行。一个循环结束了，解决了一部分问题，可能还有问题没有解决，或者又出现了新的问题，因而需要再进行下一个 PDCA 循环，依此类推。我国从 1978 年开始推行全面质量管理，广泛开展质量管理小组活动，推广应用 PDCA 循环和直方图、因果图、控制图、关系图、排列图、分层法和统计分析表等方法，对提升我国产品的质量发挥了重要作用。

21 世纪以来，国际标准化组织大力推行过程方法，要求将结果管控向过程管控转变，在 2015 年颁布的《质量管理体系要求》（GB/T 19001—2016/ISO 9001：2015）中，明确将"过程方法"作为质量管理七项基本原则之一，使过程方法的推广应用进入了新的阶段。

5.1.3 石化工程项目管控过程化方法的发展展望

根据石化工程项目投资大、周期长、技术复杂、质量安全风险高的特点，必须应用过程化方法，对项目技术、质量、HSE、进度、费用过程进行全面、统筹管控。同时，石化工程项目的可变因素多，在项目实施过程中必然会出现一些变更，妥善地做好变更过程管控，对项目成功具有重要意义。

随着石化工程项目的大型化、集成化、智能化，石化工程项目过程管控方法将越来越呈现以下几个特点。

① 强化风险管控。在从结果管控向过程管控发展的过程中，业务流程的梳理和业务流程中各节点的风险识别是做好过程管控的基础和前提，技术、质量、HSE、进度、费用管控的过程实际上就是风险管控的过程。因此，必须大力强化风险意识，加强风险识别和风险控制措施，有效消除和规避项目风险。

② 注重统筹控制。过程管控方法与集成化、协同化、集约化管控方法应互相促进，不能互相脱节。过程管控越来越注重过程的统筹优化控制，各个过程之间相互协同，集成为一个有机的整体。

③ 实现数字化转型。随着过程管控的深化、细化，信息化管理系统在过程管控过程中的作用越来越大，只有实现业务流程化、流程信息化，用信息化、数字化手段来规范业务流程的有效、高效运行，实现业务流程的信息同源、数据同根，才能有效提升过程管控的效率和水平。

5.2 石化工程项目技术管控过程化

5.2.1 项目技术管控过程化的内容

石化工程项目属于资源、资金、技术高度密集型项目，涉及的工艺技术众多，专业工程技术复杂，且具有跨学科、跨领域、跨专业的特征，技术风险高，安全环保风险大。技术管控须贯穿于项目建议书、可行性研究、基础工程设计、详细工程设计、采购施工开车等工程建设全过程的技术活动和技术工作，以通过优选技术、优化设计和建造技术，并通过技术评审体系把控技术方案，确保建设项目技术先进合理、清洁环保、安全可靠、竞争力强、可持续发展。

石化工程项目技术过程的输入，一般包括技术目标、技术基础、技术要求与技术限制等；其输出是技术过程完成的结果，一般包括实现的技术指标与经济指标及其稳定性，既可以是文件、图纸，也可以是技术数据、技术方法、建造方法，以及标准、规范、准则等；既包括技术过程的最终结果，也包括其中间结果，而中间结果也是下一个过程的输入。技术过程活动，是从输入至输出过程的所有技术活动，包括输入识别、输出目标与内容的明确、技术过程业务识别、风险识别、识别与应用技术工具与方法、配置与利用资源、技术过程的流程化、对技术过程的实施情况进行绩效测量和监控，以及进行纠偏、持续改进技术过程。

　　石化工程项目实施技术过程管控，需要技术过程流程化，将各技术过程以流程形式表达，明确技术过程的工作业务流程、节点；需要制定规范化制度和标准化文件，如技术体系管理规定、标准体系管理规定、技术评审规定、技术开发管理规定、技术合同管理规定、标准管理规定、标准采用管理规定、知识产权管理规定、专业技术统一规定和技术选择规定等。技术过程管控的核心是对实现项目目标的风险进行管控。

5.2.2　项目技术过程风险识别

　　识别技术风险是石化工程项目技术过程管控中至关重要的一个环节。大量工程实践表明，石化工程项目实施过程中的技术风险非常多，但最主要的技术风险大致分为四类：技术成熟度风险；技术先进性与适宜性风险；标准规范的采用与应用过程正确性的风险；知识产权侵权风险。若对这些风险处理不当、管控不力，将严重影响项目目标的实现。表 5-1 是石化工程项目设计与工程转化典型的技术风险。

表 5-1　石化工程项目设计与工程转化典型的技术风险

关键风险	风险特征	风险程度
技术成熟度	新工艺首次工业化,工程化开发与工程转化存在技术不确定性;或技术已经成熟,但首次承担设计,缺乏经验	高
技术先进性与适宜性	选择的技术是否先进、是否适宜	高
标准规范的采用及应用过程正确性	标准规范的辨识存在工程知识、标准化知识、信息不足的可能,或标准规范之间存在不协调,或项目执行中标准规范变更处理不当	高
知识产权侵权	知识产权重视不够或知识产权认识不足,存在侵犯他人知识产权或不能有效保护自身知识产权的可能	高

　　由表 5-1 可见，在技术成熟度风险中，当新工艺首次工业化，需要进行工程化开发与工程转化，工艺与工程技术均存在不确定性。一般地，要进行技术开发开题立项，按照具有工程转化特色的技术开发管理要求和程序进行管控；同时，作为工程项目立项，按工程项目进行管控，把风险降至最低。中国石油化工集团有限公司组织科研、设计、生产企业等联合开展的"十条龙"攻关项目是这类项目的典型案例。工业上已有成功应用的成熟技术，但对第一次承担设计的工程公司，仍然面临着新工艺、新技术、新设备、新材料的挑战，需要在项目执行中增加相应的管控环节，以化解风险。为了避免技术的先进性与适宜性风险，需要对项目建设目标、项目集约化、本质安全环保要求和未来发展方向等进行管控。在标准规范的采用及应用过程正确性的风险中，由于石化工程项目的复杂性，涉及的专业技术领域和工业领域众多，需要使用的标准规范非常广泛，加之当前煤和

天然气已经成为石化企业重要的原材料，标准规范的选择、采用更加复杂，一旦标准采用不当，导致设计错误，会带来严重后果，需要进行重点管控。在知识产权保护方面，一方面工程公司一般都签署保密协议，承诺承担保密的义务和法律责任；另一方面，工程公司在执行项目中，会产生新的知识产权这一无形资产，如专利、专有技术，以及软件、设计文件的著作权等，如管控不力，未采取有效保护措施，无形资产将流失，导致竞争力下降。石化工程项目的完成，既要有个人的努力，更需要集体的力量，是集体协同的结果，技术评审是技术过程管控实现集体协同的重要方法和手段之一。

5.2.3 项目技术管控过程化的实施

包含有关键工艺装置新工艺首次工业化的项目，是目前最复杂的石化工程项目技术过程。图5-1表示了石化工程项目工程化开发与工程转化及实施过程，该过程可以分解为开题立项、课题实施和课题鉴定，以及工程项目实施。

图5-1 石化工程项目工程化开发与工程转化及实施过程

石化工程项目的复杂性决定了技术管控过程的复杂性。为易于理解，本节主要从项目共性技术过程、工程化开发与工程转化和工程项目实施三方面对石化工程项目技术过程管控进行阐述。

5.2.3.1 项目共性技术管控过程化

项目共性技术过程管控主要是指技术选择、工程建设标准的选择与应用、知识产权保护和技术评审的过程管控。

（1）技术选择管控过程化

技术选择过程管控是技术成熟度、技术先进性与适宜性风险管控最重要的环节。石化工程项目应用的技术，既可以复杂至工厂总流程集成技术、工艺装置成套技术等，也可以简单至选择螺丝钉等这类小产品的技术。这里以工艺专利装置成套技术选择为例来阐述技术选择过程管控。

工艺专利装置成套技术的选择通常是指工程建设项目中向技术所有者购买专利、专有技术使用许可的过程，技术的载体主要是工艺包等技术文件。技术选择过程主要包括编制技术询价书、技术澄清、技术评价与比选、编制技术附件、谈判、确定技术提供者、签署技术许可合同等。

图5-2表示了典型工艺专利装置技术选择过程。技术询价书通常描述拟购买

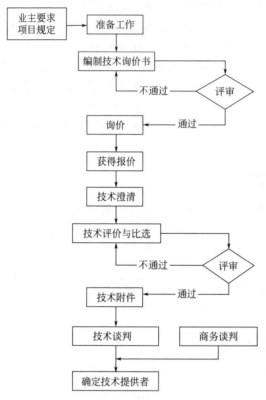

图 5-2 典型工艺专利装置技术选择过程

技术的条件，如加工能力、操作周期、原料性质、现场自然地理条件、公用工程条件等；要达到的目的、水平，如产品规格或质量、产品收率或转化率等；以及技术所有者应提供的内容和保证，如简要工艺说明、PFD、物料平衡、热平衡、主要操作条件、主要设备、公用物料和能量消耗、初步的平面布置、初步的工艺手册（包括分析化验、开停工、维护、安全）、技术服务安排、费用，以及要求提供的文件等。技术询价书一般需经评审、批准后才能向技术所有者发出，技术所有者据此书面说明提供报价。

技术澄清是对技术报价是否全面响应技术询价书的要求进行复核的过程，要覆盖询价文件包括的所有内容，确认询价文件提出的要求可以实现。技术附件明确拟购技术范围和要达到的技术指标、项目可能提供的条件，对交付成品的内容和时间、提供的服务等提出要求。在完成技术澄清的基础上开展技术评价与比选，对照技术询价书进行全面比较，要从技术参数、技术指标、经济指标、环保指标、安全性、技术成熟度、知识产权、费用、服务保障等方面对技术的先进性、适用性、经济性、可靠性、安全性等做出评价。涉及新工艺、新技术、新材料、新设备的重要技术选择，一般要组织专项技术评审，以发挥集体决策的作用。

合同技术附件可以在技术询价书、技术澄清的基础上补充、深化。要明确拟购技术范围和要达到的技术指标、项目可能提供的条件，对交付成品的内容和计划、提供的服务等提出要求。技术谈判是十分严肃的过程，在严格遵守法律法规的同时，要认真做好策划，并强化过程控制；建立谈判工作小组，技术谈判组由组长、主谈人、各相关专业人员组成，并指定记录员。谈判前，要认真做好准备，如确定谈判方针、原则，分析、讨论谈判的重点和难点、可以让步的底线；收集国内外已有同类技术的技术指标、技术参数、工业实践、工程设计特殊要求等；准备谈判资料，包括合同技术附件初稿、项目的相关规定、标准规范等。要把谈判中双方达成一致的条款修改到合同技术附件中。谈判双方达成一致意见后，可以逐页草签技术附件。技术附件一般要经过技术评审确定。商务谈判可以与技术谈判同时进行。技术谈判和商务谈判一般存在许多交集，需要统一考虑。

（2）工程建设标准的选择与应用管控过程化

标准化作为一种技术制度，是管理和规范国民经济与社会发展的技术保障。石化工程建设标准在保障石化工程项目质量安全、人民群众生命财产与人身健康安全以及其他社会公共利益方面一直发挥着重要作用。特别是工程建设强制性标准，为建设工程实施安全防范措施、消除安全隐患提供统一的技术要求，以确保在现有的技术、管理条件下尽可能地保障建设工程安全，从而最大限度地保障建设工程的建造者、使用者和所有者的生命财产安全以及人身健康安全[2]。工程标准的正确选择与应用是石化工程技术过程管控的又一关键。

① 石化工程项目标准的选择

研究、分析国内外大量石化工程项目发现，尽管由于不同国家、不同企业的石化工程项目标准体系有所不同，但石化工程项目执行的标准都可以归纳为业主标准、项目标准和外部标准三大类。业主标准是石化工程项目业主对工程建设提出的通用技术要求；项目标准是指业主或其授权的机构针对具体建设项目编制、发布的技术要求；外部标准是相对于项目标准、业主标准外的其他标准，包括国家标准、行业标准、地方标准、团体标准、国际标准和国外先进标准等。

石化工程项目标准的选择过程见图 5-3。由图 5-3 可见，石化工程项目标准的选择，主要包括：

（a）收集信息、分析项目标准需求。收集项目的有关信息，以及业主的项目通用标准和具体项目的标准。

（b）确定项目标准采用原则。一般地，在国内建设项目应严格执行中国现行的强制性标准规范；应符合相关的国家、行业标准规范。购买国外专利技术许可的工程项目，与专利技术有关的部分可使用国外专利商提供的标准。在国外采购、制造的设备和材料，原则上可采用有关的国际标准、国外先进标准，如 IEC（国际电工委员会）、API（美国石油学会）、ASME（美国机械工程师协会）、DIN（德国标准化学会）等发布的标准。但无论何种情况，国内建设项目均应满足中国强制性标准的要求。

（c）编制各专业采用的工程建设标准目录，并收集有关标准文本。各专业根据项目要求、业主的项目通用标准和项目标准、国家和行业标准库、国外标准库，编制本专业采用的标准目录。其中，国家和行业标准库、国外标准库一般由工程公司建档，并实施动态管控，为项目提供正确、有效的相关标准。各专业采用的技术标准，要经过专业评审，保证符合合同要求、项目技术要求，与业主的

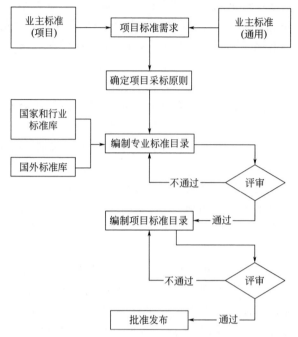

图 5-3　石化工程项目标准的选择过程

项目通用标准、项目标准保持一致，并满足国家和行业标准的要求，尤其要符合国家强制性标准的要求。

（d）编制采用的项目标准目录。根据项目需求和各专业编制的采用标准目录，汇总、分析、建立项目采用的标准目录。项目采用的标准目录需经过评审，重点评审其项目符合性、正确性和各专业共性标准的一致性。如果出现不一致，有关专业标准目录需做出相应修改。

② 石化工程项目标准的应用

项目标准应用的管控重点是项目标准执行的优先次序、同一事物不同标准的辨识和标准的变更管控。

为确保项目顺利执行，首先要确定项目标准执行的优先次序。不同国家、不同业主的标准执行优先次序可能有所差异。典型的优先次序是首先严格执行相关的法律法规、国家强制性标准，这是执行标准规范的先决条件；其次为本项目制定的项目规定，业主标准要优先执行；其后再执行中国的推荐性地方标准规范、推荐性行业标准规范和推荐性国家标准规范（在中国建设项目）以及国际标准和国外先进标准。要注意的是，对同一事物，可能出现采用两个或两个以上标准的情况，应在标准选择时，明确不同标准的使用原则，一般情况下，应使用专项标准、本行业标准规定的内容，当无法直接判断时，要组织评审或专题研讨会确定。再则，在项目执行过程中，常常会出现国家、行业标准的变化，如新增或修订。由于标准规范的变更可能给工程项目建设带来较大的影响，因此，要与业主（或其授权的管理机构）在合同中达成一致，明确变更的职责、变更程序等。在国内项目实践中，当项目已经政府有关部门批准，则将批准时间作为基准时间。其后标准的变更，尤其是强制性标准或非强制性标准的强制性条款变更，一般按照"不溯及以往"的原则处理，且该类变更按照项目输入变更的性质管控。在境外项目执行中，由于没有强制性标准，因此，主要是法律、法规（含技术法规）的变更，其处理原则与国内相似。采用标准变更的程序及管控，一般参照合同变更管控方法，详见本章变更管控的有关内容。

【**案例 5-1**】　**普光天然气净化厂工程建设项目标准体系的建立**

川气东送工程配套建设的普光天然气净化厂的一期工程处理能力为 $120 \times 10^8 \text{m}^3/\text{a}$，产品天然气量为 $96 \times 10^8 \text{m}^3/\text{a}$，副产硫磺量为 $226 \times 10^4 \text{t/a}$。原料气 H_2S 含量高达 $14\% \sim 18\%$（体积分数），有机硫的含量为 $300 \sim 600 \text{mg/m}^3$（标准状况），$CO_2$ 的含量也高达 $8\% \sim 10\%$（体积分数）。这样的高含硫天然气在国内外实属罕见。但由于我国天然气净化规模小，缺乏大规模高硫天然气净化脱硫制硫的经验，也没有形成天然气净化厂工程建设项目的标准体系。通过认真研究现行的国家标准、石油天然气行业标准、石化行业标准及国外标准发现，这些行业、专业标准交叉多而复杂，有的甚至互相矛盾。经过反复论证，从中筛选出适合该项目的标准共计 522 项，形成了较为完善的标准体系和项目的技术统一规定，为项目的顺利开展提供了有力的技术保证。该工程的第一联合装置于 2009 年 10 月 12 日投产一次成功，其余联合装置也相继投产成功[3]。普光天然气净化厂的科技成果成为了 2012 年度国家科技进步奖特等奖项目"特大型超深高含硫气田安全高效开发技术及工业化应用"的重要组成部分。

（3）知识产权保护管控过程化

知识产权是指人类智力劳动产生的智力劳动成果所有权。石化工程项目知识产权主要涉及专利权、商业秘密、著作权。专利权是与申请专利的权利、专利申请权和专利权相关的一切权利。商业秘密可分为技术秘密和一般商业秘密。技术秘密，又称专有技术，指对没有申请专利、但具有实用性、能带来利益、采取了保密措施、不为公众所知悉的技术，包括各种新工艺、新设备、新材料、新结构、新技术、产品配方、各种技术诀窍及方法等。一般商业秘密指除技术秘密以外的其他商业秘密[4]。著作权主要包括在勘察、设计、咨询活动和科研活动中形成的，以各种载体所表现的文字作品、图形作品、模型作品、建筑作品等的著作权，主要包含五个方面：技术咨询或工程设计投标方案、建筑工程设计投标方案；技术咨询或工程设计阶段的原始资料、计算书、工程设计图及说明书、技术文件和工程总结报告等；项目建议书、可行性研究报告、专业性评价报告、工程评估书、监理大纲等；技术开发的原始数据、专题计划、开题报告及合同、技术查新报告、经过各级鉴定的科技成果、工艺流程、物性数据、热力学数据、相平衡数据和其他技术数据、设计图及说明书、技术总结和科研报告等；自行编制的计算机软件、企业标准、导则、手册、标准设计等[4]。石化工程项目知识产权过程管控一般包括如下内容。

① 知识产权保护策划

知识产权保护的策划内容要贯穿全过程，主要对员工知识产权、专利与专有技术保护、保密协议及资料管控等方面进行策划。

② 员工知识产权管控

与员工签订的劳动合同必须包括知识产权归属和保密协议，明确其职务产生的知识产权归企业所有，必要时，包括竞业避止的内容。

③ 专利保护管控

要根据策划和专利保护特性对具有新颖性、创造性和实用性的新工艺、新设备、新材料、新结构等新技术和新设计，以及对原有技术的改进、新组合等申请专利保护。图 5-4 表示了典型的专利管控过程。由发明人收集、准备材料提出专利申请，通过企业内部审查后，进行专利检索。经过检索对比分析，具备申请条件后，由专利代理事务所进行申请的修改，送国家知识产权局审查，通过后获得专利授权，由企业维护专利。

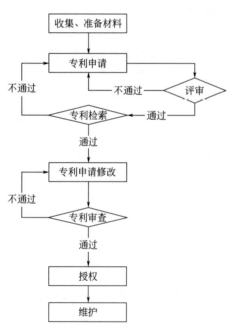

图 5-4　典型的专利管控过程

④ 专有技术管控

专有技术需要采取特殊措施加以管控。典型的专有技术管控过程包括收集、准备材料，提出专有技术申请，组织企业内部评审。根据专有技术保护的特点，结合知识产权保护战略，确定是否成为专有技术，并确定其保护密级（密级一般分为三级），如绝密、机密、秘密。专有技术的维护，根据密级采取不同措施。

⑤ 保密协议

在石化工程项目中将会涉及大量保密协议，或者保密协议条款，尤其是近些年保密协议中常含有知识产权的要求，必须辨识隐含的风险，做到慎之又慎，管控到位。保密协议主要从内容和程序两方面进行管控。

（a）管控内容。根据长期的实践经验，除一般合同具有的要素外，典型保密协议的重点审查内容与主要风险见表 5-2。这些风险，均要按照企业和项目自身实际逐项进行管控，确定是否接受，并通过谈判最终确定。

表 5-2　典型保密协议的重点审查内容与主要风险

重点审查内容	主要风险
保密范围和保密信息内涵是否明晰	如"口头信息"等内涵不明确、证据难以固化的内容，风险难以控制
业务和人员的排他性限制条款	限制业务范围、限制人员从业内容，给企业运行和个人发展带来限制
"衍生信息"条款，如"根据本技术信息产生的信息……"	该类"衍生信息"不确定性强，风险难以控制
有关人员离职后的保密责任	离职人员承担的是其在职或入职期间与公司签订的保密协议等法律责任，而其知识产权的日常管理随着其离职中断
后续技术研发和技术改进的过度限制条款	限制技术再创新
除该项目技术外禁止应用其他技术的过度限制条款	限制业务范围
承诺关联公司的保密责任	某一个子公司、分公司承担的保密责任，无限扩大到所有关联公司，存在失控的巨大风险
披露方对其保密信息侵犯第三方知识产权的免责	自身承担披露方侵犯第三方知识产权的责任
无限期保密协议	可能导致永久保密状态，而永久管理较困难
涉外法律及管辖地，是否是"信息披露方"所在国法律	存在公平性的问题
是否是单方面保密承诺书	确保信息披露方不接触课题、项目信息，否则存在无限泄密的可能

（b）保密协议管控过程化。鉴于保密协议的重要性和专业知识的复杂性，需要课题组或项目组、企业相关部门协同管控。通常情况下，课题组、项目组从技术限制、人员工作限制和可执行性等方面对保密协议进行审查、评审；技术领域专家主要对技术限制、技术发展影响方面进行审查；法律部门主要审查法律条款的构成、仲裁或诉讼地等；知识产权管理部门主要对保密、知识产权条款进行审查；技术管理部门主要对公司技术发展、技术人才发展等方面进行审查，并由保密协议的主管部门进行全面审查、协调，组织谈判等。图 5-5 表示了典型的保密协议管控过

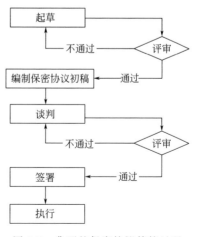

图 5-5　典型的保密协议管控过程

程。保密协议签署后，要按照协议的要求，由课题组、项目组贯彻执行，并有效管控。同时，涉及的企业相关内容，也必须由有关部门组织实施。

⑥ 合同中知识产权条款管控

在有关课题、实施项目的合同中，要有明确的知识产权归属条款。按照我国知识产权体系的特点，有关建设单位（业主）按照国家规定支付勘察、设计、咨询费后所获取的工程勘察、设计、咨询的投标方案或相关文件，拥有在特定建设项目上的一次性使用权，其知识产权（主要是著作权）仍属于勘察、设计、咨询公司所有。有关过程中产生的软件，要申请著作权登记等，以保护知识产权。在海外石化工程总承包项目中，著作权的归属需经谈判慎重确定。

⑦ 技术资料管控

对各类文件、资料、图纸应按照技术秘密要求进行保密标注，按照相应的管控要求保存、借阅。

（4）技术评审管控过程化

技术评审是石化工程项目工程化开发与工程转化及工程项目实施技术过程管控的关键方法和重要措施。通过多年的研究和实践，技术评审体系、技术评审的内容和程序等日趋完善，在确保石化工程项目符合国家法律法规及合同要求，保障工程项目采用本质安全与环保技术和设备，实现技术先进、安全可靠、清洁环保、经济合理等方面发挥了重要作用。本文以工程公司为例，阐述有关技术评审过程管控。

① 技术评审体系

根据石化工程公司组织结构特点，可将技术评审体系分为专业级、项目级和公司级。

（a）专业级技术评审。专业级技术评审是指某单一专业的技术方案评审，通常由该专业所在的部门或专业室组织本部门或专业室的专家评审。

（b）项目级技术评审。项目级技术评审是指某课题或项目组涉及两个及以上专业的技术方案的评审，或者单个专业需要项目级评审的重要技术方案，通常由该课题或项目组组织该课题或项目组有关专业人员进行。

（c）公司级评审。公司级评审是对重大技术方案、关键技术指标和经济指标，以及新工艺、新材料、新设备、新设计工具开发与应用等的评审，通常由公司技术决策机构，如技术委员会组织本公司专家进行。

② 评审内容

不同工程公司、不同课题和项目、不同工作阶段，以及不同级别的评审，内容均不相同。限于篇幅，本节阐述典型的公司级技术评审内容。

（a）新工艺工程开发与工程转化申报立项时的评审，包括本节所述课题开题报告的内容评审。

（b）新工艺工程开发与工程转化课题工艺设计包（工艺包）第一次发表前的评审。

（c）咨询、总体设计、工程设计中的重大技术方案的合规性和合理性。

（d）全厂性总平面布置图、全厂总流程、重大工艺方案、技术方案中涉及的工程经济问题等。

（e）全厂厂址的选定、工厂设计模式、原料路线、产品方案、系统 HSE 性能的合理性及合规性。

（f）存在违规风险，如对于强制性国家标准、行业标准、地方法规中没有明确规定（或有争议的内容）的不同专业的技术方案，应评审其合理性。

（g）重大专业技术难点处置方案实施前的评审，包括对新技术、新工艺、新材料、新规模、新法规、新标准的采用，及其合规性与合理性评审。

（h）从外部购买技术复杂、价格高或影响较大的专利、专有技术时的评审，包括技术对项目的适宜性以及技术的可靠性、风险性、知识产权限制要求等方面的评审。

（i）项目级或专业级技术评审认为需提请公司级复审的内容。

③ 技术评审程序

技术评审的典型程序见图 5-6。

（a）评审计划。课题组或项目组，一般组织制订三级评审计划，并作为技术过程控制和质量控制计划的重要组成部分。

（b）评审资料的准备。一般包括课题或项目背景、简况、评审内容、技术方案及其比较、存在问题与建议，已经进行的评审情况等。评审的方案，一般应有一种或一种以上可实施的参考方案。

（c）评审申请。根据评审计划，结合评审资料的准备情况，提出评审申请。对拟提交专业级评审的技术方案，一般先经该方案校审人员讨论后提出；拟提交项目级评审的技术文件，原则上先经专业级评审；拟提交公司级评审的重大技术方案，原则上先经项目级评审，确实需要由专业级评审后直接进行公司级评审的，经项目技术负责人审阅同意后提出。

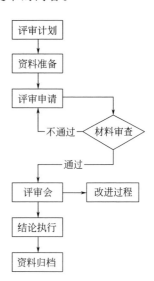

图 5-6　技术评审的典型程序

（d）评审会。经会议组织者确认会议材料等符合要求后组织召开评审会，并在会前将评审资料送有关专家审阅。会议一般由专业设计人员介绍技术方案或设计文件内容，会议对评审内容进行质疑和讨论。评审意见由评审主持人进行归纳总结，形成评审结论。对评审结论的保留意见可作为会议记录的部分列出，但保留意见不宜作为不执行评审结论的依据。对评审会议分歧较大的内容，一般不宜采用少数服从多数的原则强行通过，而宜补充内容后另行组织评审。

（e）结论执行。由执行者按照评审结论完成执行，并作记录，并由确认者确认，以确保评审结论的落实。全部工作完成后，进行资料归档。

（f）评审会议中的有关结论、建议等，作为课题组、项目组过程管控的依据，同时作为工程公司改进技术过程管控的输入，以提升企业整体技术过程管控水平。

【案例 5-2】 二甲苯分馏塔塔盘设计技术方案评审

芳烃分离是芳烃成套技术的组成部分[5]。某 60×10^4 t/a 芳烃装置的二甲苯分馏塔，塔盘设计方案有多液流塔盘和多降液管塔盘两种，多液流塔盘可以应用国内技术，多降液管塔盘需要从国外引进。综合考虑项目进度、投资等因素，项目组期望采用多液流塔盘。经工艺专业、设备专业评审和项目组评审，如采用多液流方案，则四液流较好，而六液流国内外均无工业实践，且技术与经济性明显弱于多降液管方案。但四液流方案的液流强度明显超过设计准则推荐的范围。由技术委员会委员和邀请的其他专家组成的公司级评审委员会经过认真讨论形成的评审意见认为，尽管在合理塔径下，四液流强度最高已达 $141m^3/(m \cdot h)$，明显超过设计准则推荐的多液流塔盘液流强度 $80 \sim 120m^3/(m \cdot h)$，但根据该工艺物料和操作条件进行计算，适当调整、改进液流结构就能满足工艺要求。同时建议，为安全起见，组织国内主要的塔盘研究专家进一步研讨。其后，邀请国内有关院校的塔盘研究专家召开了专题研讨会，多数与会专家也赞同公司评审结论。据此，工业应用采用了四液流塔盘，一次开车成功，运行稳定，取得了良好效果。

5.2.3.2 新工艺工程化开发与工程转化技术管控过程化

新工艺工程化开发与工程转化主要包括开题立项、课题开发和课题鉴定技术过程管控。

（1）开题立项

由于需要在工程项目中实施，新工艺首次工业化的工程化开发与工程转化课题的开题立项要十分慎重。典型过程如图 5-7 所示。

开题立项主要包括课题策划、工艺调研、开题报告编制、开题论证和立项过程。各过程的主要管控内容包括以下几点。

① 课题策划主要是收集、分析信息，了解相关工艺状况，行业需求状况，初步提出课题目标、技术路线、开发内容等。

② 工艺调研的重点是调研拟用工艺研发进展，如实验室小试、中试情况，研究成果鉴定

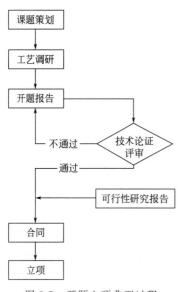

图 5-7 开题立项典型过程

或审查情况；分析工艺特点、操作条件、催化剂性能、技术指标及其先进性；工程化需要的工程技术、装备等，对拟用工艺是否具备工程化的条件进行初步分析，形成初步结论。一般情况下，工艺调研阶段需要订立保密协议，以获得更多研究成果信息。

③ 开题报告的主要内容包括：国内外现状、发展趋势及开题意义；开发目标、内容、技术方法和路线、技术关键、HSE分析、技术经济指标；知识产权状况；市场前景与目标项目分析；开题条件；计划进度和考核目标；经费预算；经费使用计划等。

④ 开题立项的技术论证、评审是开题立项阶段技术管控的关键，目的是确定目标工艺在技术上已经具备可进行工程化开发与工程转化的条件。这种论证的主要依据是开题报告，通常包括两个方面：一是工程公司自行评审、论证，一般分层次进行，得出是否可行的结论；二是增加研究成果提供者、拟用技术的用户、聘请专家参加的论证。还可以委托机构组织论证。

⑤ 编制可行性研究报告。当选择的工艺拟用于具体工程项目时，仅依据开题报告中的经济分析不足以确定是否合适，还需按照工程项目建设程序编制可行性研究报告，主要从技术和经济两个方面进行全面论证。

⑥ 通过论证后，编制开发合同。除一般合同内容外，开发合同管控的主要内容及技术过程管控的重点是：开发目标、开发范围与内容、职责和分工、开发的工业化规模和技术基础、计划进度、工作协调方式、验收标准和方法、技术成果及其知识产权的归属、技术成果及其知识产权收益的分配办法、技术成果精神权益的分享、风险责任的分担等。

⑦ 合同签订后，新工艺工业化的工程化开发与工程转化即可正式立项，纳入开发计划，进入实施阶段进行管控。

（2）课题实施

课题进入实施阶段，课题组要有充分的自主权开展开发工作，同时，为确保课题顺利进行，工程公司应对课题的实施进行支持、协调和管控。典型过程见图5-8。

① 课题启动。立项后，要组建完整的课题组，召开课题启动会，阐述组织机构、合同内容、开题报告内容，以及课题的管控要求和措施等。

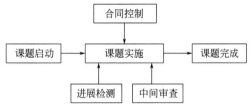

图5-8 课题实施典型过程

② 进展检测。进展检测的主要内容包括：本月主要进展和完成的开发内容、计划进展百分比与实际进展百分比、计划累计进展百分比与实际累计进展百分比、技术评审情况、存在问题与建议措施、下月开发工作计划，要分析检测的每

一项内容，对存在的问题要及时协调、解决。进展检测及其处置过程，也是绩效测量、改进的过程。

③ 中间审查。新工艺首次工业化的工程化开发与工程转化涉及面广、工程难题多，要设置节点，就开发目标、攻关技术方案、进度、技术指标、关键技术、工程难点的解决等进行中间方案审查和技术评审，以确保课题顺利进行。

④ 合同控制。根据检测情况和有关协调会议，确定课题执行情况是否符合合同要求。要预判实施状况及与合同偏差的情况，对可能发生的合同变更、合同纠纷和合同索赔事件，分析发生问题的原因，及时与合同各方协商确认问题，采取措施，把影响降到最低。确实需要变更合同的，要达成变更共识，按照程序签署变更合同。课题结束时，应按照合同要求，通过鉴定、审查、评审后，归档全部资料，经费处理完成后，关闭合同。

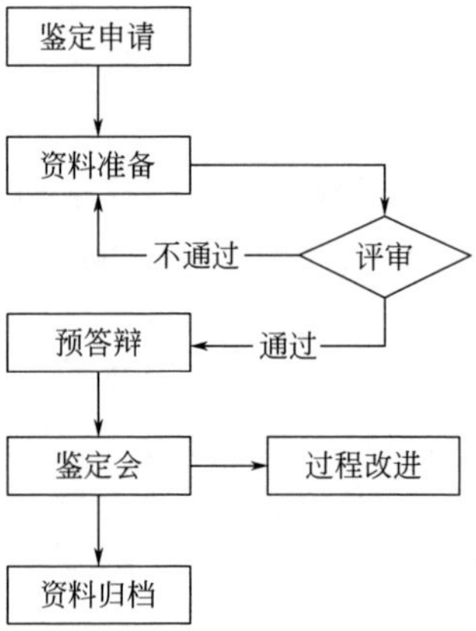

（3）课题鉴定

课题完成后，一般可请第三方组织专家按照规定的形式和程序，对课题成果的科技价值、技术水平、成熟程度、知识产权状态、成果应用的条件与范围、经济与社会效益、应用前景等进行审查和评价，并得出科学、客观、公正的结论。鉴定结论一般作为课题验收的重要依据和科技成果工业化实施、推广应用、科技奖励的依据之一。技术鉴定过程见图 5-9。

① 鉴定申请与资料准备。课题完成后，可以提出鉴定申请。鉴定材料主要内容见表 5-3。其中，技术研究报告（设计报告）一般包括技术特点，技术路线，主要研发结果，技术经济综合性能指标及国内外同类先进技术的比较，技术成熟程度，知识产权情况，对产业发展、社会经济发展和科技进步的推动作用，推广应用的条件和前景，存在的问题等。查新报告要在对专利、技术文献等知识产权检索、分析的基础上，提出技术新颖性、创造性等知识产权状态分析结论，查新报告一般委托有省级及以上资质的查新机构完成。

图 5-9　技术鉴定过程

表 5-3　课题鉴定材料主要内容

内　容	说　明
工作报告	包含课题总体情况
技术研究报告（设计报告）	内容齐全、正确
分析测试报告、标定报告和初步环境分析报告	数据可靠、分析合理
应用报告、用户使用情况报告	数据可靠、分析正确
直接和间接经济效益、社会效益分析报告	数据可靠、分析合理
经费使用报告	符合合同要求
查新报告	结论明确

② 预答辩。鉴定材料要组织评审，保证技术指标、经济指标等鉴定材料的正确性。在此基础上，组织若干专家组成预答辩组进行预答辩，以确定鉴定会汇报内容正确、形式符合鉴定要求。

③ 鉴定会过程按照组织方的安排进行。一般由汇报、答辩、形成鉴定结论等环节组成。鉴定会后，所有资料存档，同时，对鉴定会提出的意见和建议进行整理，作为绩效评估、过程改进的依据。

【案例 5-3】 逆流连续重整技术的工程化开发和工程转化

为实现催化重整技术的国产化，由中国石化工程建设有限公司承担逆流连续重整技术工程化开发和工程转化，组织了技术开发攻关组进行攻关，解决了反应部分催化剂逆流输送、催化剂循环部分催化剂由低压向高压的输送采取分散料封提升工艺、氢氧安全隔离等一系列难题。同时，组建了工程项目组负责可行性研究和工程设计工作。首套 60 万吨/年逆流连续装置于 2013 年一次投产成功，形成了具有自主知识产权的逆流连续重整成套技术，且设备全部实现了国产化。该技术成果获得了中国石油化工集团有限公司科技进步奖一等奖。

5.2.3.3 石化工程项目实施技术管控过程化

一般石化工程项目的实施过程包括可行性研究、总体设计、基础工程设计、详细工程设计、采购与施工和试车开车等阶段。由于各阶段的目标、任务不同，工作内容不同，各有特点，其技术过程管控的内容和重点也不同。

（1）可行性研究阶段

石化工程项目可行性研究是项目投资决策的依据。项目业主和政府审批部门依据可行性研究提供的评价结果，确定是否对该项目投资以及如何投资。其主要技术内容至少有建设规模与产品方案、厂址、工艺技术、原材料供应、总图、储运、公用工程、环境保护和技术经济等内容，并进行多方案研究。

图 5-10 表述了可行性研究阶段技术过程管控。该阶段技术管控的重点是总工艺流程、总图布置、能量利用、动力系统配置及环保治理的技术方案。

① 调查研究。要全面调研、分析国内外石化行业的资源、市场、技术、生产等现状，分析发展趋势，寻找、提出投资机会。

② 项目目标。在充分调研的基础上，提出拟建设或改扩建项目的项目目标，进而提出设计理念、设计原则、项目建设策略等。项目目

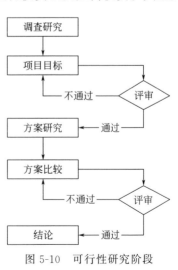

图 5-10 可行性研究阶段
技术过程管控

标是项目的核心基础，要进行三级评审，确保调研充分，分析正确，所提出的项目目标符合国家产业政策、社会发展要求，符合科技发展水平，适合市场充分竞争的需要。

③ 方案研究。围绕项目目标，开展多方案研究。方案研究以总工艺流程为核心，以总图布置、能量利用、动力系统配置、环保治理为重点，对项目建设规模与产品方案、工艺技术、原材料供应、总图、储运、公用工程、环境保护和技术经济等进行多方案研究。

④ 方案比较。在方案研究的基础上，围绕项目目标进行技术方案的比较，进而提出研究结论。要按照三级评审的管控要求进行评审、论证工作。技术管控要以保障安全可靠、清洁环保为基础，总工艺流程要体现资源利用效率、能量利用效率和产品价值最大化，工艺技术先进、成熟，并为本质安全环保与节能、高投资效率和强劲市场竞争力提供坚实基础；总图布置要以满足安全环保生产为前提，以满足加工总流程、储存运输、公用工程配置等的需求为基础，实现土地资源节约、生产和维护方便，并为工厂能量高效利用提供基础；能量利用要以能源能量利用最大化、经济合理为原则，促进节能型工艺、设备的选择利用，运用石化企业整体化节能方法，提高能源能量使用效率，实现低能耗生产；动力系统配置要以燃料、动力平衡为基础，综合集成公用工程，满足正常生产和非正常的生产安全要求，实现低投资建设，低消耗、高效率运行；环保治理要以"零"排放为理念，以全过程控制和循环利用为手段，以资源利用率最大化为途径，以原料和工艺技术的选择为源头控制，以清洁化生产控制生产过程，以高效、有效、可靠的技术进行末端治理为最后防线，实现绿色、清洁化生产。要在上述技术基础上进行技术经济方案比较，进而提出比较结论。

【案例 5-4】 普光天然气净化厂硫磺处理方案研究与比选

川气东送工程配套建设的普光天然气净化厂的一期工程副产硫磺达 226×10^4 t/a。研究比较了硫磺成型及固体硫磺储运两种方案，一是传统的袋装运输方案，二是散装储存与运输方案。经研究、对比、分析，袋装方案尽管技术成熟，但需要数百人、高强度连续作业，且由于该天然气原料二氧化硫含量高达 $14\%\sim18\%$（体积分数），对作业人员造成的安全风险很大。散装方案国内没有先例，面临如何抑制硫磺粉尘，防止形成爆炸环境，减少对周围环境污染，以及如何实现自动转运至火车等问题，但经过反复调研、方案研究与比较，最终确定选择散装储存和运输方案[3]。该系统采用圆形料场储存散装硫磺，定量装车系统装载火车，带式输送机输送，配合喷雾抑尘、低尘落料管、水浴除尘等设施，实现了硫磺储存和运输的自动化及机械化流水作业、无人值守和全天候运行，有效地控制了硫磺在转运过程中产生的粉尘。整个系统具有技术先进、自动化程度高、本质安全、环保性能突出、占地面积小、造型美观等优点，同时总体上节省投资[3]。

（2）总体设计阶段

总体设计一般用于全厂性项目，或者含有两个及两个以上工艺生产装置及其配套系统的项目，其主要目的是在可行性研究和工艺技术选择的基础上，开展优化工作，优化石油化工大型建设项目的总平面布置，优化公用工程系统的设计方案，提高投资效益，实现对建设项目总工艺流程、总平面布置、总定员、总进度和总投资的控制目标，确保满足环保、安全和职业卫生的法律法规要求。

总体设计阶段技术过程管控的主要内容是：优化确定全厂物料平衡、全厂燃料和能量平衡、硫平衡、氢平衡、总工艺流程、总平面布置、工厂设计水平、信息化水平、公用工程、节能减排、环保、安全、职业卫生和总投资估算等。

（3）基础工程设计阶段

基础工程设计依据可行性研究报告或总体设计及其批复，以及工艺包开展工作，其目的是确定工程技术方案、工程技术原则，各设备、设施的来源及技术要求，为详细工程设计提供设计依据，并满足长周期工程物资采购准备和施工准备的要求；提供审查所需的消防设计、环境保护、安全设施设计、职业卫生、节能和抗震设防的技术文件；同时，作为业主投资决策的重要依据。

图5-11为基础工程设计阶段技术过程示意图。该阶段要进一步优化工艺装置、储运和公用工程系统的工艺及其能量利用、安全与环保设计的具体方案，要深入考虑长周期设备与材料采购、大件物资运输与方案，以及可施工性、安全性

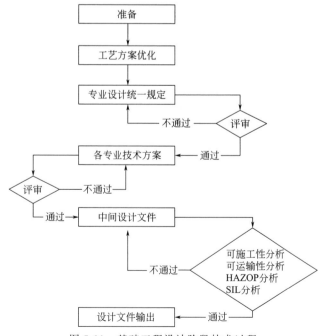

图 5-11 基础工程设计阶段技术过程

技术方案，全面开展 HAZOP 和 SIL 分析。技术过程管控的内容主要包括：工艺技术方案、工艺流程、各专业技术方案、设计规定，各设备、设施布置方案及规格书和技术要求；消防、安全、职业卫生、节能、抗震等设计方案与措施；物资采购方案和施工要求、投资概算等。

（4）详细工程设计阶段

详细工程设计阶段的目的是把设计意图和全部设计结果表达出来，满足设备材料采购，非标准设备制作和施工的需要。其技术过程管控的内容包括所有专业详细工程设计方案、设计图纸、设备表、材料表、技术要求、技术规格书等。详细工程设计技术过程与基础工程设计阶段相似，不同点是，详细工程设计阶段的工艺技术方案是具体实施的方案。

（5）采购阶段

采购是从市场获取工程项目建设所需的资源，其技术过程管控的主要内容包括：所需资源技术性能、技术要求，供应商的产能、设备、技术、原材料、产品品质等评估，包装运输的技术要求等。此外，监造是保证设备在制造生产过程中的原材料、工艺流程、制造质量等符合要求的重要手段。物质采购的技术管控过程，与本节技术选择的过程相近，主要是物资采购技术询价书的编制与评审、技术谈判、技术评标等过程管控。

（6）施工阶段

施工阶段的目标是建成石化工程项目，实现高标准中交，其技术过程管控的主要内容包括施工方案、施工技术措施、设备吊装方案、焊接工艺方案、焊接评定、施工技术试验方案与措施、单机试车方案等。

（7）投料试车阶段

通常情况下，投料试车阶段是工程承包商完成石化工程项目建设后，进入生产试运行的新阶段，也是对设计、采购与施工进行检验、考核的开始。该阶段由业主或其委托服务的运行商负责，工程承包商开展技术服务工作，其技术过程管控的主要内容包括：电气与自控仪表联合调试方案、系统联动试车方案、投料试车方案、生产运行方案等。项目投料试车、转入平稳运行后，完成项目验收，进行项目总结，提出改进设计、采购、施工有关措施，项目实施全面完成。

5.3 石化工程项目质量管控过程化

项目质量管控是项目质量管理活动与项目实体质量控制的结合。管控的重点对象是项目实施过程的质量风险。由于石化工程项目具有投资规模大、影响因素多、工程隐蔽性强、风险性高且不可重复等特征，必须通过对实现项目目标所必需的过程进行持续的策划、组织、监视、控制、报告，并采取必要的措施来保证项目的管理质量和产品质量，继而保证工程项目的本质安全。基于过程和风险的工程整体化质量管控将为项目提供最优化的绩效。

工程项目质量是在整个工程项目的决策、设计、实施和建造过程中实现的，需要通过项目建设全过程的管控来保证。在质量管控过程中，项目经理组织项目管理团队进行项目整体管理策划，制定行为规范和建立文件化的项目质量管理体系。

在项目实现过程中，依据策划的结果对项目实施过程进行监督管理。项目质量行为和实体质量要满足策划的要求，使工程质量在实现过程得到有效的控制。根据项目进展适时对项目质量管理体系的运行状态实施绩效评估，纠正偏差，持续改进，保证项目质量目标的实现。

总之，工程项目质量过程管控是包括质量策划、质量控制、质量保证和持续改进直至实现工程项目整体目标的系统过程。

典型石化工程项目质量过程管控的整体流程见图 5-12。

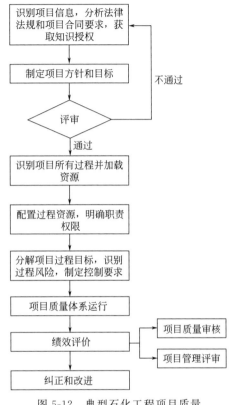

图 5-12　典型石化工程项目质量过程管控的整体流程

5.3.1　项目质量管控过程化的策划

项目质量管控过程化的策划是识别项目管理及其产品的质量要求和标准，并确定项目达到这些要求和标准应采取的管理措施或控制方法的过程。其策划原则应以满足项目确定的质量目标及质量管理体系的整体要求为目的。项目质量管控过程化的策划是按照质量管理原则，在明确顾客需求的前提下，对项目质量管控的执行策略、实施方案进行事先规划，制定质量风险的管控措施，形成覆盖质量管控全方位集成化的管理体系，为顺利进行质量全过程管控制定框架和基础。

质量管控过程化的策划包括制定项目质量方针和目标，识别项目所需过程和风险，规范各过程质量管理控制要求，编制质量管理文件。项目质量策划应与项目其他策划同时进行，相互关联和协调，形成同一目标下的集成化项目质量管理体系。

5.3.1.1　质量管理体系的策划方法

石化工程项目质量管理体系的建立并持续改进的主要依据为《质量管理体系

要求》（GB/T 19001—2016/ISO 9001：2015）和项目质量特性要求。其策划方法要点包括以下几点。

① 通过确定质量方针、目标、职责和活动准则，建立并实施对各过程和活动的监视与测量，从而使项目满足其预定的需求[6]。

② 通过适当的政策和程序，采用持续的过程改进活动来建立并实施质量管理体系[6]。

③ 需要兼顾项目管理要求和项目产品标准。它适用于所有项目，且贯穿项目全过程。

④ 识别项目实现的所有过程及其之间的关联性是建立整体化质量管理体系的基础。

5.3.1.2 质量管理体系的策划原则

通过国内外各类石化工程项目的实践，在建立项目质量管理体系时应考虑以下原则。

（1）整体策划

识别项目所有过程和相互关系，统筹考虑整体化原则，建立覆盖全过程全方位的项目质量管理体系。设置组织机构，明确质量管理职责、权限和责任目标；按过程制定项目程序制度，规范所有质量管控活动。

（2）全员参与

人员素质是影响工程质量的一个重要因素。要发挥项目管理层特别是项目经理的领导作用，同时提升全员质量意识，自觉履行质量管控职责，以人的工作质量保证工程质量。

（3）风险管控

全过程贯彻风险管控的理念，识别分析质量风险，积极主动对质量影响因素进行管控，做好事前和事中控制，减少质量损失。

（4）依法合规

依据法律法规和合同规定选择确定工程项目适用和有效的技术标准和质量规范，建设、评定产品质量，实现过程控制、验评分离、行为规范、本质安全。

（5）持续改进

工程项目的改进工作包括工程本体的改进和技术优化、工程建设实施过程改进和管理过程的改进。在项目实施期间运用质量管理的过程方法进行整体化管理，实现策划-实施-检查-行动的循环（即 PDCA），达到持续改进的目的。

5.3.1.3 质量管理体系的整体化架构

工程项目的质量管理体系是一个目标管理体系，它必须以工程项目为对象，根据工程管理的实际需要而建立。这个体系与工程项目的其他体系如费用管理、进度管理、环境管理、职业健康安全体系等形成整体化项目管理体系架构。

质量管理体系的建立应贯彻执行国家、行业有关工程质量的法律法规和各项方针政策。质量管理体系一般按照多层次规划，对应于工程项目建设过程的职责垂直分解，明确项目相关方的质量管控职责和工作程序，制定项目质量规划、质量控制措施和管理方法，规范质量管控行为，确保达到项目预期的质量目标。

通过识别项目管理及实现项目产品所必需的过程，分析关键过程和次要过程，确定每一过程的输入和输出（实物或信息）并充分考虑各过程间的界面和制约关系，进而实现项目过程与项目目标相结合，建立工程项目各过程的分解结构，将工程标准和项目质量目标逐层分解，制订相应的质量管控计划，确定具体的管理措施、方式和过程要求，形成有效的运行机制。管理体系将在受控条件下按照策划的结果实施，全过程监督检查并适时进行评估和调整，以达到持续改进。

典型石化工程项目产品实现的过程集成和过程分解方法见图5-13和图5-14。

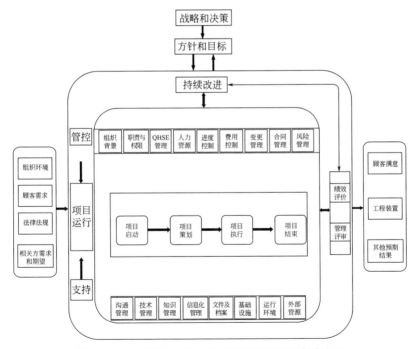

图5-13　典型石化工程项目产品实现的过程集成方法

5.3.1.4　质量管理体系的建立

质量管控过程化策划的结果是建立工程项目质量管理体系。典型石化工程项目的质量管理体系应满足以下基本要求。

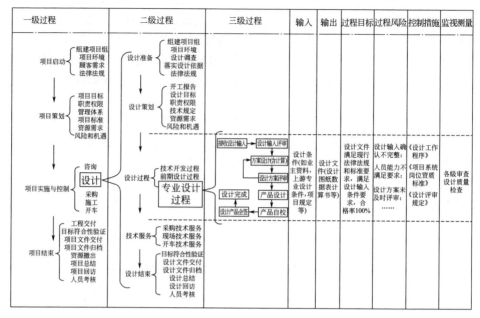

图 5-14　典型石化工程项目产品实现过程分解方法

① 涵盖《质量管理体系要求》（GB/T 19001—2016/ISO 9001：2015）标准全部内容。

② 符合国家有关工程质量的法律法规和各项方针政策。

③ 关注顾客需求，满足顾客的质量政策、程序或指南。

④ 识别过程并确保对项目执行全过程与质量相关的行为进行有计划、有系统的管理和控制。

⑤ 确定项目所有相关方质量责任，项目的管理关系和监督关系。

⑥ 考虑项目质量成本，平衡质量与进度和成本间的对立和协调关系。

⑦ 把供应商和承包商的质量体系纳入项目质量管理体系进行管理。

⑧ 根据项目进展，逐步完善和深化质量管控策划。

项目质量管理体系应覆盖项目运行的所有过程，其主要内容包括以下几点。

① 确认的法律法规要求，顾客要求，其他相关方要求。

② 项目质量方针、质量目标及其分解。

③ 项目各级组织机构设置、各岗位人员质量职责和权限。

④ 文件及记录管理。

⑤ 界面管理、沟通与协调。

⑥ 资源管理，包括人力资源及设备设施。

⑦ 设计和开发过程质量管控。

⑧ 项目采购和分包质量管控。

⑨ 设备制造过程质量管控。

⑩ 入库检验和现场仓储管控。

⑪ 施工过程质量管控。

⑫ 其他有合同关系的相关方管控要求。

⑬ 不符合的控制，包括质量行为不符合和产品不合格。

⑭ 绩效监视和改进机制。

采取过程方法对上述项目质量管理体系所有过程进行策划，应充分考虑每个过程的 PDCA（策划、实施、检查、行动）的完整性，并充分关注过程目标实现的风险及管控措施。

5.3.1.5　质量管理方针目标及实施措施

项目的质量方针和目标由项目决策层制定，是项目质量管理体系的最高纲领和宗旨，它指导并始终贯彻于项目所有活动。项目质量方针的建立，应考虑提供安全、高质量的产品与服务，满足顾客要求，同时应满足相关法律法规要求。项目质量方针为项目的质量目标提供框架。

工程项目的质量目标是按照项目业主的工程意图、决策要点、法律法规和强制性标准的要求，将工程的质量目标具体化。质量目标应该在项目组织体系中层层分解并制定实施措施。项目质量目标应从以下几个方面考虑。

（1）满足法律法规要求

项目建设满足国家、地方、行业有关法律法规要求、强制性标准要求。

（2）满足合同要求

项目各项活动满足合同规定的要求，符合相应项目程序、工作规范要求，通过对项目的有效计划和管理，通过团队工作的定期评价，依靠确定的项目目标以及对业绩的不断改进，最终实现合同承诺。

（3）关注业主期望

最经济地使项目建设满足质量要求，在整个项目的执行期间，关注业主需求和满意度。

（4）满足公司的战略规划和质量目标

项目质量目标是公司整体目标的一部分，应满足公司的战略规划和质量目标要求。

（5）持续改进

在整个项目期间，实行并保持持续改进。

除制定项目的总体质量目标，项目还应设立各个阶段的分解目标以及各承包商的具体质量目标或指标，这些目标应包含在项目各阶段、各承包商的执行计划中。

5.3.1.6 项目质量管理组织机构及职责[7]

项目质量管理组织机构应包括负责管理和控制本工程质量的各级人员及其之间的关系，并应标明业主、承包商和分包商之间的界面。

项目质量管理组织机构一般可分为四个层次：决策层、管理层、执行层和实施层。

决策层由项目经理（多项目管理可设项目主任）等高层组成，负责批准项目质量方针、目标；组织建立项目质量管理体系和质量管理制度，负责项目质量管理过程中重大事项的决策。

管理层由项目管理的各个职能部门组成，根据职能分工承担各自的项目质量管控职责。

执行层由各职能部门人员组成，负责具体执行项目质量管理的各项制度，分解细化并全面完成项目各项质量管理目标。

实施层由各级工程承包商组成，是工程质量的责任主体。在项目统一管理下，建立完善的质量保证体系并确保体系的有效运行。

图 5-15 展示了典型项目质量管理组织机构。

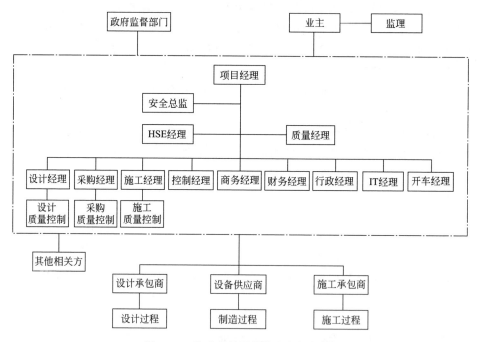

图 5-15 典型项目质量管理组织机构

在建立项目质量管理组织机构的过程中，除了要明确质量管理人员的级别和界面关系，还应明确项目各岗位的质量管理职责和权限。

为保证项目人员能够完成其工作内容，项目经理负责组织制定项目组织机构，选派具备所需能力和经验的人员，明确各部门、各岗位人员的管理职责和权限。发布正式的组织机构和岗位职责说明书，并监督人员履责情况。

必要时，应编制项目质量管理责任矩阵图，标明组织机构中哪些人员负责编制、批准、执行和监督质量管理程序。

5.3.1.7　项目质量计划

项目质量计划是项目管理策划的结果之一。项目质量计划是指导和规范项目质量管控活动实施的具体要求和程序，是进行项目质量风险控制的重要依据和保证。质量计划应识别实现项目质量目标所必需的活动和资源，提供一种与过程、产品、项目或合同的规定要求有关的，支持项目实现的工作方法和规程。质量计划必须与项目的其他有关计划协调并形成整体化的管理要求。

项目质量计划的内容应包括项目质量管理体系涵盖的所有管理要点，即5.3.1.4节中规定的质量管理体系应包括的内容。项目质量管理体系形成的文件和管理要求，应在质量计划中得到引用并发挥指引作用。

5.3.1.8　文件化的质量管理体系

项目质量管理体系的策划结果是形成文件化的质量管理体系，项目质量管理体系文件主要由以下几个级别的文件构成：纲领性文件，包括项目质量方针和质量目标；规划性文件，如项目质量管控计划；管理文件，包括各过程的管理程序和制度；指导性文件，包括规范和标准以及各级作业指导书；追溯性文件，包括质量记录和报告。

图 5-16 给出了典型石化工程项目质量管理体系文件结构。

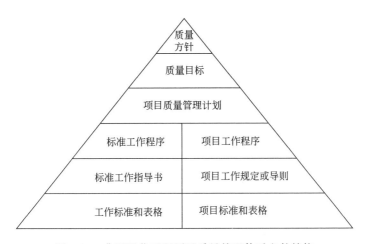

图 5-16　典型石化工程项目质量管理体系文件结构

5.3.2 项目质量管控过程化的实施

质量过程管控的目的是确保产品、体系或过程的固有特性满足规定的质量要求。在项目质量过程管控实施的过程中应始终遵循过程方法。过程方法是系统地策划实现项目所必需的诸多过程，识别和确定这些过程的顺序和相互作用，规定过程的运行方法和要求，控制过程运行，实现预期结果，并持续改进的方法。通过确定产品实现的所有过程，识别各过程质量风险点及控制措施；针对过程编制程序或规定作为质量保证措施，保证每个过程在受控的状态下运行并获得增值；监测并记录执行质量活动的结果，将其与发布的项目质量标准进行比较，确认质量误差与问题，分析原因并采取纠正措施；实现输出满足输入的要求，以确保工程项目达到预定的质量目标。

在实施阶段，对产品质量过程管控的主要活动如下所述。

5.3.2.1 设计过程质量管控

通过设计过程质量管控对工程设计进行全过程协调、监督、管理和控制，制定设计质量管控要求并监督实施。明确设计管理工作界面、职责和工作流程，指导设计管理工作有序开展。

下列工作过程应作为设计质量的主要控制点。

（1）设计输入管控

项目设计经理应明确设计输入内容及管理要求，组织对设计输入进行评审，主要设计输入包括：合同及其附件；项目适用的规范、标准、法令、法规；客户提供的技术软件，包括专有技术；客户提供的项目基础资料；专利商提供的工艺技术资料；分承包方提供的有关设备材料的技术、图纸和资料；接收的设计各专业之间的条件；上一阶段的设计确认文件及审查批复；项目技术统一规定等。

（2）设计数据管控

项目设计数据是经顾客确认的正式设计文件。设计数据的修改应经批准后发布，保证项目设计数据始终处于受控状态。

设计数据是项目设计和施工的基础，必须列入与顾客的合同和协议书中。在项目执行过程中，如发生设计数据的必要修改，应列入顾客变更。按规定程序批准顾客变更单后，项目经理及时发布新版数据，并注明版次。

（3）项目设计（统一）规定编制

项目设计规定应针对项目特点进行编制，并经过批准发布。

设计工作开始前，项目经理组织各设计专业编制专业设计统一规定，作为各专业开展设计的主要依据之一。专业设计统一规定内容一般包括设计依据，设计范围，设计基础数据及设计基本条件，专业设计原则，具体的工程设计规定，设计文件要求，采用的标准规范，本专业采用的新流程、新技术、新结构、新材料说明和项目管理要求等。

项目设计规定分总体部分和专业部分，由项目经理编写项目设计统一规定的总体部分，内容主要包括项目概况、设计依据、项目设计数据与基本条件、公用及辅助设施、环境保护与安全卫生及消防要求等。

（4）项目设计标准规范管控

项目经理组织识别、确认在项目中所采用的法律法规、标准、规范和规定，编制并发布项目适用的法律法规和标准规范清单，确保使用的标准规范为有效版本。

在项目实施过程中发布的新的法规和标准规范需经评估后确定是否采用。

（5）设计的组织接口和技术接口管控

在整个设计过程中，与设计有关的接口关系较为复杂，各种信息主要通过内、外部接口来传递。处理好各种接口关系尤为重要，对接口关系的控制要求及时、准确传递各种信息。项目应规定接收和传递信息的方式、授权、传递时间、深度要求和传递目的。

（6）设计文件输出验证

设计输出的主要文件是设计条件和工程设计文件以及顾客要求的其他文件。

项目经理组织落实设计条件和文件校审工作，组织制定各专业校审提纲并逐条检查，保留相应记录。强调各级设计人员对其所承担的工作质量负责。

专业间会签要保证接收条件专业的设计图纸与条件要求相符，是保证设计成品质量的一项重要控制活动。通过会签保证各专业在设计区域范围内布置合理、互不碰撞，设计条件得到落实。

（7）采购技术支持

在工程设计过程中，项目经理应组织设计专业人员编制采购询价技术文件（或者技术招标文件）。采购招标时，项目设计人员应对需要的技术澄清和评标工作给予支持。

设计人员及时对设备、材料供应商返回的资料进行确认，评价其是否满足设计要求，并将确认意见形成文件。经确认的供应商返回资料作为详细工程设计文件编制与校审的依据。

（8）设计变更管控

设计变更应由授权人按程序规定在审批权限内批准后发表。设计变更主要包括：设计评审、验证、顾客审查设计文件过程中引起的变更；设计条件变更、设计会签过程中引起的变更；顾客要求或采购等过程引起的变更。

设计文件发送后的设计更改有以下主要原因。

① 设计遗漏等内部原因或外部原因引起的变更。

② 业主、工艺商、分承包方提出的变更要求。

③ 国家或地方法规的改变引起的变更。

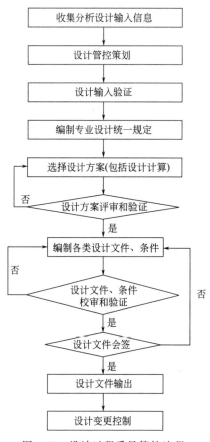

图 5-17 设计过程质量管控流程

图 5-17 给出了设计过程质量管控流程。

5.3.2.2 采购过程质量管控

设备、材料的采购是项目工作中极为重要的质量环节，做好设备、材料采购工作，对节约项目投资、保证项目的进度和质量，起着至关重要的作用。采购物资的质量管控通过确定采购策略、制定采购执行方案、选择合格供应商、采购合同的控制和物资监造、验收来实现。应编制采购管理执行计划来规范采购活动，针对采购工作内容确定所有采购过程，识别各过程风险，制定管控措施，确保设备、材料的质量满足要求。采购主要控制过程包括以下内容。

（1）采购文件质量管控

设备材料采购文件包括请购技术文件和采购招标文件。采购技术文件用于确定对设计所选设备、材料的质量和性能的基本要求，其主要包括：数据表/规格书、采购说明书、技术标准、规范和检验要求、要求分承包方提供确认的资料和时间等。采购招标文件用于保证对采购的设备、材料所规定的质量要求，主要包括：准确的请购文件、询价函、报价须知、项目采购基本条件、设备及材料的包装、运输和标识要求、报价意向回函的其他要求等。采购工作开始前就应制定采购技术文件的格式、评审和沟通要求。

（2）报价评价过程管控

供货厂商的完整、准确报价是保证设备材料采购质量的关键。项目组应按照确定好的评审内容和要求对报价文件资料组织评审，准确合理地选择供货厂商。报价评审过程一般分为技术评审、商务评审与综合评审三个部分。项目应策划和规定好各部分的评审内容和标准。

（3）采购合同质量管控

采购合同文件由合同商务文件与合同技术文件构成。在编制采购合同文件过程中，应确认每项细节要求都已被买卖双方责任人完全理解并取得共识，对存在分歧的问题进行协调或专题评审予以解决，落实合同要求的内容。合同文件（或订单）的全部或部分应复制并分发给有关人员，确保合同的有关内容准确无误地传达。

（4）设备制造过程质量管控

检验工作是根据订货合同的要求，在材料、加工、装配等设备制造质量环节上对制造商的产品实施监督、检查的工作，以保证得到质量合格的最终产品。

检验工作方式根据具体情况可以选择：中间检验、最终产品检验、车间检验、审阅资料和委托第三方检验。检验人员需对其所负责的采购产品制定详细的检验（预检验）工作计划。对部分有必要进行制造过程中间检查的关键设备，应在检验计划中预先安排并在合同中明确其检验要求。检验员须定期发布检验状态报告并编制阶段检验总结报告，所有检验记录和报告归入档案。

（5）催交过程质量管控

催交工作的任务是按照项目进度要求，敦促制造商依据订货合同的规定，及时提供指定的文件或最终的实物产品。

催交人员应根据制造厂生产计划编制项目的催交工作计划。催交人员定期向项目组提供设备和材料的到货催交状态报告，报告生产计划完成情况、运输状态等。催交工作中与厂商的来往联络应形成记录文件，并编号归入采购档案。

（6）运输过程质量管控

运输协调员负责运输工作的计划、协调，审定具体运输方案，检查货物的包装、运输文件的完整性，保证运输中货物不受损坏。

（7）仓储管理过程质量管控

物资的接收与发放主要包括接货、移交、开箱、检验、入库、保管和发放工作。设备材料的再检验和试验，须进行明确标识，对不合格品要隔离与标识，以满足不合格品的追溯性要求，避免误用。

（8）不合格品管控[8]

采购设备、材料中的不合格品需按规定进行标识、记录、评价、隔离，防止误用和使用。开箱检验过程中被确定为"不合格品"的物资，应做出明显标记并隔离存放。对不合格品的处置主要有让步接收、修复使用、降级使用、拒收、要求调换或索赔等方式。

采购过程质量管控基本流程见图 5-18。

5.3.2.3　施工过程质量管控

施工过程质量管控主要是通过对施工全过程的各个阶段、各个环节进行组织、管理、监督、检查和验证，使施工承包方的整个施工过程始终处于受控状态，保证工程实体质量满足要求。

施工过程质量管控的依据主要包括：有关施工的标准规范、国家和地方的有

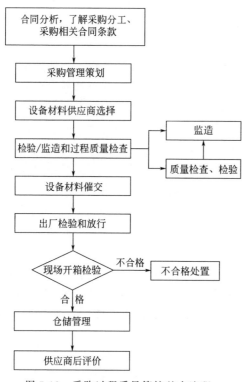

图 5-18　采购过程质量管控基本流程

关法规、项目质量体系文件、施工管理规划、施工过程质量管控程序、施工承包方报批的施工组织计划及施工方案、设计文件中有关施工的技术要求、合同文件。

通过项目实践，在质量管控中应充分加大行使质量否决权的力度，把施工质量纳入对分包方的考核，提高承包商的质量意识，同时施工进度款项的支付应包括对质量因素的考核。

施工过程的质量管控要点主要包括以下内容。

（1）施工前期准备阶段的质量管控

① 技术准备、设计交底

施工经理负责协调组织设计交底及图纸会审，审批施工分承包方的施工组织策划，审批施工分承包方的开工报告，落实开工条件。

设计交底前，组织业主、施工分承包方对施工图纸进行会审，之后召开设计交底会，形成交底会议纪要。图纸会审和设计交底可合并进行，具体视情况而定。

② 质量控制点设置

质量控制点是为保证作业过程质量而确定的重点控制对象、关键部位或薄弱环节。质量控制点的设置应遵循以下原则。

（a）对严重影响工程适用性（可靠性、安全性等）的关键质量特性、因素等设置控制点。

（b）对施工工艺要求严格，严重影响下道工序的，应设置控制点。

（c）对质量不稳定的工序项目，应设置控制点。

（d）对工序的交叉作业应设置控制点。

（e）特殊工序（如隐蔽工程）交接点应设为质量控制点。

质量控制点设置要求应在施工分承包合同中明确，要求施工分承包方向施工人员进行交底，对有资质要求的岗位应核查其有效的技术资质证明或上岗证。

根据重要程度，质量控制点一般分为 A 级控制点、B 级控制点和 C 级控制点。

A 级控制点为重要质量控制点，是涉及结构安全和使用功能的关键检查点。

在此控制点施工分承包方需停工待检。要求业主代表、监理工程师、总承包工程师、施工承包商四方共检。大型石化工程项目也有质量监督部门参加 A 级控制点质量检验。

B 级控制点为次要质量控制点，是见证检查点。施工分承包方不需停工待检。监理工程师、总承包工程师、施工承包商三方按照约定时间进行现场检查，共同确认。

C 级控制点为一般控制点，由施工承包商自行检查、确认、见证。监理和总承包专业工程师抽查。

在质量控制点检查验证时，要求施工分承包方在提交 A 级控制点、B 级控制点书面通知前进行自检，确认合格。

③ 开工条件确认

按照石化工程开工条件的要求逐一进行开工条件验证。施工经理在对开工现场所具备的条件进行核实后方可签发开工令。开工条件质量部分审查主要包括以下内容：分包报验或备案已完成（施工总承包、专业分包、劳务分包）；与施工总承包商/专业分包商的工程合同及劳务分包合同、安全协议书已签订；项目质量保证体系已建立并能够有效运行；项目关键人员已到位；质量监督管理人员已到位，质量检查员按要求配备；拟开工工程所需特殊工种作业人员资质符合要求，并完成监理及业主报验；项目经理和安全负责人及主要管理人员资质合规，项目负责人、安全管理人员持证上岗；拟开工工程施工方案已经过业主或监理审批；单位工程划分已完成并通过业主/监理审批；拟开工工程所需特殊工种作业人员资质符合要求，并完成监理及业主报验；拟开工工程施工方案已经过业主或监理审批；单位工程划分已完成并通过业主/监理审批；拟开工工程质量控制点已设置并通过业主/监理审批；项目质量计划已完成编制；即将进场的机具设备、工程机械车辆经过检查并获得入场许可；检、试验设备及计量器具已完成报备并满足检测要求；施工图纸交付进度能满足连续施工的需要；设计交底或图纸会审已完成；现场施工技术交底已完成；工程材料已到现场并检验合格，具备连续作业条件；施工测量放线已完成报验（现场控制网建立）；项目主体工程（或控制性工程）施工准备工作已经做好，具备连续施工的条件。

（2）施工过程的质量监控

施工开展前，项目应组织对施工分承包方检验和试验工作的计划、程序进行审查，检查或抽查分承包方用于检验的设备，对分承包方的现场进货、工序检验、最终检验和试验进行监督。

① 设备、材料进场检验

要求施工分承包方对进场设备、材料按产品及施工验收标准规范进行检验或复验，检验结果应保留记录。因施工急需来不及检验而放行时，应设置放行权限，对原材料、设备等做出明确标识，保留记录，以便发现不合格品时能立即追回或处置。

② 对施工分承包方"三检制"的监督检查

在施工全过程中，要求施工承包商实行工人自检、班组交接检（互检）和专职检查员的检查，总承包方对自检情况进行抽查。

③ 施工质量验收管控

施工质量验收包括：工序检查验收、隐蔽工程验收、分项分部工程验收、交工资料验收、中间交接验收和项目交工验收。

（a）关键/特殊工序的质量管控。应在相关施工规划中明确施工的特殊过程，在工程建设活动中对其进行识别、确定，并制定评审和批准的准则；要求施工承包商对特殊过程作业中特定的方法和程序做出明确的规定并进行必要的操作策划。施工或制造前必须有相应的施工规范或作业指导书，有书面的技术交底或施工方案，明确规定施工或制造的方法及质量要求。在施工或制造前对相关的设备、设施和人员资格进行确认，对参与作业的人员资格进行考评鉴定，并保留完整的记录。

（b）施工工序交接的质量管控。执行工序交接检验制，坚持上道工序不经检查验收不准进行下道工序的原则，所有检查和检验要做好记录。工序验收的确认内容包括：工序施工所需一切技术资料齐备、原材料及成品与半成品质量合格、施工机具性能与状态满足要求、施工人员符合岗位要求、上道工序交接检合格和本道工序质量合格。

（c）隐蔽工程的质量管控。隐蔽工程是指被其他工序施工所隐蔽的分项工程，在其被隐蔽前须经过验收。隐蔽工程先由施工承包方自检合格后，再由业主或监理代表等对其进行验收。石化工程项目的隐蔽工程验收，还须由施工承包方的专职质检员在其确认隐蔽工程验收记录内容的前提下，由总包的专业工程师对以上内容进行复验，并会签《隐蔽工程验收记录》，该记录将被列入工程交工档案中。

（d）检验与试验设备的管控。审查、跟踪监督施工分承包方用于产品或施工安装过程结果监测所需的检验、测量和试验设备，确认其具有校准状态的标识及其校准、检定或验证记录，并在规定的有效期内使用。当委托专业检测单位进行检测时，应对其检测、试验设备状态进行验证，对其检测方案进行审查并监督其实施。

（e）施工不合格项管控。应制定对施工质量不合格项的处置规定，包括识别、监视与测量要求，在施工过程对发现的施工质量不合格项要求施工分承包方进行处置，并采取纠正措施。相关职责人员对处置结果进行监督验证。

（3）施工过程的标识管控

在石化工程项目中，标识包括设备、材料标识及施工过程、施工状态标识。

项目应编制统一的标识规定。在施工过程中，按照批准的标识规定做好过程标识，同时还必须保证所安装的设备、仪表等产品上原有的出厂标识不被损坏、遮盖或完全移植。

（4）分项/单位工程验收质量管控

分项单位工程的划分要有利于检验与鉴定能够取得较完整的技术数据，不影响分项工程的鉴定结果。划分原则应根据国家质量评定及验收标准、石化行业质量评定及验收标准，结合工程实际情况进行。

（5）工程中间交接验收质量管控

工程中间交接标志着工程施工的结束，由单机试车转入联动试车阶段，是工程质量的重要控制环节，中交验收质量的好坏对工程项目的最终完成有着直接影响。

（6）交工资料验收管控

在项目策划阶段就应该制定交工资料相关明细要求和规定，验收依据主要是按国家、石化行业的有关交工技术文件规定或按合同规定执行。

（7）项目交工验收

项目交工是联动试车后的一个重要程序，是在项目对全系统的设备、管道、阀门、仪表、供电、连锁、机械等的性能和质量进行验证后的确认。

项目交工应具备的主要条件有：按设计文件和合同规定的内容全部建成；工程质量达到施工验收规范规定的标准和设计文件的要求；全部生产装置联动试车合格并达到设计质量要求。

施工过程质量管控基本流程如图 5-19 所示。

5.3.3 项目质量管控过程化的绩效评估

石化工程项目的绩效评估是通过过程质量检查、检验和定期的项目审核来实现的，项目组应通过对项目实施过程的质量检查、质量审核和管理评审活动，验证质量管理体系在项目合同履行期间的运行状态，利用各种测量的结果和相关信息分析结果，采取纠正措施促进质量管理体系在项目上的自律运行和持续改进，通过上述的质量保证活动，增强满足业主和适用法律法规要求的能力。

项目质量管理体系运行过程监督和检查的要求应在项目前期进行策划并根据项目实施情况适时调整。

5.3.3.1 项目质量过程审核

过程的质量决定了体系和产品的质量，对过程进行质量审核，通过检查、对比项目质量策划要求和评价质量管控效果，确保采用了合理的质量标准和过程要求，保证相关人员始终严格遵守确定的标准和要求，通过促进过程质量的提高，确保项目质量管理体系的有效运行。

项目质量经理应在项目策划阶段编制项目质量过程审核程序和项目审核计划（可包含在审核程序中），并应经过项目经理批准后发布执行。

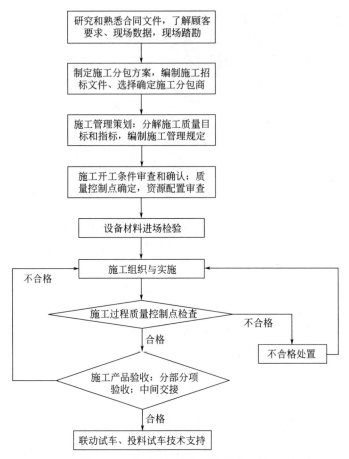

图 5-19　施工过程质量管控基本流程

（1）审核时间

应根据合同及业主方的要求，合理安排审核时间，比较合理的审核时间一般设置在设计、采购、施工的各自 30％、60％、90％阶段。为控制质量风险，审核宜按照项目进展和审核计划适时进行。

（2）审核依据

确定的审核依据应保证涵盖项目合同要求、业主规定、标准规范、相关的法律法规要求、行业制度要求以及项目编制的质量体系的运行标准和制度。

（3）审核内容

审核员根据项目工作范围、审核依据和项目进展情况编制适用的且覆盖完整的审核要点和审核内容。审核内容的确定可以是表格式、流程图式或对程序（或制度）的注解。

根据以往的项目审核经验，审核内容应包括质量行为和产品质量（包括设计文件质量和设备制造过程质量）。

（4）审核报告

审核报告应该覆盖计划审核的内容和关键要点。审核报告至少应满足：报告能够提供相关审核程序有效实施的证据；能够确定纠正措施要求和后续跟踪活动要求。

（5）不符合项的处置

对审核发现的不符合项，应记录在审核报告中，描述清晰以便制定纠正措施。不符合项报告必须包括必要的信息，以避免引起歧义。不符合项得到纠正并验证合格后方可关闭。

项目质量审核过程包括审核计划编制、评审、发布、实施审核、发布报告及对不符合项进行跟踪验证等步骤。

5.3.3.2　项目管理评审

项目管理评审是为确定项目质量管理体系的适宜性、充分性和有效性，以达到项目管理体系的持续改进。项目管理评审活动应在项目前期进行策划，项目经理应该按照项目管理评审策划结果组织实施管理评审活动。

项目经理负责主持管理评审会议并做出评审决定，批准管理评审报告。

（1）管理评审输入

评审的输入为评审管理体系提供依据，应包括以下信息：审核和检查结果，包括质量审核和检查的结果，也包括业主审核；业主反馈，包括业主意见和抱怨，顾客满意度监视和测量结果；项目合规性评价结果；来自外部相关方的相关沟通信息；项目运行过程质量管控绩效；质量目标的实现程度；不合格品的处理及纠正措施；上次管理评审跟踪措施的落实；可能影响管理体系的变更，包括合同的变化；改进的建议；培训需求；项目设备需求和维护、工作环境和基础设施等。

（2）管理评审输出

根据管理评审的结果，就以下方面做出评审结论，形成管理评审输出，编制管理评审报告。

项目质量管理体系有效性及其过程有效性的改进；顾客满意度状况和改进需求；与质量管控绩效有关的决策或改进措施；管理体系运行的资源需求和改进措施。

（3）管理评审结论落实

项目各职能部门依据管理评审报告或会议纪要，负责制订纠正措施计划，并组织实施改进工作。

5.3.4　项目质量管控过程化的持续改进

质量改进是通过改进质量管控的有效性，增强满足质量要求的能力的过程。质量改进的对象包括工程实施过程的质量改进、管理过程的质量改进和工程产品的质量改进。工程项目的质量改进是追求更高质量目标的持续活动。

项目质量过程管控的改进是有计划、系统性、持续的改进过程。改进的过程应包括识别改进机会、制定改进措施、实施并监控改进措施和改进效果评价。

识别改进机会的途径主要包括：通过监视和测量项目运行各过程得到的反馈信息以及对质量改进过程或结果进行信息分析和信息处理，使用这些信息整理分析结果制定改进措施并组织实施，不断提高质量管理体系与标准要求的适宜性、充分性和有效性，满足项目目标。

（1）项目质量数据统计分析

项目质量数据的统计分析为总结项目质量经验教训，持续改进项目质量管控水平提供了数据支持。在项目执行过程中和项目结束后，根据预先策划的项目质量数据统计范围、内容进行项目质量数据的统计分析并形成质量数据统计分析报告。质量管控数据的统计内容包括：设计变更统计；设备、材料质量情况统计；施工过程质量检验结果，如一次焊接合格率等；不合格品控制的统计；质量事故的统计与分析；内审及各类检查发现的问题；项目各阶段重大质量风险及管控情况；质量制度及体系的建立健全情况；检试验设备的使用与管理；对整个项目的质量进行评价。

在项目策划阶段，制定质量数据统计分析的程序和规定，在项目运行整个过程中，根据确定的项目过程，分阶段和类别组织质量数据监视测量、统计和分析。对项目的质量统计数据进行归类，找出共性或多发问题及偏差趋势，分析原因，制定改进措施。在项目结束阶段，根据项目执行过程中的质量数据监视测量与分析结果，形成项目质量数据统计分析报告并归档。

（2）项目质量事故处理

在石化工程项目中，质量事故是指由于责任过失而使产品、工程和服务质量不合格或产生本质缺陷，造成经济损失和不良影响的事件，以及在国家、省（自治区、市）或行业系统组织的监督抽查中发现的不合格事件。

制定质量事故的相关规定和程序要求，在项目执行过程中一旦发生质量事故，应如实报告；对于事故调查工作，应如实反映事故情况，不得隐瞒和谎报，更不得出具伪证、破坏事故现场或阻挠事故的调查；项目组还应积极吸取事故教训，组织制定和实施预防措施。

项目组应重视质量事故的统计分析。发生质量事故后，项目组应召开质量事故分析会，深入查找存在的问题，认真总结教训。同时项目组应根据事故分析结果制定和落实改进措施，避免类似质量事故再次发生。

（3）纠正及纠正措施管理

在项目执行过程中，对质量事故、质量数据统计分析出的问题，项目质量审核中发现的不符合项及其他项目质量管控活动中发现的不符合项，应按如下步骤进行管控。

① 对不符合项进行纠正（处置），即针对不符合项本身所采取的处置；

② 不符合项原因分析可考虑资源、技术、管理要求、实施能力、界面关系、控制环节、信息沟通和人员责任心等方面的因素；

③ 纠正措施的制定；

④ 纠正措施实施及验证。

纠正措施是一项改进活动，目的是为消除不符合项产生的原因，防止不符合项再次发生。项目组应根据客观事实及不符合项的产生原因，提出拟采取的纠正措施，尤其对具有普遍性、规律性、重复性的不符合项，应采取有针对性的、有效的纠正措施，防止其再次发生。

纠正措施的制定，应考虑对项目的综合影响程度，纠正措施应具体、有效，可操作性强，以防止同类不符合项再发生为目的，并应尽量减小风险，考虑纠正措施实施的成本。

纠正措施可能涉及的范围和方法有以下几项。

① 修改或补充有关的规定等管理体系文件；

② 明确组织或技术接口及其工作程序，加强监督检查；

③ 明确技术要求和依据的标准；

④ 与顾客或其他相关方沟通，形成相关协议；

⑤ 调整或明确相关方管理界面及信息传递要求；

⑥ 调配所需资源；

⑦ 加强人员培训、资格考核和质量意识教育；

⑧ 设置评审要求或控制点；

⑨ 调整工作计划；

⑩ 增加监督检查频率；

⑪ 针对原因可采取的其他纠正措施。

为避免纠正措施的原因分析不到位，致使不符合项的再发生，纠正措施完成后，项目组应对纠正措施实施效果进行有效性评审。对于实施效果较好的纠正措施，必要时，应根据其涉及的文件类别，对相应的文件进行修改、补充和完善，使项目质量管理体系的适宜性和有效性获得改进。

（4）持续改进

所谓改进就是在现有质量管控水平基础上实现突破和提升。工程项目的质量改进是追求更高质量目标的持续活动，改进活动贯穿于整个项目的实施过程。

质量改进是通过改进质量管控的有效性增强满足质量要求的能力。质量改进的对象包括工程施工过程的质量改进、管理过程的质量改进和工程产品的质量改进。

① 工程施工过程的质量改进包括执行方案、执行过程及过程各节点管控方法的改进，以提高工程质量和过程的有效性。

② 管理过程的质量改进是对项目质量体系的不断完善，包括对项目质量方针、目标、组织机构及职责权限、管理程序和控制方法的改进，以提高质量保证能力和管理效率。

③ 工程产品的质量改进主要通过技术创新和改进来实现，以实现工程项目的先进性并降低成本。

改进的策划应明确持续改进工作目的，改进的内容，确定改进的方法，测量和评价改进的效果，做到管理有创新，改进有收获，不断提高项目质量管理体系的有效性。

质量改进应在质量管控的基础上进行，持续改进过程大致包括信息收集、信息分析、识别改进机会、制定改进措施和改进的实施几个过程。

改进措施的实施效果应有验证评估结论，以评价改进措施的有效性。项目质量管理体系持续改进活动，包括所采取的纠正措施，项目组应进行适时的评审，以验证改进的有效性，并在项目管理评审会上予以报告。项目管理评审会应对项目整体持续改进的有效性进行综合评价。持续改进的有效性验证信息或报告将作为项目管理评审流程的输入内容之一。

5.4 石化工程项目 HSE 管控过程化

项目健康、安全和环境（HSE）管控过程化是指通过建立、实施 HSE 管理体系，对健康、安全和环境风险进行全方位的管理，使工程项目建设过程中对健康、安全和环境的危害降到最低，促进项目的可持续发展。

国内外管理实践表明，卓越而有效的 HSE 管控要充分依赖全方位、全覆盖、全天候及全过程的系统化的风险过程管控方法[9]。系统化风险过程管控方法是通过建立项目化的 HSE 管理体系而实现的。HSE 管理体系主要依据国际标准化组织 ISO 发布的职业健康安全、环境和质量管理体系标准 ISO 45001，ISO 140001，ISO 9001 以及过程安全法规和标准建立。过程安全法规和标准体系从 20 世纪 80 年代开始建立，目前已经形成了较为成熟的标准体系。1982 年欧洲首次颁布了《工业活动的重大事故危害》的指令被称为"赛维索指令 I"；1996 年颁布了《设计危险物料的重大事故危害控制》，被称"赛维索指令 II"，取代了"赛维索指令 I"。美国职业安全和健康管理署 1992 发布了联邦法律《高危险化学品工艺过程安全管理》。围绕该法律，美国石油学会颁布了一系列设计标准和推荐做法。1993 年前后，美国化学工程师学会（AIChE）下设的美国化学过程安全中心（CCPS）发布了三十余本与过程安全有关的技术指南。国外很多知名企业以美国和英国的过程安全管理体系为依托建立了企业的过程安全管理程序，形成一套较完整的基于风险的安全标准体系，使基于风险的理念和管控方案贯穿于设计、采购、施工、预试车及试车、运行、维护的各个环节[9]。

建立项目 HSE 管理体系要结合项目合同要求及相关方的要求。项目 HSE 管理体系建立后，需要在项目执行过程中得以有效运行，才能实现 HSE 风险的有效管控，继而实现项目 HSE 目标。按照体系管理的 PDCA 循环模式，本节主要介绍 HSE 管理体系的策划、实施、监视和测量及持续改进这四个主要过程。

5.4.1　项目 HSE 管控过程化的策划

石化工程项目 HSE 管控的策划即项目化的 HSE 管理体系的策划，是指根据各种输入信息对项目 HSE 风险管理的执行策略、实施方案等进行提前规划，形成覆盖 HSE 管理全要素的管理体系，为顺利进行 HSE 过程管控提供框架和基础。HSE 管理体系应确定项目执行过程中关于 HSE 管理的策略、要求、思路、方案、活动、模式等，HSE 管理体系策划是 HSE 管控过程中一个重要的环节[10]，应在项目开始阶段进行，并在项目的后续阶段不断完善和更新，推动管理体系持续改进。石化工程项目体系策划的越充分，管控工作开展的就越顺利，管控效果也就越明显。管理体系策划涉及项目全生命周期，对策划人员的要求高，一般应由经验丰富的项目 HSE 主任或 HSE 经理来组织开展体系策划工作。从时间上来讲，体系策划工作和体系的执行往往是有交叉的，是一个持续改进和迭代优化的过程，需要做好相关协同工作。体系策划主要包括以下几方面的工作。

5.4.1.1　确定管理体系范围

合同类型不同，管理体系包含的范围也有所不同。工作范围决定了管理体系覆盖的范围，也决定了管理体系的方针目标、资源需求及风险等。策划人员首先应认真研读合同要求，明确 HSE 管理的范围，如工作范围具体包含哪几个阶段，哪几个装置，工作场所的边界划分等重要信息。如果管理范围梳理不清，相应的 HSE 风险可能会辨识不全，从而形成 HSE 管理上的死角。

5.4.1.2　制定 HSE 方针目标及实现方案

建立 HSE 管理体系首先应制定 HSE 管理方针和目标。HSE 管理体系的方针规定了管理体系的方向、追求和希望达到的绩效，这是 HSE 管理的总体原则。

在制定 HSE 管理方针的过程中，要充分考虑业主、本公司和上级单位等相关方的 HSE 管理方针。业主 HSE 管理方针往往通过项目合同正式传递给项目组，一般必须遵守。项目 HSE 管理方针首先要满足客户要求。对一些国际化的项目，业主通常把项目 HSE 方针列为项目交付文件之一，并要求进行审批。通常情况下，项目 HSE 方针要经过项目经理批准并向相关方发布，项目组应以宣传、教育和培训的方式向员工、分包商和服务商传达，使其充分理解项目 HSE 方针，并在工作中贯彻。项目管理层对 HSE 管理方针应进行定期评审，评价其在一定阶段内的适宜性，并根据评价的结果进行调整[10]。

根据已经制定的 HSE 方针、危险源的辨识和风险评价结果、法规辨识结果等，确定项目的 HSE 管理目标。与 HSE 方针类似，项目 HSE 管理目标必须注意满足业主合同要求及相关方的要求。项目 HSE 管理目标应该具体、可测量、能实现、有时效性[10]。

HSE 管理目标应尽可能开展横向与纵向分解，如横向分解到部门（设计、采购、施工、行政等）、纵向分解到区域和专业等。项目组应根据项目 HSE 管理目标制定设计 HSE 管理、施工 HSE 管理、采购 HSE 管理、行政 HSE 管理的分解目标[10]。

项目的 HSE 方针目标管理的基本流程如下：项目 HSE 经理搜集项目信息（应包括业主 HSE 管理方针和要求、公司和上级单位的 HSE 方针、法律法规要求、相关方需求和期望等），制定出项目的 HSE 方针，组织 HSE 方针评审。确定 HSE 方针后，结合合同要求和业主希望，制定项目 HSE 目标，将形成的 HSE 方针、目标报项目经理审批后发布。

5.4.1.3　HSE 管理组织机构策划

对于一个工程项目，业主对 HSE 管理组织机构非常重视，往往会在合同中要求承包商在组织机构中建立一个人员齐备的 HSE 管理团队。众所周知，目前各公司一般都设有安全或 HSE 管理委员会并制定了详尽的安全生产责任制或 HSE 责任制，明确了公司各级管理人员、各部门和项目各岗位的 HSE 管理职责。因此项目组要结合合同要求、公司安全生产责任制和相关 HSE 程序、规定，明确项目经理、设计经理、采购经理、施工经理、现场 HSE 经理、行政经理、HSE 管理员、HSE 培训工程师、现场 HSE 工程师以及全体项目组成员的管理职责[10]。职责要涵盖 HSE 管理策划和实施两个阶段，明确责任后，项目组应建立 HSE 管理组织机构。

建立管理组织机构后应明确项目各岗位的人员资质、经验和能力要求并形成书面文件。鉴于 HSE 工作的重要性，很多国家都对 HSE 从业人员有资质要求。在中国一般要求有注册安全工程师证书或建委颁发的安全员 C 证。在策划阶段往往只有 HSE 经理及少量的 HSE 管理人员，大量管理人员需求在后续阶段发生。要根据项目进度计划策划 HSE 人力派遣计划，人力计划安排要具体到每个月。

5.4.1.4　策划风险管理和应对措施

基于风险的管理体系应贯穿建设项目的全生命周期并分层次展开各项风险识

别和管控活动。在工程项目实施过程中，通过一系列危险评估技术方法和管理活动，对各类危险进行辨识并评估，经分析研究后，形成风险和后果登记表、关键活动清单和整改行动计划表等一系列文件。通过对所有辨识的风险和控制措施进行跟踪和梳理，最终能形成操作运维安全、环保风险数据库，方便在生产运维期间对风险进行动态管理[9]。这里所讲的风险主要指 HSE 风险，其中健康和安全风险通过识别安全和健康危险源进行管理，环境风险通过识别环境因素进行管理。危险源辨识、环境因素识别和风险管理是 HSE 管理的一项基础工作，是 HSE 管理的起点和落脚点。在项目开始的前期阶段一般由项目经理负责组织危险源辨识和风险评价工作。为了能对项目 HSE 管理体系的建立提供有效输入，应尽早开展危险源辨识、环境因素识别和风险评价工作[10]。

HSE 风险的管理是分级管控、逐步细化的过程。在策划阶段主要识别重大风险并提出应对策略，在执行阶段要运用各种风险管理工具分析具体过程和作业场所的风险。

在策划阶段，风险管理主要有两方面的工作：

① 识别在项目执行过程中的重大 HSE 危险源和风险，提出应对策略、方案及开展一系列风险管理活动。识别重大 HSE 风险主要基于类似项目的经验。重大 HSE 风险往往很难用一条或几条具体的措施应对，在这个阶段确定的往往是比较大的应对策略或方案。在策划阶段要尽量把应对策略根据部门或专业分工分解到相关部门或专业，由这些部门或专业制定相应的风险管控方案，并在实施阶段进行严格落实。

② 根据要开展的各项风险管理活动制定各种危险源辨识、环境因素辨识及风险管理等各项 HSE 审查和分析标准，主要有本质 HSE 审查（IHSER）、危险源识别（HAZID）、环境影响辨识（ENVID）、健康风险评估（HRA）、危险与可操作性分析（HAZOP）分析、安全完整性等级分析（SIL）分析、保护层分析（LOPA）、火灾安全评估（FSA）、关键设备等级划分（ECA）、作业安全分析（JSA）、开车前安全审查（PSSR）等分析程序，对风险管理活动进行管控。

工艺装置从立项到投产一般经历工艺包设计、基础工程设计、详细工程设计、施工和开车（试车）几个阶段，各阶段要开展的主要 HSE 审查如下。

（1）工艺包设计阶段

在工艺包设计阶段一般进行本质 HSE 分析。国际上很多大公司已经开展了这方面的工作。工艺包阶段的本质 HSE 分析是工艺危害分析的一种。由于炼油化工过程多在一定的温度与压力下操作，其处理的化学品一般具有毒性、腐蚀性、可燃性、助燃性，发生事故就可能造成人身伤害、健康损害、财产损失、环境破坏等严重后果，因此在设计早期阶段开展本质 HSE 风险识别和分析以帮助进行本质安全环保的工艺技术路线选择。通过对工艺过程的危险有害因素进行分析，提出风险控制的削减、替代、缓解、简化等方法，优化工艺过程，尽可能降低工艺过程本身的安全风险[9]。

（2）基础工程设计阶段

基础工程设计是在工艺包的基础上进行工程化的一个工程设计阶段，其主要目的是为提高工程质量、控制工程投资、确保建设进度提供条件。在基础工程设计结束时，所有的技术原则和技术方案均应确定。对于国内一般的设计院或工程公司，在基础工程设计阶段，参加设计的主要专业是工艺、自控、设备和配管专业。工艺专业在基础工程设计阶段产生的文件主要有：工艺设计基础、工艺说明、界区条件表、管道表、工艺设备表、工艺流程图、公用物料流程图、工艺管道及仪表流程图等。基础工程设计阶段是确定安全设施是否存在以及如何设置和设计的阶段。SIL 分析一般在 HAZOP 分析后进行，这样可以利用 HAZOP 分析的一些结论或结果作为分析的输入。基础工程设计阶段的 HAZOP 分析和 SIL 分析主要针对主流程进行分析，通常在基础工程设计阶段的末期、政府或上级单位审查前完成。

（3）详细工程设计阶段

详细工程设计在基础工程设计的基础上开展，其内容和深度应满足通用材料采购、设备制造、工程施工及装置运行的要求。详细工程设计阶段的 HAZOP 分析和 SIL 分析主要针对成套设备及基础工程设计 HAZOP 和 SIL 分析后所发生的设计变更。详细工程设计阶段的 HAZOP 分析应该在详细工程设计阶段尽早完成。

从安全管理的完整性来讲，在详细工程设计的末期、施工开始前应该进行一个 HAZOP 分析回顾。此项工作一般适用于规模较大的项目，或者是 HAZOP 分析后经历重大变化的项目。此阶段的工作只对 HAZOP 记录表中有建议性的事故剧情进行讨论，因此可以节约大量的讨论时间。

（4）施工阶段

在施工阶段针对施工作业活动开展 JSA 分析，管控作业过程的 HSE 风险。在此阶段还要为安全开车（试车）做准备，针对开车（试车）方案进行 HAZOP 分析或开车前安全审查（PSSR），检查开车流程和开车设施的安全性。

（5）开车（试车）阶段

开车（试车）阶段是危险性较大的一个阶段，很多重大工艺安全事故发生在这个阶段。在该阶段要严格落实开车 HAZOP 分析或开车前安全审查提出的各项管控措施，并针对可能发生的变更进行严格的管控。

应该注意，HSE 分析和风险评价是一项团队活动，通过头脑风暴等研讨方式进行，经过讨论形成分析报告。项目各部门经理如设计经理、施工经理等具体负责落实风险控制措施。各种 HSE 分析报告经项目经理批准后发布。HSE 分析报告是设计、采购、施工、行政等部门进行 HSE 管理策划的重要输入。在项目执行过程中，应根据项目的特点及进展情况，及时修改完善风险评价报告，实行动态管理。各管理部门如施工部门、采购部门可以在总体危险源辨识和风险评价的基础上对工作任务做进一步的危险源辨识和风险评价工作。这些部门还要督促分包商或服务商根据自己的工作范围进行危险源辨识和风险评价，评价报告应交项目组审批备案[10]。

风险管控的原则是在合理范围内尽可能降低风险，主要遵循最低合理可行（ALARP）原则。ALARP 原则是当前国外风险可接受水平普遍采用的一种项目风险判据原则。任何工业系统都是存在风险的，不可能通过预防措施来彻底消除；而且，当系统的风险水平越低时，要进一步降低就越困难，其成本往往成指数曲线上升（如图 5-20 所示，可看到相关方风险和费用曲线的趋势）[11]。因此，在法律要求允许的范围内，必须在工业系统的风险水平和成本之间作出一个折中。为此，实际工作人员常把"ALARP原则"称为"二拉平原则"。

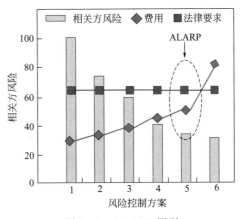

图 5-20　ALARP 原则

5.4.1.5　策划法规识别、执行和合规性评价

遵纪守法是国家对任何一个公司生产运营的最低要求，也是必须满足的要求。因此在项目的初始阶段，甚至在签订合同前，组织人员就应对适用于项目的法规、标准进行辨识。一般公司应有公司层面的 HSE 法规识别程序，项目组应据此制定项目层面的法规和相关要求的管理程序，进行辨识并保留相关记录。这些 HSE 法规和相关要求主要包括：法规（特别是当地法规）、国家标准、行业标准、合同规定的业主标准及公司标准等[10]。

在策划阶段，要通过详细研读合同初步掌握本项目需要执行的法规和标准。事实上，法规识别是每个部门和专业的必做工作。对于国内项目，经过多年的实践，国内法规要求基本上已经融合到业主、公司标准或其他要求内，只要严格执行标准及要求基本上就可以满足法规要求。但对于国外项目，法规识别和管理是一项非常重要的工作，一旦法规管理出现漏洞，项目执行将面临很大风险，这方面很多公司都有深刻的教训。在境外项目合同里，业主大都会把主要执行的法规列入合同要求，但往往不够全面。合同一般明确要求承包商负责识别项目所在国的法规和标准并承担因识别不全而造成的全部后果。在一个不熟悉的或缺少项目执行经验的国家执行项目，考虑聘用当地的资源或机构协助法规管理是一个较好的选择。在策划阶段制定法规识别管理程序尤为重要，能够规范后续的行为，避免法律风险。为了确保项目所在国的法律得到执行，在策划阶段必须考虑如何进行合规性评价等相关活动。

5.4.1.6 编制项目 HSE 管理体系文件

为了实现 HSE 管理目标，项目组应制定 HSE 管理方案或管理计划。管理方案或管理计划最重要的组成部分是 HSE 管理体系文件。要在 HSE 管理方案里描述如何运用已经建立的规定、程序和标准来管控项目的主要工作过程和活动。由于项目主要工作过程包括设计过程、采购过程、施工过程和行政管理过程，因此编制项目 HSE 管理体系文件要与这几个过程呼应。图 5-21 给出了某项目 HSE 管理体系文件编制过程。

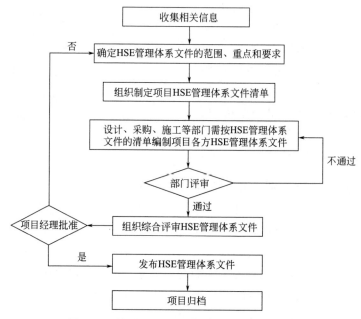

图 5-21　某项目 HSE 管理体系文件编制过程

在项目策划阶段，应结合合同要求、HSE 目标分解相关内容，确定项目 HSE 管理体系文件的编制清单、编制重点及要求，讨论并确定项目 HSE 管理体系文件的最终清单。HSE 管理体系文件编制清单确定后，项目设计部、施工部、采购部、行政部等相关部门，根据编制清单编制本部门 HSE 管理体系文件，并在部门内部进行评审。各部门 HSE 管理体系文件经部门内部评审后，统一由项目 HSE 经理组织相关人员进行综合评审，并报项目经理进行批准，批准后的 HSE 管理体系文件将在项目内部发布，并进行存档。当项目组接收到上级有关单位的新要求时，应结合项目实际情况，对现有 HSE 管理体系文件进行更新，从而保证项目 HSE 管理体系文件与相关要求的动态一致性。

在策划 HSE 管理方案时，还应考虑以下六方面的内容。

（1）编制 HSE 管理标准

　　确定项目执行的 HSE 标准至关重要。要在法规辨识、危险源辨识和风险评价的基础上编制项目 HSE 管理规定、程序或作业指导书。每个项目要制定的标准数量没有统一的规定。由于项目的 HSE 管理规定、程序是各部门 HSE 管理方案的重要基础，可以安排各部门编写相应的 HSE 管理规定和程序，在此过程中应参考业主、公司和部门的 HSE 标准[10]。HSE 标准编制要与项目类型和项目阶段相适宜，对于可研、工艺包和总体设计项目，项目组一般不需要制定太多的标准，执行公司的管理要求即可。对于基础工程设计项目，主要制定 HAZOP分析、LOPA 分析、SIL 分析等管理程序。对于详细工程设计项目，除了要继续执行上述分析外，还要制定安全计算方面的程序或规定，如建筑物抗爆设计、火灾热辐射计算、人机工程学审查、可施工性审查等。在 HSE 管理规定和程序中应明确相关人员的责任、职责和权限。鉴于 HAZOP 分析和 SIL 分析、LOPA分析的普遍应用，下面对这三项分析做进一步的阐述。

　　① HAZOP 分析

　　HAZOP 分析早已成为石化工程设计过程中主要采用的安全分析工具。近20 年来，我国完成了中海壳牌南海、赛科、扬巴一体化等多个世界级的大型合资项目，每个项目都进行了 HAZOP 分析。有些合资项目把完成 HAZOP 分析作为项目的一个重要标识，与进度款的支付挂钩。一般情况下，业主规定所有的工艺装置、公用工程及辅助设施都要进行 HAZOP 分析。HAZOP 分析一般在基础工程设计的后期和详细工程设计阶段进行[12]。

　　石油化工厂的安全防护策略基本上是按"洋葱模型"进行的，如图 5-22 所示。目前先进的、具有国际水平的工艺装置基本上都采用了洋葱模型的防护策略。HAZOP 分析最主要的分析对象是工艺设计的管道和仪表流程即 P&ID。P&ID几乎包含了洋葱模型的所有安全措施，显示了所有的设备、管道、工艺控制系统、安全联锁系统、物料互供关系、设备尺寸、设计温度、设计压力、管线尺寸、材料类型和等级、安全泄放系统、公用工程管线等关于工艺装置的关键信息。因此通过分析 P&ID，可以分析安全措施的充分性，检查强制性标准规范在设计中的落实情况[12]。对于一个项目而言，在策划阶段要制定作业程序并获得业主的批准。

　　在进行具体的 HAZOP 分析时，基本上按图 5-23 所示步骤进行。

　　② SIL 分析

　　目前对于安全仪表系统的管理，国际上一般采用《电气/电子/可编程电子安全相关系统的功能安全》（IEC 61508）和《过程工业安全仪表系统的功能安全》（IEC 61511）标准。我国制定了完全等同的国家标准，即《电气/电子/可编程电子安全相关系统的功能安全》（GB/T 20438—2017）和《过程工业领域安全仪表系统的功能安全》（GB/T 21109—2007）。

　　不断降低装置的安全风险是石化装置设计的重要内容之一。对于石化装置来说，安全风险主要来源于工艺所涉及的危险物料和操作条件。没有采取任何保护

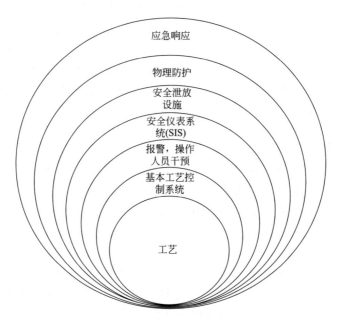

图 5-22 风险防控"洋葱模型"

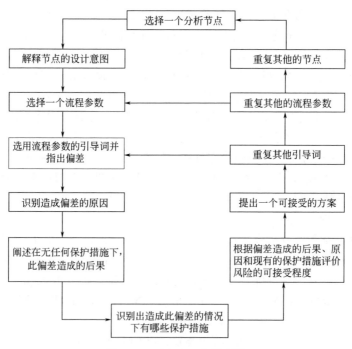

图 5-23 HAZOP 分析步骤

措施的风险称为工艺单元或设备的初始风险，可以通过安全仪表功能（SIF）之外的方法进行降低，如可以通过增加壁厚的方法实现对高压的保护[13]。采取这些措施后将形成一个中间风险，如果中间风险低于可承受标准，则不需要 SIF。如果中间风险高于可承受的风险，则需要使用 SIS 来进一步降低风险[13]。可承受的风险一般由常用做法确定，有些国家限定了石化行业可承受风险值。

SIF 的实现基础主要有：设计要求，如专利商的工艺要求；行业内的习惯做法；经验；HSE 审查、HAZOP 审查或安全评审。

安全保护系统可以是机械设施（安全阀、爆破片等）和（或）SIF。绝大多数情况下需同时使用两种安全保护系统。一般来说尽可能让机械的安全保护系统作为安全保护最后的防线。需要说明的是，除非由于客观条件限制而无法安装安全阀，完全用 SIS 代替安全阀进行超压保护是不可取的。更何况，安装安全阀在我国和某些国家是强制的要求。

SIF 是降低风险的众多手段之一，是一种安全保护功能，通过仪表设施来实现。既然是一种安全保护功能，则应保证当需要这种安全功能时，必须有足够的可靠性能启动这种功能。如何衡量这种"可靠性"则用 SIL 来表示。SIL 是标准中一个非常重要的概念，它通过对安全功能的需求失败概率（PFD）进行目标化的方法来定义。表5-4 表示 SIL、PFD 和目标风险降低倍数的关系。

表 5-4　SIL、PFD 和目标风险降低倍数的关系

SIL	目标达到的平均 PFD	目标风险降低倍数
4	$10^{-5} \leqslant PFD < 10^{-4}$	10000<降低倍数≤100000
3	$10^{-4} \leqslant PFD < 10^{-3}$	1000<降低倍数≤10000
2	$10^{-3} \leqslant PFD < 10^{-2}$	100<降低倍数≤1000
1	$10^{-2} \leqslant PFD < 10^{-1}$	10<降低倍数≤100

表 5-4 表明 SIL、PFD 和目标风险降低倍数的关系是一一对应的。例如，在没有保护措施的情况下，锅炉爆炸次数为 0.13 次/年，要使爆炸次数降为低于 0.0013 次/年，则目标风险降低倍数至少为 100；如果使用 SIS 来完成这种风险降低，则 SIL 为 2，它的 PFD 应在 $10^{-3} \sim 10^{-2}$ 之间。

SIL 分级审查步骤分为四步：SIF 回路识别；需求情形及需求频率分析；后果分析；确定 SIL 值。

就一个项目而言，在策划阶段要制定一个 SIL 分析程序并获得业主的批准。

③ LOPA 分析

LOPA 分析是一种半定量的风险评估技术，在定性危害分析的基础上，进一步评估保护层的有效性，并进行风险决策。通过分析识别已有的独立保护层，判定该场景发生时系统所处的风险水平是否达到容许风险标准的要求，并根据需要增加一个或多个独立保护层，如采用本质安全设计、基本过程控制系统

（BPCS）、关键报警和人员干预、安全仪表系统（SIS）、安全泄放设施、物理保护（防火堤、隔堤）、工厂和周围社区的应急响应等措施，将风险降低到可容许风险标准所要求的水平[9]。

（2）编制设计 HSE 管理方案

编制设计 HSE 管理方案要满足合同和公司的要求，至少要包含以下内容：确定 HSE 设计标准；确定项目的 HSE 设计评审计划；确定项目 HSE 审查计划，如 HAZOP 分析、SIL 分析等；设计人员在项目现场的 HSE 管理方案[10]。

（3）编制施工 HSE 管理方案

针对施工过程的 HSE 管理，一般应编制施工 HSE 管理方案。该方案一般由施工经理或现场 HSE 经理组织编制。施工 HSE 管理方案包含的措施应具体并有针对性，要与危险源辨识、风险评价和法规辨识的结果相适宜。方案中论述的风险控制措施应主要引用项目的 HSE 管理规定和程序，无法引用规定和程序的应进行详细的描述[10]。

（4）编制采购 HSE 管理方案

国内总承包项目对施工过程的 HSE 管理比较重视，但对采购过程的 HSE 管理往往有所忽视。在一些总承包项目执行过程中，采购活动造成的 HSE 事故在项目现场屡见不鲜，如仓库材料码放、材料堆场的装卸发生事故等。一般由采购经理组织编制采购 HSE 管理方案[10]。

（5）编制行政 HSE 管理方案

HSE 管理主要目的是为了保护工作场所内人员的安全和健康，不仅包括分包商、服务商和业主，也包含总包商。有些公司在执行总承包项目时，对施工 HSE 管理很重视，却对自己人员的安全有所忽视，这一点需要引起特别注意。

（6）制定承包商管理方案

承包管理的好坏直接决定了项目 HSE 管理的成败。承包商是指以合同或协议形式承担各类勘察设计、生产制造、设备租赁、施工作业和检测等任务，存在经济关联并进入项目场所的单位。包括设计分包商、设计技术服务商、施工承包商、物资供应服务商、劳务派遣分包商等单位。在策划阶段要制定承包商的管理规定、流程或方案，一般应考虑以下内容。

① 准入管理。承包商和服务商应具有独立法人资格及政府有关部门颁发的营业执照。具备与所承担业务相应的等级资质或许可，确保与承担的项目相适应，工作业绩能满足项目的需要。一般来说，承包商应建立 HSE 管理体系，并具有与所承担工程项目相匹配的等级资质及多年良好的 HSE 业绩。在选定承包商前，要对其进行 HSE 资质审查。

② 合同管理。在与承包商和服务商签订工程项目合同时，应明确 HSE 指标和要求，同时签订 HSE 管理协议，明确合同双方 HSE 管理工作的内容与职责。EPC 总承包项目一般要求承包商在工作现场配置的 HSE 专职管理人员与现场

（施工）总人数满足一定的比例，这些要求应该在合同里予以明确。

③ 入场管理。入场前要对承包商和服务商进行 HSE 审查，主要内容应包括：HSE 手册、管理计划和程序文件、HSE 培训记录及相关资质文件、HSE 所需材料和设备、特种设备检验证书、HSE 人员资质和数量、特殊工种人员资质。承（分）包商和服务商要对审查存在的问题进行整改，并接受再次审查。承包商和服务商人员必须经过入场安全教育，经考核合格后方可入场。入场安全教育主要内容一般包括：项目涉及的 HSE 基础知识、发包方的 HSE 要求、项目 HSE 管理程序、项目 HSE 风险及防范措施、个人防护用品的正确使用和 HSE 应急预案等。

④ 过程控制。项目 HSE 人员对承包商和服务商在执行合同中的各项 HSE 活动进行监督，同时制定针对承包商和服务商的 HSE 检查和审计计划，并根据计划定期或不定期对承包商和服务商进行 HSE 检查和审计，建立 HSE 检查记录台账，对存在的问题实行闭环管理。如发现分包商不能满足合同中 HSE 相关条款，由发包部门提出整改要求。情节严重的，可停止其作业甚至终止合同。

⑤ 后评价。项目结束后，发包部门负责对承（分）包商和服务商 HSE 业绩及表现作出评价，公布并保留相关记录。

5.4.1.7 编制 HSE 管理计划

在策划阶段要总结各项 HSE 管理策划工作并形成 HSE 管理计划。HSE 管理计划涵盖上述几节所描述的主要管理内容，是 HSE 的纲领性文件。管理计划要经项目经理批准并报业主审核。HSE 管理计划主要内容包括：工程概况；组织机构和责任；HSE 方针、目标、承诺；HSE 法规、标准辨识和项目程序；项目主要过程的 HSE 管理；危险源辨识和风险评价；培训、沟通、协商、交流和文件控制；运行控制；应急准备和响应；绩效测量和监视；合规性评价；事件调查、不符合项调查、纠正措施和预防措施；内部审核；管理评审。

5.4.2 项目 HSE 管控过程化的实施

体系实施主要是针对已策划的管理体系展开运行。从项目各阶段（总体、工艺包、基础工程设计、详细工程设计、开车）展开，横向覆盖设计、采购、施工（特别是直接作业环节的监管）、行政管理等各阶段和各方面。

5.4.2.1 危险源、环境因素辨识和风险管理

在实施阶段要对策划阶段确定的重大风险应对措施和风险管理活动进行落实或执行。如前文所述，很多重大风险的应对方案或措施需要专业部门进行落实。对于 HSE 管理来讲，主要开展好以下安全分析活动：本质安全审查、HAZOP 分析、SIL 分析和验证、LOPA 分析、JSA 分析和环境因素辨识与评价。如果管理规范，上述 HSE 分析都应有相应的作业程序或标准。

5.4.2.2 HSE 法规和标准的执行

在项目的实施阶段，各部门和专业应该根据策划阶段的初步工作和法规识别管理程序形成本部门或专业的 HSE 法规和标准清单。这个清单可能独立存在，也可能存在于执行计划或专业设计统一规定里。在部门或专业开展工作过程中应执行这些法规和标准。为了确保法规条款得到执行，一个比较有效的方法是，通过仔细研读相应的法规，把适用的条款识别出来形成明细清单后逐条进行落实并注明落实状态。

5.4.2.3 资源管理

在策划阶段根据合同要求及风险应对策略明确需要的各项资源，主要包括人力资源、设备设施、工作场所等。对于需要业务部门落实的资源及相关要求已自然融合到它们的各项工作或活动中，在此不再详述。这里重点讲述 HSE 管理部门专用的资源。

（1）人力资源

在策划阶段一般明确了项目 HSE 管理各岗位人员的数量、资质及能力要求。在实施阶段要按计划保证相关的 HSE 管理人员到位。为不断提升 HSE 人员能力，要将对 HSE 人员的培训贯穿于项目执行的全生命周期。HSE 管理人员在岗位上开展工作，要对其绩效进行监视和测量，确保其按要求履职。对于不适应岗位的人员要及时进行关注，通过培训、调岗甚至辞退方式加以管理。承包商的 HSE 管理人员要督促承包商按时到位并满足资质和经验要求。

（2）设备设施

现代的 HSE 管理已经是全要素的管理，各种手段并用才能取得管理效果。除要为 HSE 管理人员培训常规的个体防护用品外，还要配备相机、培训设施、气体检测仪、力矩扳手、测电阻仪、强光手电等一系列工具。鉴于 HSE 管理人员活动范围广，为其配备相应的交通工具也是必要的。

（3）工作场所

HSE 管理团队要有固定的、集中的办公场所。现场 HSE 管理人员主要在作业现场进行监督，但也要在办公场所编写隐患整改通知单及做些其他文案工作。要考虑提供专门的培训教室。

5.4.2.4 安全培训

在项目执行过程中要对项目全员进行培训，不断提升其安全意识、安全知识和能力。

（1）培训分类

根据培训对象不同，培训一般分为以下几种类型：全员 HSE 基本知识培训、进入现场人员的入场培训、专业管理人员的 HSE 培训、HSE 管理人员培训、复工及转岗人员培训、特种作业人员培训和工长培训。

（2）培训内容

主要包括：有关 HSE 方面的法律、法规、标准、规程和业主 HSE 管理规章制度与要求，项目 HSE 管理程序及规章制度与要求，HSE 管理与 HSE 专业技术知识，HSE 岗位职责，安全防护知识，典型事故案例与事故预防，卫生保健、自救、急救和互救基本常识，职业病与地方病及常见病预防常识，环境保护常识。

（3）培训记录

项目 HSE 管理部门对参与项目的所有员工的各类培训均应建立培训记录档案。

5.4.2.5　沟通和协商管理

一般来讲，项目组会制定 HSE 沟通和协商管理程序，确定项目组各级人员以及与业主、监理、分包单位的主要沟通手段。项目组应适当组织员工参与 HSE 事务的管理，发挥好协商机制。如员工可以适当参与事件调查，邀请员工代表参加涉及 HSE 变更方面的讨论会，也应该给予员工对 HSE 管理工作发表意见的机会，如组织员工进行 HSE 观察或参加全员安全诊断等活动。

5.4.2.6　文件控制

项目 HSE 相关文件的编制格式及审批应按项目的要求进行。项目组确定 HSE 文件的发放程序，明确所有 HSE 文件发放途径、接受对象及签收和保存要求。

5.4.2.7　变更管理

变更可能导致风险或机遇。对变更进行管理的目的是管控变更对人身安全、财产、环境和公司声誉可能造成的负面影响。变更管理的基本原则是谁主管谁负责、谁变更谁负责、谁审批谁负责，各变更管理部门应对变更从严控制，杜绝不必要的变更。对于影响 HSE 绩效的临时或永久性变更，要制定相应的程序进行管控。

5.4.2.8　设计过程 HSE 管理

在设计过程各阶段的 HSE 管理工作主要是做好各项 HSE 审查和计算工作。

（1）总体设计阶段

确定 HSE 标准、HSE 管理总体方案（火炬排放、安全泄压系统、消防系统、火灾报警系统）及总平面布置的抗爆分析。

（2）工艺包阶段

主要开展本质 HSE 审查工作。

（3）基础工程设计阶段

主要针对主工艺流程开展 HAZOP 分析、SIL 分析和 LOPA 分析等工作。进行初步的建筑物抗爆计算，确保人员集中建筑物和机柜间的位置满足法规标准和风险管理要求，避免以后产生重大的变更。由于项目还未进入详细工程设计，很多工艺的本质安全手段应在此阶段利用 HAZOP 审查分析完成。

（4）详细工程设计阶段

主要是开展成套设备的 HAZOP 分析、SIL 分析和 LOPA 分析等工作。在这个阶段一般要进行详细的建筑物抗爆计算，提出关键建筑物的爆炸冲击力值，供下游专业开展建筑物和结构设计。

5.4.2.9　采购过程 HSE 管理

（1）供应商管理

在采购合同文件里要把相关 HSE 要求或指标（如噪声控制数值）提供给供应商，让供应商提供的设备设施满足法规和项目确定的 HSE 要求。供应商一般会安排相关人员到施工现场进行技术支持和指导，他们可能面临各种各样的风险，因此要在合同里明确对这些人员的 HSE 培训、HSE 管理等各项要求。

（2）服务商管理

在项目执行过程中可能会使用外部服务商对采购活动进行一些服务，如库房设备材料的码放和装卸等。要对服务商的资质进行把关，并与之签署正式的合同，合同中要明确双方的安全管理责任。

5.4.2.10　施工过程 HSE 管理

在策划阶段确定的绝大多数管理规定、程序和标准、HSE 活动都是针对施工过程的，如作业管理规定、JSA 分析程序、会议制度、绩效考核规定等。在实施阶段，要确保 HSE 策划结果得以严格执行。

作为施工过程 HSE 管理中最重要的环节之一，作业许可管理有着极其重要的意义。通过严格的作业许可管理，可以有效识别出直接作业环节的各类风险；通过层层审批控制，亦可确保安全措施的落实，从而避免日常工作中安全措施落实不到位的情况。一个完整的作业许可管理流程，通常包括作业条件准备、JSA 分析、作业申请及审批、安全措施落实及交底、现场监护、验收、归档等步骤，相关流程见图 5-24。

5.4.2.11　行政 HSE 管理

在项目执行过程中，行政 HSE 管理往往是薄弱环节，其 HSE 事故屡见不鲜。在策划阶段已经制定了行政 HSE 管理方案或计划及相关规定和程序。在实施阶段要对方案或计划进行落实。行政 HSE 管理主要包含以下内容。

（1）安全管理

主要包含现场办公室及生活驻地安全管理制度的执行、现场办公室及生活驻

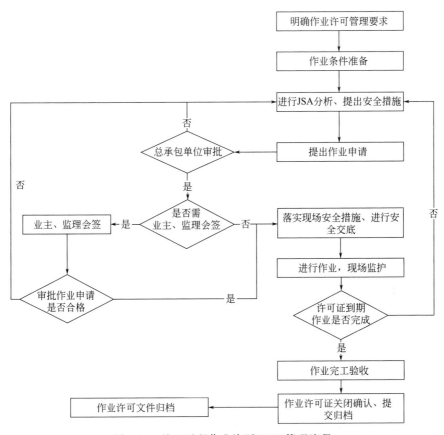

图 5-24　施工过程作业许可 HSE 管理流程

地消防安全管理制度的执行、应急预案及演练（如食堂、驻地和现场办公室）、入场 HSE 培训（包括司机、食堂工作人员等）、食堂工作间防火安全管理和工作及生活场所安全保卫。

（2）健康和食品卫生管理

主要包含食品安全与卫生管理制度的执行、食堂工作人员资质、食品安全管理、医疗应急管理和劳保用品的管理。

（3）交通安全管理

主要包含项目现场交通安全管理制度的执行、专职驾驶员交通安全培训和责任制、租赁车辆管理、驾驶车辆人员资质管理和车辆维护与保养管理。

5.4.2.12　应急准备和响应

在实施过程中要执行应急管理程序并组织经常性的演练。主要管理活动包括：持续完善应急预案；按计划组织应急演练并进行总结；一旦发生应急事件要按既定的程序进行上报和处理。

5.4.2.13 疲劳管理

为保证工程建设项目现场作业人员的健康和安全，防止因疲劳发生安全事故和职业健康事故，项目应建立并执行疲劳管理程序，确保项目疲劳管理达到预期目标。疲劳管理程序的建立，应以危险源辨识和风险评价工作成果为基础，同时考虑健康风险评估（HRA）和作业安全分析（JSA）中识别出来的各项疲劳风险因素。

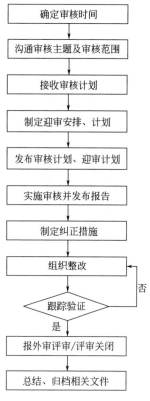

图 5-25　项目外审活动管理流程

5.4.2.14 外审活动管理

在项目执行过程中，项目组可能会接受外部审核。通过对项目实施过程的审核，验证项目管理体系在本项目合同履行期间的运行状态，判断项目管理体系在项目上运行的适宜性、充分性和有效性，确认项目组提供的产品和服务是否满足业主期望和法律法规要求。

图 5-25 给出了项目外审活动管理流程的主要内容：项目组通过与外审认证机构的沟通，确定审核的时间、范围后，接收外审计划，制定迎审计划并发布给项目组各方做好准备，实施审核并发布报告。项目组在接收审核报告后制定纠正措施并组织整改，跟踪验证。评审关闭后，做好信息总结归档工作。

5.4.2.15 外部检查管理

在项目执行过程中，往往会接受来自外部的各种检查，做好各项迎检工作是非常有必要的。项目组外部检查管理流程为：项目组接收公司相关管理部门发布的检查信息，确定检查的相关要求及受检范围，并将迎检策划报项目经理审批后发布。此后项目组根据接收到的外部检查报告采取相关纠正措施，对不符合项组织整改，并做好相关总结、归档工作。

5.4.2.16 HSE 观察

为强化 HSE 意识，营造 HSE 文化氛围，预防和减少事故事件的发生，项目可采取全员参与的方法，推进相关工作的进行，例如开展 HSE 观察活动。HSE 观察是指项目组成员在日常工作中有意识的关注人员行为、作业环境及设施，对安全的行为进行鼓励，对可能导致事故的不安全状态和人的不安全行为，进行阻止或处理。HSE 观察是项目组成员主动关注团队安全的表现，项目组可通过统计分析观察结果，改进 HSE 管理[14]。

5.4.2.17　驻外机构、项目境外公共安全健康管理

在执行海外项目的过程中，规范和加强对境外员工的健康风险评估可以降低因未能提前识别境外员工潜在健康问题而造成的紧急医疗风险。通过健康数据管理和专业分析，掌握境外员工总体健康情况和风险，做好境外员工的医疗保险和紧急医疗突发事件应急预案，可以保障境外员工生命健康安全，从而实现项目的 HSE 目标。

由于海外项目的地区局势和历史原因等因素，驻外机构和境外公共安全问题已成为项目执行过程中的一项重大风险。所以，做好驻外机构、项目境外公共安全的管理工作可以有效防范、控制和消除境外突发公共安全事件的危害，保护境外机构、项目和人员生命财产安全。

5.4.3　项目 HSE 管控过程化的绩效监视和测量

开展绩效监视和测量的主要目的是通过分析一系列的活动统计数据，及时发现偏差并采取控制措施，确保 HSE 管理体系得以正常运行，常见的绩效监视和测量的方法有合规性评价、内部审核和管理评审。

5.4.3.1　合规性评价

合规性评价是指各项目组评价 HSE 管理是否符合现行法律法规、标准规范和来自其他方面的相关要求的过程。通过对管理工作或设计产品进行分析评价，判断其是否与法律法规和相关要求存在偏差。如果存在问题应及时纠正改进，如果发现重大问题应制定整改措施，并组织实施。法规识别是合规性评价的基础。某项目合规性评价流程见图 5-26。

在进行合规性评价前，可从以下渠道收集、筛选、获取开展合规性评价的信息或证据：

① 内审、外审中有关"识别的法规和有关要求是否有效执行"的审查意见。

② 政府、集团公司或客户组织的项目安全环保检查结果、政府有关部门的批文。

③ 可研报告、总体设计、基础工程设计等各阶段设计产品的审查意见和批文。

④ 政府对工程项目的职业健康安全、环境保护等方面的验收结果。

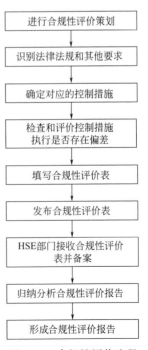

进行合规性评价策划

↓

识别法律法规和其他要求

↓

确定对应的控制措施

↓

检查和评价控制措施执行是否存在偏差

↓

填写合规性评价表

↓

发布合规性评价表

↓

HSE部门接收合规性评价表并备案

↓

归纳分析合规性评价报告

↓

形成合规性评价报告

图 5-26　合规性评价流程

⑤ 项目回访中发现的或客户反馈的职业健康安全与环保合规性问题。

⑥ 合同约定的法规及其他职业健康安全和环保要求的执行情况。

⑦ 承包商和供货商、服务商选择和管理的工作记录。

⑧ 对法律法规和其他要求的分析结果。

⑨ 对事件或风险评价的文档/记录的审查或分析结果，如危险源辨识和风险评价、环境因素识别及影响评价、事故或未遂事件的调查报告等。

⑩ 面谈或交谈所获得的相关信息。

⑪ 对场所、设施或区域的检查、巡视、观察，如针对办公环境、现场专项检查、现场职业健康安全和环保设施或管理程序遵从性的检查或观察等。

⑫ 项目或工作评审记录，如合同评审、开工报告评审、设计评审等。

⑬ 对监测或实验结果的分析，如环境监测报告、职业卫生监测报告、绩效监视和测量报告等。

⑭ 运行控制和管理程序及执行记录或相关文件。

5.4.3.2 内部审核

项目组对项目 HSE 管理体系进行的内部审核，包括对承包商进行的体系审核。项目各部门应对本部门的 HSE 业绩进行自评，检查本部门执行 HSE 程序符合性。应详细策划对承包商的 HSE 体系审核：即由项目组对分承包商进行 HSE 审核，侧重于项目组 HSE 管理体系的完整性、运行有效性。项目 HSE 体系审核过程主要分为审核管理和审核实施两个主要子过程。

5.4.3.3 管理评审

开展管理评审活动的目的是确定管理体系的适宜性、充分性和有效性，达到管理体系的持续改进。项目管理层定期对管理体系进行审查并采取改进措施。一般来讲，每年至少开展一次管理评审。管理评审的结果应该作为制定项目 HSE 目标、计划、方案和指标的输入。管理评审主要过程如下。

（1）评估有效性和充分性

一般通过以下方式评估体系的有效性和充分性。

① 审查从以下来源获得的趋势或吸取的教训：HSE 绩效（包括领先指标和滞后指标）、事件调查报告、保险和审查或自评的发现。

② 审查内部或外部相关方关注的问题。

③ 审查对于法规的遵守情况。

④ 审查对于项目标准的遵守情况。

⑤ 审查对 HSE 保险、HSE 技术审查、自评、事故调查报告提出的问题采取纠正措施的及时性。

⑥ 检验 HSE 管理体系是否得到了充分关注和管理层的重视程度。

⑦ 检验是否为持续改进 HSE 管理绩效提供了充分的资源和合格的人员。

（2）评估管理体系的适宜性

一般通过下列方式评估管理体系的适宜性。

① 评估重大的组织机构、场所或活动变化带来的影响。

② 评估关于法律法规和项目要求即将发生的变化带来的影响。

③ 评估相关方的期望是否发生了变化并得到了关注。

④ 评估为满足任何新的变化，HSE 方针和目标需要进行的修改。

（3）整理管评结果

整理涉及以下变化的决策或措施：HSE 绩效指标；HSE 方针和目标；资源；HSE 管理体系要求。

（4）持续改进

项目 HSE 经理或指定人员将与项目组成员对管理评审的结果进行沟通并跟踪整改措施的落实。

5.4.4　项目 HSE 管控过程化的持续改进

（1）HSE 指标的监视和测量

采用的主要管理方法如下。

① HSE 月报制度。每月编制 HSE 月报，向项目经理汇报。现场 HSE 月报由现场 HSE 经理负责编制，由项目 HSE 部门汇总。承包商必须每月编制 HSE 月报并提供给 EPC 总承包商。

② 安全领导小组或 HSE 委员会制度。安全领导小组组长或 HSE 委员会的负责人由项目经理担任，定期组织会议。

③ 制定程序对承包商进行月度 HSE 业绩考核。

④ 安排专人负责 HSE 整改措施的落实。

（2）绩效考核

绩效考核主要是针对各类指标采取各种监视和测量手段评估变化趋势，推动在 HSE 管理方面的持续改进。

常见的统计指标主要包括事件报告、事件台账、事故调查发现及采取的整改措施汇总、所有事件统计汇总报告（可记录的职业病、人员死亡数、损失工时伤害数量、所有可记录事件、高风险事件、重大事件、重大安保事件和环境事件等）、培训、检查、风险评估、工具箱会议、HSE 月度例会、HSE 激励、不符合台账和纠正措施状态、HSE 入场培训通过率、关于 HSE 管理计划和程序的审计报告、应急安保演练记录和 HSE 委员会会议纪要。

（3）HSE 激励

进行 HSE 激励的主要目的是提升全员的 HSE 意识，强化对项目 HSE 管理要求的遵守和执行，改进 HSE 管理绩效。为进行有效的 HSE 激励，要制定相应的激励方案。激励方案主要是基于承包商的 HSE 绩效，根据每月上报的 HSE

关键绩效指标，可采取竞赛或颁奖的方式。主要通过比较领先指标（如 HSE 培训人工时，HSE 检查，HSE 观察，危险源识别）、落后指标（如损工伤亡发生率 LTIF，可记录事件人数发生率 TRCF）和安全人工时，最好以月为单位对 HSE 表现突出的团队和个人进行适度奖励。

（4）事故、事件和不符合项管理

在项目执行过程中一旦发生 HSE 事故或事件，要及时上报并进行彻底的调查。在项目策划阶段要制定事故事件管理程序，明确各类事故的上报流程和事故事件的调查程序。由于每个国家都对 HSE 事故非常重视，其法律法规往往提出了一些要求，比如上报的时限、上报内容和政府归口管理部门等。对于一些死亡事故，很多国家的政府部门会参加甚至会主导调查。因此在制定事故事件相关的管理规定程序中一定要结合当地相关法规的要求，其次是要结合业主在合同里提出的要求。

事故事件管理流程基本如下：事故事件发生→及时上报；评估事故现场情况并施加控制→成立事故调查组→收集证据→分析证据→识别导致事故事件发生的关键事件→进行原因分析（特别是要进行根本原因分析）→确定调查发现并提出建议→报告调查结果→跟踪事故教训和建议落实并制定纠正措施。发生事故事件要及时根据管理规定进行上报，不得瞒报。在事故事件调查过程中，发现导致事故事件发生的根本原因非常重要。根本原因是指导致系统（物理设备/系统和/或管理系统）存在缺陷的深层次原因。这些缺陷是深层次原因的结果和表现。这些缺陷包括设计错误、行为不规范或工作不到位、安装错误、无效的培训或维护等。有些条件或深层次的原因不在组织受控范围内，不属于根本原因。根本原因往往是和管理相关的，因此在事故调查过程中要对项目的 HSE 管理体系进行彻底的再评估，发现 HSE 管理体系的薄弱环节。

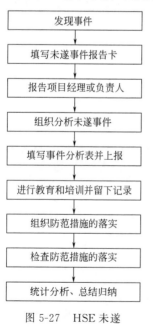

图 5-27　HSE 未遂
事件管理流程

根据事故事件调查结果制定纠正措施以避免类似的事故事件再次发生。纠正措施是指为消除导致不符合项或不期望情况的原因所采取的措施。

在项目执行过程中难免会发生事故事件，即使不发生事故，发生未遂事件的可能性也是有的。对未遂事件进行规范化管理，有利于增强员工 HSE 管理意识，鼓励员工及时发现、报告和处理 HSE 未遂事件，及时发现事故隐患，有效预防事故的发生。图 5-27 给出了 HSE 未遂事件管理流程。

在项目执行过程中，项目管理人员、业主或其他相关方会对项目进行检查或审核，在这些审核或检查过程中会发现一些未满足相关要求的问题，一般称为不符合项。不符合项的管理过程和事故事件非常类似，这里不再赘述。

（5）项目持续改进

项目组应确定并寻求持续改进机会，在基于风险的过程管理中，确定项目的风险与机遇，通过持续改进，满足顾客要求，增强顾客满意度，通过对不符合项的应对、控制及纠正，提升管理绩效。项目组应对通过监视和测量项目运行各过程得到的反馈信息进行分析和处理。项目组应定期汇总并分析问题信息，发现共性问题，制定改进措施计划，从而提高 HSE 管理体系与标准要求的适宜性、充分性和有效性，完成项目持续改进工作。

5.5 石化工程项目进度管控过程化

项目进度管控过程化，是指采用科学的方法确定项目进度目标，结合资源情况编制进度计划，在计划执行过程中开展进度控制，在与质量、费用目标相协调的基础上，实现项目工期目标[15]。进度过程管控要基于项目建设工期，制定出合理、经济的进度计划。在计划执行过程中，采用适当的控制方法对项目进度进行定期跟踪，将项目实际进度与计划进度进行对比，若出现偏差，找出原因，分析与评估偏差对项目目标的影响程度，制定并采取纠偏措施使项目的运行回到计划轨道上来，或对原来的进度计划进行修改、调整。以上步骤在工程项目的执行过程中不断循环往复，寻找动态的平衡，直到项目完工[16]。

5.5.1 项目进度管控过程化的特点与原则

项目进度管控主要包括进度计划的编制和进度计划的控制。项目计划在实施过程中，会遇到各种干扰因素，使项目实际运行偏离计划目标。进度过程管控的一项重要工作就是监视和测量项目的实际进度，若发现实际进度偏离了计划目标，要及时找出原因并采取行动，使项目向有利于目标达成的方向发展。进度过程管控通常包括以下三个相互影响的环节。

① 进度计划是进度管控的基础。项目进度计划规划了项目未来努力的方向和奋斗目标，是项目团队经过仔细分析后对项目执行形成的综合构思，也是当前行动的准则。一个完善的计划可以最大限度地保证项目目标的实现。

② 进度管控通过项目的动态监控来实现。进度管控工作随着项目的进行而不断进行，是一个动态过程，也是一个循环进行的过程。

③ 对比分析项目实际进度和目标计划、找出偏差、分析问题原因并采取必要的纠偏措施以保证项目目标的实现是进度管控的关键。

工程项目进度管控是一项系统性的工作，既有总体进度计划安排，又有按工程各个阶段制订的详细分项进度计划，如设计、采购、施工进度计划等，它们之间既相互联系、又相互影响。另外，进度管控既要沿用前人的理论知识，借鉴同类工程项目的经验和技术成果，又要结合项目的具体情况进行创造性的工作[17]。

石化工程项目进度管控工作具有阶段性和不平衡性的特点。工程项目发展的各个阶段，如工程前期的招投标、方案设计和工程实施过程中的详细工程设计、采购、施工、竣工验收及试生产等阶段都有明确的开始与完成时间要求，它们的工作内容也各不相同，因此各个阶段相应的进度计划和实施管控的方式也有所不同。

石化工程项目在开展进度管控工作时，应遵循以下指导原则。

① 采用分层计划体系开展进度管控，做到计划层次清楚，职责分工明确，全面促进各级计划的落实和更新管理。

② 采用统筹网络技术，全面优化设计、采购、施工和开车进度，实现工期最优化。

③ 采用工作结构分解（WBS）与组织结构分解（OBS）相结合的原则，做到计划中的每一项工作落实到人。

④ 采用实物进度测量方法，实现项目执行过程中对项目进度的动态控制。

⑤ 采用以节约人工时为目标的劳动生产率分析和监测方法，全面提高劳动生产率。

⑥ 将项目计划作为推动项目全面进展的工具，强调全员性计划管理与控制，确保项目计划与进度管控的全面实施。

5.5.2　项目进度管控过程化的方法

项目进度管控是一个不断循环的动态控制过程，从编制项目计划开始，经过实施过程的跟踪检查，收集有关实际进度的信息数据，比较和分析进度与目标计划间的差异，找出导致进度偏差的原因，制定纠偏措施或追赶计划，实时控制、纠正偏差，推进项目始终向有利于目标达成的方向发展[17]。在进度管控过程中，会不断涌现出新的问题、干扰，导致计划偏差的发生，需要按上述方法进行循环控制，直至最终实现项目工期目标。进度管控的动态循环过程见图5-28。

开展进度管控的目的就是要确保项目工

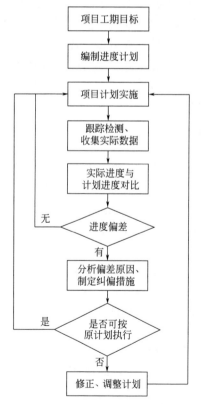

图5-28　进度管控的动态循环过程

期目标的实现。工期目标包括：总工期目标、各分项（设计、采购、施工等）或子项工期目标以及各阶段里程碑目标等。因影响项目工期计划的因素很多，这就要求计划人员能够根据统计经验估算出各种因素的影响程度和出现的可能性，在确定进度目标时，进行进度计划的风险分析。进度计划的安排应留有余地、具备弹性，在开展项目进度管控时，可以利用这些弹性缩短有关工作的时间，或者优化工作间的协同逻辑关系，通过实现对项目进度的全面管控，保证项目最终能实现预期的计划目标[17]。

（1）网络计划技术

网络计划技术自 20 世纪 50 年代产生以来，在研究深度、广度和实践应用的普及程度方面都得到了很大发展，它是一种计划方法，基本技术原理是用网络图来表达工程的进度，计算各项活动（任务）的有关时间参数，使管理者对全局有一个比较完整清晰的了解，并通过网络分析制定进度计划，以求得工期、资源和成本的优化方案[16]。

网络计划技术有以下优势：能够明确表达各项工作之间的逻辑关系；能展现工作的六个时间参数信息（最早开始、最早完成、最晚开始、最晚完成、自由浮时、总浮时），通过计算可识别出网络计划的关键路线与非关键路线，并可利用计算机对进度计划及其有关资源分配等进行调整和优化。

目前石化工程领域广泛应用的网络计划技术有确定型网络计划与非确定型网络计划。确定型网络计划主要指关键路线法（CPM），其特点是：每项工作具有肯定的持续时间，即要求确切地估计出完成各项工作所需的时间；各项工作之间相互联系的逻辑关系也是明确的。

非确定型网络计划技术主要指计划评审技术（PERT），其特点是各项工作之间相互联系的逻辑关系是明确的、肯定的，但是，计划中的工作持续时间具有不确定性。某项工作的持续时间有乐观估计、正常估计和悲观估计三种，需要利用数学工具计算出工程预计的完工时间及在规定工期内完成整个工程的概率等数据。

（2）赢得值管理法

进度计划的管控主要采用基于赢得值原理的赢得值管理法（EVM，又称挣值管理）。该方法通过对项目进度与成本管理的集成，对项目计划实施过程中出现的偏差进行绩效分析，并进一步对工程后续的发展情况进行预测。

赢得值管理法是一种全面反映工程监控成果的系统思想和整体方法，运用赢得值、计划完成值、实际完成值分列指标体系，构造了关于时间的三个基本曲线，导出四个重要的指标，即成本偏差、进度偏差、费用绩效指数、进度绩效指数，用以评价工程项目进度、成本的实际情况，从而达到对工程进度、成本的综合管理。赢得值管理法中各指标参数详见图 5-29。

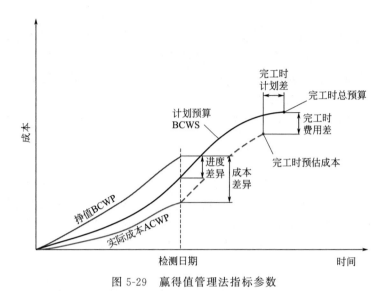

图 5-29　赢得值管理法指标参数

5.5.3　进度计划的编制

进度计划编制的主要依据是：项目合同工作范围、工期要求、项目特点、项目的内外部条件、项目工作分解结构、对各项工作的时间估计、项目的资源供应状况等。进度计划编制要与费用、质量、安全等目标相协调，充分考虑客观条件和风险预计，确保项目目标的实现。进度计划编制的主要工具是网络计划图和横道图，通过绘制网络计划图，确定关键路线和关键工作。

5.5.3.1　工作分解结构

工作分解结构（WBS）是开展计划管控的一项重要工作，编制进度计划前要对项目工作范围按照工作分解结构所确定的层级逐级向下分解，一直分解到相对独立、内容单一、易于管控与检查的单元，每个单元都有明确的预算（工期、资源及费用），单元之间具有明确的逻辑关系，每个单元在组织分解结构（OBS）中有明确对应的责任人。

石化工程项目的工作分解结构要遵循统筹分解原则，按照石化行业和国家有关分类要求，结合项目工艺特点、充分考虑项目管理的可能性和可操作性，贯彻计划、费用、财务等代码唯一性和一致性原则，采用自顶向下逐项分解，把一个大型石化工程项目逐级向下分解成为便于管理和控制的单元。

5.5.3.2　分级计划体系

石化工程项目的计划体系与项目工作结构分解的层级设置互相匹配，它是根据项目进展的不同阶段，结合所掌握项目的信息，并考虑不同层次人员所关注计划内容的不同侧重点而确定的，一般计划体系包含四个层次（如图 5-30 所示），它是以计划编制的不断深入来推动项目工作的进展，通过保持四级计划的上下一致性，形成了计划内容由上而下、由浅入深、由粗到细的计划分层结构。

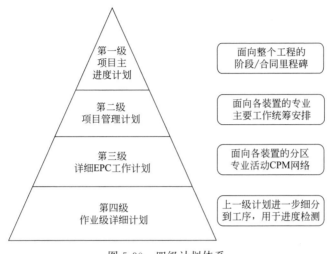

图 5-30　四级计划体系

（1）各级计划具体内容

① 项目一级计划。项目一级计划（项目主进度计划）的内容包含关键项目里程碑、项目重要活动、各设计专业关键活动、关键及长周期设备订货及到货时间（其他设备、材料可按大类汇总）、现场施工汇总活动等。一级计划应粗线条反映项目总体计划安排和关键进度管控点，为设计、采购、施工安排提供大的时间框架。

② 项目二级计划。项目二级计划（项目管理计划），是供管理层使用的计划，它是对项目一级计划的细化补充，同时它又对项目三级计划的编制具有指导作用。项目二级计划一般使用 P6 软件编制，编制深度至 WBS 编码的第四级即专业码。项目二级计划样例如图 5-31 所示。

③ 项目三级计划。项目三级计划是以项目一、二级计划为基础，考虑为四级计划的编制提供指导，该计划是带有逻辑关系的网络计划，可满足确定工期框架、关键路径分析以及进度检测的需要，能反映出各分区下的工作包中主要活动的进展情况，可识别各类设计文件的交付日期、设备/材料订货及到达现场日期和现场各分区各专业的具体施工安排[18]。如图 5-32 所示，一般采用 P6 软件编制，在合同签订后 2～3 月内提交业主，内容应涵盖合同规定的主要工作范围，对应到 WBS 活动项级，应完整地反映装置下各主项（分区）、各专业的主要工作包内容，即合同要求的交付物所必须要完成的工作。

④ 项目四级计划。项目四级计划（作业级详细计划），应在项目三级计划的

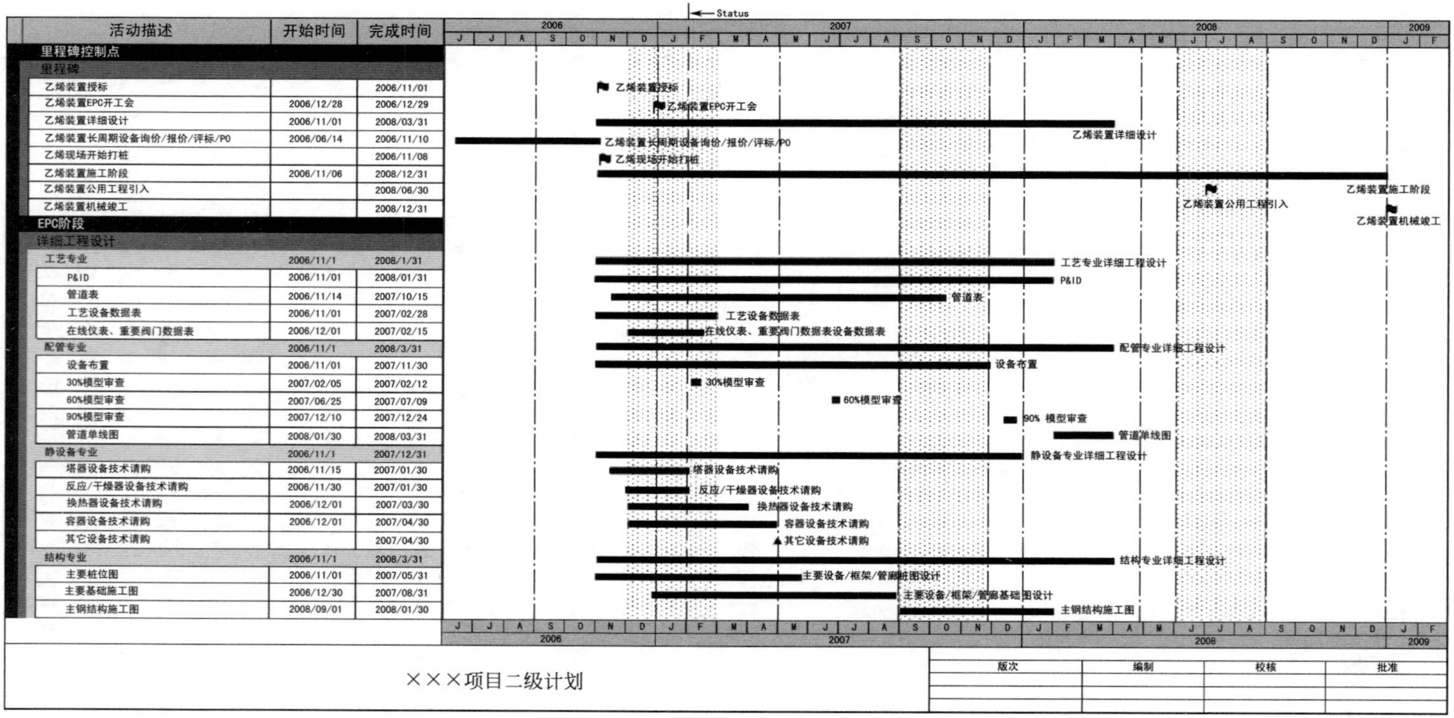

活动描述
开始时间
完成时间
里程碑控制点
里程碑
乙烯装置授标 2006/11/01
乙烯装置EPC开工会 2006/12/28 2006/12/29
乙烯装置详细设计 2006/11/01 2008/03/31
乙烯装置长周期设备询价/报价/评标/PO 2006/06/14 2006/11/10
乙烯现场开始打桩 2006/11/08
乙烯装置施工阶段 2006/11/06 2008/12/31
乙烯装置公用工程引入 2008/06/30
乙烯装置机械竣工 2008/12/31
EPC阶段
详细工程设计
工艺专业 2006/11/1 2008/1/31
P&ID 2006/11/01 2008/01/31
管道表 2006/11/14 2007/10/15
工艺设备数据表 2006/11/01 2007/02/28
在线仪表、重要阀门数据表 2006/12/01 2007/02/15
配管专业 2006/11/1 2008/3/31
设备布置 2006/11/01 2007/11/30
30%模型审查 2007/02/05 2007/02/12
60%模型审查 2007/06/25 2007/07/09
90%模型审查 2007/12/10 2007/12/24
管道单线图 2008/01/30 2008/03/31
静设备专业 2006/11/1 2007/12/31
塔器设备技术请购 2006/11/15 2007/01/30
反应/干燥器设备技术请购 2006/11/30 2007/01/30
换热器设备技术请购 2006/12/01 2007/03/30
容器设备技术请购 2006/12/01 2007/04/30
其它设备技术请购 2007/04/30
结构专业 2006/11/1 2008/3/31
主要桩位图 2006/11/01 2007/05/31
主要基础施工图 2006/12/30 2007/08/31
主钢结构施工图 2008/09/01 2008/01/30
Status
2006 2007 2008 2009
J J A S O N D J F M A M J J A S O N D J F M A M J J A S O N D J F
乙烯装置授标
乙烯装置EPC开工会
乙烯装置详细设计
乙烯装置长周期设备询价/报价/评标/PO
乙烯现场开始打桩
乙烯装置施工阶段
乙烯装置公用工程引入
乙烯装置机械竣工
工艺专业详细工程设计
P&ID
管道表
工艺设备数据表
在线仪表、重要阀门数据表设备数据表
配管专业详细工程设计
设备布置
30%模型审查
60%模型审查
90% 模型审查
管道单线图
静设备专业详细工程设计
塔器设备技术请购
反应/干燥器设备技术请购
换热器设备技术请购
容器设备技术请购
其它设备技术请购
结构专业详细工程设计
主要设备/框架/管廊桩图设计
主要设备/框架/管廊基础图设计
主钢结构施工图
×××项目二级计划
版次
编制
校核
批准

图 5-31　项目二级计划样例

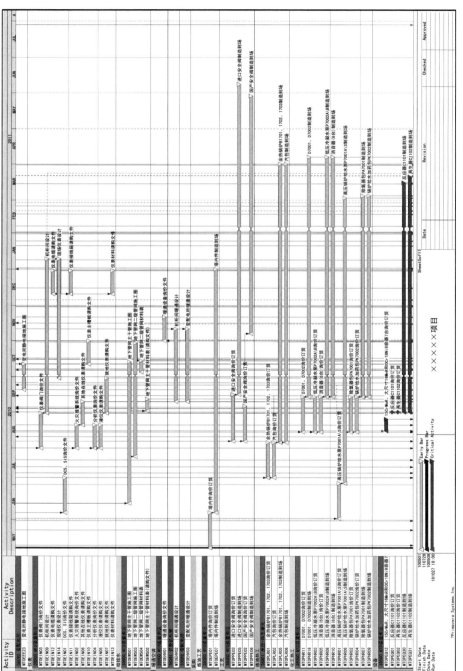

图 5-32　项目三级计划样例

基础上编制，它是作业层使用的计划，涉及活动、工序级内容，它是详细进度管控的工具。项目四级计划可使用检测表形式或条形图形式编制，满足对象分解和工序分解两个维度的要求。一般应按周或月进行更新，要表示出每周或月应该完成的工作内容，设计四级计划应反映出要开展的工作任务、厂商资料返回情况、出图、请购文件提交等；采购四级计划应反映出每份询价文件中包含的各采购工序，如询价、评标、订单签订、检验、出厂、运输、到场等的具体时间安排；施工四级计划应反映出各主要工序的作业时间安排，可在此基础上开展施工进度检测。

（2）计划编制原则

编制计划时，应遵守如下原则。

① 工作结构化分解原则。工作结构化分解是计划编制的基础。为了保证计划的完整性和协调性，要按照工作结构化分解原则去组织计划的制订工作。

② 系统协调原则。系统协调原则必须贯穿于计划编制、计划更新和维护的全过程，即首先要确保设计、采购、施工和开车计划分解和内容的一致性，其次要确保分级计划体系中四个层次计划的上下一致性。随着项目的推进，项目进度计划要由粗到细、不断完善。

③ 标准化原则。项目计划的制订要体现标准化原则，尽可能地使用各类典型计划模板，不要随意制订各种应急性计划。

④ 计划、资源与费用集成原则。计划的制订要尽可能与费用管控的要求协调一致，为资源、费用的动态控制提供有利的条件。在项目开始初期，要确定工作结构化分解原则，统一区域或系统的划分，统一专业工作的划分，统一各项工作（活动）的具体范围，在各项活动的基础上开展计划与费用的统筹控制。

⑤ 网络计划技术原则。在进度管控中要广泛应用网络计划技术。安排设计、采购及施工活动的合理交叉，确立项目关键路线。通过工期优化、资源优化、时间-成本优化技术，向关键路线要时间、向非关键路线要资源，使整个建设期的资源、费用均衡优化。通过计划评审技术（PERT），分析项目进度中存在的持续时间不确定以及在某一特定时间内完成项目的可能性，考虑计划的弹性，评价项目计划风险。

（3）计划编制流程

以项目三级计划为例，编制计划主要流程如图5-33所示。

① 收集计划编制相关信息，主要包括：项目合同及其附件；项目建设所在地的基本情况；可行性研究报告、工艺设计包或基础工程设计文件；工艺流程描述；初步的装置总平面图；初步的建构筑物一览表；参考的工程量清单；初步的设备表和分交范围；主要设备、材料的经验交货期；类似项目的设计和施工周期；相关的行业规定及政策性、法规性文件；业主或PMC审查批准程序；业主

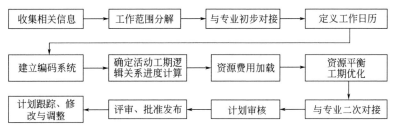

图 5-33 编制计划主要流程

对于项目进度的某些特殊要求；一些对进度影响较大的技术方案〔如钢结构预制方案、管道预制方案、混凝土施工方案、塔到货方案（分段、整体）、现场地基处理方案等〕；设计交付文件清单；请购单打包计划；施工分包策略。

② 确定合同工作范围，按 WBS 结构进行分解。

③ 分别组织各专业进行进度对接讨论，确定专业内部主要工作活动、交付文件、逻辑关系、工期、对外接口关系、内部互提条件等。

④ 按照项目执行地以及装置所在地的实际情况确定工作日和非工作日。

⑤ 建立项目工作分解结构编码，建立项目组织分解结构及编码，建立计划软件相关分类码及编码。

⑥ 确定活动工期、逻辑关系及类型，进行项目进度计算，对关键路径和非关键路径进行识别。

⑦ 对项目进行人工时估算，按照活动分别对项目人工时、实物工程量和费用等数据进行加载。

⑧ 采用统筹网络技术，全面优化设计、采购、施工和开车进度，实现工期最优化；通过采用铲平资源高峰的优化技术，调整非关键路线计划，平衡整个建设期的资金使用，避免资金筹集出现大的起伏，保证资金投入的基本均衡。

⑨ 计划编制完成后应组织设计、采购、施工人员对计划进行校核和对接，确保计划中工作项描述、开工及完工日期、逻辑关系等关键内容的正确性。

⑩ 在完成计划校核和对接并按照对接意见进行计划修改后，项目组应组织相关人员对计划进行审核。

⑪ 大型项目三级计划审核完成后，由项目经理签署并发布实施。对于合同中有明确要求的，应根据合同规定提交业主批准，业主批准后，再由项目经理正式发布实施。

⑫ 经过批准正式下发项目三级计划作为项目的目标计划，进度管控人员应定期或不定期对当前计划的项目进度实施情况进行跟踪和检测，与目标计划进行比对，以便发现问题，找出偏差，并及时对计划进行动态调整，调整后的计划不能违背原计划中的大多数逻辑关系和作业顺序，经过修改的计划应按相关程序进

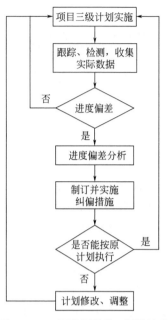

图 5-34　三级计划跟踪、调整流程

行签署后下发执行。对于项目执行中出现的偏差要及时分析原因，提出建议，具体流程详见图 5-34。

如在项目实施阶段发生工作内容和工作范围的变化，项目原有计划安排很难达到或不能满足项目目标的要求，应根据合同的规定对项目计划进行相应变更。

（4）计划的风险分析

风险分析是计划工作中一个不可缺少的环节，通过风险分析，对那些可能影响项目进度的潜在风险因素进行评估，并提前制定应对策略，以实现项目的进度管控目标。

计划的定量风险分析是以项目的网络计划为基础，经过风险识别，确定网络计划中存在风险的活动（工作），然后分析这些活动的定量风险信息，最后再将这些信息用网络分析技术进行汇总，确定项目进度不确定性的变化范围和变化规律，从而定量地评价项目总体进度风险。分析中采用的主要技术有以下两个。

① 蒙特卡罗模拟分析技术。采用蒙特卡罗模拟技术进行定量分析，可将各项不确定性换算为对整个项目进度目标产生的潜在影响，具体包括：对实现既定项目进度目标的概率进行量化；考虑项目风险情况下，计算既定承受度水平下的工期，确定需要的风险储备；通过量化各项风险对项目总体风险的影响，确定需要特别重视的风险和区域；在某些条件或结果不确定时，确定最佳的管理决策。

在利用软件进行模拟计算时，根据每项变量的概率分布函数（如三角分布），任意选取随机数，经过上千次叠加，计算完工日期的概率分布。对于进度风险分析，需采用具有前后逻辑关系的网络进度计划作为基础进行分析。

② 敏感性分析。敏感性分析有助于确定哪些风险、进度活动对项目具有最大的潜在影响[19]。敏感度可以用费用和进度来衡量，反映某一项专业活动进度对总进度的影响程度，有助于寻找到最可能导致进度延迟的风险事件、专业和活动，项目管理和风险需重点关注排序靠前的风险、专业和活动。

定量风险分析能够排除浮时对项目总工期的影响，筛选出影响项目最终目标的关键风险，从而确保对关键风险的重点管理。另外，定量风险分析能够结合风险和被影响的活动，并考虑其关键性，对影响项目进度目标的活动进行筛选、排序，确保对关键活动的重点管理[20]。

（5）计划软件 P6 在进度管控中的应用

P6 软件是甲骨文公司（ORACLE）的一套基于网络计划技术的工程项目计划管理软件。在计划编制的过程中，它把计划人员所掌握的分散的项目管理经验和信息有机地融合在其所管理的项目上。对大型工程项目，使用 P6 能将各专业工作细化到工序并将这些工序网络化地组织在一起，让计划随实际进度进行动态更新，从而真正实现进度的动态管控。

P6 网络进度计划中的每项作业上可加载多种资源，在保证关键路线作业资源用量的前提下，充分利用非关键路线上作业的总时差、自由时差，对非关键路线上的作业开工时间进行调整、对资源进行必要的"削峰填谷"，可以实现资源的调整和平衡，减少资源的浪费、降低工程成本[17]。

5.5.4　进度计划的控制

在项目进度过程管控中，制定出科学、合理的项目计划，只是为项目进度的科学管控提供了可靠的前提和依据，但并不等于管控工作就不存在问题。在项目执行过程中，由于外部环境等变化，项目实际进度与计划目标间往往会出现偏差，如不能及时发现这些偏差并加以纠正，项目进度管控目标的实现就会受到影响。因此，必须对计划的实施过程进行严格的控制[15]。

项目计划执行的控制方法是以进度计划为基准，在实施过程中对执行情况不断进行跟踪检查，比较与分析实际进度与计划目标的偏差，找出偏差原因和解决办法，确定调整措施，通过措施的实施，使项目的运行回到进度目标的轨道上来。随后继续检查、分析、修正，如此循环往复，直至项目最终完成[15]。

因此，收集实际的进度信息是开展进度管控的一项重要工作，为达到这一目的，必须构建一套科学合理的进度数据采集和测量系统。通常，在项目合同生效后，承包商要编写进度检测相关程序，构建进度检测系统，提交业主批准后作为项目进度检测的依据。项目进度检测系统通过对项目进度的量化计算，为项目提供客观准确的实际进度数据，同时也为项目进度管控、费用管控和进度款支付提供了支持，项目进度检测流程详见图 5-35。

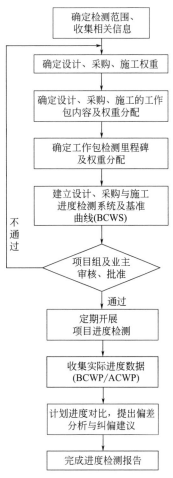

图 5-35　项目进度检测流程

5.5.4.1 进度检测系统

（1）建立工作分解结构与检测对象清单

按照工作分解结构确定的分解原则，可将整个项目的合同工作范围，按照项目阶段、专业、区域等属性逐级向下分解，分解为更小、更易管理的单元。工作分解结构的底层单元一般称为工作包，可把工作包作为进度检测系统的检测对象，在此基础上开展项目进度检测工作。工程项目的检测对象（工作包）一般包括工程实物、图纸文件等，将所有检测对象以表格的形式组织在一起，即可得到检测对象清单。

（2）确定权重

权重是某项工作占所检测范围的工作量比重，可以费用或工时为基础进行计算，是对进度进行定量跟踪和控制的基础。

① 项目总体权重。确定设计、采购、施工的权重，一般可按照各部分的费用占项目总费用的比例来确定各自的百分比权重，也可与业主协商采用其他的方法确定各自权重。

② 工作包及工序（检测里程碑）权重。工作包权重是指某一工作包在检测范围中占的比重。如工艺专业设计总预算工时为10000人工时，其中工艺设备数据表这一工作包的设计预算工时为4000人工时，则该工作包在工艺专业设计工作中的权重为40%。工序权重是指某一工作包的特定步骤占该工作包工作量的比重。在实际工作中，工序权重一般按照经验来确定，通常需要得到业主批准。以工艺流程图设计这一工作包为例，见表5-5，分为计算、设计、校对、审核、审定5个检测里程碑（工序），每个检测里程碑权重依次为：30%、25%、20%、15%、10%。

表 5-5 工序权重分配表（示例）

| 工作包 | 数量 | 单位 | 工时 | 任务各检测点权重/% | | | | |
| | | | | 设计文件 | | | | |
				计算	设计	校对	审核	审定
工艺流程图（PFD）	16	页	48	30	25	20	15	10
工艺管道及仪表流程图（P & ID）	54	页	540	20	35	20	15	10
容器类数据表	41	台	328	10	50	30	10	
换热器类数据表	24	台	192	10	50	30	10	

（3）绘制项目基准计划曲线

根据项目计划，确定工作包各个检测里程碑的计划完成时间，在此基础上可绘制完成项目基准计划曲线。

（4）定期开展进度检测，编制实际进度曲线

　　项目进度检测工作一般按照自下而上的原则进行。首先对工作分解结构的底层工作包开展检测，然后按照 WBS 的层级，使用预先设定的权重依次向 WBS 的较高层级进行汇总。

　　在工程项目中，按项目确定的检测周期（周或月）对每个工作包的进度进行检测，根据各工作包的权重层层向上汇总，依次可形成专业、主项单元、阶段及项目级实际进度曲线，见图 5-36。

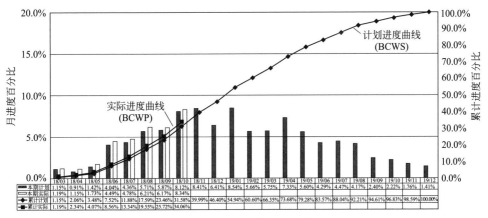

图 5-36　项目总体进度曲线

　　（5）建立进度检测报表

　　根据上述过程确定的结构及模型，建立进度检测电子报表系统，实现项目在任一报告点上进度数据的自动计算。通常，项目采用 EXCEL 或数据库系统来建立检测系统，底层检测对象检测完成后可通过公式设定逐级汇总到上一级的检测对象，最后汇总得到项目总体进度[21]。项目进度检测表示例如表 5-6 所示。

　　（6）检测系统维护

　　在项目的实施过程中，由于变更的产生，项目工作范围和工程量会发生变化，这就需要对检测系统进行及时的更新和维护，使之反映项目的真实状态[21]。

5.5.4.2　分析与预测

　　定期完成项目检测工作后，应对实际进展与计划进度的比较进行偏差分析，预测下一步工作安排。

　　（1）差额分析

　　在项目实施过程中，将检查期间的实际进展数据与计划数据、实耗数据进行差额比较，可以确定进度完成情况的差异和人工时及费用的使用情况，对项目的宏观情况做出判断。差额分析一般是针对汇总数据而言，在 WBS 较低层次不建议进行差额分析[22]。

表 5-6　项目进度检测表示例

类别	序号	检测内容	权重	赢得里程碑 里程碑 1	里程碑 2	里程碑 3	里程碑 4	总计	进度	2018 年 5 月	6 月	7 月	8 月	9 月	10 月	11 月	12 月
静设备	1	75904-118000-EQ-R-E-0001 反应器	8.61%	采购订单 30%	收到关键主设备和备件清单 供应商要图纸件清单 20%	供应商运输所有部件到现场 45%	现场接收所有的部件(包括要求提供的文件) 5%	100%	计划		30%	50%	50%	50%	50%	50%	50%
									预测								
									实际								
	2	75904-118000-EQ-R-E-0002 再生器	0.64%	采购订单 30%	收到关键主设备和备件清单 供应商要图纸件清单 20%	供应商运输所有部件到现场 45%	现场接收所有的部件(包括要求提供的文件) 5%	100%	计划		30%	50%	50%	50%	50%	50%	50%
									预测								
									实际								
	3	75904-118000-EQ-R-E-0003 碳钢容器	3.02%	采购订单 30%	收到关键主设备和备件清单 供应商要图纸件清单 20%	供应商运输所有部件到现场 45%	现场接收所有的部件(包括要求提供的文件) 5%	100%	计划			30%	30%	50%	50%	50%	50%
									预测								
									实际								
	4	75904-118000-EQ-R-E-0004 铬钼钢容器	1.06%	采购订单 30%	收到关键主设备和备件清单 供应商要图纸件清单 20%	供应商运输所有部件到现场 45%	现场接收所有的部件(包括要求提供的文件) 5%	100%	计划			30%	30%	50%	50%	50%	50%
									预测								
									实际								
	5	75904-118000-EQ-R-E-0005 铬钼钢换热器	9.09%	采购订单 30%	收到关键主设备和备件清单 供应商要图纸件清单 20%	供应商运输所有部件到现场 45%	现场接收所有的部件(包括要求提供的文件) 5%	100%	计划				30%	50%	50%	50%	50%
									预测								
									实际								

差额分析如图 5-37 所示。

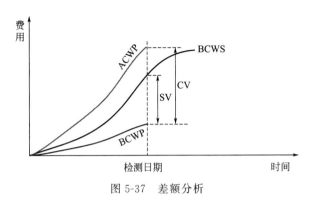

图 5-37 差额分析

（2）生产率分析

生产率指数（PI）＝赢得值/累计实耗值，它能反映出项目是否高效进展。通常，项目开始初期生产率指数偏低，而后期生产率指数逐渐增大。当 PI＜0.6 时，可能表示项目组织工作不理想或有窝工现象；当 PI 在 0.6～1.5 之间波动时，表示项目进展比较顺利；当 PI＞1.5，并连续出现 3 次以上时，就有可能是专业负荷或项目的人工时估算有问题，宜提请重新核算人工时。

（3）香蕉分析

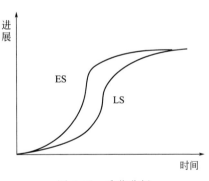

图 5-38 香蕉分析

香蕉分析实际上是由两条"S"曲线组合而成，形如香蕉（如图 5-38 所示），故由此得名。

当采用 CPM 网络计划时，一条"S"曲线按最早开始时间绘制，简称 ES 曲线；另一条则按最迟开始时间绘制，简称 LS 曲线。当实际进展曲线在香蕉范围之内时表示进展比较顺利，落在 ES 曲线左边表示进展过分超前，落在 LS 曲线右边表示进展过分缓慢。

5.5.4.3 项目进度计划的调整与更新

进度过程管控的目的是在保证实现项目质量和成本目标的前提下，实现既定的工期目标。在计划实施过程中，要定期收集项目进展信息，比较分析进度偏差，做出有效对策，必要时需要开展进度计划的更新调整。项目计划调整的主要方法有以下几点。

① 改变工作间的逻辑关系。通过检查发现项目进度偏差已影响到项目总工期，在工作间逻辑关系允许改变的前提下，可通过改变关键路径上有关工作间的

逻辑关系，达到压缩项目工期的目的[16]。

② 缩短工作工期。如通过加大对该工作的资源投入而使工作进度加快等[16]。

③ 重新编制计划。当采取其他方法仍不能奏效时，则应根据工期要求，将剩余工作重新编制。调整后的进度计划重新作为进度计划目标来指导和控制项目[16]。

5.6 石化工程项目费用管控过程化

项目费用管控是指在满足工程质量、工期等合同要求的前提下，通过计划、组织、控制和协调等活动，对项目实施过程中所发生的费用进行控制，以实现预定的成本目标，并尽可能地降低成本的管理活动。

费用管控的内容很广泛，贯穿于项目管理活动的全过程和各个方面。从项目前期开始到设计、采购、施工直至竣工验收，每个环节都离不开费用管控。费用管控的目标是正确把握好项目进度、费用和质量的三大控制之间的对立统一关系，在项目实施的全过程中，对所有影响项目费用的活动进行恰当而连续的有效管控，在保证项目合理工期和工程质量的前提下，将项目的费用控制在既定的范围之内，为项目建成投产后能够取得良好的经济效益奠定基础[23]。

5.6.1 费用管控过程化的内容

一般来说，石化工程项目的费用管控包括费用估算及费用控制两项主要内容。根据工作阶段的不同，费用估算可分为九次估算，费用控制则覆盖设计、采购与施工三个阶段。

5.6.1.1 费用估算的内容

费用估算按阶段划分为九次估算，即可研估算、总体设计概算、基础工程设计概算、总承包项目报价估算、总承包项目合同估算、总承包项目成本预算、施工图概算、施工图预算、工程结算。九次估算的编制阶段、编制办法、编制依据、估算深度虽然不同，但每一次估算都是下一阶段开展费用控制的基准。

5.6.1.2 费用控制的内容

在设计、采购和施工阶段分别开展限额设计、限额采购和限额施工，以使项目的费用在各个阶段均处于受控状态。各阶段费用控制的主要内容如下。

（1）设计阶段

根据批复的估算开展限额设计，对设计方案、设计标准、设计裕量等影响项目费用的因素进行管控。通过技术和经济相结合的方法，保证项目费用处于受控范围。

（2）采购阶段

在项目开始实施时，根据 WBS 进行采购工作包的划分，同时参照市场价格和价格数据库，确定每个工作包的限额价格，对每一请购单进行限价，将采购费用控制在核定的限额之内。

（3）施工阶段

在施工招标阶段，编制合理的标底，选用合适的招标方式，根据技术和经济相结合的原则确定中标单位；在施工过程中，按照施工分包合同开展变更费用控制；在工程中交后，及时进行施工分包结算，计算项目最终的施工费用，同时按照合同规定对分包合同价款进行调整。

费用估算与控制基本流程如图 5-39 所示。

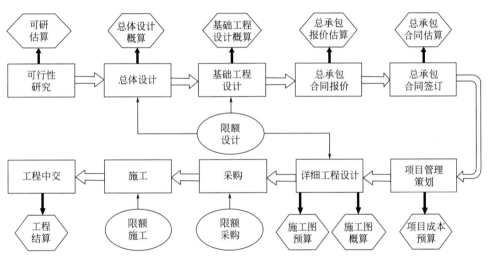

图 5-39　费用估算与控制基本流程

5.6.1.3　费用管控的原则

（1）全过程管控原则

费用管控要采用全过程的动态管控方式，不能局限于某个阶段。要注意对项目全过程、全费用的管控，在项目成本预算范围内推行限额设计、限额采购和限额施工。根据各阶段费用控制的基准，采用跟踪、监督、对比、分析、预测等手段，对可能发生和已经发生的费用变化进行修正或调整，使项目在严格控制下实施[24]。

（2）集约化原则

项目的成本、进度和质量三者密不可分，因此项目的成本管理不可能脱离质量管理和进度管理而独立存在，而是要在成本、进度、质量三者之间进行综合平衡，追求三者的系统最优化。

（3）动态控制原则

在项目管理的过程中，应持续将成本实际发生值与目标值进行比较，分析趋势，检查有无偏差。若无偏差，则按原计划进行，否则就要找出具体原因，采取相应措施。动态控制是一个不停地检查、分析、修正的循环过程。

（4）风险导向原则

在项目管理过程中，可能会出现决策风险、方案风险、信用风险、政策风险、法律风险等各种类型的风险。所有的这些风险，如要发生最终都会体现在费用方面。因此，费用管控要以风险控制为导向，做到及早识别，事前控制，合理地规避和转移风险。

5.6.2　石化工程项目的费用构成

工程项目费用的划分有两个体系，即费用估算体系和费用控制体系。两者之间具有一定的对应性，但也存在一定的区别。

5.6.2.1　费用估算体系

在费用估算体系中，项目投资是指为完成工程项目建设并达到使用要求或生产条件，在建设期内预计或实际投入的总费用，包括建设投资、增值税、资金筹措费和流动资金。其中建设投资是指工程项目在建设期预计或实际支出的建设费用，包括固定资产投资、无形资产投资、其他资产投资和预备费；增值税是指应计入建设项目总投资内的增值税额；资金筹措费是指在建设期内应计的利息和在建设期内为筹集项目资金发生的费用，包括各类借款利息、债券利息、贷款评估费及承诺费等；流动资金是指运营期内长期占用并周转使用的运营资金。

5.6.2.2　费用控制体系

各企业可以建立适合自己实际情况的费用控制体系。项目费用控制的主要工作是对项目成本的控制，项目成本是指项目从合同签订之后，在设计、采购、施工以及开车等过程所发生的全部费用支出。项目成本不包括利润，它可以分解为三类成本。

（1）工程成本

与概算中的工程费相对应，指采购费用和施工费用两部分，包括设备费、材料费、安装工程费及建筑工程费。

（2）人工成本

对应于概算中设计费和建设管理费中的人工费用，指在设计、采购、施工管理、项目管理等工作中发生的人工时成本。人工成本按人工时数量乘以人工时成本单价计算。

（3）其他成本

指在设计、采购、施工管理、项目管理等工作中发生的费用，如差旅费、会议费、办公费、车辆使用费等。

5.6.3　费用估算

根据工程造价多次性计价的要求，项目投资在不同阶段有估算、概算、预算、结算等不同的名称。本文所述的费用估算，是指在项目的不同阶段编制的所有估算的统称。一般来说各版次估算的编制方法不同，随着项目的深入，估算的精度会逐渐提高。

5.6.3.1　费用估算的阶段划分

（1）可研估算

在项目可行性研究阶段编制，满足可研技术经济评价的需要。

（2）总体设计概算

在总体设计阶段编制，满足总体设计阶段确定项目投资的需要。

（3）基础工程设计概算

在基础工程设计阶段编制，作为向国家和地方政府报批的投资文件，经审批后用以编制固定资产计划，是控制建设项目投资的依据。概算应包括从项目筹建开始到竣工验收交付使用前所需的一切费用。

（4）总承包项目报价估算

根据招标要求，由工程公司参照基础工程设计概算编制，满足投标报价的需要。

（5）总承包项目合同估算

参照报件文件，经承发包双方谈判确定的总承包合同价，需要进行量、价、费的分解，编制总承包合同价款估算，以满足项目效益测算的要求。

（6）总承包项目成本预算

根据合同签订情况，对项目在设计、采购、施工等过程所发生的全部费用进行测算，预测项目的毛利率，编制项目的成本预算。该预算可作为费用控制的基础。

（7）施工图概算

在详细工程设计完成后编制，以便与基础工程设计概算、项目的成本预算进行对比。施工图概算按照详细工程设计的工程量、基础工程概算的编制方法进行编制，它是工程结算的重要参考。

（8）施工图预算

在详细工程设计完成时，根据施工图纸，结合施工组织设计和施工方案，采用建筑安装工程预算定额、取费标准等编制。施工图预算是工程结算的重要参考。

（9）工程结算

在项目中交后，应及时组织编制项目结算。工程结算是项目所有发生的真实成本的汇总，反映的是项目最终的工程造价。将项目以往历次估算与工程结算进行对比，可以大致分析项目估算在不同阶段的估算误差。

以上九次估算对比情况详见表5-7。

表 5-7　费用估算方法一览表

估算名称	编制阶段	编制方法
可研估算	可行性研究	分析估算法
总体设计概算	总体设计	初步工程量法
基础工程设计概算	基础工程设计	初步工程量法
总承包项目报价估算	EPC 报价阶段	初步工程量法
总承包项目合同估算	EPC 合同签订	初步工程量法
总承包项目成本预算	项目管理策划	初步工程量法
施工图概算	详细工程设计	详细工程量法
施工图预算	施工阶段	详细工程量法
工程结算	工程中交后	详细工程量法

项目各阶段费用估算如图 5-40 所示。

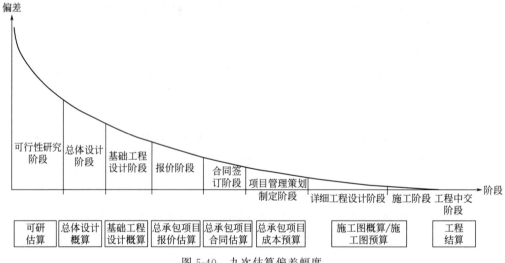

图 5-40　九次估算偏差幅度

5.6.3.2　费用估算的编制

在不同的项目阶段采用不同方法编制的估算，其准确度也有所不同。常用的编制方法有三种：分析估算法、初步工程量估算法和详细工程量估算法。

（1）分析估算法

在项目初期采用分析估算法编制的是一种近似的估算，也是估算类型中偏差幅度最大的一种。其中规模指数法是一种常用的分析估算法，它是指根据已建成的类似项目投资和生产能力，估算拟建项目的投资。该方法计算简单、速度快，但偏差幅度大。规模指数法计算公式为

$$I = I_0(Q/Q_0)^n + R$$

式中，I 为合同项目（新装置）估算费用总额；I_0 为参比装置（老装置）的投资额；Q 为合同项目装置的生产能力；Q_0 为参比装置的生产能力；n 为装置的能力指数；R 为不可预见费。

（2）初步工程量估算法

一般用于编制总体设计概算和基础工程设计概算。以基础工程设计概算为例，根据各专业提出的设备材料清单、相应的概算指标编制单位工程概算、单项工程综合概算、项目总概算。受设计深度影响，此阶段设计提出的工程量属于初步设计阶段，比如建筑物只有建筑面积、结构形式和装修等级，无法提出建筑物内部详细的工程量，因此只能根据建筑物面积和平方米造价进行估算。

（3）详细工程量估算法

一般用于编制施工图概算、施工图预算以及工程结算。以施工图预算为例，在详细工程设计完成后，依据各专业施工图纸、采购订货信息、相应的施工预算定额等进行编制。由于此阶段工程量是基于施工图纸的，工程量比较详细，所以用该方法编制的估算偏差较小。

费用估算的编制流程详见图5-41。

5.6.3.3 费用估算过程风险识别

费用估算对于项目的建设具有重要作用。在编制时要做好与费用有关的风险识别，做到事前控制。

（1）法律法规、相关政策和标准规范

估算编制不仅要掌握项目本身的各种信息，同时也要熟悉相关的政策、项目所在地区的法规、收费标准等情况。在估算编制前，要对项目所在地进行考察，制定合理的估算指标。比如QHSE（质量、健康、安全和环境）标准对脚手架、安全施工措施等要求较高，在估算编制时应充分考虑。

（2）价格变化

石化工程项目的设备材料费一般占到投资的60%左右，而价格是影响设备材料费的关键因素。在编制估算时要注意选取价格的时效性、准确性、地域性，防止由于价格选取问题导致估算的误差。

（3）工程量的准确度

工程量是费用估算的基础。如果工程量出现偏差，估算的偏差就会放大。随着设计工作的深化，工程量的确定是一个逐步接近准确的过程。在估算阶段要利

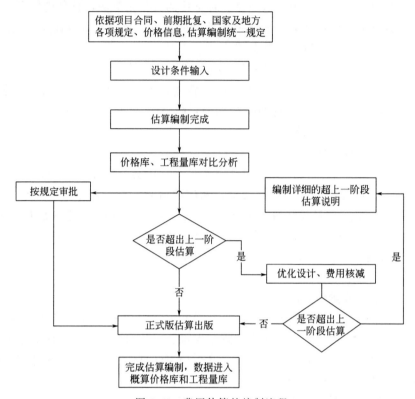

图 5-41　费用估算的编制流程

用工程量数据库做好工程量的分析和比较，提高工程量的准确度。

（4）费用估算的合理性、准确性

估算编制人员应熟练掌握概算指标，合理选用指标子目，尽量做到与工程实际相符。比如工艺设备专业的估算，估算编制人员要了解工艺路线、设备的到货状态、包设备的内容等；对于关键设备要提前询价。在项目的费用估算编制完成后，要从项目范围、工程量、价格水平、标准规范等方面，分析投资构成比例是否合理，设备费、主材费、安装费、建筑工程费、工程建设其他费、预备费占建设投资的比例是否合理，各专业投资占工程费的比例是否合理等。

5.6.4　费用控制

费用控制是指通过计划、控制、核算、调整、预测等手段，确保在成本预算范围内完成项目的实施。要依靠制定控制基准，通过对费用的跟踪与检测，及时调整控制基准而达到费用控制的目的。

5.6.4.1　实施步骤

（1）制定控制基准

项目合同价格是项目成本与利润之和。在项目实施前必须制定一个内部控制基准，作为内部控制费用不允许超过的最高金额（即项目成本预算）。费用控制的目的就是使项目费用控制在成本预算范围以内。项目成本预算应按工作分解结构（WBS）进行分解，执行结果可以得到检测。

（2）跟踪和监测

在项目实施过程中，费用工程师应定期将已完工作的预算费用和实际发生的费用进行对比，分析二者之间的差异。如果实际费用超出预算费用，要按照规定的管理程序进行批准。

（3）变更和调整

针对项目实施过程中发现的问题采取有效措施，对成本预算费用进行适当调整，满足成本预算的总体要求。由于业主或其他原因发生变更时，项目组应及时发起变更并获得批准。因业主原因发生的变更费用应由业主承担，不影响项目的成本预算；因内部原因发生的变更费用，应包含在项目实际成本中。

5.6.4.2　限额设计

（1）推行限额设计的意义

限额设计是指以上一阶段批准的费用为限额，对下一阶段的设计工作，从工程量、设计标准等方面入手，通过优化设计、改进方案等手段，从源头上控制工程费用。限额设计的推行有利于强化设计人员的费用意识，提高设计人员节约投资的自觉性。限额设计并不追求以压缩投资为唯一目的，而是以尊重科学、尊重实际、实事求是为原则，在保证质量和安全的前提下，使项目的技术和经济组合达到最优。

工程设计是项目规划和具体描述实施的过程，是处理技术与经济关系的关键性环节。项目的投资约80%是在设计阶段确定的，所以推行限额设计具有十分重要的意义。

（2）限额设计的过程管控

一般来说，各阶段的限额设计侧重方面有所不同。总体设计的重点在方案优化方面，基础工程设计的重点在设计优化方面，详细工程设计的重点在变更控制方面。

① 总体设计阶段

总体设计阶段开展限额设计的控制基准是可研估算。设计人员应针对限额目标，根据总体设计的统一要求，对工艺流程、关键设备、主要建筑物等提出技术比选方案，并与费用工程师就方案及工程量进行对接，与可研估算进行比较。如果费用超出了可研估算，应通过技术和经济结合的方式，尽量将投资压回到可研估算范围以内。

② 基础工程设计阶段

此阶段开展限额设计的控制基准是总体设计概算。在该阶段费用工程师应将总体设计概算按 WBS 进行分解，并下达给各设计专业。各设计专业针对限额目标，重点从以下方面做好控制。

（a）将技术标准的合理性和经济性相结合。技术标准是项目成本目标确定的基础，也是优化设计、提高设计质量的有效方法和途径。设计人员需充分理解和掌握规范要求，在设计标准、设计裕量等方面防止过度设计，达到限额设计的目的。

（b）结合项目具体情况，有针对性地开展模块化设计，减少现场安装工作量、降低现场施工安全风险、缩短现场作业周期、减少施工人力需求。

（c）对技术成熟、规模相同或者接近、方案类似的项目，可以制定标准化模板，推行标准化设计，减少人工时投入，提高工作效率。

（d）在保证正常生产的前提下，对装置的占地面积、建筑物的建筑面积、建筑装修标准、建构筑物的断面尺寸等严格控制。

（e）合理划分设备材料的引进范围，确定合格的分承包商一览表。对关键的设备选型进行评审，确定材料使用的标准和执行规范。

（f）对管道材料，要明确使用原则及管道等级规定，确定保温材料的品种和技术要求，对管道布置方案进行评审。

（g）在电气和自动化控制方面，要结合国情制定相应的控制标准，规定主要设备的技术要求、质量等级及使用原则，不盲目追求高标准和高水平。

③ 详细工程设计阶段

此阶段开展限额设计的控制基准是批准的项目成本预算。在达到项目使用功能的前提下做好变更控制，保证项目的成本预算不被突破。

（a）精准设计，减少变更。要依据上下游条件，针对项目量身定做设计，合理选择设备材料材质、设计裕量，在标准化设计的基础上做到差异化。

（b）严格按照合同和标准规范进行设计，避免超出基础工程设计范围和标准的过度设计。

（c）研究设计选型的合理性、多专业优化的可能性，得出结论后再实施采买程序。

（d）加强设计变更管理。对确实需要发生的变更，尽可能把设计变更控制在设计阶段，使损失降到最低。

（3）限额设计工作流程

限额设计的工作流程共包括三个步骤。

① 确定控制基准。在每一个设计阶段，将上一阶段的估算按 WBS 进行分解，包括各专业的设计工程量和费用，编制"限额设计工程量表""各专业投资核算点"，确定控制基准。

② 根据控制基准开展限额设计。费用控制工程师按"限额设计工程量表"，

在设计过程中对各专业投资核算点进行跟踪，比较实际工程量与限额工程量、实际费用与限额费用的差值，并分析偏差原因。如实际工程量超过限额设计的工程量，应通过优化设计加以解决；如必须要超过，设计专业需说明原因。对所有超出限额的费用进行变更，要按照规定执行批准程序。

③ 编写限额设计费用报告。

限额设计流程见图 5-42。

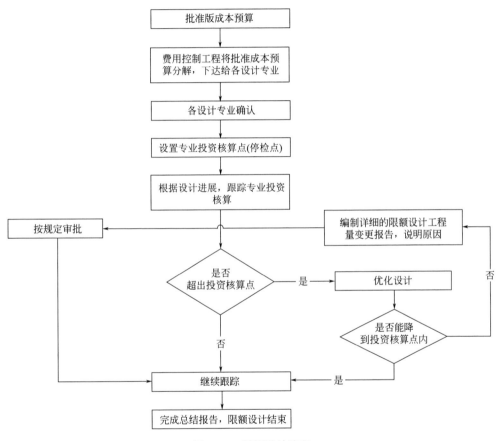

图 5-42　限额设计流程

5.6.4.3　限额采购

采购费用占项目投资比例较大，是费用控制的重点。在满足合同要求及使用功能的前提下，应通过限额采购达到成本控制要求。限额采购工作流程如下。

（1）确定限额采购工作包

首先基于设备和材料清单，确定限额采购工作包，作为采购费用核算的最小单元，同时也是采购费用跟踪和审批工作的基础。工作包既可以是单台设备，也可以是某一类设备或材料，示例见表 5-8。

表 5-8　工作包划分示例

序号	专业	工作包	划 分 原 则
一	工艺设备		
1		大型设备、机组	压缩机、塔类等大型设备可单独列项
2		关键设备	对设备本身工艺要求较高的 单台设备费＞×××万元的
二	工艺管道		
1		管道	按压力等级、材质、规格进行划分
2		阀门	按压力等级、材质、规格进行划分

（2）确定限额采购价格

在采购工作包确定后，费用控制工程师根据批准的成本预算、市场价格，并参考价格库信息，确定采购工作包限额，作为项目采购费用跟踪检测的基础。在项目实施过程中，此限额对采买行为具有约束力。

（3）限额采购的跟踪和检测

采购合同签订后，费用控制工程师根据合同相关资料，包括订货价格、供货方式、制造周期、运输方式、实际发生的运杂费等，对工作包费用进行对比分析，检测是否突破采购限额。

（4）限额价格的调整

当采购报价超出工作包限额时，费用工程师应与设计人员、采买人员协同，对超限情况进行分析。在满足合同要求和使用功能的前提下，尽量通过优化设计等手段满足限额要求。如由于市场价格、供需关系、供货周期等影响，确需突破限额时，由采购组提交限额变更报告，经公司批准后执行。

限额采购工作流程见图 5-43。

5.6.4.4　限额施工

在施工阶段，费用控制主要包括施工分包策划、现场变更和签证的控制、进度款支付及工程结算。限额施工的主要工作流程如下。

（1）制定控制目标

首先，费用控制工程师应根据项目成本预算、项目所在地材料价格、劳动力市场情况及施工分包资源，制定施工阶段的费用控制目标。

（2）确定施工分包方案

施工分包方案的制定，受项目施工工序、施工场地、分包资质等多个因素影响。在施工分包方案确定前，通过对施工组织总设计进行评审，结合施工总平面、施工总体计划、重点专业施工方案等，制定合理的分包方案。

在不同的设计深度、进度计划条件下，需要根据实际情况选择不同的分包合同模式（固定总价、工程量清单、施工图预算结算等），以有利于施工费用控制

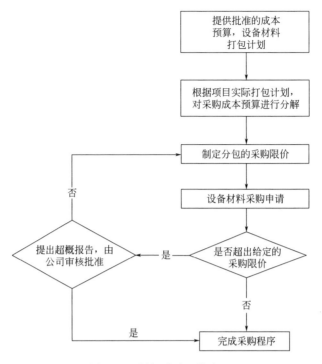

图 5-43　限额采购工作流程

的需要为原则。在签订合同时，条款、责任要明确，避免以后产生合同纠纷，同时要注意价格的合理性。

（3）工程结算

工程结算是在工程全部完成时支出的实际成本，其结果不仅可以对项目前期各版次估算的精度进行检验，还可以用来对整个项目费用控制效果进行考核。

工程结算分为总包合同结算与分包合同结算。其中总包合同结算由于基本采用固定总价合同形式，重点是变更、标准及范围变化导致的费用变化。分包合同结算有多种形式，在执行过程中受设计、采购、市场、现场等各种因素影响，变化较大，因此结算过程较长，涉及文件、资料、图像等辅助依据较多。

工程结算一直是费用控制过程的重点，也是难点。因为工程结算往往处于项目收尾甚至交工后，很多数据、资料不准确；合同双方对于费用的划分、确认往往持有不同意见，导致工程结算进程长、纠纷多。因此，过程文件、工程师指令成为关键，这也要求合同双方加强过程管控，避免"秋后算账"。

5.6.4.5　费用数据库

在项目结束后，应对项目所有的费用相关数据进行汇总、对比和分析，将限额设计、限额采购和限额施工费用控制结果与控制基准相比较，以核算费用是否控制在项目成本预算范围内。对于那些超出控制基准的费用，要进行认真分析，找出原因，编制报告。

（1）建立费用管控集成平台

全过程的费用管控需要建立数据共享的集成化平台，对项目费用实行全方位、全过程的动态管控。通过信息化管理，完成工作包分解、制定控制基准、过程管控、成本预测、成本预警、成本结算及分析的工作，使费用估算与控制做到可控、可视、可检测。

（2）建立和完善项目费用数据库系统

费用数据库系统包括价格库、工程量库、人工时定额库等信息，项目的费用汇总包括工程量、价格、人工时等方面，汇总结果用以完善费用数据库，为以后的报价和控制工作提供基础。

参考文献

［1］ 法约尔.工业管理与一般管理［M］.北京：中国社会科学出版社，1982.

［2］ 黄卫.实施工程建设标准 保障建设工程安全［J］.工程建设标准化，2005，（6）：3.

［3］ 孙丽丽.高硫天然气净化处理技术的集成开发与工业应用［J］.中国工程科学，2010，（10）：76-81.

［4］ 建设部，国家知识产权局.工程勘察设计咨询业知识产权保护与管理导则［EB/OL］.http://www.mohurd.gov.cn/wjfb/200611/t20061101_157909.html

［5］ 孙丽丽.创新芳烃工程设计开发与工业应用［J］.石油学报（石油加工），2015，（2）：244-249.

［6］ 钮春奇.K公司MQB项目质量管理优化研究［D］.上海：华东理工大学，2018.

［7］ 王威.大庆石化公司120万吨/年乙烯项目设计阶段管理体系研究［D］.哈尔滨：哈尔滨工业大学，2013.

［8］ 李中凤.A公司EPC项目物资采购管理研究［D］.南京：东南大学，2018.

［9］ 孙丽丽.石化项目本质安全环保设计与管理［J］.当代石油石化，2018，26（10）：1-8.

［10］ 孙成龙.总承包项目的HSE管理策划［J］.石油化工安全环保技术，2012，28（06）：1-5.

［11］ 吴煜，李从东.二拉平原则（ALARP）应用分析——以工业系统风险评价为例［J］.山东财政学院学报，2005，（03）：47-49.

［12］ 孙成龙.设计阶段的HAZOP分析［J］.现代职业安全，2011，（12）：38-41.

［13］ 王志斌.丁二烯装置安全排放系统优化的探讨［J］.石油化工安全环保技术，2014，30（02）：55-57.

［14］ 夏金兵.液态烃球罐区的风险分析及缓解对策［D］.上海：华东理工大学，2012.

［15］ 陈立诚.项目进度管理在M公司4G基站建设项目中的应用［D］.南京：南京邮电大学，2014.

［16］ 卢俊文.进度计划编制和进度控制方法在水电工程项目的应用研究［D］.长沙：国防科学技术大学，2011.

［17］ 赵青松.南海石化汽电联产项目进度计划与控制研究［D］.武汉：华中科技大学，2006.

［18］ 徐福宇.工程进度检测信息化浅析［J］.乙烯工业，2017，29（01）：15-20.

［19］　漆国良 . 项目风险管理中的财务控制［J］. 中国高新技术企业，2008，（23）：52-56.

［20］　王秀云 . 国际总承包项目进度风险量化分析与管理［J］. 国际经济合作，2011，（04）：51-55.

［21］　朱延礼 . EPC 项目进度检测系统及应用［J］. 石油化工建设，2009，31（06）：41-43.

［22］　彭飞 . 从南海石化项目看大型项目的进度控制［J］. 化工设计，2003，（04）：42-47.

［23］　王晓伟，丁晓京，侯智愚 . 工程总承包项目的费用控制管理［J］. 化工管理，2014，（10）：82-86.

［24］　王勇 . 化工项目工程费用控制研究［D］. 重庆：重庆大学，2007.

第 6 章

石化工程项目数字化

随着石化工程项目的规模越来越大、建造技术越来越高，传统的工程建设管理方法已经难以适应当前工程项目建设和发展的需求，这就需要创新高效的工程管理模式和方法，信息化的发展使工程项目数字化成为可能。项目数字化是实现项目管理集约化、协同化、集成化、过程化的重要基础和支撑，数字化可为项目集约化、协同化、集成化和过程化赋能，实现数据同源、信息同根。同时，集约化、协同化、集成化、过程化也是实现数字化、提升数字化水平的基础条件。

6.1 概述

6.1.1 基本概念

（1）数字化工厂

数字化工厂是以工厂对象为核心，包括与之相关联的数据、文档、模型及其相互关联关系等组成的信息模型，它将不同类型、不同来源、不同时期产生的数据构成了完整、一致、相互关联的信息网。数字化工厂通过数字化平台发挥数据库的功能，为工厂的运行、维护、改扩建、安全管理提供合理的数据支撑，打通工厂生命周期的信息流，使之变成宝贵的虚拟资产，为智能工厂建设奠定基础。

（2）智能工厂[1]

智能工厂是数字化工厂的延伸，是以卓越运营为目标，贯穿生产运营管理全过程，具备高度"自动化、数字化、可视化、模型化、集成化"特征的石化工厂，通过技术变革和业务变革，让企业具有更加优异的感知、预测、优化和协同能力。

6.1.2 石化工程项目信息化发展现状和趋势

我国石化工程项目信息化发展现状及趋势可简要概括为如下几点。

① 网络平台建设发展迅速，配备与配置较为完善，支撑作用良好。

② 应用集成系统建设已步入普及阶段，实现了主线业务全过程信息化，涵盖的功能范围越来越广，集成度和流程优化程度越来越高，管理的各种资源越来越完整。

③ 企业层面管理系统不断深化和拓展，集中管控能力进一步提升。经营管理系统建设与应用已全面覆盖公司经营管理核心业务，支撑经营活动和重大决策。协同办公系统越来越完备，向移动办公发展，提高了办公效率。

④ 企业核心业务系统建设趋于数字化和集成化，信息共享、协同工作效益凸显。

⑤ 信息化向驱动企业数字化转型变革。先进工程公司信息化正在从信息整合与系统集成阶段向驱动变革阶段发展。信息化正在驱动企业或者行业数字化转型变革，工程建设产业链集成化、协同化与智能化将是不可逆转的趋势。

6.2 石化工程项目数字化管理方法

6.2.1 石化工程项目数字化关键要素

典型的贯穿石化工程项目设计、采购、施工及完工阶段的数字化关键要素由关键业务的信息系统和其集成平台组成，支撑项目整体集约化、协同化、集成化、过程化管理，如图 6-1 所示，包括智能设计集成系统（包括工艺设计集成化平台、工程设计集成化平台和三维设计协同化平台）、材料与采购管理系统、施工管理系统、完工管理系统、电子文档管理系统及项目管理系统等。各个要素之间既相互独立又相互关联，环环相扣，例如项目管理系统贯穿整个项目设计、采购、施工及完

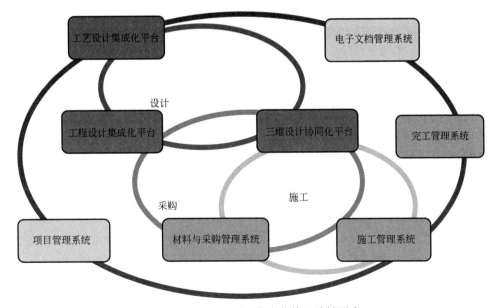

图 6-1 石化工程项目数字化管理关键要素

工的全过程管理，电子文档管理系统涉及各个业务系统及项目的全生命周期。

6.2.2 石化工程项目数字化构建方法

石化工程项目数字化构建方法包括从系统平台整体架构构建、业务需求分

析、标准化体系建立、平台选择与搭建、系统推广应用到系统改进与提升六个环节，如图 6-2 所示。实现数字化为项目管理集约化、协同化、集成化、过程化提供有力支撑，并持续为项目集约化、协同化、集成化和过程化赋能。

（1）构建系统平台整体架构

系统平台整体架构就像建筑的框架结构一样重要，是实现项目数字化最关键的要素。图 6-3 为某公司建立的石化工程项目系统平台整体架构。其中底层是以项目主数据

图 6-2 石化工程项目数字化构建方法

库为支撑，在此基础上构建涵盖设计、采购、施工及完工管理的业务系统，各个

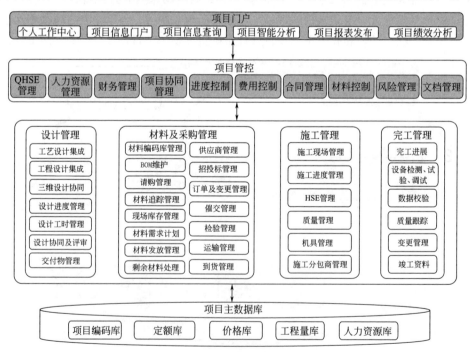

图 6-3 某石化工程项目系统平台整体架构

业务系统既相互独立又相互关联，使项目整体资源在全项目进行优化配置，实现整体集约化管理，项目各个岗位及项目参与方能够有效地协同，通过数字化集成平台实现各个业务系统之间的集成，保证数据同源共享，信息及业务高度集成。

（2）业务需求分析

针对传统工程项目管理及工作模式存在的问题进行总结和分析，提出业务管理数字化的目标、系统功能需求以及业务集成需求等。

（3）标准化体系建立

标准化体系的建立是实现工程项目数字化的基础和前提，标准化体系包括标准化的编码体系、工程量库、价格库等基础数据库以及标准化的流程（包括业务流、工作流、数据流），这是保证项目协同及过程管控的关键要素。

（4）平台选择及搭建

在平台选择过程中，不仅要选取功能相对成熟的软件平台，同时为了实现数字化管理，还要考虑与其他系统之间的接口关系，尽量选取开放性好、接口关系成熟的系统，以便能确保系统之间集成的实现。平台的搭建就是将标准化的编码体系及业务流、工作流、数据流固化到系统平台中，实现工程项目以数据为核心的数字化管理。

（5）系统推广应用

平台搭建完成后，在工程项目中推广应用至关重要，因为工作模式的改变，开始用户会不习惯，需要经过大量培训和技术支持，同时在深化应用的过程中最重要的一点是收集用户在使用过程中遇到的问题及改进建议，形成进一步的需求，作为进一步完善和提升系统的依据。

（6）系统改进与提升

依据推广应用过程中收集的用户需求信息，进一步完善和改进整体系统架构及业务流程，使开发和推广应用形成一个可持续发展的良性循环。

6.3　石化工程项目设计管理数字化

随着经济全球化的迅猛发展和市场竞争的日益加剧，为获取最大的经济效益，现代石化企业正逐渐向集约化、集成化、智能化的方向发展。作为工厂的设计者，工程公司必须快速响应这种变化，充分应用先进设计方法和信息数字化技术，变革设计模式，创新管理方法，促进石化工程设计和管理的集约化、协同化和集成化发展，助力石化企业的现代化发展进程。

6.3.1　智能设计

随着全球经济和信息技术的高速发展，智能设计已成为时代发展的客观要求和必然趋势，对推进智能优化制造和绿色安全生产，促进石化工业的转型升级和可持续发展，以及由大到强的转变具有重要意义。同时，它也是石化企业从本质上实现物质和能量的集约化利用的有效手段，是数字化工厂和智能工厂建设的重要前提和基础。

6.3.1.1　智能设计的内涵

（1）智能设计的基本概念

石化工程智能设计是通过数字化技术对设计工具、设计知识、工作方式等进行整合、集成和创新，是一个跨学科且资源、过程和知识高度集成的设计理念和设计模式，在改进和创新工艺技术、提高工程设计效率、实现生产的智能化和集约化等方面发挥重要作用。

智能设计可以由浅入深地从以下三个层面进行理解。

第一层面是智能设计软件的应用。这类软件通常是将工程设计过程的某一项或多项设计工作进行数字化处理，将传统的以图形和符号表示的设计信息，按照以工程实体为核心的方式进行组织和管理，并将知识和规则内置其中，使之具备信息的自动提取和智能关联，以及辅助工程设计的特点。比较有代表性的智能设计软件包括智能 P&ID、智能仪表、三维工厂设计等系统。

第二层面是在石化工程设计过程采用先进的模拟或仿真技术（如动态模拟、先进控制等技术），对装置生产过程进行高选择性、精细化和集约化的设计，实现生产过程安全、稳定、高效地运行。

第三层面是基于工厂的实时运行数据，结合设计和生产过程积累的大数据和相关知识，应用智能设计手段，协助工厂实现生产调度的智能化、生产过程的实时优化、非正常工况的预测预判以及资源的集成化和集约化管理等。

（2）智能设计的要素

根据智能设计的定义，智能设计的要素包括以下几点。

① 智能设计软件，具有辅助工程设计的功能，是提高设计效率、实现设计方式变革的工具和手段。

② 先进的模拟、仿真、优化和控制等技术，是实现集约化生产、总体效益最大化等生产目标的核心和技术支撑。

③ 设计和生产知识，以及知识的显性化、共享化、工具化和自动化是智能设计的基础，将成为智能工程设计、智能生产优化和智能管理决策的驱动。

④ 设计集成化平台，通常由一个或多个子系统组成，是承载资源、知识和过程的载体，可以对上述要素基于统一的信息接口或数据模型进行整合和集成。通常情况下，设计集成化平台是对设计过程产生的信息（含数据、文档和模型）进行有效组织和管理的数据库系统。

⑤ 具有丰富设计经验，熟悉石化生产过程特点，能熟练应用智能软件或设计集成化平台的复合型技术人才，是智能设计的保障。

（3）智能设计的应用特点

自 20 世纪 80 年代，中国石化应用信息技术，开展工艺流程模拟物性计算方法研究和模型开发等工作，可视为石化工程智能设计的开端。随着相关技术的高速发展，智能设计在设计过程得到广泛应用，智能化程度大幅提高，并呈现出以下特点。

① 智能设计软件的开发和应用已趋于成熟。智能软件已成为工程设计过程不可缺少的工具，在开发本质安全、绿色的工艺技术，提高工程设计效率，降低工程项目投资等方面发挥了重大作用。

② 设计信息全线贯通。通过集成创新，应用现代数字化技术，建立统一的信息模型和信息交换接口，将相对孤立的软件进行融合、贯通和集成，确保设计全生命周期的信息同源和数据同根。

③ 智能设计正逐渐向生产运营阶段延伸。随着智能工厂建设的兴起，工程公司已部署并实施智能设计向生产运营过程延伸的服务战略，以协助生产企业更好地进行生产决策和运营。

④ 人仍然是智能设计的主体。由于流程工业的复杂性以及石化工业易燃、易爆的特性，现阶段的智能设计并不等同于全自动化设计，必须依靠人来评判关键信息的正确性，并决策重要方案的可实施性。

6.3.1.2　智能设计过程

经过多年的发展，智能设计的第一个层面已基本在工程项目中全面实施；第二个层面的部分技术已成为工程设计的基本方法，得到广泛应用，部分技术则在近几年取得重大突破；第三个层面属于智能工厂的范畴，是今后很长一段时间研究的重点。

本部分主要介绍智能设计在第一层面和第二层面的相关实践，包括智能工艺、智能安全和环保、智能仪表、智能配管等。

（1）智能工艺设计

智能工艺设计涵盖流程模拟、智能 P&ID 设计等内容。流程模拟是石化工程工艺设计的核心，其水平可直接反映石化工程企业的技术实力和市场竞争力。本部分主要介绍动态流程模拟技术在工艺设计中的实践，以及对石化工程先进管理的推动作用。

① 流程模拟技术驱动石化工程先进管理的进步

先进的管理离不开先进技术方法的支撑，先进的技术方法同时也促进了先进管理的提升。工艺流程模拟是石化工程设计集成化平台的主要数据来源。

中国石化从 20 世纪 80 年代引进 Aspen Plus 和 PROⅡ等工艺流程模拟软件后，工程设计从低效率的手算，进入信息化时代，实现计算质量和效率的第一次飞跃。随着计算机软硬件的发展，计算效率进一步提高，使设计周期从 2 年缩短到 1 年，甚至几个月。中国石化工程建设有限公司经过 30 多年的发展创新，应用流程模拟技术，设计出几百套工艺装置，开发出原油蒸馏、加氢、制氢、芳烃、乙烯等工艺计算模型，并在工艺节能优化和新工艺的开发（如甲醇制烯烃、煤化工、浆态床、分壁塔等的工程研发及应用）等方面积累了丰富的经验[2~5]。

随着石化工程设计及管理水平的提高，常规的不考虑时间变量的稳态模拟计算已无法满足工程设计中的优化和动态分析要求。由于工艺流程的复杂性，事故发生（如停电、爆管、串压等）时，对相互耦合的复杂流程的影响（如各工艺参数如何变化，是否带来危险事故，各装置在全厂停电时最大叠加泄放量有多少，是否存在错峰泄放等），已无法通过稳态模拟计算，若单凭直观判断，很可能得到不正确，甚至是背道而驰的结果。中国石化工程建设有限公司近年来大力推进动态模拟研究，并将研究成果应用于工程设计实践，不仅实现了工程设计优化，而且从源头上消除了安全隐患，确保装置安全、稳定、高效地运行。部分动态模拟研究成果见下。

（a）爆管动态模拟分析

【案例 6-1】 某装置蒸汽的爆管动态模拟分析

发生蒸汽的压力越高，在爆管事故中产生的危害性可能越大。为减少爆管事故的发生，开发了催化装置外取热器蒸汽爆管的动态模型。

首先，对常规催化装置发生 4.5MPa 蒸汽的爆管事故进行模拟计算，将计算结果（见图 6-4）与某催化装置爆管事故现场 DCS 的数据（见图 6-5）对比可知，外取热器爆管后，再生器压力开始上升较快，随着滑阀开度增加，通过滑阀的流量逐渐增大，再生器的压力随着 P&ID 参数控制波浪下降，最终压力和流量达到稳定值。综合分析比较，两者曲线变化趋势基本吻合，证明开发的模型可靠。

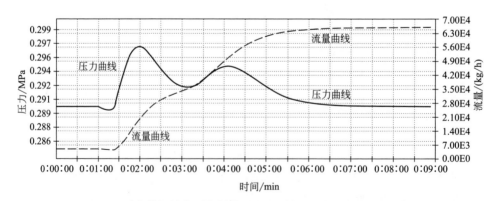

图 6-4 动态模拟催化裂化爆管再生器压力和滑阀流量随时间变化

其次，对发生 11.0MPa 超高压蒸汽的爆管事故进行动态模拟，计算出再生

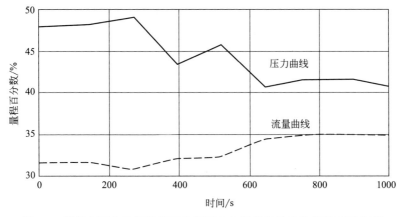

图 6-5　某催化裂化装置爆管再生器压力和滑阀流量变化现场 DCS 数据

器、烟机等关键设备温度、压力、流量等工艺参数变化，为其安全生产分析提供合理的分析数据，并为新工艺的开发应用提供科学依据。

（b）安全泄放动态模拟优化设计

传统静态方法没有时间变量，不能计算出多泄放源是否存在错峰泄放，因此泄放量的计算只能是简单地叠加或人为给定叠加系数。先进的动态方法可以解决这一问题。

【案例 6-2】　某炼厂安全泄放动态模拟优化设计

以某炼厂新建的常压蒸馏装置为例，根据 API520 的要求，分别采用静态和动态的方法计算全厂停电工况下的单体泄放量和叠加泄放量，结果见表 6-1。由此可知，两个单体是错峰泄放，叠加泄放量比静态方法减少 80%。

表 6-1　静、动态方法计算常压蒸馏装置全厂停电泄放量对比

设备	静态方法	动态方法	动态/静态
常压塔	405t/h	106t/h	26%
稳定塔	365t/h	158t/h	43%
叠加	770t/h	158t/h	20%

动态方法研究安全泄放可以从单体延伸到全装置甚至是全厂，特别是在老厂改扩建或新增装置时，对老火炬设计能力能否容纳新增的泄放量，是否需要新增火炬系统，提供科学的判据，促进全厂火炬系统的集约化设计和管理。

【案例 6-3】　火炬系统的动态模拟分析

某厂原有一套芳烃联合装置，火炬系统按 1♯芳烃联合装置的最大泄放量设计，如果再增建一套芳烃联合装置，根据静态法计算全厂停电时须增加 1000 多吨/小时泄放量，基于此，新建 2♯芳烃联合装置必然需要新建一套火炬系统。

但是通过全流程的动态模拟研究,发现装置在局部停电时的泄放量最大,而全厂停电时新建芳烃装置的安全泄放不会对原有火炬系统的负荷造成影响,因此不需要新增火炬,显著降低火炬系统的建设投资。

(c) 设备选材安全性分析

【案例 6-4】 设备选材安全性分析

某国外高压加氢裂化装置采用国际著名工程公司的工艺包,热高分气线上的换热器、空冷器和管道均采用双向钢材质,双向钢的最高使用温度为 315℃,但是专利商明确说明,当发生反应飞温使联锁动作发生后,热高分气线上的介质温度会上升至 400℃以上并维持很短几分钟,不影响双向钢材质的选择。

该问题若采用传统静态流程模拟方法,同样不能证明专利商的推理是否正确,因此采用动态方法模拟反应部分流程。研究发现,在反应飞温联锁发生后,如果没有外部冷源及时补充,介质温度有较长时间高于 315℃,双向钢材质具有失效的风险,用更加科学的方法证明专利商的设计错误。由此可见,流程模拟动态分析方法可指导工程在设计阶段提早消除事故隐患,驱动工程整体健康发展,使整个工程在科学管理水平上更上一层楼。

(d) 动态水锤力的模拟分析

工程装置在运行环节过程,泵的开停或阀门快速开关等操作,可能会造成管道、阀件或设备的泄漏等损坏,再严重者可能引发重大事故。这是由于在密闭的管道系统,流体流量的急剧变化会引起较大的压力波动,并造成瞬间压力远超正常压力,这种现象俗称"水锤"或"水击"。水锤力计算和分析也属于动态模拟的范畴,传统的静态方法不能完成计算和分析。

【案例 6-5】 某装置动态水锤力模拟分析

某厂新建某装置稳定塔底的石脑油正常有两条去向,一条为 90% 的流量去下游装置的进料缓冲罐,另一条为 10% 的流量去罐区,流程示意见图 6-6。

原设计中去罐区线上的压力控制阀设在空冷器前,当下游装置发生紧急停工事故,导致入口切断阀高液位关闭后,石脑油全部进入储罐。通过动态水锤模拟分析,在此事故下,空冷器附近的管线产生超过 4t 的水锤力,大大超过其管口的承受能力,有对设备产生破坏的风险,配管应力支架、土建支撑梁的设计、设备制造等各专业均无法消除该风险,项目管理进度受到严重制约。工艺专业经过进一步的动态研究,将去罐区线上的压力控制阀从空冷器上游移至空冷器下游,产生的水锤力降低 90% 以上,消除了工程设计中的安全隐患,协助配管、土建、设备等专业解决了面临的难题。由此可见,动态模拟分析方法将科学的研究成果高效地应用于工程实际,在集约化、协同化设计等过程发挥关键作用,并助力工程整体管理过程的顺利开展。

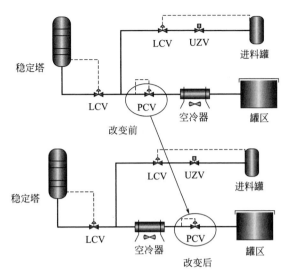

图 6-6　石脑油出装置流程

通过以上案例可知，流程模拟技术在解决工程设计难题、推动工程研发创新、节能创效、设计优化、现场实时优化等方面起到关键作用，促进工程技术的进步，已成为石化工业重要的技术支撑和工程公司的核心知识产权。流程模拟技术的发展创新同时也驱动整个工程项目，从设计、施工、开车等各个阶段协同向前发展，是促进石化工程整体管理创新发展的奠基石。

② 操作员培训系统提升工程设计的附加值

操作员培训系统（OTS）是一项成熟的技术，当前国内的 OTS 主要由 DCS 软件商负责开发并提供给业主用于操作员培训。中国工程建设有限公司开发的 OTS 技术主要用于技术展示、工艺和控制系统优化、技术人员培训等方面。其中，动态模拟是关键，模拟装置现场的实时数据；用 DCS 模拟软件通过组态模拟现场 DCS，也可以利用现场真实 DCS；两者通过协议实现数据实时双向传输。

工程公司开发的 OTS 系统，可以替代枯燥且难以快速理解的传统授课培训，在人机界面的环境下做开停车、调试等工艺技术培训，给工程师或生产技术人员提供更直观、更高效的学习方法，提升技术人员业务水平。将 OTS 技术应用于工程项目是一种提升工程设计整体技术和管理水平的先进方法。

综上，通过数字仿真模拟和建立"桌面仿真工艺装置"，可以在不增加投资和没有危险的基础上，获取科学的研究数据。流程模拟技术的发展，从静态模拟到动态模拟，从设计开发应用到现场实时优化控制，再到事故预警预判，解决了过去诸多无法逾越的难点，对于新工艺技术的开发、智能化和集约化工厂的设计以及石化工程未来发展等具有重要意义。

（2）智能安全设计

智能安全设计是以先进技术为支撑，通过采用物联网、知识管理、移动平台、云计算等先进信息化技术与自动化技术、炼化技术和现代管理技术相结合，在对现场的实时数据进行采集、筛选后，对未来可能发生的某一场景进行预测，同时提高安全管理效率，且满足现代化管理理念的一种方法。比如，对于人员集中场所的布置、危险设备的布置等这类涉及人员安全的问题，需要通过事故模拟技术对可燃或有毒气体扩散、火灾、蒸气云爆炸、沸腾液体膨胀蒸气云爆炸等事故的后果进行二维或三维的分析计算，实现装置风险可控，避免过度设计，并为业主应急救援提供支持。

智能报警是智能安全设计的主要内容之一。传统的报警管理仅局限在某些安全措施和主观分析上，发现潜在隐患的可能性小，难以达到控制事故、安全管理的目标。在设计阶段开展智能报警设计，可有效辨识或评估设计缺陷和生产安全风险，从源头上消除安全隐患，预防生产事故的发生，确保石化装置风险可控，实现本质安全生产。

① 智能报警的内涵和设计思路

智能报警是对即将发生的异常场景进行预测分析，并通过智能化的采集和处理，以静态提醒或者动态指标的形式，优化和减少风险的一种控制措施，包括诊断、评估和综合分析三个方面。

（a）诊断是通过诊断分析工具，将过程数据转化为早期问题检测警报，并应用内置的工艺状态报警诊断与推理模型，根据实时数据分析，进行状态监测与报警诊断，对可能发生的故障及时预测与判别，并及时提醒操作人员采取预防性措施或维护[6]。

（b）评估是通过对实时数据的分析，发现异常的监测点，分析其原因与不利后果，并基于内置的专家知识库给出合理的安全操作建议，减少操作失误，提高操作人员的应急处理能力[6]。

（c）综合分析是通过客观地确定安全生产中的风险因素，并依据安全管理的目标，评估风险因素的影响程度，是制定安全生产技术交底文件的重要依据。

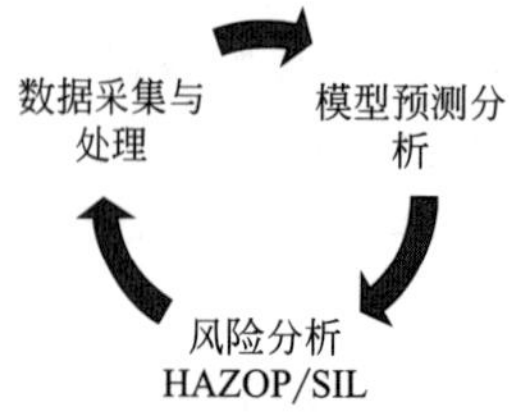

图 6-7 智能报警设计的主体思路

智能报警设计的主体思路见图 6-7：对现场的数据进行收集分析，并根据预先设置的模型，进行预测性的分析，同时结合危险与可操作性分析（HAZOP）、安全完整性等级分析（SIL）等方法，从报警→后果→原因的逆向数据流分析，通过诊断工具与定性分析方法的综合，实现数据与经验的有机结合。

② 智能报警分级在石化工程设计的实践

本部分以某装置耐硫变换单元中第一变换反应器的 HAZOP 分析及报警优化为

例，介绍采用报警矩阵法对变换反应器出口温度 TAH2003 进行分级的实践。

【案例6-6】　某反应器 HAZOP 分析及报警设定优化

对变换反应器进行 HAZOP 分析后发现导致变换反应器超温的原因为：进合成气分液罐 D-101 原料气的流量过低或无流量；进变换反应器 R-101 的原料气温度过高，分析工作表见表6-2。可以看出，TAH2003 在第二条原因中可作为保护措施，为此采用 API RP 1167 报警矩阵法对 TAH2003 作进一步的分析以确定优先级。

表6-2　变换反应器 HAZOP 分析工作表

参数	偏差	偏差描述	原因/关注	后果	现有措施	S	L	R	建议措施	建议类别	建议号
温度	温度过高	进变换反应器 R-101 原料气温度过高	TIC-00201/TIC-00203 高选控制回路故障（TV-00201A/B 开度过小或关闭）	变换反应器 R-101 床层温度升高，催化剂活性受影响，可能飞温	原料气预热器 E-101 出口管线 TI-00209、HC-00201；第一变换炉床层温度 TSHH（30021）联锁触发 US-00101	4	3	H	建议联锁高压氮气管网设置，确保变换单元停车时氮气量可满足安全停车要求	S	♯1.11
流量	流量过低或无流量	进合成气分液罐 D-101 原料气流量过低或无流量	上游单台气化炉跳车	变换系统压力降低，第一变换炉出口温度升高，可能超温	气化来原料气管线上 FIQ-00101、PI-00101；第一变换炉出口 TIC-00203 带 TAH；第一变换炉床层温度 TSHH（30021）联锁触发 US-00101						

报警分级过程需结合 HAZOP 分析的成果，列出导致报警的所有原因，并根据后果严重性及相应时间，确定报警优先级，其工作表见表6-3。HAZOP 阶段，报警一览表尚未完善，无法确定报警设定点。通过查询"工艺说明书"，确定正常操作温度为400℃，此处假设报警值为425℃；通过查询"设备数据表"，得出物理边界点为475℃。

表6-3　报警分级工作表

位号	原因	后果	保护场景	设定点	物理边界点	变化速率	响应时间	操作时间	修正	S(后果严重性)	T(时间紧迫性)	Alarm 等级
TAH 00203	进合成气分液罐 D-101 原料气流量过低或无流量	变换反应压力降低,第一变换炉出口温度可能升高	变换反应器飞温	425	475	10	5			中	低	低

位号	原因	后果	保护场景	设定点	物理边界点	变化速率	响应时间	操作时间	修正	S(后果严重性)	T(时间紧迫性)	Alarm等级
	进变换反应器R-101原料气温度过高	变换反应器R-101床层温度升高,催化剂活性受影响,可能飞温	变换反应器飞温	425	475	20	2.5			大	中	中

由 HAZOP 分析结果可知,D-101 原料气流量过低或无流量将造成系统压力降低,变换反应器出口温度可能升高,由此判断其后果严重性为"中",假设温升为 10℃/min,则其响应时间为 5min,综合判断报警优先级为"低"。R-101 原料气温度过高易造成反应器飞温,因此其后果严重性为"大",假设温升为 20℃/min,其响应时间为 2.5min,则其报警优先级为"高"。综合考虑这两个原因,其优先级为"高"。根据 API RP 1167 标准要求,"高优先级"报警应配置为高频率声光报警。

按上述方法可对装置内所有报警进行定级,同时还需考虑报警性能指标的影响,以控制报警数量在合理可接受的范围。

(3) 智能环保设计

绿色、可持续发展是现代石化企业的特点,是石化工业实现转型升级的必然要求。随着环保法规的日益严格,对石化工程环保设计提出了更高的要求,助推了智能环保设计的进程。本部分主要介绍通过智能 P&ID 开展泄漏检测与修复(LDAR)设计的实践。

LDAR 是通过对石化装置涉及挥发性有机物(VOCs)的动静密封点(可能泄漏点)进行定期监测与修复,从源头上减少设备泄漏环节的无组织排放,对改善环境空气质量具有重要意义。目前,国内石化企业普遍要求实施该项工作。

① 智能 LDAR 设计方法

石化装置传统的 LDAR 工作方法是拿着 P&ID 图纸,对照实体装置,对涉及VOCs 的各个可能泄漏点(如阀门、法兰、连接件、转动设备密封等)进行人工标识和现场挂牌,并手工建立泄漏点清单,以指导和实施后续的现场检测工作。

智能 P&ID 系统已在 P&ID 设计过程得到广泛应用。通过对 LDAR 传统流程的分析,建立了智能 LDAR 设计的方法,它是通过对可能排放 VOCs 的组件或系统在智能 P&ID 上标识、标注并自动建立数据库的过程,其过程框图见图6-8;工艺专业识别流程中 VOCs 物质所占质量分数超过 10% 的工艺系统,并在智能 P&ID 上标记;基于标记的工艺系统,环保专业识别子系统中可能泄漏 VOCs 物料的密封点,并逐一标记,自动生成工艺系统信息和 VOCs 信息库;在平面图上绘制各个子系统 VOCs 泄漏排放的相关区域,为制定 LDAR 检测路线提供依据。

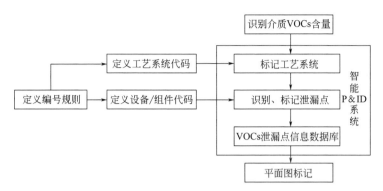

图 6-8　智能 LDAR 系统设计过程

智能 LDAR 设计的核心是智能 P&ID，关键技术是工艺系统中各个管道和各个泄漏点组件的介质信息和编号信息的智能关联。

② 智能 LDAR 设计实践

基于如图 6-8 所示的智能 LDAR 系统标记和识别过程，在某项目实施智能 LDAR 设计工作。与传统工作模式比较，取得以下成效。

（a）工艺和环保专业在智能 P&ID 系统中有序、协同地开展工作，显著提高了工作效率。

（b）建立完整、详尽的 VOCs 泄漏点信息库，确保日常监测和修复计划能够细化到特定的泄漏点；同时将 VOCs 泄漏信息纳入全厂信息体系，随着生产物质流数据和 VOCs 监测数据的积累，形成智能、动态的生产与环保关联机制，提高经济效益和环境友好性。

（c）进一步将 VOCs 信息与工厂的三维模型关联，有助于可视化、精细化的管理，可为制定环保政策和修复计划提供更可靠的方案。

（4）智能仪表设计[7]

智能仪表设计在石化工程设计过程得到广泛应用，如先进过程控制、智能仪表、智能仪表设计软件等的应用，有效提升了设计水平，切实保障了设计质量，显著提高了设计效率。智能仪表设计软件自 2000 年开始应用于石化工程设计过程，经过近 20 年的发展，已完全替代传统设计方法，成为仪表自控专业进行二维设计的重要工作平台，推进了工程设计和项目管理的进步和发展。

智能仪表设计软件是一个面向对象、基于数据库的应用系统，不仅可以进行仪表索引表、仪表计算、仪表安装图、仪表电缆连接、仪表回路图等设计工作，而且具有高度的开放性，可以便捷地和其他应用软件进行信息交换。

① 智能仪表设计软件推动石化工程项目设计水平的进步

传统的仪表设计方式容易产生数据冗余，不仅造成数据存储量的激增，而且难以保证数据的一致性。智能仪表设计软件可以有效组织和管理工程数据，解决设计质量和效率问题，数据一旦完成录入，就可以被相关的程序模块调用，无需再重复输入。同时，通过简单的客户化定制就可以自动生成工程设计成品报表，或者生成实用、服务于中间校验目的的格式化报表。

智能仪表设计软件可以方便地实现与其他系统的数据交换。例如，基于设计集成化工作流程，工艺专业发布仪表工艺数据至 i-Engineering，仪表专业则直接从中提取相应数据至仪表设计软件，简化了数据传递过程，规范了设计条件管理。

对多设计方参与的工程项目，智能仪表设计软件可以将以分包方式独立进行的工程设计包，按照一定的规则整合到一个完整且一致的工程数据库中，而且允许对其并行访问，保障了项目数据的共享与设计工作的协同，使仪表工程设计中的任务调度和人力资源的安排更为高效合理。

② 智能仪表设计软件推动石化工程项目管理的进步

石化工程项目管理者关心的内容包括质量控制和进度控制等。

智能仪表设计软件将作用于整个项目范围，与设计规范、设计规定甚至是设计习惯密切相关的部分抽取出来，通过初始化设置，为工程师提供一个一致（指遵循相同的设计规则）且便捷的工作环境，从而保障设计成品符合相关规定的质量要求，很好地解决了质量控制的问题。

保障设计成品质量的另一个重要措施是在智能仪表软件中实施工作流技术。传统仪表设计往往根据设计者个人的经验甚至设计习惯和偏好进行工作，带来很多潜在的设计质量问题，不适合现代企业的组织管理模式。按照工作流的思想，明晰各项仪表设计工作以及对应的各个工作模块之间的数据约束关系，并在软件中将之转化为各项执行程序和要求，以体现各项仪表设计工作的时序关系和因果联系。例如针对工程设计管理的重要内容之一，专业间设计条件互提，智能仪表设计软件对工艺专业为仪表专业提出设计条件的过程提供了版本控制、权限控制和历史纪录追踪等管理手段。

对于一个包含多个分包商的合作项目，智能仪表设计软件为进度控制提供竣工模型，使项目管理者可以对合作伙伴的设计情况进行"只读"方式的访问。竣工模型也可以对工程项目进行从工程设计到建设施工的全过程监控，并可以通过客户化开发，生成统计数据，得出各项设计任务的工作量、完成量、工作进度，使仪表专业负责人可以了解项目的总体工作进度，便于人力调度和安排。

智能仪表设计软件提供了为仪表深度设计服务的"物质"基础，即被组织到软件数据库中的工程信息。发掘这些正确、一致和完整的工程信息之间的关系，延伸智能设计内容，推导出对工程设计有积极意义的结论，从而指导工程实践，促进石化工程项目管理的进步和创新。

（5）智能配管设计

自 20 世纪 80 年代，计算机辅助三维工厂设计的出现取代了传统的手工和二维的工作方式，开启了石化工程设计由二维平面环境向三维空间环境的转变，解决了设计中的错、漏、碰撞等诸多问题，设计准确度更高，设计质量和效率显著提升。近年来，石化企业对工厂设计提出了更高的要求（如数字化工厂建设和工厂可视化等），促进了三维设计协同化平台的更快发展，使工厂设计更加智能。

通常，石化行业的三维设计协同化平台均有与之配套的智能 P&ID，通过这两个系统之间的直接集成，可进行自动三维建模和二三维检验。自动三维建模是配管专业根据接收的 P&ID 数据库，在三维设计协同化平台自动进行管道、设备、仪表、建筑物等的建模，并直接从 P&ID 数据库获取相关数据。二三维校验是在全部或部分完成三维工厂设计后，执行校验程序，生成不一致报告，并根据报告修改三维模型或 P&ID 的过程，其具体工作流程可参看第 4.2 节相关内容。

6.3.2　典型的集成环境下的工程设计[8]

如本书 4.2 节所述，设计集成化的核心要素是设计集成化平台，它是设计过程产生的数据、文档和模型的管理中心。根据工程设计集成化方法和工作流程，需分别建立工艺设计集成化平台 i-Process、工程设计集成化平台 i-Engineering 和三维设计协同化平台 i-3D，以整合工程设计整个业务流程，提升石化工程项目的整体化管理水平。

6.3.2.1　设计集成化平台的功能要素

i-Process、i-Engineering 和 i-3D 是实现设计集成化和协同化的基本要素，应具备以下功能。

① 基于数据库，并以面向对象的数字化技术为支撑。软件中的设备、管道及其相关属性等都以对象的形式存在，且遵循对象名称唯一的原则。

② 具有信息管理功能。例如：可对变更及版次进行有效管理，可进行数据不一致性管理等。

③ 具有开放、标准的数据接口，使用户能够自行开发与设计软件之间的接口程序。

④ 内置灵活的工作流技术。可以进行工作流程定义和管理、邮件提醒、批注、批准以及任务派发、过程跟踪、全程历史记录等。

⑤ 可将用户的设计标准和设计经验定制成知识库以指导工程设计。

⑥ 能根据用户要求方便地进行模板和模板库的定制。

⑦ 支持智能浏览。例如：可从位号查询与其相关的文档，反之亦然。

6.3.2.2　典型的集成环境下工程设计整体化方案

构建设计集成化平台的关键和难点是通过数字化技术，将各专业使用的设计软件进行有机整合和集成。表 6-4 列出了石化工程设计常用软件或平台，可以看出，除工艺设计平台外，其他专业设计软件可简单划分为系列 A 和系列 I 两个系列。

表 6-4　石化工程设计常用软件或平台

软件系列	软件名称	软件功能
—	Basic Engineering	工艺设计平台
—	FEED	工艺设计平台
系列 I	Foundation	数据和文档管理系统
	SP P & ID	智能 P & ID 软件
	SPI	二维仪表设计软件
	SPEL	二维电气设计软件
	SP3D	三维设计协同化平台
	SPM	材料管理系统
系列 A	Engineering	数据和文档管理系统
	Diagrams	智能 P & ID 软件
	Instrumentation	二维仪表设计软件
	Electrical	二维电气设计软件
	PDMS	三维设计协同化平台

Basic Engineering 和 FEED 是目前国际上流行的工艺设计平台，它们均是以实现工艺设计各项活动集成为目的的数据库管理系统[9]。

Engineering 和 Foundation 是石化工程设计领域应用最为广泛的工程设计平台，它们均是以工程数据和文档为核心，以实现工程设计各项活动集成为目的的工程数据库管理系统，而且它们均有与之配套的工程设计软件。

（1）i-Process 平台的选择

Basic Engineering 和 FEED 这两个软件均具有数据存储和查询的功能，并预置了部分软件或数据接口。它们不仅能与工艺设计常用设计软件（如流程模拟软件、传质传热软件等）进行数据交换，还有完善的工况管理功能，适用于具有流程模拟程序且需要进行流程优化比较的工艺包开发、基础工程设计以及详细工程设计的过程。

此外，FEED 在文档模板和图例库的定制、PFD 设计以及查询功能的实施更灵活、方便，其开放性也较好，能够进行更多的客户化和开发工作。为此，在典型的集成环境下的工程设计，可选择 FEED 作为 i-Process 平台。

（2）i-Engineering 和 i-3D 平台的选择

Engineering 和 Foundation 的功能，以及数据接口开发和模板定制工作等均较相似，且他们均有与之配套且无缝集成的专业设计软件，包括智能 P&ID、三维工厂设计、智能仪表设计、智能电气设计等系统。

上述两大平台及其配套软件在工程公司均得到广泛应用。基于此，Engineering 和 Foundation 均可以作为 i-Engineering 平台。对应的，以 PDMS 和

SP3D 作为 i-3D 平台。

（3）集成环境下工程设计整体化方案

基于本书4.2节提出的设计集成化方法，工程设计整体化方案见图6-9。采用数字化手段，在 i-Process、i-Engineering 和 i-3D 中集成工程设计过程、资源和知识，实现设计信息在整个设计过程的贯通和关联。同时，对这三个平台所产生的信息，通过标准化信息交付平台（i-Ship）进行集中管理和存储。

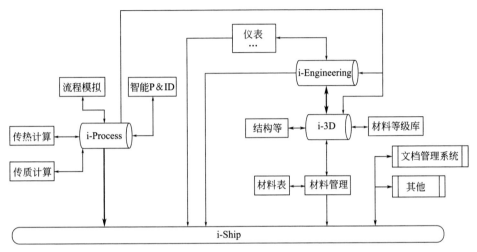

图6-9　典型的集成环境下工程设计整体化方案

i-Process 通过与标准化的工艺设计工作流和数据流、流程模拟软件、传质和传热计算软件、自主开发计算程序，以及智能 P&ID 系统等的集成化，实现工艺设计过程的集成。

i-Engineering 和 i-3D 通过与标准化的工程设计工作流和数据流、i-Process 以及多专业设计软件（包括仪表设计软件、钢结构详细设计软件、管道应力计算软件等）等的集成化，实现工程设计过程的集成。

i-Ship 通过统一的数据接口，接收 i-Process、i-Engineering 和 i-3D 以及其他设计工具产生的成品数据、文档和模型，同时连接文档等系统发布的信息，实现工程信息的全集成。

基于图6-9所示的集成环境下工程设计整体化方案，根据各专业设计软件使用现状（表6-4），可分别建立系列 A 和系列 I 两条设计"生产线"。这两条生产线具有相同的工作流和信息流，其目的均是在集成环境下，协同、高效地进行工程设计的各项工作。

（4）集成环境下工程设计的特点

① 集成的协同设计环境，提供精细化的面向对象级别的工程设计管理。设计集成化平台采用面向工程对象的设计方式，对设计信息提供了较细粒度的管

理。以 i-Engineering 工程数据交换为例，管线表每一行记录中的位号对应一个工程实体（即一根管线），然后再细分为管线的工艺设计参数、配管设计参数（如保温油漆），这些参数也均为对象，且属于不同的组（按专业划分），并赋予了不同的生命周期管理过程，只有同时完成工艺数据和配管设计参数的发布流程，管线才进入单个对象的发布状态，为设计过程提供精细化的控制管理，从而为基于工程对象的设计过程进度报告提供可靠的数据来源。

② 各阶段的数据中心之间采用统一、内置的同步更新机制。i-Process、i-Engineering 和 i-3D 等平台及其所集成的软件之间具有统一的数据同步更新界面。根据工程设计协同工作的特点，各专业需要并行地进行设计，设计变更时，需要对执行发布和接收的工作流程进行控制。基于集成化的设计平台，工程师可根据本专业的设计过程，选择在合适的阶段发布本专业成果，但并不强制要求接收专业实时更新设计环境的来源数据，接收专业可以通过对比其他设计专业的变更，评判是否将变更同步至本专业设计环境。

③ 智能化的设计过程辅助。i-Process、i-Engineering 和 i-3D 内置了数据一致性检查、设计过程辅助提示等一系列功能，为各设计专业的应用提供了过程辅助，使设计过程更加准确和智能。同时，根据设计集成化的需求，定制的标准化的工作流和数据流，开发的各软件间的数据接口，使得各专业的工作更加自动化。

总之，上述典型的集成环境下的工程设计整体化方案适应性强，而且使得设计过程更加可控、高效和集约，是石化工程项目整体化管理的重要组成部分。

【案例 6-7】 项目集成化协同设计的应用效果

基于本书提出的设计集成化方法和典型的整体化解决方案，某项目成功实施了集成环境下的工程设计。项目采用系列 I 设计生产线进行工程设计：结合项目需求，在 i-Process 中便捷、高效、协同地进行 P&ID 系统划分；在 i-Engineering 中开展仪表和电气专业的标准化设计，以及多专业集成化设计；在 i-3D 中实施多专业协同建模工作。

该项目的集成化协同设计取得以下成果。

① 通过设计集成化，为项目管理提供了信息和平台，有效支撑项目各类管理数据需求，提升了大型项目管理和应用经验，深化完善了设计集成化的模式，通过集成化项目和运营管理，提升项目纵向和企业横向的管控能力，使得管理真正形成生产力。

② 应用智能软件，实现标准化设计，显著提高工作效率，提升智能设计水平。采用智能电气设计软件建立电气专业多个标准数据库，实现标准化设计；采用智能 P&ID 软件进行系统划分，较应用传统的 AutoCAD 软件，节省至少 40% 的工时；开发的单线图自动版次对比程序节省约 5000 人工时。

③ 多专业集成化协同建模工作，确保了设计变更的及时性和设计资料的正

确性，现场变更大幅减少；通过 CITRIX 部署，实施异地协同办公，以及资源的集约化利用和管理。

④ 基于数字化技术，在集成化的环境下，实现工程设计全过程的协同和集约，变革了工程设计模式，提升了工程项目整体化管理水平，产生良好的经济和社会效益。

6.4　石化工程项目材料与采购管理数字化

工程项目管理的理想境界是按照工程总进度计划安排，做到人员、机具和材料科学合理匹配，从而达到缩短工期、保证质量和降低成本的目的。但是在工程项目的实际执行过程中很难达到这种理想的状态。一个项目的材料设备处于什么状态作为一个现场的组织者需要快速而准确地掌握，才能及时做出合理安排和协调，而常规的材料管理手段，这些信息都是分散、零碎地掌握在材料计划、采购、物流和库管人员手里的，难以整体把控和协调[10]。

6.4.1　石化工程项目材料与采购管理数字化需求

（1）材料编码标准化

建立一套统一的企业级标准化设备材料编码体系，并建立材料编码管理系统，实现材料编码统一维护，确保材料编码的唯一性和有效性，并在材料编码的基础上形成工程设计所需的带有材料编码的标准材料等级库（SDB）。

（2）标准化材料编码的应用

在提升材料编码的应用效果方面，首先要打通材料编码管理系统与设计系统的接口，实现材料编码系统与设计系统的集成应用。

以编码为基石，将设计、采购、施工相关环节的材料管理工作有效关联起来，使业务系统数据更加标准化，在数据标准化的基础上进一步实现业务的标准化、流程的标准化。

（3）材料统计及材料表管理

在工程设计的不同阶段，需要产生带有材料编码的材料表。根据材料的不同类别分为大宗散装材料（具有通用性的材料）及位号材料（具有项目特殊性的材料）。

在材料统计的过程中，为保证材料管理的连贯性和一致性，材料表应该按照版次进行管理。材料统计单元的划分应统一考虑设计不同阶段发布材料表的准确度特点、项目材料采购与现场材料需求的进度特点及现场材料配置与发料的管理细度要求。

（4）供应商管理

供应商管理可以支持多类型的厂商定义，并对其进行资质管理、评级管理、记录其项目历史表现等。

（5）采购过程管理

采购流程包括从接收材料需求清单开始，到制定采买方案、招投标、询比价、创建采购订单、材料的催交、检验、运输等业务过程管理。

（6）仓储与现场材料接收、发放管理

对材料进行到货验收、仓库入库、出库及盘库等日常管理；基于现场施工进度要求预测材料需求及缺口情况，及时为项目发布材料状态预警；配合施工计划需求，对材料进行预留及发放，保证施工分包商在准确的时间获得正确的材料，最终达到在现场对材料进行有效的管理及控制的目的。

（7）移动应用

随着移动扫描识别技术的发展，使用该技术结合现有的材料管理工作流程，提供自动化和实时化的材料信息；跟踪现场的材料真实数据，减少材料管理过程中的损耗、丢失、错用等情况；提高仓库材料接收的效率，及时清点材料，减少不必要的项目成本。

6.4.2　典型的材料与采购管理数字化平台构建

6.4.2.1　构建材料与采购管理数字化平台架构

典型的材料与采购管理数字化平台架构如图 6-10 所示，平台分为三层，基础层、业务层和管理层。其中基础层是标准的材料编码和管道等级库的建立，业务层主要是材料控制与采购业务系统的建立，管理层是采购综合管理系统的建立，实现采购业务流程及审批、采买任务分配及检测、内部绩效考核的多项目综合管理。

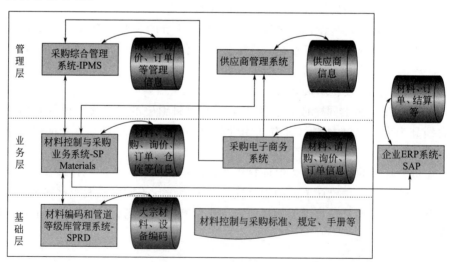

图 6-10　典型的材料与采购管理数字化平台架构

6.4.2.2　建立工程材料编码和管道等级库管理系统

（1）建立工程材料编码体系

首先确定材料编码规则，对于大宗材料通常编制两级编码，类别码（CC）和标识码（ID），对于设备类和非标件只编制类别码，这是建立材料编码规则体系的基础与核心。

（2）建立材料编码库

选取合适的软件平台，某公司根据工程公司目前的实际状况，确定工程建设材料编码软件平台为 SPRD 系统。SPRD 具有建立和管理材料编码、材料等级的功能，SPRD 与设计系统有接口设置，可方便与设计系统集成应用。

（3）建立管道等级库

充分利用 SPRD 提供的功能，建立管道等级库。根据 SPRD 的功能特点，可建立公司级标准等级库，作为各个项目的等级模板库；也可在指定项目中，建立项目级的等级库。

（4）与设计系统的集成接口

通过定义标准编码库与设计系统的接口，将编码库中的编码数据和管道等级数据直接发布到设计系统中，实现与相关设计数据的关联。并应用于设计全过程管理，为下游材料管理活动提供了基础数据源及标准材料编码。

6.4.2.3　定制材料与采购管理系统平台

主流的材料与采购管理系统有 AVEVA 公司的 ERM 和鹰图公司的 SPM 系统。以鹰图公司的 SPM 系统为例，整个材料与采购管理流程共有四个功能模块，如图 6-11 所示。

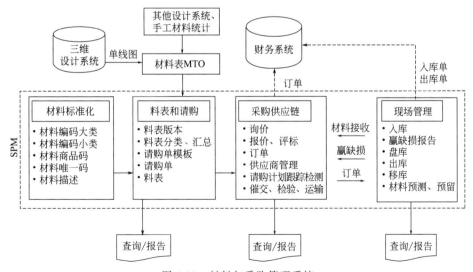

图 6-11　材料与采购管理系统

四个模块的功能如下。

（1）材料生命周期数据库

可管理企业级或项目级的材料编码数据库及材料等级数据库，尤其是对大宗材料，这些标准化工作可以遵从国际的（如 ANSI，ISO，DIN）或企业内部的标准，材料等级数据导入设计系统如（PDS、PDMS、S3D）作为设计的标准化源头；可实现材料的变更管理；该库还包含项目费用估算功能，它可被用来快速地生成新项目的投标文件；SPM 中的历史数据，尤其是材料数量、价格及人工时数据，可用于相似项目的估算。

（2）工程设计及采购集成模块

用于呈现当前项目中所需材料的最新状态，消除过剩材料，也可避免由于材料短缺而引起的项目的延迟；所有由设计产生的材料信息被保存在高度灵活的数据库中（包括历史信息及变更情况）；基于用户的经验及知识，使用规则驱动的请购单模板可以自动生成材料请购单；将设计过程中得到的材料表信息转换成材料请购需求信息，供采购部门开展采买工作。

（3）材料供应链管理模块

将材料制造商、供货商、建造商、货运商及转运商之间的工作无缝地结合到一起；将诸如厂商管理、采购、进度控制、跟踪监控、历史信息及事件管理等这些分散的工作同步进行；从系统内部提取的信息可以被输入到财务管理系统或 ERP 系统，来控制材料采购中付款和发票；由于所有的采购及相关的供应链信息都被存入同一个数据库中，系统可以将下列过程以无纸化的方式进行集成，包括供货商的历史信息及近期表现、询价过程、投标文件、采购合同、订单计划制定、进度和里程碑控制、过程跟踪等。

（4）现场材料管理模块

帮助现场人员进行材料的开箱检验、接收和发放以及仓库日常管理；通过材料的预测、预留功能，方便快捷地为现场施工备料，保证现场的施工工作顺利进行。

【案例 6-8】 采购管理平台的应用和效果

某国内大型乙烯合资总承包项目，使用材料与采购管理平台，使材料管理工作从过去仅对材料数量的管理，扩展到对材料状态、计划与进度的有效控制的过程化管理。采购管理的内容和范围涵盖了询价、报价、评标、订单、催交、检验、运输、仓库管理的全过程，极大地提高了项目材料与采购管理水平以及工作效率。取得了如下应用效果。

① 规范、优化了工作流程。结合工程公司的实际工作程序，制定了标准的工作流程。由于多用户、多部门的介入使用，促使公司在各个专业的职责划分、作业文件、工作界面等方面更加细化和规范化。

②　规范材料的编码，实现所有专业的材料在系统中进行管理。促进了各专业材料编码标准化的进程，实现全装置各专业材料编码具有唯一的标识，为后期的采购管理、现场材料管理工作创造了有利条件。

③　加强设计管理，强化版次概念，实现材料表的版次管理，避免混乱请购。在 EPC 项目中由于设计、采购、施工三方面的深度交叉，对材料控制工作有着很高的要求。通过使用材料表版次管理的功能，以及请购单批次管理的功能，不但简化了设计人员与材料控制人员的请购工作，而且更直接地帮助了采买员解决按不同批次进行采买的问题。

④　材料控制、采购管理与项目计划的有机结合，使项目得以顺利地进行。依据项目的整体计划，在项目的初期就制定各个专业的材料采购计划。通过对每个请购单设置控制点，及时准确制定请购计划，有效地控制了材料和设备的请购、采购、到货等主要里程碑点。每周由材料控制工程师提供的材料状态报告，及时地反映出材料状态，并根据实际的运行偏差进行有效的调整。尤其对长周期设备、关键设备等，从请购、询价、投标、评标、签合同、催交、运输、到货，全面而清楚地进行掌握，实现了材料的动态管理，提高了项目抗风险能力。

⑤　材料状态等信息资源的共享。从设计料表管理、请购模块、采购模块到现场管理模块，对材料实现全程跟踪管理。可以随时查阅材料的状态情况。极大地满足了项目的管理需求，及时、快捷地向业主提供各类材料信息，显示出了公司出色的项目管理能力。

⑥　材料数量精确控制。准确地掌握各种材料的设计量、请购量、采买量、到货量、发放量和库存量。有效地避免了材料的浪费和无节制盲目的采买。为项目节约了成本，产生了可观的经济效益。

⑦　优化库存管理，加大现场物资发放控制力度。对仓库的全部技术作业活动施以计划和监督，保持库存账目清晰准确。同时通过材料预测加强库存分析，加强领料与发料环节的控制力度。在材料需求计划的基础上，按照材料配置的结果控制材料发放，从而监督施工分承包方合理使用材料，避免材料的误用和浪费[11]。

6.5　石化工程项目施工管理数字化

传统的施工管理，由于缺乏科学管理的手段和工具，对施工进度管理、质量管理、人员考核等无法做到精细化管理，采集的施工数据也没有统一的平台进行管理和应用，数据不能共享还易造成丢失，进而造成后期运营基础数据缺失，影响工厂的安全运行[12]。信息技术为施工管理带来全新的手段，使施工数据、人员资料、管理文档等全部实现数字化管理，有效地消除了"信息孤岛"，实现了信息的共享和协同工作。在石化工程项目建设中，管道工程一般占总工程量的40％左右，本书将重点描述石化工程管道施工数字化管理的方法。

6.5.1 石化工程项目管道施工管理数字化需求

（1）传统管道施工存在的问题

传统管道施工存在很多问题，包括：信息以纸质资料形式分散在各个部门，没有有效的数据组织，容易造成信息丢失；施工过程信息不透明，主要依靠施工单位上交的报告或记录进行质量和进度评估，对工作进度和质量不能进行直观的展示，监管难度大；设计基础信息和业务过程信息录入工作量大且工作重复，人工失误难以避免；组批点口依据规范人为把控，受个人水平影响，合规性难以保证；对材料的管理控制及应用追踪缺少手段，对运维阶段没有在信息的源头形成有力的支撑；过程质量控制资料收集不及时，审批流程用时长，提供的交工资料与现场实际不一致；生成各类交工技术文件、必要的过程控制文件、检测报告、报表、单线图等资料费时费力。

（2）管道施工的业务流程

管道施工管理业务流程如图 6-12 所示。

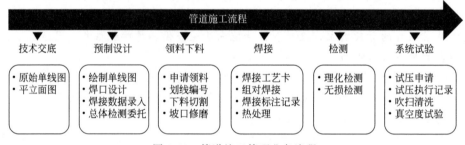

图 6-12　管道施工管理业务流程

6.5.2 典型的管道施工管理数字化平台构建

（1）构建管道施工系统技术架构

管道施工管理系统采用分层的模式，将数据存储、数据处理、服务、应用等按层次划分，典型的管道管理系统技术架构如图 6-13 所示。

（2）建立管道施工管理系统用户组织机构

结合实际业务过程，上述业务需求中涉及的用户包括施工单位、检测单位、监理单位或项目管理单位、总承包单位和监督单位。典型的管道施工管理系统用户组织机构如图 6-14 所示。

（3）梳理管道施工的业务流程

梳理管道施工管理从开工准备到试压验收各阶段的业务，典型的业务流程如

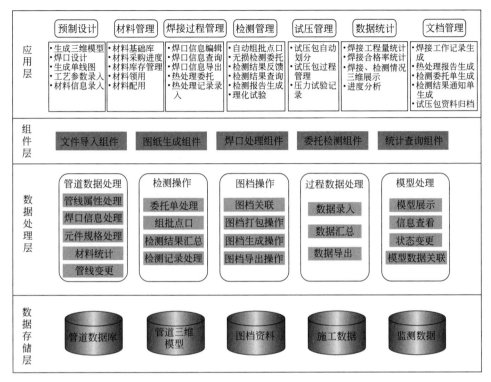

图 6-13　典型的管道管理系统技术架构

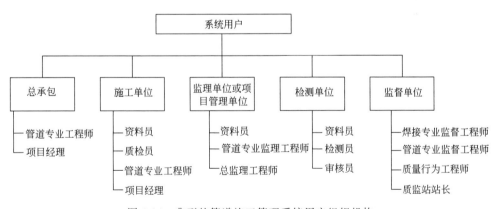

图 6-14　典型的管道施工管理系统用户组织机构

图 6-15 所示。

（4）实施的主要内容

管道施工管理数字化系统主要包括预制设计、材料管理、焊接过程管理、检测管理、试压管理、数据统计、文档管理，如图 6-16 所示。

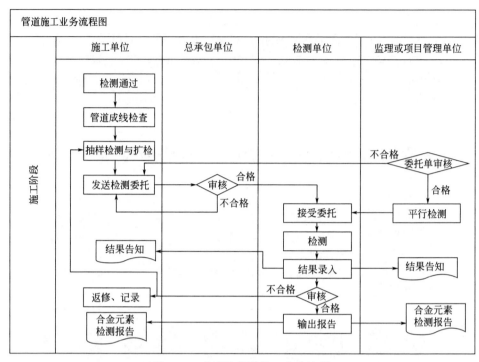

图 6-15　典型的管道施工业务流程

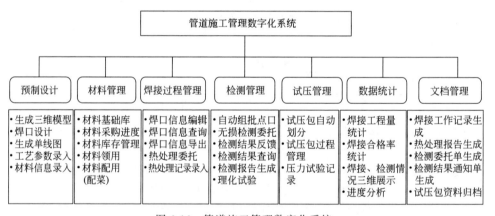

图 6-16　管道施工管理数字化系统

① 预制设计。预制设计是指在工程项目开工前，根据设计单位提供的原始单线图或平立面布置图，利用管道预制设计系统对图纸重新绘制，增加焊口等信息，生成符合管道工厂预制要求的管段图，以及管道现场安装、管理需要的单线图，同时对三维模型中的管线基础数据（如工艺参数、材料信息）进行建立，为后续施工过程管理提供数据。

② 材料管理。通过对日常材料的数字化管理，确保材料统计的准确、及时，

实时了解、评估材料对工程进度的影响，提供强有力的材料采购决策依据、进度控制依据；控制材料消耗，对材料的节约、透支均可做到有据可查。通过对使用材料的批号管理，可以控制现场材料使用的准确性，一旦发现材料用错，可以及时精确查找到具体的管线、具体的位置，从材料环节上，避免工程质量事故的发生。设置管线号"配菜"功能，可以根据到货材料自动匹配相对应的管线号，方便施工。

③ 焊接过程管理。通过这一模块将过程中管理的各个环节整合到一起并形成相互链接关系，通过数据的共享实现项目管理各方的分工协作，从而为质量进度分析提供准确的依据。在完成管道施工过程数据信息化的同时，实现焊接工程施工、检测、监理、监督等管理的网络化。

④ 检测管理。根据有关施工验收标准要求，焊缝组批以管道级别、材料类别、介质、压力等级相同为原则，通过在软件中抽检比例及设置规则，可以简单高效地完成焊缝组批工作。且可以在操作界面轻松完成随机抽样点口，避免人为干扰因素，无损检测的结果也可录入，通过统计分析，反映整个工程质量状态的分析统计数据，以便及时发现问题、解决问题。

⑤ 试压管理。管道工程收尾与试压是管道工程管理复杂、程序繁多、难以控制的一个重要原因，收尾时间长、安装质量无法保证是工程建设过程中的通病。因此，为缩短收尾时间，提高管道安装质量，最有效的办法就是采用管道试压包管理，可以达到责任到人、分工明确、收尾目的性强的最佳管理状态，使管理难度大大降低。

⑥ 数据统计。从不同维度对业务数据进行统计分析，以满足不同角色或不同应用场景的需求，如按焊接工作量统计、焊接合格率统计、检测工作量统计，并在三维模型中直观展示，自动进行进度与质量分析比较。

⑦ 文档管理。在过程中实时生成符合有关施工验收标准的主要相关资料，如管道焊接工作记录、无损检验委托书、射线检测报告、试压记录等，并以试压包资料形式归档管理。

6.5.3　虚拟可视化施工管理

（1）虚拟施工的技术需求

虚拟施工技术是一门跨学科的综合性技术，它包括产品数字化定义、仿真技术、虚拟现实技术、可视化技术、数据集成、优化技术等。当然，虚拟施工也能够对想象中的施工活动进行仿真。虚拟施工技术是在施工过程模型中融入虚拟仿真技术，并以此评估和优化施工过程，以便快速、低费用地评价不同的施工方案、工期安排、材料需求规划等，主要目的是评价施工的合理性，解决组织施工是否合理的问题[13]。虚拟施工不消耗现实资源和能量，所进行的过程是虚拟的，因此可为工程施工提供有益的经验。通过虚拟施工技术，业主、承包商和施工方可以在策划、投资、设计和施工之前看到并了解施工的过程及结果。

（2）虚拟施工的功能需求

可通过浏览三维模型对现场安装活动进行计划、组织、跟踪和报告。由于现场安装工作极为复杂，光设备安装就可细分为数百条流程，而准确、有效的材料管理和施工将为之后的装配工作铺平道路，因此需要通过 3D 可视化手段结合预制材料的运输和到货信息，对安装阶段施工进行合理规划，提升工作面计划效率；结合 P6 将计划任务项与实体工程量挂钩，提高计划和进度反馈的有效性；运用 4D 和 5D 动画，实现施工方案检查和模拟辅助，积累项目执行管理经验。

（3）构建虚拟施工系统

目前主流的可视化施工软件主要有 AVEVA 公司的 E3D 系统以及鹰图的（SPC）系统。下面以鹰图的 SPC 系统构建为例进行描述，图 6-17 为虚拟施工系统与其他系统的信息流。将材料管理系统 SPM 与施工管理系统 SPC 进行衔接，SPC 管理施工计划与 P6 软件中的项目进度计划衔接，SPC 的现场安装工作包（从 P6 下载）与 SPM 衔接，确定所需要材料的状态，在材料可用的情况下，自动预留材料，并预备自动发给施工方，并与对应的设计三维模型进行集成，形成施工进度的可视化动画模拟以供施工参考。

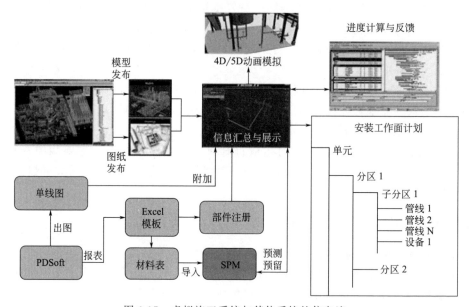

图 6-17　虚拟施工系统与其他系统的信息流

【案例 6-9】[14]　管道施工管理整体解决方案的应用效果

某石化企业在某个项目上应用管道施工管理整体解决方案。包括预制设计、材料管理、施工准备、焊接过程管理、检测管理、试压管理、进度统计与质量分析、过程资料管理和压力管道安全质量监督检验九个部分。管道施工管理系统实施部署后，在该项目得到验证性使用，取得了很好的成果。主要成果概括如下：

① 设计数据无损导入。依托设计移交的三维模型或通过解析模型中间格式文件还原的三维模型进行自动的焊口设计和图纸生成，提高焊口、材料等统计数据的准确性和可信度。

② 多维度工作量统计。按照不同材质、管径、壁厚和压力等级分别对焊接工作量进行统计，管理层可以通过这些准确的数据指导现场施工。

③ 无损检测的自动组批点口。根据行业规范要求实现自动组批点口，满足无损检验对检验比例、覆盖焊工、固定口比例的要求，保证检验委托的合规性和客观性。

④ 分层次直观统计真实、全面的过程数据。数据由粗到细地向下钻取展示，提供多项目→项目→区域→工作包→管线→焊缝多层级统计，并可以在统计的基础上进行任意时间内的查询分析，实时掌控焊接工程进度、质量情况。

⑤ 自动生成交工资料和报表。通过过程控制保证数据质量，自动生成各类所需报表和交工资料，也可交付轻量级的数据结构化系统，提高交付成果可利用性和交付过程工作效率。

6.6　石化工程项目完工管理数字化

完工管理系统作为石化工程信息管理系统的重要组成部分之一，是实现项目由建安向调试、由调试向运行数字化移交的重要工具和手段，也是实现多项目信息管理的重要举措。因此，建设一套完工数字化管理系统，已成为当前满足石化工程项目批量化、规模化的迫切需要。

6.6.1　石化工程项目完工管理数字化需求

（1）实现项目进度透明化

通过使用调试移交系统，项目管理者、现场工程师和质量检测人员都可以查询或更新项目的进程以及项目的尾项清单。项目的管理者可以通过调试移交系统来追踪供货商的工作进度。调试移交系统可以根据需要生成各种报表，管理者可以随时查询项目的进程，了解项目的动态。

（2）项目文件电子化

调试移交系统内嵌一个条形码扫描识别模块。所有调试移交系统生成打印的验评表都带有一个条形码，现场工作完成并签署之后，调试移交系统管理员将其扫描，系统根据条形码自动识别，多页整合、分类、保存，并且自动更新任务和系统状态。

（3）项目文件系统化

在项目进行施工和调试之前，系统管理员将各个专业的工程数据录入调试移交系统，包括：机械设备数据、三维配管清单、电气仪表设备及回路、火气探测系统设备及回路、通信系统设备和回路等；然后在系统内根据工艺流程图和调试系统/子系统的定义建立连接，分配施工和验评表。在施工和调试过程中，调试移交系统实时更新各项工作的状态以及详细记录在施工和调试过程中产生的技术澄清和尾项清单，包括原因、状态、解决方案等。

完工数字化管理系统功能模块如图 6-18 所示。

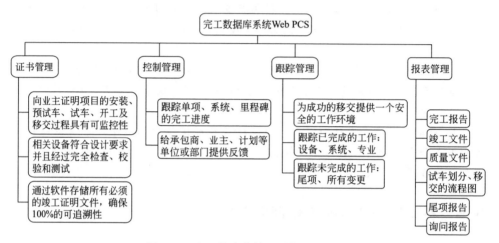

图 6-18　完工数字化管理系统功能模块

6.6.2　典型的完工管理数字化平台构建

（1）建立层级结构

根据设计逻辑的理念和调试大纲的需要，建立相应的层级结构，通常根据工作分解结构，主要分项目、装置/单元、系统、子系统四级结构，再根据元器件之间的功能关系，逐步构建子系统以下的功能关系，最终将整个项目的全部工程对象以一个整体的形式呈现。

（2）形成标准的业务流程

完工管理标准的业务流程包括从系统定义、工作包定义、设备标识、供应商检查和试验等到移交业主的全过程管理，业务流程图如图 6-19 所示。

（3）初始数据录入

将设计的初始数据录入到完工管理系统中，包括将管线表、设备表、仪表索引等初始设计数据录入到完工管理系统中。

（4）典型的工作流程

典型的设备移交工作流程首先由质量控制（QC）检验员、技术工程师、设计人员生成设备的建安试验表单、预调试试验表单及尾项，再由完工管理系统工程师导入试验表单到完工管理系统中，利用完工管理系统生成状态报告，消除尾

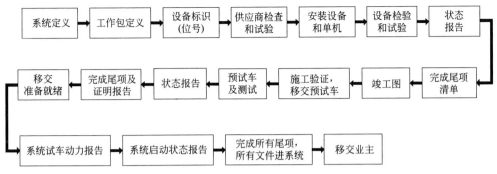

图6-19 标准完工管理系统业务流程

项，如果系统或子系统具备移交条件，完工管理系统会为该部分生成移交证书。

【案例6-10】 完工管理系统的应用及效果

某工程公司作为某海外EPCC的工程承包商首次在该项目使用完工管理系统，用于持续监控项目进展直至完工。该工程公司选用WebPCS作为该项目的完工数据库管理系统。实现了调试移交过程中的设备状态管理、尾项管理；实现了从调试到运行的运行移交管理；实现了运行移交管理中的系统设备文件管理；实现了工单、设备及文件之间的信息管理；实现了设备从设计、采购、安装、调试、移交、运行及维护等信息的全程跟踪管理；实现了设备清单、试验表单及状态、证书等不同形态的报表功能。

6.7 石化工程项目管理数字化

6.7.1 项目主数据库系统

项目主数据库是工程项目管控集成化的基础和前提。项目主数据库包括项目编码库、人工时定额库、价格库、工程量库、人力资源库等，具体内容详见第5章。

6.7.2 计划进度检测系统

目前主流的项目进度管控系统就是甲骨文公司的P6软件。P6是基于项目管理的科学思路和方法（量化目标、量化过程、实施动态控制和管理），综合运用项目管理中各种进度及费用管控方法的平台软件，基于P6软件开发项目进度计划编制、管理、趋势分析、报告的集成化管控平台。具体内容详见第5章。

6.7.3 项目成本控制系统

某公司基于甲骨文公司的Premavera Unifier系统开发项目成本控制系统

(i-Cost)。以工程项目成本控制工作为主线，根据费用分解结构（CBS）对工程项目全过程中发生的全部成本数据进行分解，并通过 CBS 编码将项目不同阶段的数据进行串联。同时，i-Cost 系统与各业务部门的信息化管理平台建立接口关系，整合和传递不同系统、业务层面的费用信息，实现费用数据的自动流转，减少数据冗余，避免人为错误，节约人力。具体内容详见第 5 章。

6.7.4 风险管理系统

某公司基于 Primavera Risk Analysis 开发项目风险管理系统。风险管理系统为定量风险分析工具，依据项目风险管理手册，在投标报价阶段和项目执行阶段实施全项目周期风险跟踪，保证整个项目团队和整个项目过程，在一个统一的风险管理系统，进行风险识别、分析、分类、跟踪、控制与项目相关的正面和负面风险，帮助项目团队减少和预防损失，增加项目成功的机会。风险管理系统可独立运行也可同 P6、Microsoft Project 软件集成，实现风险管理和进度控制的协同工作。PRA（风险分析软件）可以实现对项目进度目标和费用目标的量化风险分析和敏感性分析，输出应对前后的风险敏感性排序、活动敏感性排序和累积概率分布曲线，风险管理系统是建设公司项目管理集成化平台的基础。

6.7.5 工程项目电子文档管理系统

工程项目电子文档管理贯穿设计管理、采购管理、施工管理和开车管理等工程全生命周期，涉及项目管控各个环节，在项目执行、项目各参与方的沟通中起着重要的作用。中国石化工程建设有限公司积极探索新型项目管理模式下的工程项目电子文档管理思路和方法，建立一套从产生、发布、分发到归档和交付的工程项目文档全生命周期管理体系，涉及工程项目策划、设计、采购、施工及开车等各个阶段。

（1）确立电子文档数字化管理体系框架

石化工程项目公司级项目电子文档数字化管理体系框架和基本内容，大体分为文件范围与组织、文件元数据、过程管理和系统平台四大部分。图 6-20 为典型的石化工程项目电子文档数字化管理体系框架。

（2）制定《项目电子文档结构规定》[15]

首先确定项目电子文件的管理范围，本书根据石化工程项目电子文档的特点将电子文档分为五大类：参考类文件、管理类文件、技术类文件、供货商文件和交换类文件，每大类文件再依据项目文件的来源，划分为不同的层次和类型（或子类），《项目电子文档结构规定》应该是一套适用面较广的文件结构模板，可视项目具体情况对模板进行组合和裁减。如图 6-21 所示为工程总承包项目文档结构示意图。

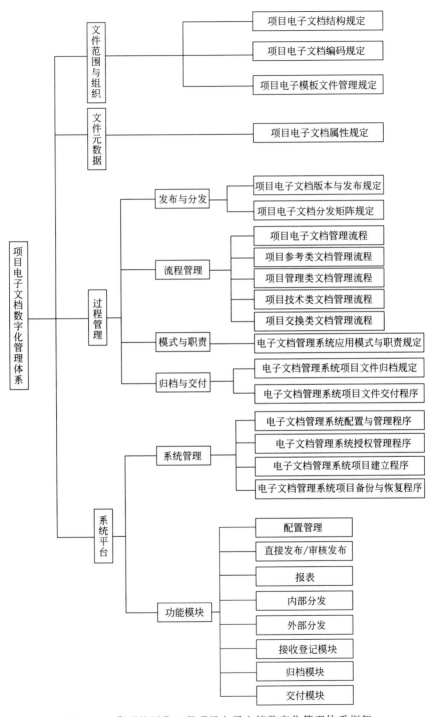

图 6-20 典型的石化工程项目电子文档数字化管理体系框架

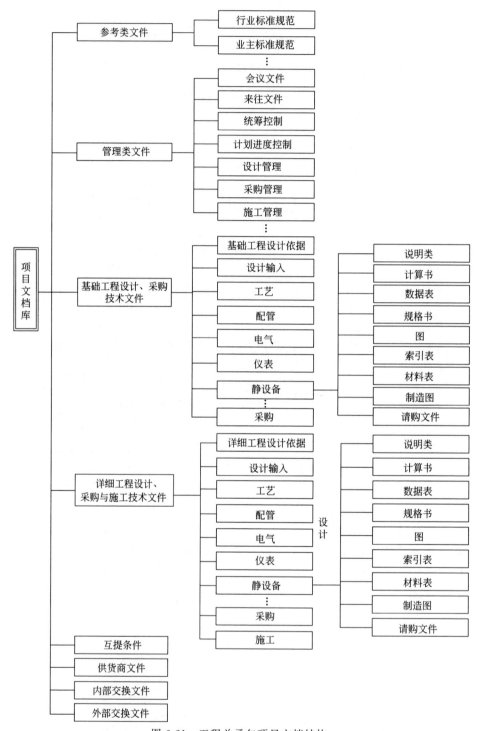

图 6-21　工程总承包项目文档结构

（3）制定《项目电子文档属性规定》

电子文档属性在电子文档管理中一般也称为元数据，用于表述电子文件所固有的特性或为管理所赋予的其他特性，以方便电子文件的管理、查询和定位，也为电子文件的多纬度展现提供支持，是电子文档实现数字化管理的关键要素之一。依据公司业务范围以及项目所产生文件情况，以确立的《项目电子文档结构规定》为基础，对文件属性也进行了体系化梳理。将文件属性分为标准属性和自定义属性两大类，其中自定义属性又分为通用自定义属性和特殊自定义属性两种，其中通用自定义属性中定义了包括文件编码、文件发布原因等在内的属性，用以描述参考类文件、管理类文件、技术类文件、供货商文件等所有项目电子文件，同时还为设备类文件以及供货商文件定义了其特殊的文件属性。

（4）制定项目电子文件发布与分发相关规定

项目电子文件的发布与分发是规范项目电子文件管理、提高沟通效率和进行授权控制的最主要方面，需要建立《项目电子文档分发矩阵规定》。《项目电子文档分发矩阵规定》是这个阶段的重点工作，电子文档分发矩阵定义了哪类文档应该分发给哪些组织、专业或角色，来实现文件的自动分发和授权。该规定的建立可减少文件分发的繁重流程，规范分发过程，支撑分发的自动化。

（5）建立项目电子文档管理流程

为实现项目电子文档全生命周期管理，以整合优化文档管理流程为重点，梳理各类业务流程，实现项目文件从产生、审核、发布、分发以及归档和交付的全生命周期管理。

（6）定义项目的应用模式

依据项目类型与规模、业主要求和项目执行策略，为具体项目建立不同"应用模式"下的项目电子文档管理系统，以便提高应用的时效性。如表6-5所示，应用模式是逐层深化的，后者应用模式包含了前者应用模式的全部功能。例如满足应用"模式B"的功能要求，就已经全部涵盖了"模式A"的功能要求。应用模式的选择根据项目的具体情况自行确定，例如"模式A"就比较适合小的周期短的项目。

表6-5 项目电子文档管理系统应用模式

序号	应用模式	功　　能
1	A	基本的文档管理功能(存储、共享、版本控制)
		1)文件导入/导出(import/export)
		2)文件检入/检出(check in/check out)
		3)版本控制
		4)批量导入导出

序号	应用模式	功 能
1	A	5）文件发布功能
		6）生成文件传送单（TRANSMITTAL）
		7）虚拟文档
		8）文件的链接
		9）文件属性批量修改
		10）生成文件副本（PDF 格式）
		11）发送文件的链接
2	B	工作流管理（包括文件自动分发）
		1）参考类文件工作流
		2）管理类文件工作流
		3）会议纪要工作流
		4）往来文件工作流
		5）技术类文件工作流
		6）供货商文件工作流
		7）互提资料工作流
		8）外部交换文件工作流
3	C	制定了文件目录（没有计划和检测时间要求）
		1）文件目录导入
		2）从文件目录上直接挂接文件的实体
		3）系统生成文件实际完成和发布状态报表
4	D	制定了文件目录（有计划和检测时间要求）
		1）文件未完成预警
		2）生成实际完成时间与计划完成时间的对比报告
		3）根据文件发布状态检测文件进度百分比
5	E	与进度软件集成
		1）直接和进度软件（例如 P6）集成
		2）文件目录与 WBS、OBS、活动挂接
		3）在进度软件中检测文件完成进度百分比
		4）根据文件发布状态检测文件进度百分比
6	F	与进度软件集成
		1）直接和进度软件（例如 P6）集成
		2）文件目录与 WBS、OBS、活动挂接
		3）在进度软件中检测文件完成进度百分比

（7）制定项目电子文件归档交付规定

根据具体项目要求，制定出电子文件归档规定，确定交付文件的格式、版本、内容、介质、交付时间以及程序等，制定交付策略和交付流程，按照交付计划从系统中打包输出要交付的文件。尤其对于数字化交付项目，制定电子文件交付规定至关重要，电子文件交付流程如图 6-22 所示。

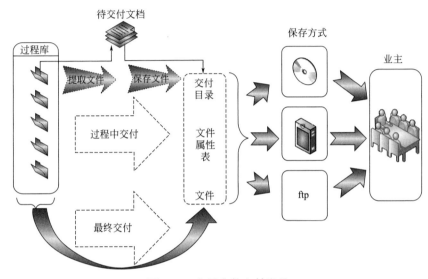

图 6-22　电子文件交付流程

（8）建立电子文档管理系统平台

一套较为完善的电子文档管理体系建立后，就是如何执行好标准体系，为此，应该将管理体系逐一固化到电子文档管理系统中，包括开发配置模块、电子文档管理模块、报表模块、归档模块、交付模块等，实现电子文档管理体系的数字化管理。

6.8　石化工程项目数字化交付

近年来，国内外很多业主都在探索和尝试数字化工厂建设，但由于项目建设没有统一的信息交换标准，致使建设期间、工厂运维期间信息不统一，不能很好地被利用，致使业主在建设数字化工厂时必须做大量的重复工作，例如图纸的数字化、模型的重建等，而且信息还存在不一致性、不完整的现象[16]。因此急需利用信息技术创新构建一套新型的信息组织、交换和利用的标准，由中国石化工程建设有限公司主编的《石油化工工程数字化交付标准》（GB/T 51296—2018）已于 2019 年 3 月 1 日发布执行。这将重构工程建设整个产业链的信息交付新秩序。

6.8.1 制定数字化交付策略

根据业主数字化工厂乃至未来智能工厂建设的需求，在信息交付策略中明确以下内容。

（1）确定信息交付的目标

根据项目的特点及业主需求确定项目数字化交付的目标，主要包括统一应用智能设计工具；构建以工厂对象为核心的信息组织模式，实现信息以工厂对象为核心的智能关联和管理；通过制定统一的数字化交付标准，实现各个工程承包商交付数据的标准化；工程承包商交付三维模型，实现工程数据的可视化和智能关联；满足工程项目数字化交付和向智能工厂拓展的需求的同时，提升业主的生产、运维管理水平。

（2）确定整体组织机构

数字化交付是一个复杂的系统工程，为保证工作的顺利开展，业主有必要委托富有经验的数字化交付管理服务商来承担数字化交付的管理工作。典型的数字化交付项目整体组织架构如图 6-23 所示。

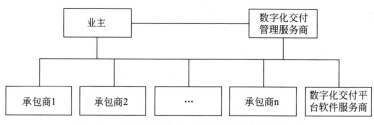

图 6-23　典型的数字化交付项目整体组织架构

（3）明确交付信息的组织方式、存储方式和交付形式等

各承包商以信息模型形式进行交付。在执行过程中，各承包商使用业主的电子文档管理系统交付平台，按数字化交付规定要求的信息组织方式提交原始电子文件，这些电子文件包括三维模型、图纸、设计文件、工程数据表、采购文件、施工文件、SP P&ID 数据库等。

应对各承包商提交的终版交付物进行校验、处理，并将其整合到数字化交付平台中，最终形成包含完整工程项目信息的数字化交付平台。

（4）明确信息交付验收标准

验收信息时应确保下列方面达到要求：①工厂对象无缺失，且类型正确；②工厂对象数量符合规定要求；③工厂对象属性完整，必要信息无缺失；④属性的度量单位正确，属性值的数据类型正确；⑤无文档缺失；⑥文档命名和编码符合规定要求；⑦工厂对象与工厂分解结构、工厂对象与文档间的关联关系正确；⑧数据、文档和三维模型符合交付要求。

（5）制定信息交付流程

信息交付流程宜按图6-24的工作程序进行。

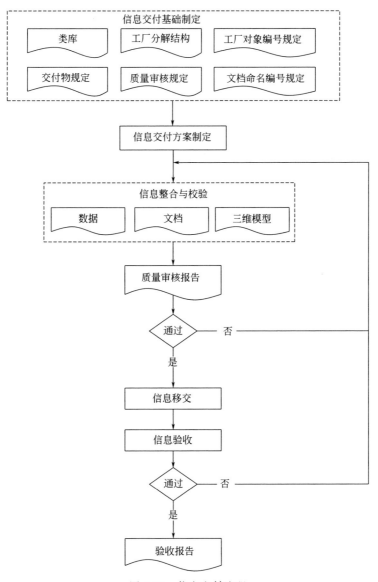

图6-24 信息交付流程

6.8.2 建立标准化类库

应对工程对象进行分类和整理，以《石油化工工程数字化交付标准》为依据，形成一套包含工厂对象分类及其属性和关联文档的企业级标准化类库。基于标准化的类库实现对数据的校验，保证数据的一致性、准确性和完整性。标准化类库不仅可以指导设计的数字化，同时也可作为数字化移交的标准。

（1）类库建立原则

类库建立需遵循一定的原则，包括以下几点。

① 结构合理、层次清晰、内容完整并支持扩展。

② 工厂对象类应有继承关系。

③ 工厂对象类、属性、计量类、专业文档类型的名称应唯一、易识别且无歧义。

④ 类库设计应支持信息校验。

⑤ 工厂对象类宜根据工厂对象功能或结构等分类，可分级建立。

⑥ 属性应包括工厂对象类具有的典型特征，宜分组管理并设置交付级别。

⑦ 计量类应包括所有属性涉及的计量单位分类。

⑧ 专业文档类型应由专业和文档类别共同确定。

⑨ 确定工厂对象编号原则，且工厂对象编号应满足唯一、快速定位和检索的要求。

⑩ 确定文档编号原则，且文档编号应包含专业类别、文档类别、版本等信息，且满足编号唯一、快速定位和检索的要求。

（2）类库建立

根据以上原则，类库应包括工厂对象类、属性、计量类、专业文档类型等信息及其关联关系，类库逻辑结构及层级关系如图 6-25 所示。

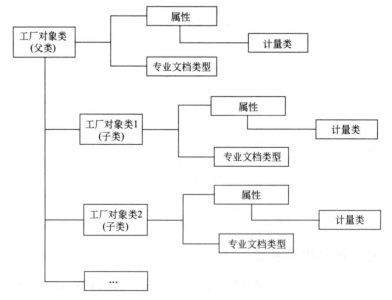

图 6-25　类库逻辑结构及层级关系

以塔类为例，按结构可以划分为板式塔类和填料塔类等，塔类为父类，板式塔类和填料塔类为子类。

以板式塔类为例，板式塔与其属性、计量类、专业文档类型的关系示例如图6-26所示。

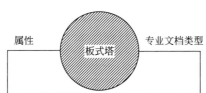

序号	名称	计量类
	通用属性	
01	位号	—
02	用途	—
03	数量	—
04	安装位置	—
05	类型	—
06	型号	—
07	供应商	—
08	制造商	—
	工艺属性	
09	介质名称	—
10	主要组分	—
11	介质毒性	—
12	塔顶操作密度	密度
13	塔底操作密度	密度
14	塔顶操作温度	温度
15	塔底操作温度	温度
16	塔顶操作压力	压力
17	塔底操作压力	压力
	机械属性	
18	塔板类型	—
19	直径	长度
20	筒体切线高度	长度
21	壳体材质	—
22	塔板材质	—
23	塔板数量	—
24	壳体腐蚀裕量	长度
	设计属性	
25	设计温度	温度
26	设计压力	压力
27	设计负荷	—

序号	名称	文档类别
	设计类-工艺专业	
01	工艺设备数据表	DS
02	分类工艺设备表	ID
03	工艺管道及仪表流程图(P&ID)	DW
	设计类-静设备专业	
04	静设备设计说明	DP
05	装配图(总图)	DW
06	部件图	DW
	设计类-管道专业	
07	设备布置图	DW
	设计类-电气专业	
08	爆炸危险区域划分图	DW
	设计类-结构专业	
09	设备基础图	DW

序号	名称	文档类型
	采购类-静设备专业	
01	压力容器制造许可证	DP
02	无损检测报告(RT/UT/MT/PT)	DP
03	热处理报告	DP
04	耐压试验报告	DP
05	备品备件清单	ID

序号	名称	文档类型
	施工类-综合	
01	防腐工程质量验收记录	RE
02	隔热工程质量验收记录	RE
03	安全附件安装检验记录	RE
	施工类-土建专业	
04	设备基础复测记录	RE
	施工类-设备专业	
05	立式设备安装检验记录	RE
06	塔盘安装检验记录	RE

图 6-26 板式塔类库

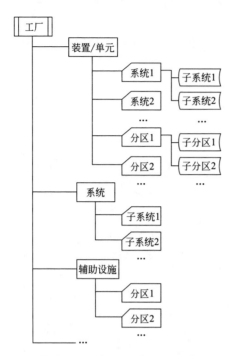

图 6-27 典型的工厂分解结构

6.8.3 建立工厂分解结构

工厂分解结构是数字化交付及数字化工厂建立的前提，工厂对象、文档和数据等应与工厂分解结构建立管理关系。典型的工厂分解结构如图 6-27 所示。

6.8.4 制定数字化交付方案

应制定数字化交付方案，在方案中进一步细化落实交付策略内容，形成具体的可执行的方案。方案的重点要素归纳如下。

（1）明确各相关方组织机构及界面关系

典型的数字化交付管理服务商组织架构如图 6-28 所示。同时业主及工程承包方也应建立与数字化交付管理服务商相对应的组织机构，并明确各方的界面关系。

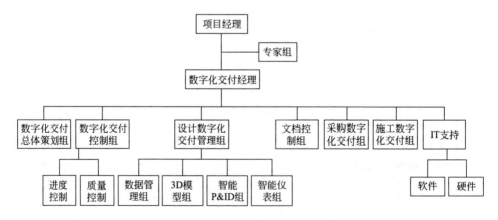

图 6-28 典型的数字化交付管理服务商组织架构

（2）编制数字化交付规定程序

为保障数字化交付项目的顺利实施，应编制下列项目规定与程序文件，各承包商在项目执行过程中应严格遵循相关规定。规定与程序文件主要有以下几项。

①《项目数字化交付策略》主要定义工程项目数字化交付的总体策略，是编制后续规定与程序文件的基础和指导原则。

②《项目数字化交付总体实施方案》包括数字化交付项目的实施目标、组织机构及职责、工作范围、工作流程、进度计划等，指导项目具体实施。

③《项目工厂对象分类及属性移交规范》（类库）主要定义工厂对象的类、属性、项目文档类型，以及类、属性、文档、计量单位间的关联关系。类库为项目过程中保证不同承包商、不同系统间信息一致，提供了统一的信息交换基础。

④《项目文档编码规定》定义工程项目中文档的命名编码规则。

⑤《设备编码和命名规范》定义设备、电气、仪表及管道的编码规则。

⑥《三维模型内容规定》统一规定工程项目三维模型的内容和深度，明确各承包商在执行项目时三维模型设计和交付时所应达到的标准。

⑦《智能P&ID规定》统一承包商使用的智能P&ID设计软件，并对工作方式、交付内容和交付时间等进行了规定。

⑧《供应商数字化交付管理规定》（供EPC＋供应商）规范并指导承包商及供应商开展数字化交付工作，使供应商提交的终版信息满足数字化交付项目管理要求。

⑨《供应商数字化交付管理规定》（仅供供应商）规范并指导供应商开展数字化交付工作，使供应商提交的终版信息满足数字化交付项目管理要求。此规定可直接作为招标的技术要求。

⑩《项目文档交付内容规定》统一定义了中科项目交付文档的内容及格式要求。

⑪《项目采购信息交付内容规定》规定项目采购过程应交付信息的内容和格式。

⑫《项目施工信息交付内容规定》规定施工过程，尤其是管道数字化应交付的信息内容和格式。

⑬《项目信息交付规定》规定交付的三维模型交付格式、文件命名规则等要求，定义了数据交付模板。

⑭《项目数字化交付管理程序》规定数字化交付物的交付及管理流程、电子文档管理系统的应用要求等。

⑮《数字化交付质量审核方案》规定对数字化交付项目的质量管理和对数字化交付物的审核、反馈工作流程。

⑯《数字化交付验收方案》规定数字化交付项目完工验收的工作内容和相关规定。

（3）制定数字化技术方案

典型的数字化交付系统架构如图 6-29 所示。

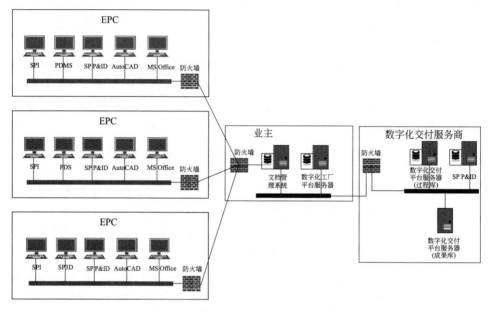

图 6-29　典型的数字化交付系统架构

项目应用软件通常包括三维建模软件、智能 P&ID 软件、智能仪表软件、智能电气软件、通用绘图工具软件、信息集成平台、电子文档管理系统等软件。

（4）数字化交付要求

① 三维模型交付要求。针对不同三维建模设计软件，承包商需要交付的三维模型相关文件格式可不同。

② 智能 P&ID 的要求。承包商通常需要交付工程项目的 P&ID 数据库，作为智能 P&ID 图纸的交付物。

③ 项目文档的要求。通常项目文档（包含设计、采购、施工阶段各类文档）应提供原始格式或 PDF 格式（非扫描版）电子文件。

④ 工程数据的要求。为满足数字化交付对提取结构化工程数据的要求，应根据《项目工厂对象分类及属性移交规范》（类库），制定工程数据收集模板，各承包商应认真整理并填写，保证这些工程数据的完整性和一致性。

6.8.5　项目数字化交付管控流程

数字化交付工作流程因项目而异，本书以某石化企业数字化交付的执行工作流程为例，见图 6-30。

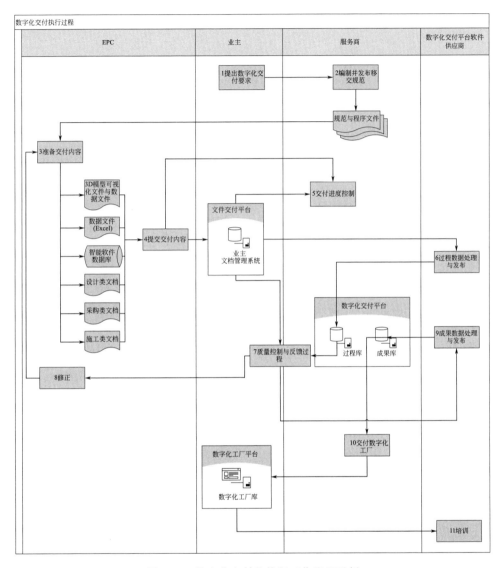

图 6-30　数字化交付的执行工作流程示例

6.8.6　项目验收

完成平台交付后，应对工程项目数字化交付成果进行验收，确保所有数字化交付内容符合交付各相关标准的要求，与实际完工状态一致且能够满足运营需求。经过培训，业主应能够接手数字化工厂的基本维护工作。具体的数字化交付项目验收相关工作内容需要在《数字化交付验收方案》中明确。

6.9 石化数字化工厂建设

传统的工厂信息化管理对象通常针对工厂运营中产生的各方面数据，而忽视了将这些动态数据与工厂最基础的工程数据结合起来。造成这种局面的根本原因就是缺乏有效的数字化移交，工程设计、施工阶段的信息流与运营阶段的信息流中断。因此，数字化工厂的作用应该体现在如何充分发挥数字化的内容，为工厂的运行、维护、改扩建、安全管理提供合理的数据支撑，打通工厂生命周期的信息流，使之变成工厂宝贵的虚拟资产。例如，使用数字化平台上的三维模型浏览功能就可以方便查询设备关联的动态和静态信息，这些信息是支持设备检维修的理论依据，能够提高维修的准确性，避免因缺失信息而导致的盲目、低效、重复的工作，为企业带来多方面的本质提升，从管理、质量和效率等方面取得突破性的进展。

通过建立数字化工厂，业主可以获得与物理工厂相对应的数字化工厂，不需要反向三维建模、整理并关联数据及文档等重复性数字化工作，降低了数字化工厂建设的成本和周期。以集成化设计为源头建设的数字化工厂具有强大的设计优质基因，大大保证了数据的质量。同时信息容量更加全面，与工厂运维的衔接更加密切，能够有效降低业主智能工厂建设的成本和周期，使以此为基础的智能工厂更具生命力。

6.9.1 以集成化设计为源头的数字化工厂建设技术路线的特点

优秀的设计可以创造工厂的优秀基因，这些基因要想在生产运营中得到最好发挥，就需要为企业建立一个智能工厂，而数字化工厂正是智能工厂的关键路径。以集成化设计为源头的数字化工厂建设技术路线的特点可以概括为以下几个方面。

（1）信息以工厂对象为核心进行组织

由传统的以文档为核心的信息组织模式变为以工厂对象为核心的信息组织模式。

（2）以数字化交付为前提

信息组织模式带来了交付模式的变革，由传统的文档交付模式变为数字化交付模式，将交付物从原来的颗粒度很粗的文档形式变为由文档、三维模型和数据共同构成的交付物形式，使颗粒度大大细化了，数字化交付可为业主实现无缝、快捷、低成本的智能移交。

（3）以集成化设计为基础

数字化交付以工厂对象为核心，以数据为管理核心，因为在信息的采集和校验方面如果不以集成化设计为前提，将带来巨大的工作量。数字化交付不但提高了交付的效率和质量，同时也能提高设计的质量。

（4）实现数字化工厂与物理工厂的同步建设

以集成化设计平台为基础，延伸构建了能够满足不同客户需求的、集成化设计和数字化工厂一体化的智能交付与服务平台，实现工程设计、工程建设、工厂运维的有机衔接，可保证物理工厂和数字化工厂信息同源一致。通过智能移交，企业可以获得与物理工厂相对应的数字化工厂，不需要逆向建模等重复性数字化工作，降低了智能工厂建设的成本和周期。

6.9.2 数字化工厂的框架结构

数字化工厂完整包括了实体资产的全部设计、采购、施工、运营维护的信息与数据，不同类型、不同来源、不同时期产生的数据构成了完整、一致、相互关联的信息网，为业主提高运营和维护效率提供有效帮助，"数字化工厂"的功能框架结构如图 6-31 所示。

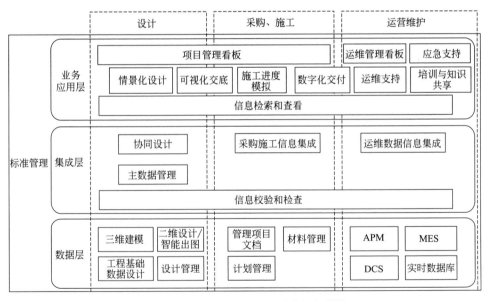

图 6-31 "数字化工厂"的功能框架结构

6.9.3 数字化工厂平台构建

数字化工厂建设以设计为源头，通过工程设计数字化、施工可视化、运营智能化等分阶段实现。它以信息标准化为核心，为不同系统、不同时期产生的数据提供一致的信息定义准则，保证数字化信息的质量，能够改善工业系统间的信息交换、集成的质量与效率。构建数字化工厂要重点做好以下几个方面的工作。

（1）建立工程设计集成化平台

以工程设计集成化平台为核心对工程设计工作流和数据流进行优化和配置。设计工具软件通过与集成平台的集成，实现了信息（数据和文件）的自动发布与交换，实现多专业、多部门、多参与方之间信息的共享与传递，实现协同工作。

将现有的各种设计工具软件进行集成、资源整合，是集成化设计平台建立的重点和难点。例如某项目通过信息化集成技术实现 20 余项工具软件的整合和集成，实现工程设计集成化平台与工艺设计集成化平台的双向集成；结构三维设计软件与三维设计协同化平台的集成；建立基于数据传递的协同工作平台；基于多专业协同的管线表、设备表等成品表格的定制等。

（2）优化设计工作流和数据流

对于工程项目整体而言，影响质量和效率的瓶颈主要发生在专业之间的沟通和协调上。因此，通过深入研究工程设计过程的特点，系统分析现有设计工具，同时对各专业之间资料互提过程进行梳理，整理出各专业之间交换的资料内容和分工，并对工作流进行优化，形成标准的集成化设计数据流。

（3）建立以工厂对象为核心的信息模型

传统的信息管理是以文档为中心的，大量的有用数据包含在文档里，不易于检索；其次这些文档是离散的，存在于一个个"信息孤岛"中，很难查找到与之相关联的所有信息。通过以工厂对象为核心的智能关联和信息管理，实现传统的以文档为核心的信息管理向以工厂对象为核心的信息管理模式的改变，以工厂对象为核心的信息管理示例如图 6-32 所示。

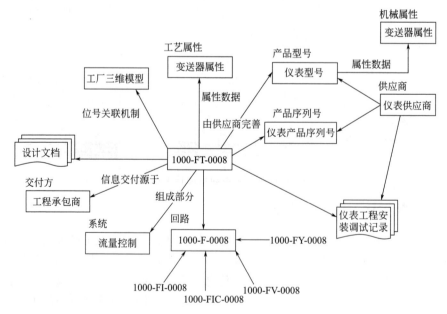

图 6-32　以工厂对象为核心的信息管理

（4）建立信息管理平台

以集成化设计为源头同步构建信息管理平台。例如某项目用了信息总线方式进行信息集成的技术路线方案。即在前期设计阶段以 COMOS FEED 作为工艺设计集成化平台，在详细工程设计阶段，采用 AVEVA Engineering 作为工程设计集成化平台，采用 PDMS 作为多专业的三维设计协同化平台，并应用 AVEVA NET 作为信息管理平台，形成信息管理平台建设的技术架构，见图6-33。主要工作内容包括与工艺设计集成化平台集成，将所有的工艺设计数据发布到信息管理平台中；与工程设计集成化平台集成，将所有的工程设计数据发布到信息管理平台中；与三维设计协同化平台集成，将三维模型发布到信息管理平台中；与采购软件（SPM）的集成。将采购的订单、请购单等数据集成到信息管理平台中；与施工管理平台的数据集成；将施工管理过程信息发布到信息管理平台中。

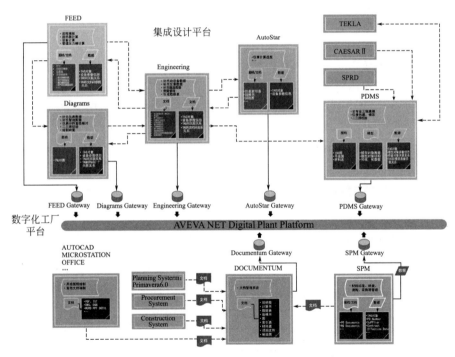

图6-33 信息管理平台建设的技术架构示例

通过信息管理平台的建立，自动集成设计、采购、施工等全过程项目信息，实现了以工厂对象为核心的信息管理和智能关联，达到在工程建设期无缝、快捷、低成本的数字化工厂建设，通过智能移交，企业业主可以获得和物理工厂一致的数字化工厂，降低了数字化工厂建设的成本和周期，也保证了数据的质量。

（5）数据的整合与校验

数据的整合与校验是数字化工厂建设的关键环节。对于数字化工厂来说，数据的整合是进行数据提炼后，对数据进行分析、集成，统一到一个平台上，形成有效信息。

在传统的以文档为核心的设计模式和交付模式下，业主需要从大量的文档中整理和采集数据，其中存在大量的冗余和不一致，业主很难确定以哪个数据源为主来消除冗余和不一致。但是在集成设计模式下，由于不同专业之间的数据传递是通过集成化设计平台自动传递的，保证了数据同源，消除了数据的不一致。数字化工厂平台的数据采集直接来源于各个设计系统和管理系统。因此从源头上解决了数据冗余和不一致的问题。

（6）构建数字化工厂平台[17]

以各个承包商集成化设计平台为基础，延伸构建能够满足不同用户需求的、集成化设计和数字化工厂一体化平台，以数字化工厂指导和优化物理工厂的建设，以物理工厂的建设促进和完善数字化工厂的建设，最后达到高度统一，完成工程设计、工程建设、工厂运维的有机衔接。以设计软件及集成化设计平台、项目管理系统的数据为源头，采集实时数据并实现信息的高效、自动、智能关联，保证物理工厂和数字化工厂信息同源，实现智能交付。

以物理工厂实体对象容器为例，通过数字化工厂平台实现与其相关的全生命周期的数字化信息关联，这些数字化信息包括工程数据、工程文档（规格书、P&ID以及单线图、采购文档、施工资料等）、三维模型以及项目管理数据，涵盖了设计、采购、施工和项目管理等。如图6-34所示为数字化工厂成果展示。

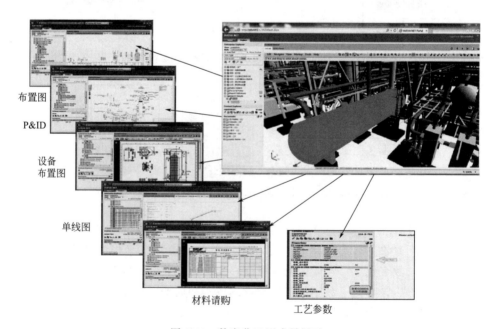

图 6-34　数字化工厂成果展示

【案例6-11】　数字化工厂建设

某公司通过在某项目上开展集成化设计和数字化工厂建设工作，开拓了以集成化设计为源头的正向数字化工厂建设的新模式，实现了工程建设模式的变革，该项目取得了多项创新突破，获得中石化科技进步奖三等奖。具体而言，可以概括为以下几个方面。

① 通过对传统设计模式的分析研究，探索出变"文档驱动"为"数据驱动"的工作流程，形成了集成化的设计模式。

② 通过研究国内外企业数字化工厂建设现状，透析建设过程中的瓶颈，构建了物理工厂和数字化工厂同步建设的正向数字化工厂建设模式。

③ 通过分析传统的以文档为核心的信息组织模式，创建出以工厂对象为核心的新型信息交付模式。

④ 通过调研目前工程项目参与方信息共享和传递模式，查找项目参与方信息共享和传递不畅的症结，实现产业链系统集成、信息全生命周期管理和利用模式。

该项目的成功执行，创造了良好的经济效益和社会效益，实现多个专业在一个集成设计平台上进行数据共享传递和协同设计，引领了石油化工行业现有工作模式的重大创新和变革。随着设计和工程建设的完成，对应于物理工厂的数字化工厂自动建立，为石化企业的资产管理、生产运维、改扩建甚至生产优化提供准确、完整的工厂信息，实现无缝、快捷、低成本的数字化工厂建设。为业主提供一个高起点的数字化工厂，业主可以以此为起点拓展与运维相关的内容，真正实现工业化和信息化的融合，为未来智能工厂建设打下基础，推动社会进步。

6.10　石化智能工厂的发展趋势

近年来，以集成化设计为源头的数字化工厂建设的探索与实践开拓了从工程设计阶段便开始数字化工厂建设的新模式，数字化交付为智能工厂建设探索出了最佳实践路径，加速了智能工厂的建设。另外，世界工业领域涌现出了大量新的技术发展方向，如：移动互联网、物联网、云计算、大数据、能源互联网等，特别是"工业4.0"概念的提出，标志着世界即将进入第四次工业革命时代，这些技术的广泛应用，大大提升了石化工业生产的自动化、智能化和精细化水平，助力了数字化向智能化的迈进。

6.10.1　智能工厂的特征

智能工厂是信息化与业务高度融合，渗透到石化企业生产经营的各个环节，支撑创新的业务新模式，智能工厂具有以下5个重点特征。

（1）数字化

数字化体现在数字化工厂的建设中，实现工程建设数字化、过程控制数字化、工业通信无线化、设备运维数字化、生产管理数字化、供销分析数字化和决策支持数字化。借助于覆盖工业现场的感知网络快速感知与工厂相关的各类信息，实现物理空间与信息空间的无缝对接，拓展对工厂现状的了解和监测能力。

（2）集成化

集成化体现在信息集成、数据集成、业务流程集成、供应链集成、价值链集成等方面。与现有石化生产过程的工艺过程和管理业务流程高度集成，实现石化生产各个管理环节和各工序间紧密衔接与集成，从全局角度实现整体优化。

（3）模型化

利用生产运行数据和专家知识，将石化工厂的行为和特征的知识理解固化成各类工艺、业务模型和规则，根据实际需求，调度适用的模型来适应各种生产管理活动的具体需要。

（4）可视化

将生产状态、工业视频等各类信息高度集中和融合，为操作和决策人员提供一个直观的工厂真实场景，确保迅速准确地掌握所有信息和快速地决策。

（5）智能化

智能化体现在工厂核心业务的智能化，包括智能产品、智能设计、智能控制、智能调度、智能管理、智能决策。从手工操作发展到自动控制，从低级的单回路控制发展到高级复杂系统控制，从单元先进控制到区域集成优化。

6.10.2　智能工厂的能力

智能工厂涉及石化企业生产经营的各个环节，智能工厂着重支撑"全面感知、优化协同、预测预警和科学决策"4个核心能力。

"全面感知"是通过现场各类仪表、传感器等技术手段，以产生对生产设备、生产业务各环节、人员、环境等各类信息的感知能力，达到准确、动态、实时地洞察。

"优化协同"是以数学模型、经验模型为基础，利用工艺分析技术，挖掘隐藏的工厂运行规律和关联关系，具备即时发现改善生产和优化决策的关键要素的能力。

"预测预警"是在数字化的基础上，通过数据深度分析挖掘技术，建立分析预测模型，对潜在的问题和风险能够预判，将内外部各类数据转换为经营生产决策信息的能力。

"科学决策"是构建在线和统一的工厂知识共享中心，集成和自动化调用各类优化模型和专家经验指导工厂运行，将知识作为工厂重要的核心资产。

6.10.3 智能工厂的重点建设内容

智能工厂建设内容涉及生产管控、供应链管理、HSE管理、资产全生命周期管理、能源管理和辅助决策六大业务领域。本书简单概括了各个领域智能化建设内容。

（1）生产管控业务领域

基于物联网、地理信息系统（GIS）、三维模型、工艺模型、大数据应用等技术，在项目智能装备、在线分析仪器、分布式控制系统（DCS）、可编程逻辑控制器（PLC）等生产控制层的状态感知和过程控制系统基础之上，建设覆盖生产全业务活动和资产全生命周期的自动化、数字化、可视化、模型化、智能化的生产运营管控系统。实现生产管理的精细化，推动企业降低成本、创造效益，提升企业核心竞争力。具体包括以下主要建设内容。

① 实现管控一体化的闭环生产管理。

② 实现统一集成的生产应急辅助管理。

③ 建设面向单（多）装置、能源介质管网的生产控制优化。

④ 实现生产装置操作人员的仿真培训。

（2）供应链管理业务领域

强化供应链管理，使企业供应链运作达到最优化，以最少的成本，令供应链中的所有过程，包括实物流、资金流和信息流等均能高效率地操作，把合适的产品以合理的价格，及时准确地送到消费者手上。共涵盖以下几项业务内容。

① 实现信息系统主数据统一管理。

② 规范采购流程，打造阳光采购。

③ 开展电子商务工作，提高运营效率。

④ 原料采购与生产计划协同。

⑤ 建设智能立体仓库。

⑥ 提高物流运行效率，降本增效。

⑦ 实现全过程的客户关系管理。

（3）HSE管理业务领域

结合物联网、GIS、移动终端、现场作业风险知识库等技术，初步建立现场作业、人员、环境三位一体的闭环监控模式，实现对现场巡检和现场作业的动态监控，辅助专家指导，为现场安全与管控提供支撑和保障。包括以下几方面内容。

① 建设覆盖环保监测点、职业危害点的风险监控系统，实现风险的识别、报警、分析和闭环处置。

② 建设施工作业监管系统，实现作业票移动签发、施工人员定位和作业现场视频监管，强化施工作业监管能力。

③ 建设基于三维的应急指挥系统，对泄漏、火灾、爆炸3类事故危害进行

量化模拟，实现事故三维虚拟演练。

（4）资产全生命周期管理业务领域

资产全生命周期管理要以生产经营为目标，通过一系列的技术、经济、组织实施，对设备的规划、设计、制造、选型、购置、安装、维护、维修、改造、更新直至报废全过程进行管理，以获得设备生命周期费用最经济、设备综合产能最高的理想目标[18]。其中智能工厂建设过程重点要实现设备的维修管理、润滑管理、密封泄漏管理、设备运行管理、设备检验管理、仪表专业管理、电气专业管理、防腐管理、设备报废管理、更新零购计划管理、设备大检查、设备报表统计及查询、操作工维护等功能，并且进行设备管理的相关文档、设备档案、专业台账和主数据维护。

建设与 ERP PM（企业资源计划系统预防维护模块）、工业视频监控、可燃气体报警、泄漏监测、大机组监测、机泵监测、腐蚀监测、智能巡检、实时数据库等设备运行管理和状态监测系统的统一集成的应用平台。

（5）能源管理业务领域

① 建设水、电、气、风等能源介质的产、存、转、输、耗全过程跟踪管理系统，实现能源产耗班平衡、日跟踪。

② 建设能源评价系统，对能源产耗、指标、损失、成本水平进行分析，为企业节能管理指明方向。

③ 建设蒸汽动力、氢气及瓦斯 3 类优化系统，对产能设备负荷、燃料、原料、产品方案、管网进行优化，提升 3 类能源介质的合理利用水平。

（6）辅助决策业务领域

充分利用大数据技术，辅助决策支持和科学分析。通过"厚平台、薄应用"的建设方法，统一各类业务数据来源和统计口径，形成企业生产运营大数据，通过建设智能分析系统、生产监控分析和生产指挥系统，形成整合集成的辅助决策平台，对生产运营大数据进行科学深度分析，挖掘大数据效益。

6.10.4　新技术的发展趋势[17,19]

2013 年 5 月，麦肯锡公司发布的研究报告——《展望 2025：决定未来经济的 12 大颠覆技术》称，在未来十几年，移动互联网、物联网、云计算、知识工作自动化、先进机器人、自动汽车、下一代基因组学、储能技术、3D 打印、先进油气勘探及开采、先进材料及可再生能源 12 项颠覆性技术将持续推动全球经济增长。在这 12 项颠覆性技术中，至少 10 项技术是与石化工业密切相关的，将对石化工业产生巨大影响。

6.10.5　智能工厂的展望

智能工厂是在数字化工厂的基础上，将单体设备的物理属性、加工制造过程的信息、生产操作参数、生产管理信息、HSE 等全部信息按实体化工厂的结构集成为一个"有生命力、可视、可操作、能互动、可优化改进"的信息集合，并通过与实体的工厂实时连接，进行信息实时交换，实时展示实体工厂及其设备的全貌和技术细节，实施"在线"操作、管理和优化。提升工厂的"全面感知、预测预警、优化协同、科学决策"四种能力，大幅提升石化企业的安全环保、管理效率、经济效益和竞争能力。在未来智能工厂中，通过 VR（虚拟现实）技术实现实际生产过程中的工艺、设备、安全、环保、质量等数据在虚拟操作环境和场景下的泛在感知，并能交互操作。

以数字化为基础的智能化石油化工厂将会把人类工业技术推向一个新高度，为人工智能技术的工业化应用创造更加广阔的前景。

参考文献

[1]　李德芳，索寒生. 加快智能工厂进程，促进生态文明建设 [J]. 化工学报，2014, 65 (2)：374-380.

[2]　孙丽丽. 制氢工艺模拟模型的开发与应用——用 ASPEN PLUS 的二次开发 [J]. 石油炼制与化工，1993, 12 (24)：15-19.

[3]　李大东，聂红，孙丽丽. 加氢处理工艺与工程 [M]. 第 2 版. 北京：中国石化出版社，2016.

[4]　蹇江海，孙丽丽. 加氢裂化装置的优化设计探讨 [J]. 炼油技术与工程，2004, 11 (34)：48-51.

[5]　朱敬镐. 减粘装置的过程模拟及其流程收敛的处理 [J]. 石油化工设计，2001, 18 (3)：41-45.

[6]　杨雷，张红芳. 智能化提高石化企业安全管理水平 [J]. 安全、健康和环境，2014, 14 (11)：1-3.

[7]　马东宁. INtools 软件在仪表专业工程设计中的应用 [J]. 石油化工自动化，2005, (6)：9-12, 68.

[8]　孙丽丽. 创新构建集成化设计为源头的工程数字化交付平台 [R]. 北京：中国石油炼制科技大会，2017.

[9]　彭颖，胡素萍，朱春田，孙丽丽. Comos FEED 在工艺设计中的应用 [J]. 石油化工设计，2011, 28 (4)：29-31.

[10]　刘源. 材料数据应用于工程生命周期一体化的研究 [J]. 项目管理技术，2018, 9.

[11]　高学武，刘玥. 浅析工程公司物资管理系统的开发与应用 [C]. 第十届全国信息技术化工应用年会论文集，2005：275-280.

[12]　杨茂，牟健，刘兵. 管道数字化施工管理 [J]. 天然气与石油，2010, (3)：1-3.

[13]　朱明亮. 结构施工过程的真实感仿真 [D]. 上海：同济大学，2008.

[14]　庞修海. 践行工程建设数字化 探索管道施工可视化管理 [J]. 石油化工建设，2018, 4.

[15]　杨扬，张华. 新型工程项目电子文件管理标准制度的构建 [J]. 石油化工设计，2012, 29 (2)：51-53.

[16]　邹桐. 工厂石化工程信息管理的探索 [J]. 石油化工设计，2016, 33 (4)：73-76.

[17]　Snitkin S. Asset Lifecycle Management & The Digital Plant [J]. Plant Engineering, 2008, 62 (9)：A2-A7.

[18]　覃伟中，谢道雄，赵劲松. 石油化工智能制造 [M]. 北京：化学工业出版社，2018.

[19]　林融. 中国石化工业实现智能生产的构想与实践 [J]. 中国仪器仪表，2016, (1)：21-27.

第7章

石化工程项目整体化管理实践案例

7.1 首套千万吨级炼厂项目

20 世纪 90 年代以来，随着一批大型炼化一体化工程在国内相继建成，石化工程项目整体化管理方法在实践中不断走向成熟和完善。本节以中国石化工程建设有限公司在海南千万吨级炼油厂（以下简称海南炼厂）的工程建设实践为典型案例，对其在项目设计集约化、EPC 管理协同化、工程建设集成化、项目管理过程化及数字化应用等方面所采取的方法进行分析和总结。

7.1.1 项目简介

海南炼厂是我国首座一次性新建的单系列千万吨级规模的现代化石化企业，项目以调整炼油布局，提高油品质量，践行清洁生产，建设环保型示范工厂为目标，在当时具有以下特点。

一是装置数量多、规模庞大。海南炼厂的原油加工规模为 800 万吨/年，工程包括常减压蒸馏装置、催化原料预处理装置、重油催化裂化装置、连续重整装置等在内的 15 套大型工艺装置，并配套建设储运系统和公用工程系统，投资达100 多亿元。

二是技术要求高、工程复杂。为了保护海南岛独特的生态环境，在原油加工路线选择上，综合考虑了轻油收率、产品质量、经济效益、环境保护等因素。在工艺技术上，采用了当时炼油工业的最新工艺和技术，绝大部分为自有知识产权的技术。另外，该项目干系人多、管理界面多、现场协调复杂，这些都考验着总承包商的组织协调能力。

三是装置大型化、面临挑战。310 万吨/年的渣油加氢处理装置当时达到国内外最大规模，并实现了两列单开单停；280 万吨/年的重油催化裂化装置的反再系统尺寸达到了国内之最。装置的大型化给设备设计、平面布置、管道应力计算等带来新的挑战，直接关系着设计的安全可靠。

该项目最大的难点在于它是一个没有先例可循的项目。此前，国内炼厂建设基本都是分多个阶段规划建设的，往往缺少前瞻性的规划。作为国内首座整体规划一次性建成的千万吨级炼厂，风险是多方位的，在工程建设的安全、质量、成本、工期、产品质量、环保要求、能耗水平和工厂"安稳长满优"运行等方面都面临巨大挑战。为此，推行以集约化、协同化、集成化、过程化和数字化为特征的整体化管理是行之有效的方法。

7.1.2 项目集约化管理方法的应用

7.1.2.1 全厂总加工流程和工艺设计集约化

在海南建设千万吨级环保型的示范炼厂，保证企业"安稳长满优"运行，其首要问题是对加工原料、加工流程、加工工艺的适应性进行科学合理的选择。针对含硫原油的特点，该项目选择了以"渣油加氢→催化裂化→加氢裂化"为核心的重油加工流程（见图7-1），该流程不仅符合海南岛独特的环境特点，而且有利于整个项目清洁化生产。含硫原油的常压渣油和减压渣油经加氢处理后作为催化裂化原料，充分发挥了催化裂化油品轻质化的作用，使全厂汽柴油产品量最大化，同时也为催化裂化烟气排放达标创造了条件。这一流程集约化组合，突出了适应现代炼油加工需要的全加氢型炼油厂的特点，使油品加氢的总量占到原油加工量的97.5%，不但增加了油品收率，提高了油品质量，也为环境保护奠定了坚实基础。

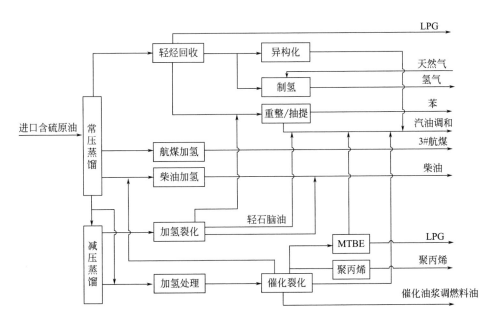

图7-1 总加工流程

总加工流程的集约化设计和大量的新工艺新技术的集成创新，解决了项目规划建设的首要问题。为保证总加工流程集约化设计的高效性和有效性，在具体工艺单元或工艺系统上也普遍采用了集约化设计方法。

（1）常减压蒸馏装置的集约化设置

为增强对原料的适应性，降低投资成本和操作成本，在常减压装置设计中，常压蒸馏规模安排为 800 万吨/年，减压蒸馏系统设置为 250 万吨/年，主要考虑是为了适应加工原油性质的变化，灵活调节催化原料预处理装置和催化裂化装置的进料安排，相比常压渣油全部进减压装置的方案更加灵活，又可避免全减压流程中减压渣油和蜡油分离后再次混合的情况，降低了装置的投资成本和操作成本。小减压蒸馏设置的另一个考虑是在全厂装置开工初期，可适当生产一部分减压蜡油和渣油，既可缓解后续装置的开工压力，又可为催化原料预处理装置提供开工用蜡油，并提供部分燃料，减少开工时对外部资源的依赖。

（2）催化原料加氢处理的集约化安排

为提高全厂对原料的适应性和满足清洁生产要求，催化原料采用集约化加氢处理安排。该工艺最大限度地利用了有限的原油资源，实现了"零渣油"的目标，使整个项目的汽、煤、柴油收率可以达到 80% 以上。这种安排不仅可以大幅度降低催化汽、柴油中硫含量，降低催化烟气中 SO_x、NO_x 等排放数量和浓度，而且也显著改善了催化裂化的操作条件和催化产品的分布，提高裂化反应的转化率，减少干气和焦炭的产量，同时对催化装置的设备材质、建设投资、长周期运行、环境治理等都是大有好处，提高了全厂对原油变化的适应性。

（3）清洁化汽柴油生产的集约化安排

该项目要求汽柴油产品的质量达到当时国际先进的欧Ⅲ排放标准，为此汽柴油的清洁化生产采用了集约化安排。在对催化原料进行加氢预处理的同时，采用了降低催化汽油烯烃含量的 MIP 新工艺和催化剂，催化汽油的硫含量和烯烃含量得到有效控制。

柴油的加工主要安排为直馏柴油和催化柴油一起进加氢精制装置，精制反应器内级配装填不同的脱硫脱芳等精制催化剂，加氢后的柴油与加氢裂化柴油调和后完全可以达到欧Ⅲ标准，同时可生产部分符合欧Ⅳ标准的高品质柴油[1]。

（4）干气、液化气物料的集约化利用

整个项目对全厂的干气和液化气按性质和后续加工的不同要求进行了细化分类。干气脱硫设置了 2 个系列，其中催化干气脱硫单独设置，脱硫后直接去后续的乙苯/苯乙烯装置，主要目的是回收利用其中副产的稀乙烯，另一系列干气脱硫后直接进全厂燃料气管网[2]（见表 7-1）。

表 7-1　干气脱硫物流流向表

装置名称	干气来源	物料去向
干气脱硫(一)	轻烃回收干气 加氢裂化干气 重整气体	进燃料气管网
干气脱硫(二)	催化干气	干气做乙苯/苯乙烯原料,返回作为燃料气

　　为尽量回收各装置产生的液化气,全厂集中设置一套统一的轻烃回收设施(见表 7-2),主要处理除催化裂化装置之外的常减压塔顶气和各加氢装置的气体,回收其中的 LPG。由此全厂每年可多回收 LPG 达 2.33 万吨,既避免了 LPG 进入燃料气管网造成资源浪费,又避免了各装置重复设置压缩机。催化裂化装置的 LPG 单独处理,主要为后续的气体分离和聚丙烯装置提供原料,增加丙烯产品的附加值。

表 7-2　液化气脱硫物流流向表

装置名称	LPG 来源	物料去向	备　　注
脱硫(一)	轻烃回收装置	产品	脱硫、脱硫醇
脱硫(二)	加氢裂化装置	产品	脱硫
脱硫(三)	催化裂化装置	气体分离	脱硫、脱硫醇

　　(5) 加氢低分气集约化脱硫

　　全厂安排了大型的加氢裂化、催化原料预处理和柴油加氢等装置,产生了大量富含氢气的低分气。对各装置的低分气进行集中脱硫,脱硫后的低分气和加氢装置排放的废氢一同进变压吸附(PSA)装置提纯,每年大约可回收 H_2 4500t。同时含 H_2 的 PSA 尾气升压后作为制氢装置原料,这样的安排既合理利用了资源,同时也大量节省了制氢原料[2]。

　　(6) 全厂氢源利用和加氢能力的集约化设计

　　全厂的氢源主要来自连续重整的含氢气体和制氢装置的纯氢气,其中前者主要提供给重整自身的石脑油加氢等装置使用,其余气体进 PSA 提纯,提纯后的纯氢气与制氢装置产生的纯氢提供给催化原料预处理和加氢裂化两套加氢装置使用。同时在重整氢气和纯氢管网之间设置连通线,以保证全厂加氢装置的用氢安全[2]。

　　为了提高产品质量和收率,全厂设置了催化进料加氢预处理、催化柴油加氢后处理、减压蜡油加氢裂化,以及重整预加氢装置,使全厂加氢能力与原油加工能力的比例达到了 97.5%,是一座全加氢型石化企业。较高的加氢比例保证了汽柴油产品质量达到欧Ⅲ标准要求,同时对原油中约 95% 的硫进行了回收,为加工含硫原油提供了可靠的清洁化保证。

（7）加氢型和非加氢型酸性水的集约化处理

全厂各装置产生的酸性水中含有不同种类和数量的氨、酚类和氰化物等杂质，为保证全炼油厂各装置酸性水处理后能够满足各个装置的回用水指标，减少彼此间水质污染从而尽可能地实现回用，酸性水汽提装置由完全独立的两个系列酸性水汽提流程组成。加氢型装置和非加氢型装置产生的酸性水分别进不同的酸性水汽提装置处理，保证了不同浓度酸性水分开处理的经济性，还可满足各装置对污水回用的要求，污水回用率达 70% 以上。同时，两套装置酸性水规模适当匹配，并且系统互相连通，保证如果其中一套装置出现故障或检修，另一套能短期维持全厂相应装置的低负荷运行[3]。

（8）硫磺回收按"两头一尾"方式的集约化设计安排

全厂集中设置一套硫磺回收装置，装置设计采用"两头一尾"方式，即上游有 2×4 万吨/年两个系列的 CLAUS 硫磺回收部分，下游的尾气处理和硫磺成型按照 8 万吨/年设计，以此保证在一个系列出现问题时，另一个系列能维持炼油厂的操作，同时实现了装置的大型化和规模化[3]。装置设计的操作弹性为 30%～110%，大大增强了对加工原油硫含量变化的适应性。

考虑到尾气处理硫磺回收装置的系统压力降一般在 0.055～0.06MPa，为保证酸性气进硫磺回收装置的压力，同时避免设置酸性气或过程气压缩机，在平面布置方面考虑酸性水汽提、富胺液再生与硫磺回收装置等集中布置，生产上采用统一管理和联合操作的模式，在全厂操作管理、装置运行的经济性和减少危险气体的排放等方面都有较大的优势。

7.1.2.2 总平面布置集约化设计

为提高土地使用效率，降低建设和运营费用，总平面布置采用集约化设计。为保证各单元功能的高效发挥，将同类或相近功能的单元在平面布置上分区集成，同时考虑到与工厂内外设施的衔接，与地形、风向等自然条件的结合，最终将厂区总平面按工艺装置区、公用工程区、油品储罐区、通道划分，并对各区内功能、全厂功能实行集约化设计。工艺装置区实行高度联合设计，将 15 套工艺装置分为 4 个装置功能区，组合为 7 套联合装置。通过装置间的紧密联合，降低了全厂物耗、能耗，减少了占地。

根据工艺流程，整个厂区呈组团式布置，其中原油罐区布置在靠近码头的厂区一端，工艺装置区布置在厂区中央，向南依次布置原料油罐区和成品油罐区。另外，动力设施紧邻装置区南、北两侧布置，以靠近负荷中心。如此炼油厂功能分区明确，集中布置程度高，实现功能分区之间的密切联系。

考虑未来发展，炼油工程预留东侧为发展端，装置区、辅助设施区、油品储运区可同方向向东发展，使近远期有较好的衔接。同时在原油罐区、污水处理场和汽车装卸设施内部也预留了远期发展的用地。

对照《工业项目建设用地控制指标》（试行），海南炼厂四项用地控制指标见表 7-3。

表 7-3　四项用地控制指标

名　　称	指　　标	海南炼厂项目
投资强度/（万元/公顷）	≥2250	8694
容积率	≥0.4	0.55
行政办公及生活服务设施用地所占比重/%	不得超过工业项目总占地面积的 7%	1.7%
建筑系数	不得低于 30%	约 40%

海南炼厂项目总平面布置的集约化设计，不但节约了土地，而且减少了工程建设费用和工厂运营费用。通过用地分析表中的数据可以看到，该项目总平面布置具有占地小、布置紧凑、用地合理、各功能分区占地比例适当、通道面积占全厂总面积比例较小等特点。

7.1.2.3　工厂组织机构及定员的集约化设计

工厂管理机构的设置以精简、高效、扁平化为原则，按照管理层和生产层两级管理体制设计，取消中间环节，实现直接管理、统一调度。整个项目依托社会资源的程度较高，全厂定员控制在 500 人，三修、消防、港作拖轮等完全依托社会，其中机修、电修、仪修不设大的检修设施和机构，只设维修管理部门，由协作单位进行工厂大检修、设备日常运行维护和处理紧急故障等。

7.1.2.4　工厂管控集约化设计

为提高工厂管控水平和效率，全厂设置一个中央控制室，15 套工艺装置和公用工程以及油品储运系统的 DCS 操作站、SIS（安全仪表系统）的人机界面、机组控制系统等均集中在中央控制室，进行集中操作、控制和管理。各装置和系统不设就地控制室，只设置现场机柜室等，现场机柜室到中心控制室的信号通过冗余光缆连接。全厂信息系统由数据库系统、综合信息系统、物料和计划排产软件系统等多个系统组成。

7.1.2.5　工厂节能降耗集约化设计

该项目采用了大量集约化的节能降耗措施，以保证该项目环保、消防、安全和职业卫生设施同期建成投用，各项指标符合国家和地方的有关规定，同时达到国内和国际同类生产装置先进水平。主要采取了如下措施。

① 对全厂总工艺流程进行优化，合理配置各工艺装置的进料组成，降低能耗和损耗，提高目的产品收率。

② 采用装置联合布置和装置间热进料的方法，减少了中间罐的数量及热量

损失。

③ 根据各装置及系统的热源状况对装置内的换热流程进行合理优化，尽可能回收热能。同时根据不同情况发生不同品位的蒸汽和热水，对装置内的余热加以充分利用。

④ 合理安排全厂蒸汽平衡和蒸汽管网等级，利用装置剩余热量产生高品位蒸汽，充分利用各级蒸汽间的压力能。

⑤ 对各装置及系统物流的冷却，根据不同温位采取不同手段，能够发生蒸汽的情况则发生蒸汽，能够采用空冷的情况则使用空冷，以降低循环水消耗。

⑥ 通过系统性优化，减少新鲜水用量，对各装置及系统产生的凝结水、含硫污水进行回收，处理后返回各装置及公用工程循环使用。

⑦ 各装置换热器等普遍采用高效、低压降换热器，在机泵的选用上普遍选用高效机泵和高效节能电机，并根据情况选用液力透平回收高压液体的能量。

⑧ 充分利用各装置加热炉系统的热量，合理安排进料，同时设置余热回收系统，使得加热炉热效率均达到 92％以上。

7.1.3　项目协同化管理方法的应用

7.1.3.1　设计协同化

该项目是多装置、多系统单元的超大型项目，若以传统的多专业人员集中会审形式进行协同设计，不但工作量巨大，设计变更及质量也不尽如人意。为了扭转这种局面，该项目首次在工程设计过程中采用 PDMS 平台下多专业多装置的协同设计，即配管、设备、结构、给排水、电气、仪表等专业使用同一 PDMS 软件，在同一软件平台下进行设备模型、基础模型、钢结构模型、管道模型、电气仪表桥架模型的协同设计，设计中的碰撞等错误在软件平台中被及时发现和纠正，大大提高了设计效率和设计质量，避免了不必要的浪费，也为保证工期创造了条件。

7.1.3.2　设计采购施工协同化

海南炼厂项目属超大型 EPC 总承包项目，基于其复杂、综合、大型化、流程化、进度驱动的特点，在执行过程中大量采用了边设计、边采购、边施工，设计采购施工深度交叉的协同化管理。例如，按照全厂各单元建设工期、建成投用的逻辑关系，开展公用工程单元与工艺装置的协同设计；按照设计与采购图纸确认、供货商资料对设计影响的程度，有序开展设计与采购的协同；按照现场施工顺序，开展设计图纸到场与施工的协同；按照设计建设要求，对工程的可施工性和生产的可操作性进行审查，实现了设计与施工及运营的协同；按照现场施工需求，开展设备集中运输、大宗材料采购与施工的协同；按照投料试车安排，开展开车方案研究论证与试车投产的协同等。

7.1.4　项目集成化管理方法的应用

7.1.4.1　组织资源的集成化

（1）总承包商内外资源的集成

针对该项目流程长、装置多、工程量大的特点，总承包商在项目的多部门和多领域采用了人力资源集成使用的方法，项目组织机构图（见图7-2）中带下划线的部门采用了典型的人力资源集成管理。例如，总承包商首次在大型项目中成立了技术核心组，将公司各领域学术带头人、技术专家等聚集在一起，专门解决项目在定义和实施中的重大技术难题，大大提高技术问题的处理效率和质量。

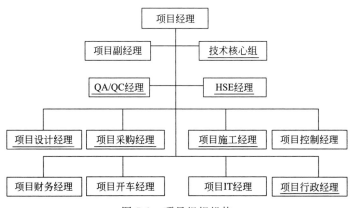

图 7-2　项目组织机构

为了实现公司外部资源的集成化使用，该项目也进行了大量有益的探索。如项目质量部将物资供应商、施工分包商的管理体系和人员纳入总承包商的管理体系，实行一体化管理；项目设计部引入社会专业设计公司的设计资源；项目采购部充分利用供货商的设计资源，大量非标压力容器的制造图采用制造厂设计，总承包商审核确认的方式；项目施工部尝试并实施成建制的施工管理分包与招聘有经验的施工管理人员相结合的方案，以解决内部施工管理人员不足的问题。实践证明，外部资源的集成化利用，既拓宽了资源统筹范围，缓解了人力紧张的压力，又提高了管理的效率和质量，降低了成本，实现了整体效益的最大化。

（2）工程现场项目管理资源集成使用

为了适应该项目装置单元多、参建队伍多、协调界面多、工期紧张等特点，加强和细化对施工过程的管理和控制，综合考虑工艺过程是否临氢、平面布置是否接近、与业主监理的管理是否对应、工程量大小是否均衡等因素，将承担的工程单元根据其特点划分为八个区域，把同类或特点相近的装置或单元集成为一个区域，进行区域集成管理。

比如，第一区域是由常减压装置、催化裂化装置、双脱装置、气体分馏装置、MTBE装置集成的，特点都是非临氢工艺区域、工艺过程紧密衔接、布置为一套联合装置。第六区域是由厂内办公楼、中心控制室、中心化验室、维修车间、全厂库房集成的，作为厂前区建筑群，布置在一起，均为建构筑物，风格协调一致。而第七区域是由全厂公用工程单元、热力管廊、全厂供电、全厂通信、全厂照明等公用工程及辅助系统集成的，特点是功能相近、系统性强等。

每个管理区域的施工经理对分管的区域全面负责，结合区域特点，调集具有相关经验的设计技术人员及施工管理工程师进入区域，实现专业资源的集成使用，实施复杂项目强矩阵管理（见图7-3）。

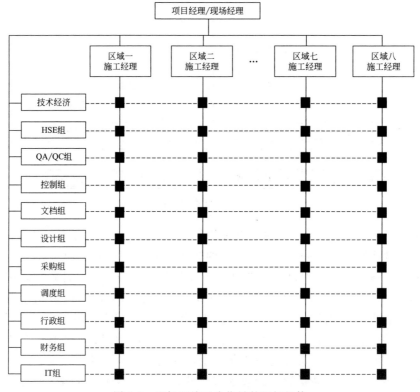

图7-3　现场以施工为指导的组织机构

项目组内部由项目经理负责组织协调各区域、各部门的工作，各区域施工经理负责协调管理本区EPC工作。项目组和所属八个区域对外除与业主相应部门、监理协调外，另一重要工作是组织协调现场施工工作，由各区域经理负责对本区域施工单位的组织协调，项目经理负责区域间各单位的协调工作。

通过上述组织集成管理措施，有效避免了因界面复杂而导致管理混乱现象的发生，提高了管理效率和管理质量，确保了工程安全、质量、进度、费用等目标的成功实现。

7.1.4.2 建造资源的集成化使用

海南炼厂项目的复杂性决定了其需要大量的不同类别的专业资源参与建设，这些专业资源在资质、能力、水平等方面参差不齐，为确保工程的建设质量和效率，需要寻求最优化的资源进行集成化管理。在建造资源专业化集成应用方面，主要尝试了以下方法。

（1）物资运输集成化

该项目物资运输采用集成化管理方法，即利用工程现场临近港口的特点，统筹组织海上运输工具，集中统一协调物资进港装卸，大大降低了运输成本。根据海南岛海域多台风等气候特点，以及各供货商运输能力参差不齐的状况，总承包商规划了物资运输集成化的方案，就是改变以往由各家供货商负责物资运输至工地车板交货的模式，由总包商自行组织将设备物资运输至现场。以往各家供货商分别委托不同运输商负责运输，现改为由总包商负责委托运输商集中运输，使运输工具、物资高效集成，在时间、费用、风险上都得到了有效控制[4]。

总承包商在选择供货商时尽可能做到物资采购区域的相对集中。然后根据采购集中区域，选择物资集散点，如华北的天津港、华东的宁波港等。与此同时，总承包商通过招标选择内陆物资集中运输商、海上运输商和岛内运输商，分别负责将物资从制造厂运至所属区域物资集散港口，再把物资从集散港口运输到海南的港口，最后将物资从港口运抵工程现场。这种做法减少了供货商陆地运输的负担，由集中运输商统筹考虑运输计划，在船只调配、运输时间、运输成本、风险规避等方面较分散配货运输都有较大优势。国内大件设备陆地集中运输如图7-4所示。

图7-4 国内大件设备陆地集中运输

（2）大型设备吊装集成化管理

海南炼厂项目由多家安装单位同时进行施工，大型设备较多，且分散在不同的装置和不同的施工单位，若分别由各安装单位来实施势必会重复引进大型吊车，造成资源和资金的浪费。项目应用集成化管理方法，确定了150t以上的大型设备集中由一家单位承担吊装作业的思路，根据设备的情况优化选择合适的吊车吨位和数量，按照设备到货计划适时安排吊车进场。在建设过程中，项目根据30台大件设备的重量分布及外形尺寸特点，结合平面布置研究吊装方案，充分考虑当时中国市场上的吊车资源，最后确定吊车配置方案，形成统筹安排的优势[4]。

（3）混凝土分散资源的集成化方法应用

由于海南炼厂项目工地附近商品混凝土供应站（简称商混站）短缺且距工地较远，超出混凝土运输距离，同时商混站还要供很多地方基础设施建设用混凝土，在数量和质量上难以满足海南炼厂工程的使用。为此，海南炼厂业主自行筹建了混凝土搅拌站专供本工程使用，事实证明这一举措，在混凝土量的供应、质量保证及控制、价格及资金的协调方面都比社会上的商混站更具优势[4]。

（4）工程材料防腐集成化管理方法应用

对于海南炼厂这样一个全厂性的大规模工程，需要进行现场防腐的管材、型材和板材数量庞大，考虑到工程现场地处海边，盐雾腐蚀严重，项目对防腐处理的环境设施提出了更高的要求。根据防腐质量、数量、进度的要求，业主在工厂空地筹建了机械化专业化的防腐车间，将材料按规格划分，使用不同的机械抛丸生产线进行表面除锈处理。事实证明，专业化集中防腐适应项目特点，保证了工程对防腐质量和速度的要求，防腐作业机械化效率大幅提高[4]。

7.1.4.3 项目管理工具的集成化应用

在信息化时代，工程项目管理离不开项目管理软件的支持。为对项目实行统筹管理，在计划与进度控制、进度/费用综合检测、费用估算与控制、质量控制、材料控制和合同管理等方面都开发应用了先进的管理软件，并集成为项目管理平台，使之成为实行动态、定量、集成的项目管理与控制，提高项目管理水平的重要手段。

该项目以工作结构分解（WBS）编码库、人工时定额库、工程量库和价格库等数据库作为支撑，不断深化计划与进度软件平台（P3）、物资采购大型管理平台MARIAN等。这些管理软件有些已经集成为平台，如P3、MARIAN、Documentum等，在提高项目管理的效率和质量中发挥了重要作用。

7.1.5 项目过程化管理方法的应用

7.1.5.1 项目质量过程化管理方法的应用

海南炼厂项目过程质量控制涉及多装置、多工艺、多系统、多阶段、多专业、多过程、多工种等方方面面，这种复杂性需要通过化繁为简的工作分解，寻求最优化的资源或方法，通过集成化管理增强质量过程管控的专业性、高效性和有效性。该项目主要采用了专业化集成化过程质量控制方法。

一是项目 QA/QC 管理优化为两级管理。项目质量部负责检查内部及分包单位质量管理目标的确定，组织机构、管理体系、质量保证和控制程序的建立及执行情况，同时监督和指导各部门或区域的质量控制工作。项目组的各部门和区域负责行为质量和实体质量控制工作。这种优化的两级管理体系，覆盖全面，职责明确，界面清晰，保证了项目内部及分包商质量保证体系的有效运行。项目 QA/QC 组织机构如图 7-5 所示。

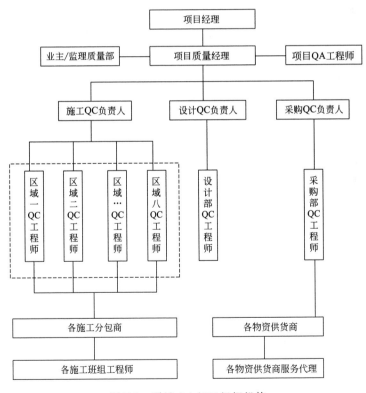

图 7-5 项目 QA/QC 组织机构

二是专业化的设计质量过程控制方法的应用。通过发挥专业化高水平的专家团队作用，对设计工作关键环节和关键工作的质量进行控制。主要包括，项目专家团队采标评审、设计评审、设计质量专业性检查等。

三是专业化的采购过程质量控制方法的应用。项目物资采购工作在一些重点环节采用了此方法，这些环节包括专业化的供应商资格审查、聘请专业公司驻厂监造，以及材料按组距划分实施采购等。

四是专业化集成化的施工过程质量控制方法的应用。比如定期组织的专业化过程质量大检查、重点施工任务的专业化施工分包、集成化专业化的大件设备吊装方案，以及专业化的焊工培训和考核管理办法等。

7.1.5.2　项目 HSE 管理过程化方法的实践

（1）统筹 HSE 管理资源

为了提高本质安全和本质环保水平，项目以设计为抓手，整合专业管理资源，全力支持项目 HSE 目标的实现。一是依托公司技术委员会和 HSE 管理委员会，加强技术优化、方案评审、过程审查等工作。二是在基础工程设计、详细工程设计过程中，设有专职的 HSE 工程师，对有关安全、环境和健康问题召开各层次的评审会，保证 HSE 设施与主体工程同时设计。三是充分利用总承包商内外部的专业资源，组织项目外的各方专家开展以工艺装置及配套工程为重点的 HSE 审查，通过审查发现与 HSE 有关的问题约 20 多项。

（2）采用过程化的管理方法

项目 HSE 管理委员会设置了多个 HSE 管理专业组，分别制定了项目 HSE 适用的法律法规条款清单，编制施工现场的 HSE 实施计划，进行 HSE 风险识别并编制专项应急预案。同时还策划开展了 HSE 专项检查和考核评比活动等，指导并督促各参建单位加强 HSE 管理。

各参建单位按照项目 HSE 管理委员会的计划安排，将专业和专项工作纳入本单位 HSE 管理实施计划中，狠抓危险源辨识、风险评估及控制措施，共辨识出潜在的风险/危险源 521 项，制定相应的控制措施 1210 项，并进行了 12 次应急预案的演练。在项目实施过程中，通过日检、周检、月检及旁站、HSE 会议等形式，不断排查生产过程中的安全隐患，并立即整改落实，最终风险控制管理台账显示排查整改的安全隐患近 10 万项。

7.1.5.3　项目进度过程化管理方法的应用

海南炼厂项目包括总体设计、基础工程设计、详细工程设计在内的 EPC 总工期仅为 27 个月，为典型的进度驱动型项目。为此，总承包商在完成方案设计的基础上，直接进行基础工程设计，提前开展长周期设备订货工作，并根据现场施工计划需要，启动施工图设计工作。

（1）计划编制与进度控制的过程管理方法

该项目单元主项多、工程量大，要求计划的编制必须完整细化、逻辑性强、关键路线清晰、便于检测、统计、报告和调整升版，必须采用过程化的项目管理软件平台代替烦琐的手工编制和检测。因此项目采用四级计划体系、基于全厂 WBS 编码和以工作包词典的项目管理软件 P3 进行计划编制和过程进度控制。

该项目采用四级计划体系，计划的层次、内容深度和应用工具见表 7-4。

表 7-4　四级计划层次、内容深度和应用工具

计划层次	内容深度	应用工具
一级计划 -项目 主进度计划	以横道图或文字形式呈现，反映项目合同所规定的合同控制点、各单元设计、采购、施工的主要活动，体现总承包商在进度计划方面的合同承诺和主要活动	P3
二级计划 -项目 管理计划	以横道图形式呈现，是项目总体进度计划的进一步延伸，是对项目工作范围内的设计、采购和施工所有专业进行统筹安排，以及对设计、采购和施工工作包间的逻辑关系进行定义	P3
三级计划 -项目详细 EPC 工作计划	以电子表格或横道图形式呈现，针对设计、采购和施工各专业下工作包的主要工作进行安排和动态跟踪。三级深度的施工计划由施工承包商编制和维护，总承包商负责审核和批准	MARIAN P3
四级计划 -项目作业级 详细计划	以电子表格形式呈现，对专业工作包进一步细化，具体描述专业工作包每个分项的工作安排，供作业层使用；工作级计划也称为项目的进度检测工具/系统，通过对具体工作分项的实时检测，半定量化地评估项目的进展百分比和劳动生产率	数据库软件 Excel MARIAN P3

（2）进度过程管控

该项目应用 P3、Excel 软件进行项目一、二、三、四级计划的编制、过程跟踪与控制管理。在进度控制过程中事先落实设计和物资供应条件，选择合理的施工方案，明确进度控制的关键线路及其相关的外围条件，开展合理的协同作业。并在计划实施过程中对条件和资源进行动态管理，及时对采集的进度数据进行统计、分析和整理，作出合理预测。在进度控制过程中发现问题，查找原因，落实纠偏措施。在定期进行进度跟踪检测后，通过比较进度和计划差距，在确保总工期不变的情况下，进行计划调整并落实赶工措施。

7.1.5.4　项目费用控制的过程化管理

项目费用控制的对象包括工程成本和项目管理费用，而前者是项目费用控制的难点和重点。

（1）制定高效的费用控制工作程序是做好费用控制工作的基础和保证

依据合同约定和公司相关标准编制完成项目的《费用控制工作程序》，作为

费用控制人员开展工作的依据。编制《费用控制工作程序》时，项目财务、控制、设计、采购、施工等多部门和项目经理等均需参与评审，以保证工作的组织接口关系顺畅和工作程序的合理高效。

（2）确定合理的项目费用预算控制基准是项目顺利执行的基础

根据合同规定的工程范围和工作范围确定项目工作分解结构（WBS），编制项目费用控制估算。控制估算是扣除公司成本和利润（税前）后的数额，作为项目费用控制基准。根据工程项目费用构成，项目费用工程师将此控制基准按 WBS 结构进行分解，作为下一步费用控制工作的基准，并在控制预算的分解中适当考虑一些不可控因素，确保全过程的费用控制在控制基准下运行。

（3）项目预算的过程控制方法

将分解的费用预算作为项目组提出限额设计、限额采购以及限额施工分包的基础，同时做好业主变更或项目变更的管理工作，并把变更的内容和费用影响及时在费用预算和费用报告中调整和体现。通过过程跟踪、监督、对比、分析和预测等手段，对可能发生和已经发生的费用变化进行报告，对局部预算进行修正或调整，建立清晰的费用控制台账，保证费用控制基准整体受控，并在成本控制基准下顺利运行。

7.1.5.5　项目费用进度的过程化整体管理

项目执行过程中，在保证工程安全、质量受控的前提下，费用和进度相互矛盾，该项目通过对费用和进度的过程化管理，使矛盾的两个方面，在服从项目整体利益下得到有效统一。

（1）采用赢得值管理技术进行项目费用和进度的综合检测和整体管理

该项目采用的费用进度综合检测系统使项目管理和控制人员能够对项目实施过程中的费用和进度进行动态的跟踪检测、统计和预测，并生成监控报告，供分析和决策。在项目策划阶段，根据项目三级计划、工作量和资源计划，分解和建立了设计、采购、施工进度检测系统，确定了项目控制和进度费用综合检测目标曲线。

项目实施过程中，采用赢得值原理建立的进度检测系统发挥了重要作用。一方面，每周进行进度数据的采集和检测结果分析，每月根据量化的进度情况定量分析进度偏差和费用偏差，查找偏差原因，提出建议的解决措施，并形成进度报告，作为项目进度控制和费用控制的统一控制基准。另一方面，对业主的请款和对施工单位的付款均采用进度检测系统，替代了业主要求的按实物工程量法付款的方案。这样不仅提高了工作效率，保证了进度款的及时支付，减小了合同风险，还有助于其横向比较各承包商进度，提高了项目整体管理水平。

（2）设计人工时管理和设计阶段进度检测

设计阶段的进度检测系统与设计人工时管理相综合，通过计划人工时、实耗人工时、赢得人工时的对比，进行劳动生产率的分析，进一步积累人工时管理数据。

（3）进度检测系统和作业级计划的结合

编制了设计、采购、施工各阶段集进度检测和作业级计划为一体的进度检测表，集施工作业计划与进度检测于一体的进度检测包括了所有可检测工作项的时间计划，开始时间包括计划开始、预测开始、实际开始，完成时间包括计划完成、预测完成、实际完成栏目。计划和检测功能的集成便于对项目进度进行定性和定量相结合的分析，同时可以积累项目实施周期数据。

7.1.5.6 技术管理过程化方法的应用

海南炼厂项目是多工艺装置、多系统的大型综合项目，如何正确选择和整合技术资源，是该项目实施的重点和难点之一。项目启动之初就组织编制了项目评审计划，通过公司级、项目级和专业级评审，优化、确定技术方案。对全厂性技术方案，依托公司技术管理委员会组织公司级评审；对涉及设计多专业的技术问题，依托项目技术核心组进行项目级评审；对设计专业内部的技术方案，进行专业级评审；利用公司技术、质量管理信息平台，分享以往项目的经验，吸取以往项目的教训，优化工程实施方案。

项目实施过程中，充分发挥技术资源的支持和保障作用。在设计阶段，开展以公司三级评审制度为核心的技术管理工作，对全厂性技术方案，组织各领域各层次的专家进行研究和评审，确定最优全厂工艺流程和设计方案；对涉及多专业的设计问题，组织项目级评审，协调各专业关系，寻求最大公约数；对于专业内部的关键技术问题，由专业部门进行技术评审。在采购阶段，由设计人员提供采购技术服务，与供货方做好技术澄清、技术方案研究、技术附件编制、技术评价、供货方图纸审查等工作。在施工阶段，成立现场技术质量部，专门负责施工阶段的技术质量工作，组织图纸会审、施工方案审查、技术质量监督等工作。在开车阶段，组织公司各专业专家团队，认真开展"三查四定"、开车方案审查、协助业主开车等工作。

7.1.5.7 采购管理过程化方法的应用

针对海南炼厂项目装置单元多、物资量大、品种繁杂、岛外供应等特点，总承包商在采购策略上主要采用打破装置界限、横向分类集中的方法，大量采用了设备分级、大宗材料分组距、框架协议和分级监造等采购管理方法。

海南炼厂项目所在地区具备完善的港口运输条件，结合当地及内陆的生产能力，在采购过程中，根据物资的属性和特点，制定适合的采购策略，满足和保证工程质量和进度要求。如对静设备实施分级集成采购，高温高压反应器等非标设备为一级，普通非标压力容器为二级，普通标准压力容器为三级，对不同级别的设备采取不同的采购策略和管控方案。

为保证工程质量，根据物资重要程度确定监造检验的等级，分为一级驻厂监造，二级定期巡检，三级出厂检验，四级现场开箱检验。对于长周期设备和重要物资全部实施驻厂监造。总承包商共与八家监造单位签订监造合同，分地域负责制造厂生产制造的全过程的监督工作，严格控制设备、材料的出厂质量，把质量隐患降到最低。

7.1.6 项目数字化管理方法的应用

（1）三维设计协同化平台的应用

为提高工程设计的质量和效率，该项目首次在工程设计过程中采用 PDMS 平台下多专业、多装置的协同设计，实现了利用三维模型互提条件，自动统计生成材料表，确定空间布置方案，开展三维模型审查，以及完成竣工图等。设计中的碰撞等问题在平台中实时被发现和纠正，大大提高了设计效率和设计质量。

（2）基于数字化的项目管理和信息集成平台应用

① 办公自动化平台，是进行项目工作交流沟通，信息传递，国家标准、公司标准、行业标准查询，任务分派与检测等工作的主要平台。

② 电子文档管理信息平台，其核心软件为 Documentum，项目级文档信息流管控平台通过制定项目文档管理与控制的工作程序，建立项目信息管理与控制工作流程，实现项目信息集中管理、控制、对内（外）发布。

③ 物资采购大型管理平台（MARIAN），是涵盖从请购单生成、询价、订单生成，到制造状态跟踪、监造信息、出厂检验、现场检验入库、出库等一系列系统性工作的集成应用平台，这在国内大型石化工程项目物资采购和材料管理中是首次全面应用。

④ 项目进度费用统筹管理平台（P3），在该平台上采用费用进度综合检测系统使项目管理和控制人员对项目实施过程中的费用和进度进行动态的跟踪、检测、统计、比较和预测、并生成监控报告，供分析和决策，对项目进行统筹管理。

上述四个平台与工程设计集成化平台和各类数据库通过接口模块，实现数据流的传递和信息共享，大大提高了项目管理的效率，为后续大型石化工程项目建设提供了借鉴，也为石化工程项目数字化工厂建设提供了初步尝试和经验积累。

7.1.7　应用效果

海南炼厂项目在工程建设诸多领域创造性地探索和应用了以集约化、协同化、集成化、过程化和数字化为主要内容的工程项目整体化管理方法，实现了既定目标。通过该项目总结提炼出的"单系列大型化炼油技术集成开发与工业应用"成果获得国家科学技术进步奖二等奖，还获得了国家优秀设计金奖、全国工程总承包金钥匙奖等荣誉。项目的圆满成功不但提升了我国炼油技术的集成开发应用水平，更重要的是在我国石化工程建设史上具有里程碑意义，为后续大型石油石化工厂的设计建设起到了指导、借鉴和示范作用。该项目的主要成果体现在以下几方面。

（1）建成一座先进的现代化大型炼油厂

在没有先例可循的情况下，一次性整体建成我国第一座单系列千万吨级现代化炼油厂。其综合设计指标优于或接近当时的国际先进水平，产品质量全部达到欧Ⅲ标准并兼顾部分欧Ⅳ产品，吨油水耗量为 0.6 吨水/吨油，轻油收率为81%，综合商品率为 93%，硫磺回收率高于 95%，设备国产化率高于 90%。该项目的建成投产为我国石化工程建设标注了新的高度，产生了良好的示范引领作用。

（2）QHSE 各项目标全面实现

通过对总加工流程和工艺单元的集约化设计，最大限度地降低了污染物排放，减少了能耗和物耗，实现了建设环保型示范炼厂的目标。通过采用过程化的管控方法，项目设计成品合规率达 100%，设备材料合格率达 100%，安装单位工程优良率达到 90% 以上。此外，项目自基础工程设计开始至最后一套装置中交，取得了 815 天（约合 1800 多万工时）安全无事故的好成绩。

（3）项目执行过程得到有效管控

通过科学有效的过程管控，海南炼厂项目创造了 EPC 工期 26.5 个月，施工工期 18～22 个月的建设奇迹，且全厂一次开工成功，产品全部达到设计要求。另外，重大技术方案公司级评审率达 100%，技术、质量失误重复率为零，各项技术经济指标均满足或优于合同要求。

（4）提高了资源配置效率和效益

通过多种采购形式和采购全过程质量控制，入库设备材料检验合格率达到100%，保证了产品质量，有效控制了价格上涨的风险。采用集成化的运输方法，大大减少了运输费用，最大限度地保证了到货时间，有效规避了运输周期过长的风险。大型设备吊装集成化方法的应用，在合理优化吊车资源、充分利用有限费用、统一协调指挥等方面产生了良好效果，为工程建设的顺利推进发挥了重要作用。

（5）产生了良好的经济和社会效益

海南炼厂项目不仅为业主节约了投资，降低了能耗，提升了产品质量和收率，还实现了石化工业与海南岛生态环境的有机融合，产生了良好的生态效益，同时也带动了当地石化产业链的延伸和海南省经济社会的发展。此外，该项目无论是在规划理念、设计思路，还是在组织形式、管理方法上都取得了丰富的经验，为后续大型石化企业的建设提供了借鉴和指导，同时也为我国石化工程建设行业培养了一大批技术人才和管理人才。

7.2　首套自有技术芳烃项目

7.2.1　项目简介

芳烃是石油化工工业的重要根基，广泛用于三大合成材料以及医药、农药、建材、涂料等领域。芳烃（PX）是用量最大的芳烃品种之一，用芳烃生产的涤纶是用途最为广泛的合成纤维。芳烃成套技术是一个复杂的系统工程，包括原料精制与分馏、芳烃异构与转化、吸附分离等工艺技术及相关工程技术，是代表国家石油化工发展水平的标志性技术，此前全球仅有两家国外专利商掌握该技术。

2009 年中国石化组织科研、设计、建设、生产等十余家单位进行芳烃成套技术开发，形成了具有自主知识产权的高效环保芳烃成套技术。芳烃成套技术的首次工业化应用选择在中国石化海南炼油化工有限公司进行，建设规模为年产 60 万吨 PX。作为该技术的开发单位之一，中国石化工程建设有限公司对吸附分离、二甲苯分馏和异构化单元三个核心装置进行工程总承包。

该项目具有以下特点。

一是首次工业应用，性能表现至关重要。该项目是高效环保芳烃成套技术的首次工业应用，业界高度关注，项目的成功与否不仅关系到新技术的可靠性和先进性，还关系到社会影响和推广前景。在项目实施过程中既要保证工程的可靠性，同时还要确保先进的工艺技术能够充分转化为高效的生产装置，生产出合格产品，展现出优越的性能指标。

二是工艺设备精密，制造安装困难。该技术采用吸附分离方法从 C_8 芳烃中分离出 PX，为了提高分离效率，需要采用微小直径的吸附剂，而吸附塔格栅筛网就必须设计更加细小的间距才能保证吸附剂不泄漏，并且还要保持流通物料分布的均匀性，其设计、制造和现场安装的难度可见一斑。另外二甲苯塔、加热炉、换热器等设备巨大，甚至达到国内之最，大大增加了设备制造和现场施工的难度。

三是突出节能降耗，打造竞争优势。能耗是衡量芳烃装置技术水平的重要指标，该项目立足于打造芳烃技术竞争优势，提出了通过创新能量利用形式，大幅降低产品能耗的基本思路。这就要求科研开发人员集中精力开展节能降耗研究，创新思路，独辟蹊径，深挖潜力，以创新降低装置能耗，提高资源的利用效率，这也是新技术获得市场认可的关键。

四是科研与工程同步，组织协调难度大。该项目要求在科研开发的同时，同步推动技术成果向工程转化。在此类项目中，由于科研开发过程与设计、采购和施工过程衔接不够紧密，给开发过程带来许多不确定性，工程建设控制难度非常大。一旦工程化过程中出现问题，原定方案就很难顺利推进，或者实施效果无法达到最优化，对项目的进度、费用和质量控制均会产生较大影响。

五是合同工期较短，制约因素繁多。引进国外成熟技术的芳烃装置的建设周期一般为30个月左右，而该项目的合同工期只有25个月。因此采用传统的管理模式根本无法满足项目工期的要求，同时还要考虑科研开发不确定性对项目工期的影响，如何优化科研开发、设计、采购和施工过程成为影响项目成败的一个关键因素。

7.2.2 项目集约化管理方法的应用

（1）加工流程的集约化

芳烃联合装置的原料为石脑油、重整生成油或 C_8 芳烃等，主要产品包括对二甲苯、邻二甲苯和苯等。原料和产品方案的选择对于装置的优化，降低生产成本，提高产品竞争力具有重要的意义。

海南炼化为21世纪新建的千万吨级炼厂，原有装置和公用工程系统已经做到集成化和集约化，若新建一套包含重整装置的芳烃联合装置，则原有的全厂总流程和加工方案必将有较大的调整，仅配套装置的改造投资就近10亿元。若把原有重整装置的重整生成油全部作为新建芳烃装置的原料，虽然装置原料可以保证，但是全厂的汽油将不能满足辛烷值和烯烃含量的要求，对全厂的产品结构产生致命的影响。

项目采用集约化的方法将原有全厂加工方案和新建芳烃联合装置进行统筹安排，将产品按分子水平进行优化和利用。考虑甲苯辛烷值高、沸点低，是非常好的汽油调和组分，且歧化原料中甲苯比例降低，其歧化生成油中的 C_8 芳烃比例增加，故选用能加工重料的歧化催化剂，甲苯尽量作为汽油调和组分[5]。同时对整个华南地区的芳烃资源进行优化，目前华南地区很多 C_8 资源没有得到很好的利用，宝贵的 C_8 资源被用作汽油调和组分。并且国六汽油标准实施后，仅华南地区就有近300万吨/年的芳烃资源过剩，因此将芳烃联合装置的原料确定为厂内和华南地区没有优化利用的芳烃原料，而不是新建重整装置。在原装置没有进行较大改动的情况下，通过新建装置和原有全厂的加工方案的集成化，实现新建装置原料的优化，不但节约装置的投资，而且使原料方案更具有灵活性和经济性。

鉴于海南炼化目前芳烃资源有限，且目的产品是PX，确定 C_8 芳烃异构化采用乙苯转化技术，以减少对外购芳烃资源的需求量。但考虑后续规划乙烯装置和国六汽油标准实施后，大量的芳烃原料过剩，因此预留了可以进行改造为乙苯脱烷基方案的可行性。改造后不但可以大幅提高 PX 产量，而且乙苯脱烷基方案产生的大量轻烃可以作为乙烯装置的原料，乙烯装置产生的副产品芳烃可以作为芳烃装置的原料，不但做到全厂原料的优化，宜烯则烯，宜芳则芳，而且做到产品的综合利用，实现更大范围的集约化。因此在规划阶段工艺流程集约化不但考虑了与现有装置的集约化，而且为与后续装置的集约化创造了条件，做到统一规划，分步实施，实现资源利用最大化的目标，为工厂可持续发展打造优秀基因。

海南炼化原有连续重整装置是用来生产高辛烷值汽油组分的，并配套建设一套 20 万吨/年苯抽提装置。新建芳烃联合装置后，还需建设一套 40 万吨/年甲苯抽提装置。考虑到两套小型抽提装置的运行成本高，且 60 万吨/年苯-甲苯抽提装置与 40 万吨/年甲苯抽提装置投资差异不大，因此确定停开原重整装置的苯抽提，在芳烃联合装置中设置一套 60 万吨/年苯-甲苯抽提装置。通过装置之间的集约化，在增加少量投资的情况下，不但满足新建装置的要求，而且降低了原有装置的能耗，实现了资源规划和能量利用的集约化。

化工产品的价格受市场影响波动较大，有些小品种的产品短期会产生较好的经济效益，有时生产邻二甲苯（OX）的经济效益好于 PX，并且生产邻二甲苯时，吸附分离装置的进料浓度提高，可以降低装置的能耗，并且增加的投资有限。为了给装置将来生产留有一定的灵活性，在原料量不变的条件下，把生产 52 万吨/年 PX 和 10 万吨/年 OX 作为另一种设计工况，使装置可以根据市场的需求和价格，灵活的调整产品方案，使装置具有更大的竞争力。

（2）平面布置的集约化

2004 年海南炼化在一期炼油建设时就采取了平面布置集约化的措施，2010 年在规划芳烃联合装置时，集约化的平面布置不但结合原有炼油装置的规划，做到全厂总平面围绕核心装置集中布置，并且与规划中的第二套芳烃和炼油乙烯项目统一进行规划。为了方便生产管理和装置间的热集成和物料优化，第一套芳烃和第二套芳烃联合镜像布置。第二套芳烃部分物料送到第一套装置进行加工，以充分利用第一套装置潜力，第一套装置的部分热量送到第二套装置进行热集成和发电，以提高能量利用的效率。

石化装置的平面布置不仅要满足工艺流程的要求，还要充分考虑检维修、消防、施工的便利。为了做到平面布置的集约化，打破以往装置的概念，将歧化、异构化、吸附分离和二甲苯分馏四套装置组成联合装置进行统一优化和布置，将四套装置的加热炉区、压缩机区、反应区、蒸汽发电和热水发电区域根据工艺要求在满足检维修、消防的基础上尽量集中布置，既满足了消防安全的要求，又节约了用地，减少能耗和投资，充分实现了集约化布置。

该项目的二甲苯塔体积庞大，无法整体运输到现场，需要分为九段筒体现场组对，每一段筒体的体积大，质量大，需要特大型的吊车进行吊装作业，因此必须考虑充足的空间来满足施工的需要。为二甲苯塔提供热源的二甲苯炉也属于庞然大物，为了减少热损失，需要紧靠二甲苯塔布置，同时作为明火设备的加热炉，为了确保安全必须布置在装置全年最小频率风的下风侧且必须靠近马路布置。结合以上特点，优先考虑了二甲苯塔及二甲苯炉的位置，把二甲苯塔布置在装置的东北角，为二甲苯塔现场的施工预留了充足的施工空间，并且结合全厂道路，方便二甲苯塔的运输及吊装工作。与其联系密切的二甲苯炉布置在二甲苯塔的西侧，靠近主马路布置，为炉子的施工、检维修及消防提供了便利。

通过集约化的平面布置，不但满足了第一套芳烃和第二套芳烃在平面布置的集约化。而且在满足现场可施工性并具有很好可操作性和检修性的前提下，装置占地比以往的同类装置少 20% 以上，同时采用流程式的布置方式，管线长度比以往装置降低 15%，装置的能耗均有大幅度的降低。由于集约化的布置确保了后续规划的第二套芳烃装置在新增一套制氢装置后，仍能满足未来新建 1000 万吨/年炼油和 100 万吨/年乙烯的可行性。

（3）能量系统的集约化

芳烃联合装置的集约化设计水平是衡量装置先进性和竞争力的重要指标。为提高装置能量利用效率，将四个装置内部全部热源进行集约化的优化，通过集约化的设计，取消全部塔顶空冷器。以二甲苯塔为例，塔顶、塔底物料与装置其他精馏塔高度热集成，塔顶余热同时为 4 台塔系和 6 台换热器提供热源，实现能量梯级化利用。塔顶的冷凝负荷用作抽余液塔、抽出液塔、邻二甲苯塔、成品塔底热源，利用余热作为热源的抽余液塔和抽出液塔采用加压操作方案，塔顶回收的冷凝热发生蒸汽用于蒸汽发电系统。其他低温位的热源，根据温位高低用于其他塔的热源或者进行发电，通过热量集成对全部塔顶的余热进行了回收，通过能量的梯级利用大幅度降低装置的能耗。二甲苯重沸炉大型化，实现联合装置热源总成。除二甲苯塔外，还向其他 7 个系统、8 台换热器提供热源。通过能量系统的集约化设计，形成了国产化芳烃低温热利用技术。

以发生低压蒸汽的形式回收抽余液塔和抽出液塔顶大量的冷凝热是一个国际性难题。随着芳烃装置规模越来越大，低温热总量十分可观，对低温余热的回收利用日益受到重视并取得了进展，因此国产化芳烃成套技术通过技术论证，确定对于抽余液塔和抽出液塔的低温热进行回收利用。该低温热回收技术是通过提高抽余液和抽出液塔的操作压力，使塔顶温度升高至 195～200 ℃，用来发生0.5MPa 蒸汽。自产低压蒸汽优先考虑装置内或送出装置直接利用，多余部分用来发电。通过设置发生低压蒸汽回收低温热，芳烃联合装置的苯能耗可以降低

45～140 千克标油/吨 PX。

通过热水系统可以回收包括歧化汽提塔顶、成品塔顶、脱庚烷塔顶、歧化反应产物、对二甲苯产品、邻二甲苯塔顶等低温热量，热水温度可以达到 115℃ 以上，可用于装置伴热、系统制冷，多余部分可以用来发电，通常可降低装置能耗 11 千克标油/吨 PX 以上。

在芳烃联合装置的能量消耗中，通常燃料消耗占比达到 75％ 以上，因此提高加热炉整体热效率也是节能降耗工作中很重要的一环。通过减少加热炉数量，用二甲苯塔再沸炉兼做其他热源的热载体，可减少加热炉的散热损失。通过采用两段式空气预热器，低温段预热器采用总承包商自主开发的"耐烟气低温腐蚀的高效空气预热器"，可降低排烟温度至 95℃ 以下，这两项措施使得加热炉整体效率由目前常规的 92％ 提高到 94.6％，可降低能耗约 9 千克标油/吨 PX。

7.2.3 项目协同化管理方法的应用

科研开发与工程建设的协同化管理是将技术要素、管理要素、经济要素和社会要素一并协同考虑的管理过程。科研开发项目的难点之一是其开发过程的不确定性、复杂性、投入资源的广泛性及其管理的粗犷性；难点之二是其开发技术目标和目的的脱节性、开发阶段与工程转化建设阶段的脱节性及工程活动管理的不连续性等。能否采用正确有效的管理方法，将项目难点变成管理创新点是工程项目管理的关键。

（1）采用四维度协同化管理方法

通常 EPC 总承包项目管理过程包括启动、策划、执行、监控、收尾 5 个过程组。主要的管理活动包含整合管理、范围管理、时间管理、成本管理、质量管理、人力资源管理、沟通管理、采购管理和风险管理 9 个知识领域和 40 余项关键活动项。

针对科研开发向工程转化过程的难点，在通常 EPC 三个维度管理的基础上，增加科研开发作为第四个维度进行协同化管理，形成了以科研开发为重点、策划点和延伸点，推动科研开发过程向工程设计、物资采购和施工过程的延伸，进行四维度的协同化统筹管理和控制。

在项目的前期策划阶段组建了集科研开发、工程设计、项目采购和项目施工为一体的项目管理团队，将项目策划工作前移至科研开发阶段，编制了科研开发工作与工程设计、物资采购、施工工作无缝连接的全过程项目策划文件并指导项目全生命周期的工程活动。如《项目开工报告》《项目质量计划》《项目风险管理计划》《项目协调程序》《项目变更管理规定》《项目统筹管理计划》《设计专业统一规定》《进度计划统筹管理与控制规定》等一系列项目管理策划文件。在这些项目管理策划文件中，明确了项目各项目标，以确保科研开发技术方案的先进性、经济性、安全性和可实施性；按层次分解了各阶段的工作内容和工作范围；明确了对各项分解工作的跟踪检测方法；建立了风险防控及应对机制等，为四维度项目管理制定了有效的执行准则。

以往的科研开发项目基本上都是科研开发工作全部完成后再向工程转化，这样的模式往往会使得科研开发与工程转化既脱节又相互制约，脱节和制约的结果会体现在综合成本的反复投入上。为此，在芳烃项目科研开发的管理上，决定采取以科研开发为核心，同步向工程转化；同步向工程建设过程延伸；同步统筹配置各项资源；同步进行质量、进度、费用、风险等管理工作。科研开发工作与工程设计同步、科研开发与工艺制造同步、科研开发与项目全生命周期质量管理同步、科研开发与可施工性评审同步、科研开发进度与设计采购施工进度统筹管控同步、科研开发风险与项目全过程风险识别同步等等。通过系统性、针对性、统一性、自主性的协同管理，使项目全过程处于受控状态。

（2）科研开发过程各项活动和资源的协同化管理

该项目应用 WBS 工作分解结构方法管理科研开发项目全过程，取得了良好效果。将科研开发工作过程分解成工作包、工作项及详细的交付物，并以科研开发项目的 WBS 分解为关键路径，制定进度计划、资源配置、成本预算、风险管控及采购计划等工作内容，对每一个交付物的完成情况给出了动态节点式的监视和检测方法，确保每一个交付物的及时完成。以往科研开发工作通常设置固定节点，例如通过项目中期评估会或项目成果鉴定会对开发工作完成的情况和质量进行评估，在这种模式下当项目执行过程出现问题或偏差时，往往不能在第一时间发现和解决，当问题积累到一定程度时，已经无法解决。所以，科研开发项目过程采用 WBS 分解的方法对每一个工作包或工作项或更小的交付物进行进度控制、技术评估和质量管理，使其全过程受控并为后续工程化打下了良好的基础。

把芳烃技术细化分解为 12 个子课题，对每个课题再根据复杂的程度进行 2～5 级的分解，其中仅吸附分离格栅的开发课题就分解成近 100 个工作包。通过工作包的分解，可以针对每个工作包细化资源配置和活动项检测，当检测出进度和技术方案存在偏差时，及时调整资源，确保项目整体目标的实现。

7.2.4　项目集成化管理方法的应用

（1）项目整体管理的集成化

针对该项目技术难度大、科研与工程转化同步、设备精密化、大型化、施工难度高等特点，项目策划及实施将工作流和信息流有机结合起来，应用集成化管理方法，取得了良好效果。这种结合不是简单的叠加过程，而是各类技术知识和管理知识的有机融合，从而实现工程项目的最优化管理。

项目管理的集成化就是通过项目管理信息平台，以项目为核心，将工程项目分四个层次进行智能化的、实时的、远程控制的集成管理。

第一个层次是指所有干系人，包括项目建设方（业主）、设计单位、设备材料供货商、施工承包商、检测单位、监理单位、地方管理及监督部门等相关人员。

第二个层次是指所有阶段，包括项目前期科研开发阶段的构思及规划、设计、采购、施工、检测、开车、验收等过程。

第三个层次是指所有工作项，包括项目整合管理、设计管理、采购管理、施工管理、进度计划管理、合同管理、风险管理、质量管理、HSE 管理、费用管理、资源管理、变更管理、开车管理、收尾管理等。

第四个层次是指所有目标，包括工程项目的总体目标、工期目标、成本目标、质量及 HSE 目标。

工程项目集成化管理的内容主要包括管理目标、管理手段、管理要素以及管理过程的集成化。管理目标的集成化是集合所有项目干系人的管理目标为整个工程项目的管理目标，强调整个工程项目的管理目标的一致性与统一性，强调只有项目整体目标实现了，各干系人的个体目标才能实现。由于项目本身涉及多方面技术知识、技术标准、管理规定、信息网络等，实施过程中综合运用了多种管理手段及管理办法进行工程项目的集成化管理。管理要素的集成化充分体现在对项目成本、项目工期、人力资源、项目质量、项目风险、项目合同、项目沟通等多个管理要素进行集成化的规划考虑和整合。项目管理过程集成化的目的是明确管理目标与任务、分工和职责，建立以集成化项目管理为中心的决策、采购、设计、施工管理等工作流程体系[6]。

在项目整合集成管理的同时，重点对项目的工程设计、项目采购、项目施工等具体活动项进行了分析和集成化管理，使项目管理达到了合成、统一、关联和集合等效果。

（2）工程设计的集成化

工程设计的集成化有两大特点：一是从装置间或专业间相互关联的设计因素考虑进行集成，以减少界面关系、节能降耗，形成更加优化合理的设计系统；二是从设计管理方面进行集中化管理，从而可以缩短项目工期、减少成本的投入。

传统的工程设计一方面仅考虑一套装置的合理和优化，装置与装置之间往往成为了孤岛，很难做到装置与装置、装置与系统配套的全盘集成考虑，这种工程设计对于单套装置是合理的，但对于整个工厂系统功能的发挥或许是不尽合理的。另一方面对于一套装置的工程设计来说，往往只考虑一台或几台重要设备的最优化，忽略了所有设备在整套装置里的集成作用和效果。

以芳烃装置甲苯塔为例，对于常规甲苯塔设计，需要确保塔顶产品较高的纯度和回收率，以保证歧化反应的进行和PX的产量。但对于本装置来说由于部分甲苯要做汽油调和组分，因此降低甲苯的回收率对于全厂的产品分布并没有太大的影响，所以这种情况下优先考虑全厂产品分布并通过集成设计数据和条件节省投资、降低装置的能耗。

传统的芳烃技术，大约有50%以上的热量被空冷器和水冷器冷却，装置的能耗较高，该芳烃装置通过将芳烃工艺技术、热集成技术、蒸汽发电和热水发电技术集成，形成了独具特色的高效环保芳烃技术。装置每小时发电2万千瓦，每年仅电费节约就达1.5亿元以上，装置运行实现由"外供电到外送电"的历史性变革。通过全装置的设计优化和各项技术的集成化，与国内同类装置相比，单位产品综合能耗降低28%，每生产1t PX产品，能耗要低150kg标油。按PX年产量60万吨计算，每年在降低能耗这一方面就可以节省3亿元以上。

本项目采用的芳烃技术通过将加氢技术与芳烃技术进行集成，以催化脱烯烃技术替代了传统的白土原料精制，催化剂单周期运行时间为白土的14~18倍，总运行时间可达白土的40~60倍，减排固废物95%以上，全方位解决了以往芳烃装置用白土吸附重整生成油中的烯烃，装置规模增大、固废物多、白土塔的更换周期短等问题。在满足吸附分离单元进料要求下，每年减排白土3000t，应用节能环保新技术集成化设计和管理减排降耗效果显著。

（3）采购过程的集成化

项目采购在工程项目中起到承上（设计）启下（施工）的作用，所以将采购活动与设计、施工实施集成化管理至关重要。采购活动的集成化管理就是通过采购工作的管理方法、管理手段，以采买为核心，对工程项目的所有供应商、所有采购管理过程、所有工作项等进行整体统筹管理。所有供应商是指设备材料供货商；所有采购管理过程包括采购前期策划、招投标管理、采买管理、催交管理、检验/监造、物流管理、施工现场采购管理等过程；所有工作项包括供应商资源库管理、采买工作内容和流程、催交工作内容及流程、检验监造等级的划分和管理工作流、大件运输方案的确定和管理工作流、施工现场采购管理和工作流、采购收尾工作内容等。

工程项目采购集成化管理突显了一个特点就是要将设计要求、施工需求完全融合在采购管理过程中，强化整个工程项目管理目标的一体性和集成性，全面满足工程项目集成化管理的需要。采购集成化管理过程中充分考虑各供货厂商的负荷能力、运输成本、制造业绩、行业后评价等信息，结合工程项目特点广泛利用各供应商的有效资源，实现了各项信息和资源的有效结合。通过集成采购大大降低了成本，提高了采购工作效率，确保工程项目的总体进程。

（4）施工过程的集成化

石化工程项目的施工建设具有大件设备多、施工周期长、现场加工预制工作量大、参建施工单位多、施工界面复杂、施工协调难度大、动态不确定因素多等特点和难点。该项目引入施工集成化管理方法，引导各参建施工单位发挥优势和特长，充分利用合同和行政管理手段，整合和优化施工资源配置，使传统多个独立、条块分割、设计采购施工分离的管理形式集成为一个统一、专业、高效、集中的施工管理系统。通过这种集成化的管理形式，实现了施工一体化集成管理创新和突破，有效地缩短了施工周期、提高了施工效率，保证了施工质量和施工安全。

7.2.5 项目过程化管理方法的应用

传统的工程项目都是以管理结果为导向，强调对问题发生的原因、措施进行反向的梳理和剖析，静态移植到同类项目。芳烃项目采用过程化管理，重视全过程、全方位的风险识别和评估，制定预防措施，全过程进行检测和跟踪，形成完善的实时项目风险全过程管控。

（1）项目风险管控的过程化管理

该科研开发项目的最大特征就是探索性和创新性，最大限度地依托既有的技术条件走向未知领域。而科研开发项目的风险恰恰就是创新的伴生物，即在规定的时间进度、批准的费用、受限资源条件下完成开发任务和目标的不确定性，相比于设计、采购、施工的项目管理过程，科研开发过程的风险更加突出、更加复杂。为此，决定芳烃项目在科研开发阶段就引入风险管理，大大降低了项目风险，并减弱了对后续工程转化、工程建设实施阶段的影响。

在项目策划阶段就对科研开发、工程转化和工程建设的过程同时进行了全方位的风险管理规划，充分识别项目风险，分析风险等级及潜在的危害，制定风险应对措施和风险监控方法等。并运用项目风险概率和影响矩阵的方法识别出技术、进度、费用、制造及现场施工质量安全等方面的中高低风险数十条。如吸附塔格栅泄漏、控制系统失效、二甲苯塔制造、国产化塔盘开发、加热炉大型化、低温热回收利用、项目进度失控、现场的质量管理和安全管理等 12 项高风险事件，以及程控阀开发和制造、蒸汽发生器泄漏、国产化焊板式换热器泄漏、项目费用控制失效等 18 项中风险和二甲苯塔底泵的制造质量、阀门和垫片泄漏等 30 项低风险事件。对每一项引起风险的成因进行分析并制定应对措施，在执行的过程中进行动态监控和管理，使中风险和高风险得到了有效控制（见表 7-5）。

表 7-5 项目风险应对前后分布

		低		中			高	

影响概率＼影响程度	低	中	高		影响概率＼影响程度	低	中	高
高			12		高			0
中	0	18			中	6	2	
低	30				低	32		
	应对前					应对后		

　　吸附塔格栅是吸附分离的核心设备，通过对格栅进行定性、定量的分析，认定格栅设备全过程的活动为风险等级最高事件。与此同时制定了针对格栅泄漏、格栅分布不均匀、升降温引起的热膨胀、制造质量风险和格栅安装过程泄漏的应对措施，并在格栅设备科研开发、工程转化、工程建设全过程进行跟踪和监视。应用风险管控方法和手段规避了风险，实现了项目的风险控制目标。

　　（2）项目进度的过程管控

　　① 四维度交叉工作的进度控制

　　在该项目科研开发与工程转化、工程建设过程中，以科研开发为进度控制起点、以设计过程为进度控制关键路径，以第一时间将开发成果进行工程转化为目标点是进度控制过程管理的关键。同时将采购必备条件、施工需求条件纳入进度控制过程管理中，降低了进度滞后或失控的风险，全面实现科研开发、设计、采购、施工深度交叉及协同合作，确保实现项目建设工期目标。

　　科研开发阶段，充分发挥总承包商的体系优势和经验优势，将科研开发工作进行分解和细化，以工作包或工作项为基点编制了向设计工作延伸的进度计划。以全面满足工程化为出发点，合理配置各项资源，保证了科研开发工作及工程转化工作的顺利进行。

　　设计阶段是将科研开发成果向三维设计图纸转化的过程。在设计过程中充分考虑向采购、施工工作延伸，为满足采购需求提前提出关键设备、长周期设备等请购文件，使该项目的采购工作提前启动；同时根据施工进度计划安排提前发出地下管网图和基础图，提前启动现场施工，形成以施工促设计、以施工促采购、以设计保开发，科研开发、EPC深度交叉又全面协同合作的良性循环局面。

　　采购阶段是将设计图纸向立体可移动实物转化的过程，采购工作在进度上受设计和施工的双向制约，将采购纳入设计程序是该项目在管理上的一个关键点。根据施工进度计划，全面做好采买工作、驻厂检验与监造、催交催运、运输接货、验收入库、库房管理等工作，保证各类设备和材料及时交货。采购高峰期采购组根据供货状态及数量信息详细确定设备材料运抵现场的具体时间，为施工组织创造条件。同时采购组及时催交供货厂商返回资料，为设计工作的及时完成提供了有力保障。

施工阶段是将设计图纸、可移动实物向固定实物转化的过程。施工管理是进度控制水平的综合体现，所以项目组根据施工计划对施工进度进行动态的跟踪检测，时刻掌握每道工序的施工状况，及时发现问题并解决。同时动态调整施工三周滚动计划，检查上周施工进度，安排当周的施工工作，提前安排下周任务。

② 全面加强专项计划过程化进度控制

项目进度管理的关键是抓住主导整个进度控制的主要环节，为此在项目实施前就投入大量资源，重点分析查找影响项目进度目标的关键路径，并编制专项计划。对关键路径上的专项计划进行专项日动态过程控制和检测，确保专项计划按合同要求完成。

以二甲苯塔为例，编制了集科研开发、工程转化、采购环节、施工活动为一体的专项控制计划，规定过程控制及管理方法、明确资源配置等。制定了详尽的施工方案，包括运输方案、吊装方案、现场组焊及热处理方案、内件安装方案、脚手架施工方案、试压方案、施工用临时升降机安装方案等，并论证这些方案的可行性。同时成立专项管理小组，实行日跟踪和检测，每日召开协调会解决检测出来的问题。通过保证人力和机具等资源的适时投入，以确保二甲苯塔科研开发、工程转化、工程建设总进度目标的实现。

最终，项目仅用5个月20天的时间就完成了二甲苯塔的吊装和组焊任务，过程中克服重重困难，圆满实现专项计划既定目标，为工程总目标的实现奠定了坚实基础，创造了工程建设史上二甲苯塔施工的新纪录。

（3）项目全过程的质量和安全管理

石油化工行业是在易燃易爆环境下长周期生产运行，石化工程项目科研开发、工程转化和工程建设过程质量和安全的可靠性是石油化工行业"安稳长满优"生产的基石。

① 技术质量是工程转化及工程建设的基础

为了确保项目科研开发技术方案和实施方案的可靠性、合理性、安全性和经济性，保证实施过程决策的合理高效，该项目技术管理团队和公司技术管理委员会采用三级评审方式对相关技术方案，如新型高效格栅等吸附塔关键内构件的开发及大型化、吸附塔程序控制系统开发、热联合及低温热利用技术开发、吸附塔操作参数确定与优化、大型加热炉模块化等先后召开评审会80余次。评审会后及时落实会议纪要内容并按照PDCA的质量管理方法及时关闭，为项目的快速推进创造了条件。

② 安装质量是工程项目生产运行的保证

吸附塔格栅是芳烃国产化的关键技术，其安装要求、安装精度和环境要求非常高，原有的施工规范不能满足其要求。由总承包商、专家组、建设单位等组成联合攻关组，对吸附塔施工的每一步、每一个细节、每一个程序进行严格的检查，对存在的施工难点进行技术攻关；严格把关原材料质量、焊接质量、内件质量和清洁度，确保万无一失，保证了施工质量。

为了保证吸附塔内件安装和吸附剂装填质量，制定了吸附塔内件安装方案，吸附塔中间格栅试压方案，吸附塔床层柔性热电偶施工方案，吸附塔内件焊接补充措施，净化风停用后吸附塔内件和吸附剂装填预案，底格栅、中间格栅和顶格栅检查表等10余项方案和措施，所有方案经过集团公司专家组进行评审通过，确保格栅和吸附剂的安装。

③ 工程项目安全管理是生产运行的前提

安全是工程建设的基石。为了确保项目全生命周期的安全，该项目除了全方位做好设计本质安全工作外，还多次组织非项目组有关专家进行集中审查设计文件，严格检查四类问题。并根据专家审查意见进行修改完善，从设计源头抓起，杜绝安全隐患。

组织开展"设计回头看"活动，待设计文件完成后组织各专业设计人员对图纸进行设计自查并提交自查报告，结合设计图纸复查将设计问题消灭在制造前和施工前，确保工程质量和安全。

在工程建设过程中，实行样板引路机制，在施工过程中严格工序管理，严格质量控制点检查，严格现场"无死角"安全措施检查、落实安全责任等，先后树立了加热炉基础、二甲苯基础、工艺管道预制、高空作业、密闭空间作业等几个质量安全样板，对确保工程质量和工程安全起到标杆和促进作用。

为保证装置安全、平稳、长周期、高效益运行，在开工过程中组织强有力的技术团队严格审查开工方案，确保其可操作性、安全性、经济性，保证了装置一次性开车成功。

7.2.6　项目数字化管理方法的应用

数字化应用是集成化、集约化、协同化、过程化的基础，也是协调推进科研开发与工程转化，提高设计质量和水平的重要手段。在工程建设过程中，通过数字化的应用，创新了管理模式，提高了研发效率，保证了工程质量。

（1）CFD技术广泛用于科研开发各个过程

为了提高科研的科学性和严谨性，该项目广泛应用CFD技术，模拟仿真实际的流体流动情况，以此验证并优化设计方案。吸附塔格栅的开发是科研开发的难点，对吸附塔格栅的要求包括：收集上吸附床层下流的液体，将其充分混合以使区域浓度梯度最小化；格栅出口在吸附塔横截面区域上提供流体的均匀再分布；防止逆向混合，在浅床层、大直径的吸附室内使物流以接近平推流的方式流动，高效利用吸附剂等多种特殊要求。传统的实验方法不可能模拟多种不同介质连续瞬间切换，且满足以上分配要求的工况。根据格栅开发与应用技术路线，格栅开发小组根据小试现场操作数据对CFD模型进行修正，设计了四种格栅基本结构。通过CFD的模拟和多次的方案优化，最终确定了结构简洁、成熟可靠的不分区格栅结构和管系方案，其流体混合性能与分配性能均优于引进格栅结构，为满足工艺条件提供了可靠的保证。

（2）三维设计协同化平台的应用

在设计过程中采用 PDMS 三维模型设计工具进行三维协同化设计，即：在模型中既要体现多个专业的设计内容，还要通过模型综合考虑建设、检维修、安全等各项综合因素。策划过程定位于解决实际工作问题，打通多专业的三维模型应用接口，通过三维设计协同化平台提升工作效率。

在设计过程中，整合已有的配管开发工具、管道建模工具和系列设计工具，使各专业在一个平台上进行工作，做到数据同源；建立模型的协作与协调机制，如上下游在模型中的资料实时分享，提高设计质量；优化地下模型系统工程，使用模型确定多专业的地下空间规划与布局；优化地上电缆、槽架工程，使用模型确定地上电缆、槽架工程的规划与布局；与材料控制系统的协作，充分利用模型数据库，提高材料的一致性和准确性；各专业与业主紧密合作，通过三阶段的三维模型审查，在设计阶段就充分考虑装置的可操作性、可施工性和可检修性，减少现场变更；在施工期间，充分利用模型向施工分包商进行交底和演示，应用 PDMS 生成现场补料清单，直至竣工图完成，使三维协同设计贯穿于设计、采购和施工的全部过程，并为工程建设创造更大效益。

（3）设计过程数字化应用和研究

数字化工厂建设是工程建设领域里的重大革命，对业主单位的工厂运维、优化操作、价值创造等管理模式和商业模式将产生深刻影响。该芳烃项目在设计过程中重点推行集成化设计，促进设计模式创新。应用了专业的集成化设计工作平台，相关专业在此平台上能够进行设计方案优化、同源数据分享和传递。提高了精准设计的能力和质量，工程建设的进度周期、投资费用、质量安全也都得到了更好的优化和控制。

该项目基于标准化类库，以集成化设计为源头建立数字化工厂，通过部分智能化功能的实现，可以获得和物理工厂一致的数字化工厂效果。简化了三维建模、数据及文档整理、关联等重复性数字化工作，为未来建设数字化工厂降低了成本，缩短了周期，提供了宝贵的数据资源。

该项目还探索了以项目对象为核心的信息组织方法，创新了交付模式。传统的交付模式下业主在工厂运维的过程中需要到孤立的设计文件中查找需要的信息，效率低下，难以实现与工厂运维系统的集成。该项目部分实现信息以项目对象为核心的智能关联和信息管理，变"文档驱动的工程"为"数据驱动的工程"，实现无缝、快捷、低成本的以项目对象为核心标准化的智能功能。

7.2.7　应用效果

海南芳烃项目于 2011 年 9 月签订总承包合同，2013 年 10 月 15 日实现中交，2013 年 12 月 27 日打通全流程，实现一次开车成功，2014 年 1 月投入商业运营。经过多年的连续运行，已经充分验证了国产化芳烃技术的先进性、可靠性和经济性，其中低温热回收发电每年可节约成本超过 1 亿元，芳烃资源利用率提高 5％，减少固废排放约 5 万吨，单位产品综合能耗比国际同类技术低 25％。该项目获得中国石化 2012—2013 年度优秀工程设计特等奖和 2014 年度优质工程奖，2015 年依托该项目的科研开发课题"高效环保芳烃成套技术开发及应用"荣获国家科技进步奖特等奖。

该项目的管理成果主要表现在以下几个方面。

（1）技术管理效果

技术开发管理目标圆满实现，通过采用整体化管理方法，各项技术经济指标满足或优于合同要求，为我国芳烃技术从引进跟跑到创新领跑的历史性跨越提供了强有力的实践支撑。

（2）风险管控效果

尽管科研开发与工程化同步实施风险较大，但通过将风险管理的方法用于科研开发和工程建设，主要风险因素均得到了有效控制。由于职责分工明确，项目风险得到了充分的识别，并按风险管理计划和程序进行了及时有效地应对，保证了项目进度、费用、质量、HSE 等项目目标的圆满实现。

（3）进度控制效果

该项目历时 2 年多，圆满实现了产出合格产品及科研开发＋工程建设的总目标。项目的实施创造了集科研开发、工程设计、设备材料采购、现场施工为一体的建设工期最短的奇迹。该项目的安全、优质、按期实施与中交，是科研开发、设计、采购、施工深度交叉的四维度管理方法的具体体现，同时也是项目组应用整体化管理方法推动计划和进度控制的必然结果。

（4）成本控制效果

经过总承包商加大对项目成本控制力度，制定项目成本控制和优化设计方案，项目的成本控制效果良好，项目费用始终处于受控状态，实现了最初的费用目标。同时在采用"保底封顶"合同形式下创新合同管理模式，保证了合同履约顺利执行。

7.3　天然气净化厂项目

7.3.1　项目简介

川气东送工程是我国继西气东输工程之后建成的又一条能源大动脉，是我国首次对超深高酸性气田进行大规模开发的项目。某天然气净化厂是川气东送工程中承上启下的重要环节，担负着为下游千家万户提供清洁天然气的重任。该净化厂位于四川省东北部，依气田而建，包括工艺装置、辅助生产设施、公用工程和维修设施等。全厂天然气总处理规模为 120 亿立方米/年，全厂硫磺回收总规模 240 万吨/年，为世界级规模的天然气净化厂。项目具有以下特点。

一是天然气硫含量高。该净化厂处理的原料气是含有大量的硫化氢（H_2S）和二氧化碳（CO_2）的高压酸性天然气，其中硫化氢含量高达 14%～18%（体积分数），二氧化碳含量达到 8%～10%（体积分数），羰基硫含量 316.2mg/m³（标准状况）。而业主要求处理后的天然气要满足国家标准《天然气》（GB 17820—1999）中二类气的指标，其中 H_2S 含量不得高于 20mg/m³（约合 14ppm）。

二是工程设计难度大。一方面，该项目采用从国外引进的工艺技术，工程设计要在不断地消化、吸收、改进、创新中进行，同时还要满足建设过程中采购和施工节点的目标需求。另一方面，该净化厂不论生产规模，还是处理气的硫含量在国内外都尚属首次，国内严重缺乏建设大型高硫天然气净化厂的工程经验，并且尚未形成天然气净化厂工程建设项目的标准体系。

三是安全环保要求高。通常 H_2S 浓度达 1000ppm 就会致人瞬间死亡，而该净化厂处理的天然气硫含量高达 150000ppm，不但会加快设备及管道的腐蚀速率，而且生产过程中一旦发生泄漏，还会严重威胁企业员工和周边居民的生命安全。因此，该项目要在设备布置、材料选择、本质工艺安全、泄压系统、事故应急系统等方面做出周密安排。

四是周边配套条件差。该项目地处崇山峻岭之中，大气扩散条件差，地形非常复杂，初期场坪不能满足设计要求。道路交通条件落后，对运输设备的载重和尺寸均有限制。当地设备构件预制组装条件差，外部资源保障能力十分薄弱。

该项目由中国石化工程建设有限公司进行规划选址、可行性研究、总体设计、基础工程设计，并实施工程总承包。项目实施过程中，总承包商综合考虑项目特点、自然条件和自身优势，创造性地运用工程整体化管理方法，努力实现项目价值的最大化。

7.3.2　项目集约化管理方法的应用

7.3.2.1　工艺方案的集约化选择

该净化厂处理的天然气富含 H_2S 和 CO_2，其有机硫含量也达到 340mg/m³（标准状况）以上，而净化后的天然气质量要达到《天然气》规定的二类气指标，硫磺质量达到《工业硫磺》规定的一等品指标。为了满足处理要求，项目选择了适合高含硫天然气净化的工艺路线，即 MDEA（N-甲基二乙醇胺）脱硫-催化水解脱硫脱碳、TEG（三甘醇）法脱水、克劳斯热转化-二级催化转化法回收硫磺、在线制氢还原吸收-热焚烧尾气处理与单塔酸性水汽提的工艺技术路线（见图 7-6），确保总硫回收率达到 99.8% 以上。

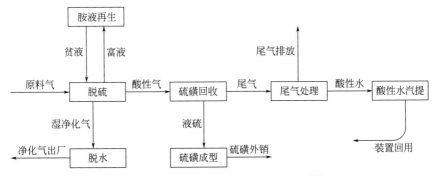

图 7-6 天然气净化厂总加工流程简图[7]

在确定工艺路线后，为了使加工过程更加集约、合理、适用，技术人员又在此基础上自主开发了多项新技术。

（1）两段吸收及中间胺液冷却技术

针对原料气处理量大、H_2S 与 CO_2 含量高的特点，设计两级吸收塔净化工艺，应用先进的级间胺液冷却专利技术以控制 CO_2 的吸收。该技术降低了胺液循环量及再生所产生的酸性气流量，减小了胺液再生系统和硫磺回收单元所需的设备尺寸。

（2）胺液串级吸收及再生技术

由于脱硫单元和尾气处理单元均采用 MDEA 溶液作为吸收溶剂，而尾气中 H_2S 含量不高，将尾气吸收塔的胺液与脱硫单元二级吸收塔的胺液汇合，送至一级吸收塔串级使用。这样不仅提高了溶剂循环效率，使胺液总循环量降低 10%，同时还使全部溶剂由胺液再生塔联合再生，较常规设计减少一套再生系统，显著节省了设备投资与再生能耗[8]。

（3）高效的液硫脱气技术

让液硫在液硫池的不同分区中循环流动，并通过喷射器进行机械搅动，使溶解在液硫中的 H_2S 释放到气相中并由抽空器送入尾气焚烧炉焚烧，使得液硫中的 H_2S 脱除至 10ppm 以下[7]。

（4）先进可靠的能量回收技术

通过设置富胺液液力透平，回收富胺液降压所释放的能量来驱动高压贫胺液泵，使能量得到更加充分的利用。

此外，项目技术人员还完成了工厂大型化的研究。通过一系列研究开发与优化组合，项目整体技术方案实现了集约化安排，既满足了处理要求，又节省了投资，降低了风险，为工程的顺利推进打下坚实基础。

7.3.2.2 装置系列的集约化规划

工厂生产线的规划是一个不断统筹资源、优化配置、权衡利弊的过程，需要从包括工程投资、技术先进性、建设可行性、安全可靠性、运维便利性等多个视角综合考虑，做出集约化安排。该天然气净化厂的设计处理规模属于世界级，然而当地复杂的地形条件与装置规模大型化之间的不协调、不匹配成为生产线规划的主要矛盾。

在天然气处理规模巨大的情况下，如果规划的生产处理线越少，则投资越省、占地越小，但同时也会带来设备构件的超大型化，而在当地特殊的地形条件下，大型设备的运输几乎是不可能的。如果规划为数十个系列的生产处理线，则单系列规模小，设备构件运输问题也能得到很好地解决，但同时会带来投资增加、占地扩大、运维成本高等问题。为此，工程技术人员运用技术经济手段，在众多影响因素之间寻找平衡点，最终确定了设置 12 个系列天然气处理线的规划方案。据此方案，每个系列的天然气日处理规模为 300 万立方米，既能控制投资规模，满足设备制造、运输的需要，又为未来净化厂的日常操作和检维修提供便利。

7.3.2.3 技术标准的集约化采用

该项目无论是工程规模，还是原料气的硫含量在国内外都是罕见的，可借鉴的工程经验非常有限，更没有成熟的天然气净化厂工程建设标准体系可供采用。在大型、高含硫天然气净化工程建设领域，涉及标准庞杂，行业与专业标准交叉，甚至有的互相矛盾，这严重制约了工程设计与建设的开展，因此尽快建立一套科学、合理、完善的标准体系是项目顺利推进的必然选择。

项目设计人员首先从标准的寻源入手，广泛收集天然气处理领域相关标准，先后分析了石油化工行业和石油天然气行业标准的特点和差异，提出了采用标准的基本原则和优先级顺序。在此基础之上，应用集约化的方法研究了不同来源的有关安全、环保、材料选择、总图与平面布置、压力容器等重大标准的适用性，以确保不同专业领域标准的一致性和协调性。例如，对于一些已被采用的非石油天然气行业的标准，在执行中一旦涉及防腐、防静电、防雷、防火、检验等工作时，同时也要符合国家和石油天然气行业标准关于天然气净化工程的规定。经过大量的分析整理工作，最终确定了有关设计、采购、施工、制造、检验等共 522 项国家和行业标准，形成较为完整的项目采标体系。

7.3.2.4 节能环保的集约化安排

节能降耗既是政府部门对石化企业的要求，也是企业节约成本的客观需要，该项目在节能降耗方面做了大量工作。一是设计人员采用具有良好选择性的 MDEA 作脱硫溶剂，以降低溶液循环量，节省设备投资。二是在工艺介质需要冷却的场合采用"空冷"加"水冷"的冷却方案，尽可能地节约用水，降低能耗。三是脱硫单元闪蒸气脱硫处理后回收用作燃料气，脱硫装置采用富溶剂透平，从而降低贫溶剂泵的电消耗。四是利用尾气焚烧炉余热锅炉发生 3.5MPa 高压蒸汽，供给克劳斯主风机透平用，大幅减少外供电及外供蒸汽，降低了装置能耗。五是硫磺回收单元克劳斯主风机由高压蒸汽透平驱动，乏汽用于脱硫单元溶剂再生塔底重沸器加热，合理地利用高压蒸汽的高温位热能和低温位热能。

面对高含硫天然气和当地脆弱的生态环境，项目对废气、废水、废渣等污染物采用了集约化的处理方法。在废气处理方面，将脱除的 H_2S 经硫磺回收装置处理后绝大部分转化为液硫，总硫回收率达到99.8％以上；装置尾气集中经焚烧炉焚烧后满足《大气污染物综合排放标准》（GB 16297—1996）的要求，经烟囱排入大气；为了治理恶臭，将工艺装置中的所有工艺废气均送入尾气焚烧炉进行焚烧。

在废水处理方面，将酸性水汽提装置产生的净化水回用做循环水补水，厂区设雨水监控池收集生产装置区、系统及硫磺成型区的雨水，经检测合格后排放，不合格的排至污水处理场。项目设置了生产污水系统和生活污水系统，均送至污水场进行处理。

在废渣处理方面，该净化厂产生的常见固体废物主要有废催化剂、废溶剂和污泥。其中废催化剂和污水场污泥尽量综合利用，或委托当地一般固体废物填埋场进行填埋处置。对于装置内取样及维修时排出的胺液，都收集在胺液回收罐中，经过滤器过滤后返回胺液循环系统使用。

7.3.3 项目协同化管理方法的应用

7.3.3.1 多专业协同化设计

由于该项目规模庞大、技术复杂、经验匮乏，设计过程必然存在涉及多变量、多目标和多重约束条件的复杂问题，因此推进协同化设计成为解决上述复杂问题的有效手段。

（1）协同化设计的管理

天然气净化厂设计涉及22个专业，要获得整体化、最优化的设计成果，离不开各专业之间的协同配合。在工程设计中，任何一个专业的工作都需要上下游专业的配合，但专业间的配合仅靠各专业自觉地去完成是不现实的，因此需要专人负责专业间界面关系的协调。基于上述考虑，项目在岗位职责方面给设计经理和技术总负责人赋予更多的职责。设计经理对外可以代表项目组直接与业主、专利商、供货商协调处理设计问题，对内协调督促各专业间的互提条件，使其满足上下游专业的要求。技术总负责人负责协调专业间的技术管理，理顺技术接口的相互关系，使技术信息得到正常传递和控制。

（2）协同设计工具的应用

为了解决复杂的协同设计问题，该项目应用三维设计软件和三维设计协同化平台（PDMS）开展协同设计，实现了专业内和专业间的设计数据共享，各专业在同一软件平台上进行设计方案协调，解决了以往设计中经常出现的碰撞、上下游专业不能同步更新等问题，提高了设计协同的质量和效率。

应用三维设计协同化平台，该项目实现了配管、土建、仪表、电气、给排水、储运、建筑、总图等专业同时在同一模型空间内工作，数据实时共享，多专业并行设计，专业间互提条件的内容和过程得以大为简化。同时实现了 P&ID 和三维模型的二三维校验，模型的准确性进一步提高。另外，该平台通过远程办公系统实现了异地多方三维数据实时同步，通过云技术实现了多地实时模型审查，为广大设计人员节约了时间和空间。

7.3.3.2 设计采购施工的协同化管理

为了按期完成项目建设目标，充分体现设计、采购、施工的合理交叉，项目采取了三方高度协同的管理方法，确立了"标准化设计、标准化采购、模块化施工"的工作思路，对项目管理流程进行优化。优化的工作流程包括了设计界面协调程序、设计评审程序、项目计划与进度控制程序、变更管理程序、采购订单、催交、检验以及仓库管理、施工过程管理、配合开车等方方面面，覆盖项目的全生命周期。按照这些程序原则，项目在基础工程设计初期就展开长周期设备、地下管网材料的订货工作，并根据现场施工计划需要，开展施工图设计工作，实现设计、采购、施工的深度交叉搭接。同时为满足工程建设进度需要，调整了以往基础工程设计完成后再集中进行设计文件审查的模式，实行边设计、边审查、边采购、边施工的模式，显著提高了工作效率。

7.3.3.3 应急系统的协同化设计

鉴于高硫、高压和易燃、易爆、易中毒的安全风险，在净化厂设计中必须周密考虑应急联锁方案。而净化厂与气田等上下游联系紧密、相互联动、关系复杂，因此要对净化厂内部以及其与上下游之间的应急联锁方案进行协同化设计，以保证全系统的安全平稳运行。

通过对项目危险源的分析和研究，确定了净化厂发生危险的内部和外部条件，采取了四级紧急关断联锁措施，避免在事故状态下发生火灾爆炸或 H_2S 严重泄漏，以保证人员安全和工厂的运行安全。其中一级关断为全厂最高级别，属于区域级，二级关断为联合装置级，三级关断为装置单元级，四级关断是装置单元内为保护设备而采取的措施[9]。

通过对各天然气处理线的产能情况，以及发生事故时上下游之间的相互影响进行系统化分析，项目合理设计了净化厂与气田等上下游统一的紧急切断联锁方案，将相互之间的影响降到最低。集输系统、净化厂及输气首站之间的一级关断和二级关断过程中产生的部分动作信号采用硬线连接，一旦触发这些关断动作，各部分的联锁动作就会自动发生、协同作用。

为了加强净化厂事故应急处理能力，项目还配合业主与当地政府、周边企业、社区等单位制定了详细具体的应急预案，根据工厂可能发生的事故及对外影响，将事故分类定级，分别制定相应的处置措施。方案还明确了紧急情况下各单位的责任分工、工作步骤、逃生路线和信息传递等工作机制，确保各单位能密切配合，协同应对突发事故，形成一套完善实用的分级管理防御体系。

7.3.4 项目集成化管理方法的应用

7.3.4.1 工程技术的集成化创新

项目技术人员在消化吸收引进工艺技术的基础上，通过自主创新开发了多项先进工程技术，同时发挥国外引进和自主创新两个积极性，用集成化的方法提升整体技术的先进性。如果按与专利商确定的原始技术方案，全厂共需设置12个系列的天然气处理线。而考虑到满足未来的操作运行，方便检维修，工程技术人员创新性地提出了两个系列构成一个联合装置的思路（见图7-7），即每个联合装置由两个系列完全相同的天然气脱硫单元、硫磺回收单元、尾气处理单元和共用的天然气脱水单元、酸水汽提单元等组成。这样整个净化厂由6个完全相同的联合装置构成。这一技术创新不仅为将来工厂运维提供了便利，而且节省了占地，降低了能耗，提高了资源利用率。

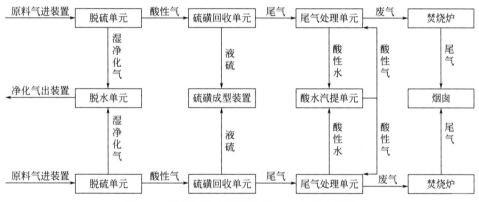

图7-7 天然气净化联合装置工艺物料示意图

7.3.4.2 工程设计的集成化推进

多专业的协同化设计为更进一步的集成化设计奠定了基础，该项目的集成化设计主要体现在以下几个方面。

首先是全厂系统和装置的优化集成，按照装置不停工轮番检修的要求，设计人员对空分空压站、给排水系统、动力站等辅助系统的配置进行优化设计，尽最大努力提高系统与装置的匹配度和集成度，实现全厂功能的最大化。

其次是专业之间的设计集成，由于该项目处理高腐蚀性天然气，项目组织工艺、管道和设备等专业进行防腐蚀设计研究。设计人员发挥各自专业特长，不断寻求最优方案，最终确定采用碳钢管内壁以冶金结合方式复合一层不锈钢材料的不锈钢复合管来代替纯不锈钢管，既有复层材料的良好的耐腐蚀性能，又保留了基层材料的结构强度和刚度，满足介质腐蚀性的要求。

最后是内外部资源的集成。工程设计人员通过与科研单位合作，将外部研究资源与内部设计资源有机结合，在研究和筛选新型脱硫剂、控制二氧化碳吸收技术、新式脱硫技术等工程技术方面取得了一系列设计成果。

7.3.4.3　项目采购的集成化安排

由于该项目涉及高含硫介质，对设备和材料的质量要求非常高，同时一些专有技术产品系首次使用，需要供货商具备较强的产品研发能力，共同处理技术问题。为此项目应用集成化管理思想，对不同装置、不同类别的物资分别采取了相应的采购策略。比如，通过集中采购将 12 个系列装置内的物资设备进行分类打包，把相同或相近的物资统一组距，统一定价，统一定厂，这样既可以节省人力、缩短采购周期，也有利于强化质量控制，降低物资价格和工程进度风险。再比如，通过框架协议采购将一些大宗物资和通用设备（如压力容器、泵等），按照协议规定统一技术规格和要求，集合批量需求，统一执行采购订单，这样不但降低了采购成本，提高了售后服务质量，还有利于提升采购议价能力，节约了成本。

7.3.4.4　施工安装的集成化管理

施工是把设备物资变为生产装置的重要过程，其管理水平将直接影响工程进度、质量安全和物资用量。在该项目施工过程中，总承包商应用集成化管理方法，通过科学分析管理要素，不断优化资源配置，有效提高了施工的效率和质量。如针对净化厂工程量大，材料品种繁多，采取了集中防腐措施。通过招标，选定了三家有经验的防腐单位，总承包商派专人管理、协调，既保证了工程质量，也保证了施工进度。针对净化厂土建工程量大、运输困难等特点，采取混凝土集中供应措施，保证了混凝土的质量和及时供应，从而确保了全厂施工进度和质量。

为了克服工期紧张、场地狭小、物资和设计图纸协同难度大等困难，该项目大量采用了"预制钢结构＋螺栓连接"的模块化安装形式，部分厂房、仓库实现了模块化吊装和安装，动力站除氧器及附属结构、锅炉水冷壁采用模块化整体吊装。对于装置主管廊，则根据其结构特点分别以组片、组框、整体等不同形式进行吊装作业。这种模块化施工实现了操作空间的转换，不仅赢得了时间，还强化了工程质量和安全。

7.3.4.5　安全生产的集成化保障

该净化厂的主要有毒物是硫化氢，不仅含量高，而且分布广，危害极大。况且原料、辅助材料及产品均为可燃性气体或液体，在意外事故、违章操作、设备故障、雷电、静电等因素作用下，整个过程均有发生火灾、爆炸的危险。为了保障净化厂的"安稳长满优"运行，项目开展了多项安全技术研究，并实施了一系列防护措施。

（1）厂区布置的隔离设计

该项目的平面布置除严格遵循国家有关标准规范外，还重点考虑了风向、自然坡度，合理划分功能区，满足工艺流程、安全卫生、环境保护、交通运输、消防等需要。特别是考虑了 H_2S、SO_2 扩散的隔离空间，减少对人员和生产的影响。

全厂按自然标高规划了三个台地，一台、二台、三台地势逐级增高。根据 H_2S 扩散特点，将生产装置分别布置在两个地势较低的台地上。在两个装置区之间布置了公用工程设施，这种布置除考虑生产因素外，有意识地加宽了两个装置区之间的安全防护距离，给事故情况下 H_2S 扩散留下足够空间。硫磺仓库、包装厂房、液硫罐区和铁路装车设施等布置在最高的台地上，与装置区之间有围墙相隔，独立成区，减少了火车运输装卸作业对装置区、辅助设施等的干扰[9]。

（2）硫化氢中毒防护设计及措施

对于高硫天然气净化厂来讲，H_2S 是最危险和毒性最大的硫化物，因此对 H_2S 的防护是净化厂安全防护工作的关键。项目开展了潜在的 H_2S 中毒危险研究，对净化厂正常情况下 H_2S 分布区域、危险部位、危险介质和危险特征进行了分析，同时考虑 H_2S 泄漏时随风扩散到工厂内外可能的区域，研究并实施了多种防护技术措施。

在生产装置区，采用专利技术将硫回收装置生产的液硫进行脱气处理，使其含量<10ppm，以减少在运输及装卸过程中硫化氢的挥发。当操作工人进入有可能泄漏硫化氢的区域时，须携带便携式硫化氢检测仪，一旦发生泄漏，须佩带自给式空气呼吸器进入泄漏区域进行救护及紧急控制操作。此外，在有可能泄漏硫化氢的装置设置固定式在线硫化氢气体检测报警仪和可燃气体监测仪，报警信号直接送到相关控制室[9]。

（3）安全辅助集成系统的开发应用

该项目早期设计的电视监视控系统、火灾自动报警系统、有毒有害气体报警系统等安全系统大多是孤立的，无法实现信息和资源的共享、各系统的联动控制、应急预案的自动反馈等。为此，项目开展了安全系统集成化研究，应用信息技术将净化厂各安全子系统设计成为全厂性的系统平台，使各系统相对统一，再将各个平台统一纳入安全辅助集成系统中，让各报警系统的输入信息按要求进行分析后输出给受控系统，使各系统连接成为一个有序的整体，使各系统的功能与应用得到最大程度的发挥[9]。

安全辅助集成系统能够实现信息共享，在事故发生时自动进行动作，厂内检测系统、报警系统、应急救援中心报警，电视监视系统、逃生系统同时动作，帮助应急指挥人员对事故做出及时判断。一旦发生重大 H_2S 泄漏事故，系统会根据预先的判断自动启动相应级别的报警等动作，可及时进行人员疏散减少事故灾害。

（4）新型硫磺储存及消防技术的应用

该净化厂硫磺产量巨大，在国内外都尚属首次，如果采用传统的皮带输送、自动包装码垛、袋装储存等形式会占用大量的场地、机械和人力资源，而且过程中存在硫磺粉尘污染等安全隐患。为了改变这一现状，实现硫磺的集成化和清洁化储运，项目开发了新型硫磺储运及消防技术。

该技术采用圆形料场储存散装硫磺、定量装车系统装载火车、带式输送机输送，配合喷雾抑尘、低尘落料管、水浴除尘等设施，实现了硫磺储存、运输的自动化机械化流水作业、无人值守和全天候运行[7]。与此同时，设计人员还提出并应用了特殊的除尘、防静电、防雷、安全监测等措施，设置烟雾监测、粉尘浓度监测、硫磺温度监测、H_2S 监测、火灾报警等多套报警系统，提高了系统安全性，形成了散装硫磺储存与安全消防的整体技术。

7.3.5 项目过程化管理方法的应用

7.3.5.1 工程质量的过程管控

质量是工程建设的生命线，尤其对于川气东送这种关系国计民生的重大工程。工程质量是在整个项目的决策、设计、实施、建造过程中不断累积起来的，因此必须用过程化的方法来保证质量目标的实现。该项目启动后，总承包商立即组织有关人员制订项目质量目标，编制项目质量计划，建立项目质量保证体系，明确了各质量检验点的检查控制要求。通过质量培训，增强全员质量意识，帮助员工理解各类标准规范，熟练掌握 ISO 9001 标准中 PDCA 循环的过程控制方法。

通过精心策划，项目明确了质量部和项目各部门之间质量管理和质量控制的关系，制定了质量管理的各岗位职责，编写了质量管理和控制文件，建立了矩阵式的质量控制的网络。项目现场采用了以质量部负责全面监督质量、部门质量工程师直接控制质量和部门专业工程师现场直接管理的模式。在质量管理过程中，采取了日巡查、周报告、月例会的质量控制方法，辅之以各类综合性检查，单专业联合检查，施工项目专项检查，特殊问题单独处理等管理方法，将质量管理和监督落到实处。

7.3.5.2 项目 HSE 的过程管控

由于该天然气净化厂项目原料及产品的特殊性，以及周边脆弱的生态环境，项目组高度重视本质安全和本质环保，在集约化安排节能环保措施和集成化设计安全系统的基础上，采用过程化的方法对工程建设过程开展过程化的 HSE 管控，为工厂安全稳定运行奠定了基础。

项目在设计、采购及施工过程中全面开展 HSE 管理，从设计之初就制定了项目 HSE 计划，进行 HSE 知识培训，定期开展设计安全审查。通过对工程设计的审查和控制，确保设计成果符合国家和地方有关 HSE 的法律法规，确保项目的 HSE 要求得以贯彻。通过在采购合同中明确 HSE 职责，确保供货商提供的设备材料满足法律法规和项目 HSE 的要求。通过严格的施工作业许可管理和必要的审批控制，加强施工分承包商 HSE 管理，经常性开展应急演练，以促进施工过程中各种安全措施的落实。

为保证项目的本质安全，在设计过程中，项目组安排专职的安全工程师和环保工程师，对有关安全环保问题开各层次的评审会 10 余次，保证安全环保设施与主体工程同时设计。在此期间，项目还组织项目外的专家开展了为期 1 个月的以工艺装置及配套工程为重点的 HSE 审查。审查结束时，平均对每套装置开列约 300 条整改意见，完成 10 余份审查报告。在进行施工图设计中均进行了设计变更，使危险性降至最低，并顺利通过国家安全监督部门、职业病防治部门、地方消防部门组织的专家审查。

7.3.5.3 项目进度的过程管控

项目进度管控是一项系统性工作，既有总的进度计划安排，又有按工程各个阶段制定的详细分项进度计划，进度管控呈现阶段性和不平衡性的特点。该项目是川气东送工程的重要一环，能否按期投产关系着这一国家重点工程的整体进度。为此，总承包商运用过程化方法，建立了科学、高效的计算机网络进度计划管理体系，逐级细化、层层分解工作任务，并采用国际流行的项目管理软件 P6 进行进度控制。

项目进度管控包括进度计划编制和进度计划控制两部分。在进度计划编制方面，该项目根据项目管理层次和管理模式，采用四级计划体系，并辅以周计划和专项计划进行完善。在进度计划控制方面，该项目基于四级计划体系，加强对项目各个执行过程的跟踪与控制，还结合各阶段的专项工作计划与工作分解检测，确保了项目的进度处于受控状态。下面通过几个典型方法措施进行说明。

① 在进度控制过程中，事先落实相关的设计和物资供应条件，明确进度控制的关键路径及其相关的外围条件。充分估计可能会遇到的各种困难和问题，并在计划实施过程中对这些困难和问题进行动态管理，及时对采集的进度数据进行统计、分析和整理，作出进度趋势的预测。

② 在计划执行过程中检查存在的问题，及时查找原因，并视不同情况将影响工程进度的关键因素反映给项目经理及有关部门，以便加快采取措施解决问题。科学地调整短期工作计划，确保各阶段性目标和总体计划目标的实现。

③ 在定期进度跟踪后，通过比较分析工程网络计划和详细进度计划中实际进度与计划的偏差，在确保施工总工期和控制点不变的前提下，通过准确地统计

和计算每个进度周期完成的实物工程量和进度数据，分析原因制定对策，对作业计划进行必要的调整。

7.3.5.4　工程费用的过程管控

面对如此大规模的高硫天然气净化厂，投资巨大，缺乏经验，不确定性因素多，费用控制的压力也是空前的。总承包商采用了过程管控的方法，将识别、分析、跟踪、检测等工作融入费用控制工作的全过程，积累了大量经验，取得了良好效果。

（1）编制费用（预算）计划

在基础工程设计阶段，根据项目特性、市场价格动态等做好项目前期准备工作，编制基础工程设计概算。在详细工程设计阶段，根据项目进度计划，编制项目建设期资金使用计划，完成项目成本预算。在施工分包过程中，参与确定分包合同工程量清单项目组成及综合单价费用组成。详细工程设计完成后，完成项目二次核定估算，以检测项目费用是否突破成本预算。根据对项目成本计划值和实际完成值的对比，作出赢得值分析，及时反映项目费用实施状况。

（2）费用的过程管控

根据 EPC 合同工作范围确认总承包合同价款、合同除外项目，同时编制项目费用估算与费用控制工作管理规定。在管控过程中，本着限额设计、限额采购、限额施工的原则，检测项目执行情况，通过完成项目成本月报，实现项目执行全过程的费用跟踪检测。项目执行中针对超出 EPC 合同范围的工作内容提出业主变更费用申请，并搜集相关支撑文件报业主批准。针对合同约定的不可预见费用，及时做好数据统计及资料收集，以备 EPC 合同结算时报业主审批。

（3）台账管理模式的应用

项目费用管控过程中，利用 Excel 强大的数据库功能建立台账管理模式，并贯穿项目始终。项目以总承包合同费用及控制估算作为基础数据，分别建立了请购单划价台账、采购分包合同台账、施工分包合同台账、施工分包合同进度款审批和支付台账、施工分包结算台账、业主变更台账、业主请款及支付台账等等。在此基础上，逐月生成项目成本控制月报，实现对项目执行全过程的跟踪检测。

7.3.5.5　项目风险的过程管控

该净化厂项目具有硫含量高、技术难度大、建设周期短、本地资源匮乏等特点，这些因素决定了它是一个高风险项目。为了最大程度规避风险，保证项目执行始终处于受控状态，项目采用了过程化的方法，对风险进行全方位、全过程的管控。

（1）典型风险管控方法

项目风险管控包括风险管控规划、风险识别、分析、应对和监控的过程。在该项目实施前期，总承包商就制定了项目风险管控规划。在项目执行过程中，对各类潜在风险进行了预测、识别和分析，并采取了应对措施，下面介绍两个典型风险的管控方法。

在进度风险方面，该项目合同总工期为 33 个月，对于规模如此巨大的项目来讲，显得非常紧张，可能会牺牲费用和质量，甚至存在接受罚款的风险。为此，项目通过各种机会向主要干系人说明项目工期的风险，期待说服业主调整工期，并利用业主变更进行工期索赔，还采用了流程合理搭接手段来保证工期。最后，即使接受罚款，也绝不允许牺牲质量和安全保证工期，必要时可以向专业机构申请工期评估。

在变更风险方面，针对可能发生的业主变更，在总承包合同中明确了业主变更的程序，并确定了费用和工期索赔的计算方法，降低了风险发生的概率。对于来自总承包商内部的变更，将一部分风险以分包合同的方式，实现风险共担，另一部分则在项目内部建立了严格的变更程序，对可能发生的风险进行分析、应对和全过程的监控。

（2）风险分析策略

在该项目执行过程中，风险控制人员做了大量定性分析和定量分析工作，建立了项目风险分析策略。

① 定性风险分析

该项目主要采用风险矩阵法对项目风险进行定性分析，首先通过评估风险发生的概率，根据风险发生概率表（见表 7-6）确定概率值；然后通过评估风险发生的后果和影响，根据风险影响程度表（见表 7-7）确定影响值；最后，以概率和影响为基础，按照"评估值（R）＝概率值×影响值"的方法计算具体风险事件的评估值，对照风险评估矩阵（见表 7-8）进行等级评定，评估每项风险的重要性及紧迫程度。风险等级分为低风险（$R \leqslant 5$）、中风险（$5 < R \leqslant 12$）和高风险（$R > 12$），根据风险等级高低制定应对措施。

表 7-6　风险发生概率表

级　　别	概率/％	概率值
很高	＞80	5
高	＞60	4
中	＞40	3
低	＞10	2
很低	≤10	1

表 7-7　风险影响程度表

级别	工期影响		费用影响	影响值
	关键路径	非关键路径		
很高	＞21 天	＞45 天	＞¥150 万元	5
高	＞13 天	＞30 天	＞¥100 万元	4
中	＞6 天	＞15 天	＞¥50 万元	3
低	＞1 天	＞7 天	＞¥10 万元	2
很低	≤1 天	≤7 天	≤¥10 万元	1

表 7-8　风险评估矩阵

评估值		影　响				
		1	2	3	4	5
概率	5	5	10	15	20	25
	4	4	8	12	16	20
	3	3	6	9	12	15
	2	2	4	6	8	10
	1	1	2	3	4	5

	低		中		高

　　风险等级评定为风险应对提供指导，定性评估为中高等级的风险需要做进一步分析，包括量化的评估以及积极的风险应对；对于低风险，一般放入待观察风险清单，监控其状态。

　　② 定量风险分析

　　定量风险分析采用蒙特卡罗模拟技术，将各项不确定性换算为对整个项目进度和费用目标产生的潜在影响，对实现既定项目进度和费用目标的概率进行量化。需要进行定量风险分析的情况包括潜在的、重大的影响项目进度和费用目标的风险，影响项目目标的重要外部风险和需要业主进行协调的重大风险。

　　（3）风险应对措施

　　定性分析或定量分析后，进入风险应对流程。该项目为了应对风险，采取了增强影响项目目标的机会的措施和降低影响项目目标的威胁的措施，主要包括分配风险应对责任人，制定应对策略、应对计划和措施。这些措施的执行，使得工程建设中的各类风险得到了有效的控制和规避，达到了预期的目标。

7.3.6　项目数字化管理方法的应用

7.3.6.1　项目管理的数字化探索

　　随着互联网、大数据等信息技术的飞速发展，工程的数字化管理从梦想变为现实，由于数字化具有显著的放大效应，它能够为工程管理的集约化、协同化、集成化和过程化赋能，有效解决石化工程大型化、复杂化、多界面带来的诸多难题，大大提升工程管理的整体化水平。该净化厂项目在策划阶段就提出了采用信息技术建设数字化工厂，实现数字化管理的目标。通过引进与自行开发相结合的方式建立集成化的项目管理系统，主要包括项目管理系统、电子文档管理、采购管理与控制等系统，为数字化工厂建设提供技术支持。

（1）数字化在协同管理中的应用

数字化的应用在设计、采购和施工的协同管理中效果明显。根据项目管理数字化的总体构想和施工进度控制的特点，确定采用"P6＋数据库平台"的形式。项目构建了涵盖设计、采购、施工三方的计划数据库平台，主要应用于计划控制管理当中。通过此三方数据平台在项目施工中的应用，大大促进了三方工作整体有序地推进，避免了因其中一方信息反馈不及时或计划制定不合理而影响整个项目统筹计划的实现。

（2）数字化在材料过程管控中的应用

项目管理的数字化在材料的过程管控中也发挥了重要作用。通过深化 MAR-IAN 软件的应用，实现材料状态和材料数量的跟踪管理。项目管理人员通过该软件能够实时查阅项目的所有请购单。从接收到请购单开始，包括询价、报价、评标、订单、催交、检验、监造、运输等在内的采购各个阶段的状态，均可以通过 MARIAN 软件获取，随时查阅相关物资的设计、请购、采购、接收、入库、库存、发放等数量信息，以及材料的最新变化情况。

（3）数字化在知识集成管理中的应用

数字化应用在知识的集成化管理中也发挥了独特作用。项目建立了知识管理系统和知识管理机制，能够更有效地对知识的创建、分类、存储、分享、利用以及更新过程进行集成化管理，形成不断生长新知识和利用知识的良性循环。该系统实现了在知识库基础上的协同化工作，过程管控，促进了知识价值的最大化。

7.3.6.2　工程设计的数字化交付

该项目建设数字化工厂的总体思路是提升以工艺设计系统、工程设计系统、三维设计协同化平台等为主的智能化设计平台，重点研究与应用智能化与可视化、数据库、模型设计等技术，引进先进的智能化设计系统，进一步提高工作效率和质量。按照这一思路，该项目实现了全厂范围内的工艺、仪表、配管、土建、建筑、给排水、电气、仪表、总图、设备、机泵、加热炉等各主要专业的协同化设计和模型构建以及完善的数据库后台，并通过接口和后台数据库，将过程管理文件和交付文档纳入管理范围和数字化交付范围。为了实现数字化工厂的建设目标，项目主要做了以下几个方面的工作。

（1）建立工程设计集成化平台

在深入研究工程设计过程的特点和难点的基础上，根据集成化设计模式对工程设计过程中不同软件的信息流进行了优化。这样数据通过软件直接传递到集成平台，实现信息在平台上的发布与交换，以及对项目信息的过程跟踪与管理。随后，将20余项工具软件进行整合和集成，在这过程中解决了诸如工程设计集成化平台与工艺设计集成化平台的双向集成、结构三维设计软件与三维设计协同化平台的集成、基于 AVEVA Engineering 的数据传递和协同工作平台建立等关键技术难题。

（2）实行以工厂对象为核心的信息管理

传统的项目信息管理首先是以文档为中心的，大量有价值的数据包含在文档里，不易检索，其次这些文档是离散的，存在于一个个信息"孤岛"中，很难查找到与之相关联的所有信息。该净化厂项目实现了以工厂对象为核心的智能关联和信息管理，实现了传统的以文档为核心的信息管理向以工厂对象为核心的信息管理模式的改变。

（3）建立项目标准类库

结合该项目工程内容，定义工厂对象及属性分类，同时在数字化工厂平台中定义标准类库。采集各个设计系统的数据，保证数据无论来源于哪个系统，都基于一套标准的工厂对象分类和属性定义。该项目探索出了一套分类清晰、简单实用的工厂对象分类方式和组织方式，为未来形成更加全面的标准类库积累了丰富的经验。

（4）构建数字化工厂平台

该项目通过以工厂对象为核心的信息管理和智能关联，建立起一个工厂信息门户，它以物理工厂实体对象（如管道、阀门或泵等）为核心，将贯穿工厂全生命周期的相关数字化信息与其进行关联，这些数字化信息包括工程数据、工程文档、三维模型以及项目管理数据，覆盖了设计、采购、施工和项目管理等。该项目通过数字化工厂平台与工艺设计集成化平台、工程设计集成化平台、三维协同设计系统、材料及采购管理系统、施工管理平台以及电子文档管理系统等系统的集成，实现各软件数据向数字化工厂平台的自动发布，从而实现数字化工厂与工程项目的同步建设。

（5）数据采集与冗余消除

传统以文档为核心的设计模式和交付模式下，业主需要从大量的文档中整理和采集数据，其中存在大量的冗余数据和不一致。为改变这一现状，该项目在集成化设计模式下，通过从设计系统向集成化设计平台自动传递数据，实现专业之间的数据交流，消除了不同专业数据不一致的现象。

该项目广泛应用集成化、智能化与可视化技术，建设数字化工厂，实现了数字化交付，建立和完善了管理数据库、设计数据库和知识库，大幅提升了工程建设的效率和质量，同时也为未来天然气净化厂的智能化运行提供了必要条件。

7.3.7　应用效果

该天然气净化厂项目属于国家重点工程——川气东送工程的重要组成部分，不论在工程规模还是技术难度上都是比较罕见的。总承包商及各有关单位充分发挥自身优势，创造性地应用了工程整体化管理方法，取得了显著成效。结合该项目开发的"特大型超深高含硫气田安全高效开发技术及工业化应用"荣获 2013 年度国家科技进步奖特等奖，此外该项目还获得中国石化 2010—2011 年度优秀工程设计一等奖和 2017 年全国优秀工程总承包金钥匙奖。项目成果主要体现在以下几个方面。

① 建成世界级规模的高硫天然气净化厂。标定结果表明，产品天然气 H_2S 含量、总硫含量、CO_2 含量等指标均满足国家标准《天然气》一类气的要求，高于规划的二类气目标，主要技术经济指标均优于目标值，硫回收率达到 99.9％以上，实现装置的安全稳定运行，形成天然气净化成套技术。

② 取得多项科技创新成果。在消化吸收国外工艺技术的基础上，通过自主创新和优化集成，取得了以 CO_2 吸收控制技术、胺液串级吸收及再生技术，以及安全系统整体技术为代表的多项科技创新成果，不仅解决了大规模高含硫天然气处理的难题，而且为今后同类装置的设计和建造积累了宝贵的经验。

③ 实现了良好的质量安全绩效。项目单位工程质量合格率达到 100％，安装单位工程优良率达到 90％以上，其中土建和安装工程合格率达到 100％，总体优良率达到 91.20％。项目还全面实现了 HSE 目标，即：死亡事故为零，损时事故为零，可记录事故为零，环境事故为零，火灾事故为零，交通事故为零。

④ 项目全过程始终处于受控状态。项目实施过程中，通过提前分析策划，严格落实计划，实行动态管理，使得项目在技术、质量、HSE、进度、费用、风险等方面都得到了有效控制，确保了项目总体目标和各分项目标的实现。

⑤ 实现了数字化交付。该项目建成了工程设计集成化平台和标准类库，构建起数字化工厂平台，有效整合了工程设计过程中的工具软件、工作流程和数据标准，高标准完成了数字化交付，为净化厂的数字化运维和智能工厂建设打下良好的基础。

⑥ 天然气净化厂的安全、优质、高效建成，促进了川气东送工程的整体推进，必将带动长江中下游地区形成天然气开采、加工、利用的综合产业链，为经济结构优化和人民生活水平的提高作出重要贡献。

综上所述，川气东送工程某天然气净化项目在执行过程中，运用整体化管理方法，集成与整合了项目管理系统，实现了大型工程项目全生命周期的各项资源、要素和信息的综合集成与协同优化，为今后大型复杂石化工程的建设与管理提供了有价值的参考和借鉴。

参考文献

[1] 赵伟凡，孙丽丽，鞠林青．海南炼油项目总加工流程的优化［J］．石油炼制与化工，2007，38（7）：1-5.

[2] 孙丽丽．采用节能技术精心设计中国节能型炼油企业［J］．中外能源，2009，14（6）：64-69.

[3] 刘家明，孙丽丽．新建炼油厂的设计探讨和实践［J］．石油炼制与化工，2005，（12）：1-5.

[4] 郑立军．大型石化工程项目管理"四集中一尝试"的创新与实践［J］．石油化工建设，2011，（2）：27-30.

[5] 孙丽丽．创新芳烃工程设计开发与工业应用［J］．石油学报（石油加工），2015，31（2）：244-249.

[6] 陈锦苑，干志超．工程项目的集成化管理理论及方法研究［J］．价值工程，2012，31（04）：63.

[7] 孙丽丽．高硫天然气净化处理技术的集成开发与工业应用［J］．中国工程科学，2010，12（10）：76-81.

[8] 于艳秋，毛红艳，裴爱霞．普光高含硫气田特大型天然气净化厂关键技术解析［J］．天然气工业，2011，31（03）：22-25，107-108.

[9] 郑立军．普光天然气净化厂硫化氢防护技术措施综述［J］．石油化工安全环保技术，2011，27（3）：43-47.

附　录

英文缩写	英文详写	中文名称
ACWP	Actual Cost for Work Performed	已完工作实际费用
AIChE	The American Institute of Chemical Engineers	美国化学工程师学会
ALARP	As Low As Reasonably Practicable	最低合理可行原则
ANSI	American National Standards Institute	美国国家标准学会
API	American Petroleum Institute	美国石油学会
APM	Asset Performance Management	资产性能管理平台
ASME	American Society of Mechanical Engineers	美国机械工程师协会
B2B	Business to Business	企业与企业间的电子商务
B2C	Business to Customer	企业与消费者间的电子商务
B2G	Business to Government	企业与政府机构间的电子商务
BAT	Best Available Technology	最佳可行技术
BCWP	Budgeted Cost for Work Performed	已完成工作量的预算费用
BCWS	Budgeted Cost for Work Scheduled	计划工作预算费用
BIM	Building Information Modeling	建筑信息模型
BOM	Bill of Material	材料表
BPCS	Basic Process Control System	基本过程控制系统
BTX	Benzene-Toluene-Xylene	芳烃
C2B	Customer to Business	消费者到企业的电子商务
C2C	Customer to Customer	消费者与消费者间的电子商务
CBS	Cost Breakdown Structure	费用分解结构
CC	Commodity Code	类别码
CCPS	Center for Chemical Process Safety	美国化工过程安全中心
CFB	Circulating Fluidized Bed Boiler	循环流化床锅炉
CFD	Computational Fluid Dynamics	计算流体动力学
CITRIX	CITRIX	桌面虚拟化软件
CMIS	Contract Management Information System	合同管理信息系统
CPM	Critical Path Method	关键路线法
CV	Cost Variance	成本偏差
DCS	Distributed Control System	分布式控制系统
DDP	Dimensional Data for Piping	管道尺寸数据库
DIN	Deutsches Institut für Normung e. V.	德国标准化学会
DN	Nominal Diameter	管道的公称直径
Documentum	Documentum	电子文档管理系统
DSS	Decision Support System	决策支持系统

EB	Ethylbenzene	乙苯
EC	Electronic Commerce	电子商务
ECA	Equipment Criticality Analysis	关键设备等级划分
EDMS	Electronic Document Management System	电子文档管理系统
EDPS	Electronic Data Processing System	电子数据处理系统
ENVID	Environmental Impact Identification	环境影响辨识
EOEG	Ethylene Oxide/ Ethylene Glycol	环氧乙烷/乙二醇
EPC	Engineering Procurement Construction	工程设计采购施工
EPCC	Engineering Procurement Construction Commissioning	设计采购施工开工
EPS	Enterprise Project Structure	企业项目结构
ERM	Enterprise Resource Management	企业资源管理系统
ERP	Enterprise Resource Planning	企业资源计划系统
ERP PM	Prevention Maintenance of Enterprise Resource Planning	企业资源计划系统预防维护模块
ES	Early Start	最早开始时间
EVM	Earned Value Management	赢得值管理法
FCS	Field Bus Central System	现场总线控制系统
FIDIC	Fédération International Des Ingénieurs Conseils	国际咨询工程师联合会
FSA	Fire Risk Assessment	火灾安全评估
G2C	Government to Citizen	政府对公众的电子政务
GIS	Geographic Information System	地理信息系统
HAZID	Hazard Identification	危险源识别
HAZOP	Hazard and Operability Analysis	危险与可操作性分析
HRA	Health Risk Assessment	健康风险评估
HSE	Health、Safety、Environment	健康、安全、环境
i-3D*	i-3D	三维设计协同化平台
ICB	IPMA Competence Baseline	国际项目管理专业资质认证标准
i-Contract*	Intelligent Contract Management	合同管控系统
i-Cost*	Intelligent Cost Management	项目费用控制系统
ID	Ident Code	识别码
IEC	International Electrotechnical Commission	国际电工委员会
i-Engineering*	i-Engineering	工程设计集成化平台
IHCC	Integrated technology of Highly Selective Catalytic Cracking	选择性催化裂化工艺技术
IHSER	Inherent HSE Review	本质 HSE 审查
IMT	Interface Management Tool	界面管理工具
IPMA	International Project Management Association	国际项目管理协会
IPMS	Integrated Procurement Management System	采购综合管理系统
IPMT	Integrated Project Management Team	一体化项目管理团队
i-Process*	i-Process	工艺设计集成化平台
ISO	International Organization for Standardization	国际标准化组织
JIT	Just In Tim	准时制生产方式

注:带 * 的为 SEI 自开发软件。

JSA	Job Safety Analysis	作业安全分析
LDAR	Leak Detection and Repair	泄漏检测与修复
LMS	Lockhopper Management Control System	闭锁料斗控制系统
LOPA	Layer of Protection Analysis	保护层分析
LPG	Liquefied Petroleum Gas	液化石油气
LS	Late Start	最迟开始时间
LTAG	LCO To Aromatics and Gasoline	催化裂化劣质柴油转化为高辛烷值汽油或轻质芳烃
LTIF	Lost Time Injury Frequency	损工伤亡发生率
MARAIN	MARAIN	材料管理系统
Mat. Code	Material Code	材料代码
MDEA	Methyldiethanolamine	N-甲基二乙醇胺
MIP	Maximizing Iso-paraffins	多产异构烷烃的渣油加氢-催化裂化工艺技术
MIS	Management Information System	管理信息系统
MRP	Material Require Planning	物资需求计划
MRP II	Manufacture Resource Planning	制造资源计划
MTBE	Methyl Tert-butyl Ether	甲基叔丁基醚
MTO	Methanol to Olefins	甲醇制烯烃
MX	m-Xylene	间二甲苯
NDT	Nondestructive Testing	无损检测
OA	Office Automation	办公自动化系统
OBS	Organizational Breakdown Structure	组织分解结构
OTS	Operator Training System	操作员培训系统
OX	Ortho-Xylene	邻二甲苯
P6	Oracle Primavera P6	甲骨文公司项目计划管理软件
PDCA	Plan、Do、Check、Act	策划、实施、检查、行动
PDMS	Plant Design Management System	工厂三维布置设计管理系统
PDS	Plant Design System	工厂三维布置设计管理系统
PERT	Program/Project Evaluation and Review Technique	计划评审技术
PFD	Process Flow Diagram	工艺流程图
PFD	Probality of Failure on Demand	需求失败概率
PI	Productivity Index	生产率指数
P & ID	Piping and Instrumentation Diagram	工艺管道及仪表流程图
PIMS	Process Industry Modeling System	流程工业模拟系统
PLC	Programmable Logic Controller	可编程逻辑控制器
PMBOK	Project Management Body of Knowledge	项目管理知识体系指南
PMC	Project Management Contractor	项目管理承包商
PMI	Project Management Institute	项目管理学会
PMO	Project Management Office	项目管理办公室

POX	Partial Oxidation	部分氧化造气
PRA	Primavera Risk Analysis	风险分析软件
PSA	Pressure Swing Adsorption	变压吸附
PSSR	Prestartup Safety Review	开车前安全审查
PU	Primavera Unifier	甲骨文公司项目管理软件
PX	Para-xylene	芳烃
QC	Quality Control	质量控制
QHSE	Quality、Health、Safety、Environment	质量、健康、安全和环境
REMS	Refinery Energy Modeling System	炼油能量规划系统
RICP	Residue Integration Combined Process	"渣油加氢-催化裂化"双向组合技术
RLG	RIPP's LCO Hydrocracking Technology for Producing Gasoline and BTX	催化柴油加氢转化
RTO	Regenerative Thermal Oxidize	蓄热式焚烧
S3D	S3D	工厂三维布置设计管理系统
SAP	System Applications and Products	数据处理的系统、应用和产品
SC2B	Supply Chain to Business	供应链电子商务
SCM	Supply Chain Management	供应链管理
SDB	SmartPlant Standard Database	标准材料等级库
SGPMS	SEI General Project Management System	项目集成化管理系统
SIF	Safety Instrumented Function	安全仪表功能
SIL	Safety Integrity Level Classification and Verification	安全完整性等级分析
SIS	Strategic Information System	战略信息系统
SIS	Safety Instrumented System	安全仪表系统
SPC	SmartPlant Construction	施工管理系统
SPEL	SmartPlant Electrial	二维电气设计软件
SPF	SmartPlant Fundation	工程设计集成化平台
SPI	SmartPlant Instrumentation	智能仪表设计软件
SPM	SmartPlant Materials	材料管理系统
SPMT	Self-propelled Modular Transporter	全转向液压平板车
SP P & ID	SmartPlant P&ID	智能工艺仪表流程图设计软件
SPRD	SmartPlant Reference Data	材料等级库
SV	Schedule Variance	进度偏差
S Zorb	S Zorb	催化汽油吸附脱硫技术
TDS	Total Dissolved Solids	总溶解固体
TEG	Triethylene Gly	三甘醇
TRCF	Total Recordable Case Frequency	可记录事件人数发生率
TO	Thermal Oxidize	直燃式焚烧
VOCs	Volatile Organic Compounds	挥发性有机物
WBS	Work Breakdown Structure	工作分解结构